# 分析测试技术与应用

主　编　孙雪花　田　锐
副主编　张越诚　李皓瑜　白万乔

北京理工大学出版社
BEIJING INSTITUTE OF TECHNOLOGY PRESS

## 内 容 简 介

本书为普通高等教育本科教材,全书共14章,包括绪论、分析化学实验室基础知识、定量化学分析法、电化学分析法、原子发射光谱法、原子吸收光谱法、紫外-可见分光光度法、红外吸收光谱法、分子发光分析法、气相色谱法、高效液相色谱法、毛细管电泳分析法、核磁共振波谱法、综合分析实验。本书注重实验基础知识、基本方法原理、仪器构造、基本应用和综合设计应用的教学,充分训练学生的基本技能和综合分析应用能力。

本书可作为高等理工院校和师范院校化学、应用化学等专业的分析化学实验和仪器分析实验教材,也可供其他相关专业师生及分析测试工作者和自学者参考。

本教材由延安大学教材建设专项基金资助出版。

**版权专有　侵权必究**

### 图书在版编目（CIP）数据

分析测试技术与应用 / 孙雪花,田锐主编. -- 北京：北京理工大学出版社, 2025.1.
ISBN 978-7-5763-5002-9

Ⅰ. TB4

中国国家版本馆 CIP 数据核字第 2025L79A40 号

**责任编辑：** 张　瑾　　**文案编辑：** 李　硕
**责任校对：** 刘亚男　　**责任印制：** 李志强

**出版发行** / 北京理工大学出版社有限责任公司
**社　　址** / 北京市丰台区四合庄路 6 号
**邮　　编** / 100070
**电　　话** / （010）68914026（教材售后服务热线）
　　　　　（010）63726648（课件资源服务热线）
**网　　址** / http://www.bitpress.com.cn

**版 印 次** / 2025 年 1 月第 1 版第 1 次印刷
**印　　刷** / 三河市天利华印刷装订有限公司
**开　　本** / 787 mm×1092 mm　1/16
**印　　张** / 19.25
**字　　数** / 452 千字
**定　　价** / 88.00 元

图书出现印装质量问题，请拨打售后服务热线，负责调换

# 前　言

随着科技的发展与社会的进步，分析测试技术已成为揭示物质本质的核心手段，更是推动科技创新与社会发展的重要驱动力。为此，我们精心编撰了《分析测试技术与应用》实验教材，旨在通过系统的实验教学，帮助学生深入掌握现代分析测试技术的原理与方法，强化专业实践能力，培养解决复杂问题的综合素质，并激发创新潜能，为未来科研与职业发展奠定坚实基础。

分析测试实验包括化学分析实验和仪器分析实验两大部分，它与化学分析和仪器分析理论课程教学紧密结合，但又是一门独立的课程。这门课程涵盖的分析测试方法在分析检测工作中显现的作用日益重要，不仅在化学、应用化学及化学工程等相关专业的教学中占据显著位置，还促进其他相关学科领域的知识融合与应用发展。

本书是在延安大学化学与化工学院分析化学教研室部分老师编写的《现代分析测试技术与实验》（陕西科学技术出版社，2012年）的基础上，根据近几年教学实践经验和本校化学重点学科建设的需要，参照高等学校化学、应用化学、化学工程与工艺、临床检验、环境工程等专业基本培养规格和教学基本要求，并考虑到本校仪器设备的具体情况修订而成。

与《现代分析测试技术与实验》相比，本书在相关内容和体系上进行了部分调整：主要扩充了综合分析实验部分；调整了电化学分析、发光分析以及色谱分析的相关内容；增补了一些新型仪器的操作说明；对原有的实验进行了精选和补充。鉴于实验与理论课的讲授进度往往不能同步，本书在编写时，每一章首先阐述该分析方法的基础理论、所需仪器设备的构成、实验技术精髓，并梳理了代表性仪器的操作流程，每一实验前再阐明实验的要领和具体细节、完成实验过程中需注意的事项以及实验中要思考的问题，以便读者通过预习对实验原理、实验仪器、实验方法有比较清晰的了解，以期取得良好的实验教学效果。本书也可独立作为分析测试实验技术的指导用书，且广泛适用于对化学分析及常用仪器分析技术感兴趣的实验工作者。即便对未曾深入涉猎分析测试专业书籍的读者而言，本书也能提供一个详尽且全面的知识体系，涵盖从方法原理到实验技术，再到实际应用的完整知识体系，使读者快速掌握并应用相关分析测试技能。

本书共包括14章，75个实验，其中定量化学分析实验16个，仪器分析实验47个，综合分析实验12个。实验重点内容是经典的定量化学分析法、常规的电化学分析法、原子发射光谱法、原子吸收光谱法、紫外-可见分光光度法、红外吸收光谱法、分子发光分析法、气相色谱法、高效液相色谱法。同时，适当增加了与现代测试技术发展相匹配的气相色谱-

质谱、毛细管电泳分析法、核磁共振波谱法、流动注射分析等内容。本书可满足师生在不同教学和学习阶段对分析测试方法及其实验技术的探索与实践需求。

本书由孙雪花（第1、2、3章）、田锐（第4、5、6章）、张越诚（第7、8、9章）、李皓瑜（第10、11、12、13章）、白万乔（第14章）编写，并由孙雪花和田锐统稿整理。延安大学分析化学教研室的许多教师曾先后参加本实验课的教学，对教材建设做出了贡献。同时，感谢延安市食品质量安全检验检测中心为本书提供的相关协助。

由于编者水平有限，书中难免存在疏漏和不妥之处，恳请读者不吝指正。

编　者

# 目　　录

第1章　绪论 ………………………………………………………………………………… 1
　1.1　分析化学的简介 ……………………………………………………………………… 1
　1.2　分析测试实验在分析化学中的作用 ………………………………………………… 2
　1.3　分析测试实验的内容安排 …………………………………………………………… 3
　1.4　对分析测试实验的基本要求 ………………………………………………………… 3
第2章　分析化学实验室基础知识 ………………………………………………………… 5
　2.1　分析化学实验室用水 ………………………………………………………………… 5
　2.2　玻璃仪器的洗涤 ……………………………………………………………………… 6
　2.3　化学试剂 ……………………………………………………………………………… 9
　2.4　分析试样的采集、制备及分解 ……………………………………………………… 11
　2.5　实验数据的记录、处理及分析结果的表示 ………………………………………… 17
　2.6　实验室安全知识 ……………………………………………………………………… 20
第3章　定量化学分析法 …………………………………………………………………… 24
　3.1　概述 …………………………………………………………………………………… 24
　3.2　方法原理 ……………………………………………………………………………… 25
　3.3　仪器部分 ……………………………………………………………………………… 28
　3.4　实验技术 ……………………………………………………………………………… 34
　3.5　实验 …………………………………………………………………………………… 40
第4章　电化学分析法 ……………………………………………………………………… 72
　4.1　概述 …………………………………………………………………………………… 72
　4.2　方法原理 ……………………………………………………………………………… 72
　4.3　仪器部分 ……………………………………………………………………………… 80
　4.4　实验技术 ……………………………………………………………………………… 88
　4.5　实验 …………………………………………………………………………………… 92
第5章　原子发射光谱法 …………………………………………………………………… 108
　5.1　概述 …………………………………………………………………………………… 108
　5.2　方法原理 ……………………………………………………………………………… 108

5.3　仪器部分 ……………………………………………………………………… 109
　　5.4　实验技术 ……………………………………………………………………… 117
　　5.5　实验 …………………………………………………………………………… 119
第6章　原子吸收光谱法 ……………………………………………………………… 125
　　6.1　概述 …………………………………………………………………………… 125
　　6.2　方法原理 ……………………………………………………………………… 125
　　6.3　仪器部分 ……………………………………………………………………… 126
　　6.4　实验技术 ……………………………………………………………………… 132
　　6.5　实验 …………………………………………………………………………… 137
第7章　紫外-可见分光光度法 ………………………………………………………… 147
　　7.1　概述 …………………………………………………………………………… 147
　　7.2　方法原理 ……………………………………………………………………… 147
　　7.3　仪器部分 ……………………………………………………………………… 150
　　7.4　实验技术 ……………………………………………………………………… 155
　　7.5　实验 …………………………………………………………………………… 158
第8章　红外吸收光谱法 ……………………………………………………………… 172
　　8.1　概述 …………………………………………………………………………… 172
　　8.2　方法原理 ……………………………………………………………………… 172
　　8.3　仪器部分 ……………………………………………………………………… 174
　　8.4　实验技术 ……………………………………………………………………… 175
　　8.5　实验 …………………………………………………………………………… 183
第9章　分子发光分析法 ……………………………………………………………… 187
　　9.1　概述 …………………………………………………………………………… 187
　　9.2　方法原理 ……………………………………………………………………… 187
　　9.3　仪器部分 ……………………………………………………………………… 189
　　9.4　实验技术 ……………………………………………………………………… 196
　　9.5　实验 …………………………………………………………………………… 200
第10章　气相色谱法 …………………………………………………………………… 208
　　10.1　概述 ………………………………………………………………………… 208
　　10.2　方法原理 …………………………………………………………………… 208
　　10.3　仪器部分 …………………………………………………………………… 211
　　10.4　实验技术 …………………………………………………………………… 218
　　10.5　实验 ………………………………………………………………………… 220
第11章　高效液相色谱法 ……………………………………………………………… 229
　　11.1　概述 ………………………………………………………………………… 229

11.2　方法原理 ……………………………………………………………………… 229
　　11.3　仪器部分 ……………………………………………………………………… 230
　　11.4　实验技术 ……………………………………………………………………… 234
　　11.5　实验 …………………………………………………………………………… 236
第12章　毛细管电泳分析法 …………………………………………………………… 242
　　12.1　概述 …………………………………………………………………………… 242
　　12.2　方法原理 ……………………………………………………………………… 242
　　12.3　仪器部分 ……………………………………………………………………… 243
　　12.4　实验技术 ……………………………………………………………………… 246
　　12.5　实验 …………………………………………………………………………… 247
第13章　核磁共振波谱法 ……………………………………………………………… 252
　　13.1　概述 …………………………………………………………………………… 252
　　13.2　方法原理 ……………………………………………………………………… 253
　　13.3　仪器部分 ……………………………………………………………………… 255
　　13.4　实验技术 ……………………………………………………………………… 257
　　13.5　实验 …………………………………………………………………………… 260
第14章　综合分析实验 ………………………………………………………………… 263
　　14.1　河水中碱度和矿化度的测定 ………………………………………………… 263
　　14.2　生活污水中总氮含量的测定 ………………………………………………… 266
　　14.3　河水中总磷含量的测定 ……………………………………………………… 268
　　14.4　生活污水中化学需氧量的测定 ……………………………………………… 270
　　14.5　生活污水中生化需氧量的测定 ……………………………………………… 272
　　14.6　废水中总铬含量的测定 ……………………………………………………… 274
　　14.7　大气中$SO_2$含量的测定 …………………………………………………… 276
　　14.8　大气环境的综合分析 ………………………………………………………… 277
　　14.9　商品煤中硫分的测定 ………………………………………………………… 279
　　14.10　酱油中防腐剂含量的测定 …………………………………………………… 282
　　14.11　麝香祛痛搽剂中主要成分含量的测定 ……………………………………… 284
　　14.12　味精中谷氨酸钠含量的测定 ………………………………………………… 286
参考文献 …………………………………………………………………………………… 288
附录 ………………………………………………………………………………………… 290

# 第 1 章 绪 论

## 1.1 分析化学的简介

分析化学是通过一系列科学方法和手段，对物质体系进行精确测量与表征的学科。它不仅关注获取物质体系中特定组分的质（性质）、量（含量）信息，还深入探索其形态、价态、空间结构等更为细致的特征。获取信息和进行表征的方法很多，在分析化学上分为化学分析和仪器分析两大类。

分析化学是最早发展起来的化学分支学科之一，它在早期化学的发展中一直处于前沿和重要地位，因此被誉为"现代化学之母"。我国化学界前辈徐寿（详细内容见二维码）先生（1818—1884）曾对分析化学学科给予很高评价，他说："考质求数之学，乃格物之大端，而为化学之极致也。"所谓"考质"，即定性分析；所谓"求数"，即定量分析。由此可见，分析化学是一门极其重要的、应用广泛的基础学科，它将理论与实际紧密结合。

二维码 1-1
化学界前辈徐寿

分析化学在 20 世纪经历了三次重大的变革。第一次变革发生在 20 世纪初，物理化学溶液理论的发展，为分析化学奠定了理论基础，确立了溶液中四大平衡理论，从而使分析化学从一门单纯的技术发展成为一门独立的学科。在过去的几十年中，经典的定量化学分析法对国防建设的发展、社会生产的发展、科学研究的进步以及化学学科本身的发展都起到了不可替代的作用。第二次变革发生在第二次世界大战前后至 20 世纪 60 年代，当时的化学方法在面对科学技术发展的新问题时显得力不从心，如半导体超纯材料分析、环境科学、石油化工以及生物医药学中的复杂混合物分析等领域。然而，物理学、半导体、电子学及原子能工业的蓬勃发展，极大地推动了分析化学中化学分析和仪器分析方法的发展，使分析化学迈入了以仪器分析为主导的现代分析化学时代。仪器的发展为现代科学的发展奠定了坚实基础，且分析化学的许多分支学科正是基于某种重要仪器的研制成功而得以建立和发展。例如，光谱仪的发明催生了光谱学，极谱仪的发明催生了极谱学，色谱仪的发明催生了色谱学，质谱仪的发明则催生了质谱学，等等。

目前，分析化学正迈入并经历着历史上的第三次重大变革，这次变革以计算机的应用为标志。计算机控制的分析数据采集与处理技术的实现，使分析过程得以连续、实时、快速、自动智能化，这一变革极大地促进了化学计量学的建立。同时，以计算机为基础的新型仪器，如色-质联用仪、紫外及红外光谱联用仪等的涌现，显著提升了分析化学获取信息的能力，并拓宽了信息获取的范围。如今，分析化学的研究内容已不再局限于物质的元素或化合物成分、结构信息，而是在很大程度上涵盖了形态、价态、状态以及空间结构，乃至能态的分析与测定。除了研究试样成分的平均组成，现在还涉及成分的时空分布，包括动态、静态、瞬时分析，范围从小至几纳米的空间、单个细胞，到大至生物圈、宇宙空间的物质成分分布。此外，研究内容还包括表面分析、微区分析等。在分析方法上，除了传统的实验室取样分析，现在还发展出了过程在线分析、现场实时分析、活体内原位分析等方法。在分析的精度和灵敏度方面，除了常量、微量分析，现在还要求痕量分析，甚至达到了单原子、分子的检测水平。此变革在分析技术的智能化与自动化、化学计量学的建立与发展、分析化学领域的拓展与深化以及与其他学科的交叉融合等方面都取得了显著成果。这些成果不仅推动了分析化学学科的快速发展，也为其他相关领域的研究和生产实践提供了重要支持。

如今，分析化学已经远远超越了其传统的范畴，发展成为一门综合性的现代科学。它汲取了当代化学、数学、物理、电子学、计算机科学的最新成就，拥有了独特的表征测量新方法和技术。这些新方法和技术使分析化学能够从复杂的数据中提取出有用的信息和知识，进而解决生产建设和科学研究中的实际问题。分析化学的角色已经从单纯的数据提供者，提升为从数据中挖掘有用信息和知识的生产和科研中实际问题的解决者。2002 年，诺贝尔化学奖授予了在生物大分子分析领域做出重大贡献的三位科学家，这一荣誉充分证明了质谱仪、核磁共振波谱仪等现代分析仪器在研究生物大分子结构领域所取得的重大突破。此外，20 世纪末实施的人类基因组计划也充分展示了分析化学的重要性。在该计划中，DNA 测序仪器技术不断推陈出新，经历了从凝胶板电泳到凝胶毛细管电泳、线性高分子溶液毛细管电泳、阵列毛细管电泳，直至全基因组发射枪测序技术的演变。这些技术的创新和发展在提前完成人类基因组计划中起到了关键性的作用，进一步凸显了分析化学在推动科学研究进步中的重要作用。

分析化学的基础理论与实验技术已经超越了仅为分析化学专业人员所需的范畴，现在它们成了临床医学、生命科学、材料科学、环境科学、海洋科学以及地理地质等众多学科研究和发展不可或缺的重要支撑。这些学科的研究进展和突破都离不开分析化学原理和技术的持续进步与发展。

## 1.2　分析测试实验在分析化学中的作用

分析化学作为化学各专业的必修基础课，具有很强的实践性。在分析化学的教学体系中，分析测试实验占据着举足轻重的地位，不仅涵盖了化学分析实验和仪器分析实验两大核心部分，还与化学分析和仪器分析的理论课程教学紧密相连，同时又作为一门独立的课程存在。实验教学与理论教学在地位上同等重要，二者相辅相成，共同构成了分析化学教学的完整体系。

通过分析测试实验教学，学生可以更加深入地理解分析方法原理，从而有效巩固课堂教学的效果。同时，学生能够正确且熟练地掌握分析化学的基本操作与基本技能，深入了解所用仪器的构造和性能，学习并掌握各种典型仪器的分析方法原理。此外，学生还能通过实验获取研究所需要的基础数据资料，确立"量""误差"和"有效数字"等重要概念，并学会如何正确、合理地选择实验条件和实验仪器，以确保实验结果的可靠性。

而更重要的是，通过学习实验和掌握先进的分析技术，学生可以培养严谨的科学态度、创新意识和创新能力等综合素质，提高独立从事科学实验研究以及提出和解决问题的能力。分析测试实验有着其他教学环节和实验无法替代的作用。良好的科学作风、独立工作的能力将会对学生的未来发展产生深远的影响。

## 1.3 分析测试实验的内容安排

本书内容全面，涵盖了分析化学的基础知识、定量分析实验、仪器分析实验以及综合分析实验四大部分。在编写过程中，我们力求使实验课的教学逐渐摆脱对理论课的依赖，因此对方法原理与相关实验技术进行了详尽的说明，同时介绍了仪器的组成、典型仪器的操作程序以及仪器分析方法所能提供的各种相关信息，确保学生在未上理论课的情况下也能顺利地进行实验。此外，我们特别注重培养学生分析问题和解决问题的实际能力。为此，在实验教材中精心安排了三个层次的实验，即基础实验、应用实验和综合分析实验。基础实验主要是理论验证性实验，旨在巩固学生的理论知识；应用实验则是将分析化学理论应用到实际样品的进阶实验，注重培养学生对分析方法的实际应用和动手能力。这两个层次的实验方案和操作程序已经给定，学生按照既定的程序进行操作，通过实验了解仪器分析方法如何在仪器上实现，熟悉仪器的结构和各主要部件的基本功能，并掌握基本的实验技术和实验数据处理方法。综合分析实验则是学生在经过基础实验、应用实验和理论学习的基础上，自选或由教师指定实验题目，在教师指导下，独立地查阅文献资料、拟订实际样品的分析方法和实验步骤，在课堂或开放实验室中完成实验，并撰写实验报告。这一层次的实验旨在进一步提升学生的综合能力和创新思维。

全书共75个实验，其中定量化学分析实验16个，仪器分析实验47个，综合分析实验12个。实验重点内容是定量化学分析法、常规的电化学分析法、原子发射光谱法、原子吸收光谱法、紫外-可见分光光度法、红外吸收光谱法、分子发光分析法、气相色谱法、高效液相色谱法。此外，根据现代测试技术的发展，适当增加了气相色谱-质谱、毛细管电泳分析法、核磁共振波谱法、流动注射分析等内容。本书可为教师和学生的实际需要提供选择。

本书也可以作为独立的分析测试实验技术用书，供其他希望了解化学分析和仪器分析技术的实验工作者使用。没有阅读过分析测试方面专业书的读者，也可以从本书中获得有关分析测试方法原理、实验技术和应用等方面的较为全面的知识。

## 1.4 对分析测试实验的基本要求

分析化学，尤其是仪器分析，作为现代先进的分析测试手段，已广泛应用于科研、工业及农业生产的各个领域，为众多学科提供了丰富的物质组成、含量、结构以及物理化学相关参数的测定方法。因此，分析测试实验已成为高等学校相关专业不可或缺的重要实验课程。通过这门课程，学生能够深入理解化学分析与仪器分析的基本原理，熟悉并掌握所用仪器的构造与性能，学会基本操作技能。同时，学生将在实验过程中学习如何仔细观察实验现象、准确记录数据、有效处理实验结果，并能够准确表达实验结果、撰写规范的实验报告。这些技能是每位化学工作者都应具备的基本素养。为确保实验顺利进行并达到预期目标与要求，特制订以下分析测试实验的规章制度，每位同学都必须严格遵守并执行。

（1）实验前，每位同学应准备一本专用的预习记录本，认真撰写预习报告。预习报告的内容应涵盖实验名称、目的要求、简要的基本原理与实验步骤、设计好的数据记录表格以及实验注意事项等，确保对实验内容有充分的理解和准备。由于实验室的仪器设备数量有限，部分实验可能无法与课堂讲授内容同步进行，而需采用循环方式进行。因此，实验前的预习尤为重要，务必确保对所要进行的实验内容有清晰的认识和周到的安排，以期取得预期的实验效果。

（2）在进入实验室之前，应认真学习并严格遵守实验室的相关规章制度。务必保持实验室的整洁，尤其是要随时确保实验台面的干净与整齐，废纸等杂物应及时丢入废物缸内。同时，应注意节约使用试剂、蒸馏水、自来水以及电力等资源。

（3）在实验过程中，应保持肃静，严格遵守操作规程，认真进行操作，并细心观察实验现象，同时积极进行思考。不得随意更改操作规程，以防止发生意外事故。

（4）实验的条件、现象以及分析测试的原始数据记录应及时、如实地反映实验情况。所有观察到的现象及数据都应准确无误地记录在预习本上，不得使用单页纸张或直接在书本上进行记录。在实验过程中，应养成实事求是的科学态度，不得根据个人主观意愿对数据进行取舍或涂改。实验原始数据是绝对不允许进行删改的。

（5）要爱护实验室内的所有仪器和设备。对于不熟悉的仪器设备，应先仔细阅读相关资料，了解其正确的使用方法。在未熟悉操作前，不可随意触碰电气设备的开关和旋钮，以免造成损坏。一旦发现玻璃器皿破损或仪器设备损坏，应立即报告指导教师，并进行登记。指导教师则应尽快补齐玻璃器皿或联系相关技术人员进行修理。

（6）实验完成后，应及时撰写实验报告，这是整个实验过程中一个不可或缺的环节。其内容通常应涵盖实验名称、实验日期、实验者姓名、实验目的和要求、简要的实验原理阐述、实验所使用的仪器名称及型号、实验所用试剂及其浓度、主要实验参数的设置、数据记录表格及结果处理分析、相关的计算公式，以及对实验现象和问题的深入讨论。

（7）对实验结果的分析和讨论是实验报告的重要组成部分，虽然其内容没有固定的模式和要求，但涉及面广泛。这包括对实验基本原理的深入理解、做好实验的关键要素以及个人在实验过程中的心得体会、对实验现象的解释及误差来源的细致分析，还有基于实验内容和经验的改进意见等。在实际撰写时，可以根据具体情况选择几个方面进行深入讨论，不必面面俱到。

（8）实验结束后，值日生应认真负责地打扫、清理实验室，确保实验室整洁有序，并关好水、电及门、窗。请指导教师进行检查，待检查无误后方可离开实验室。

本书中所使用的实验试剂，除非有特殊注明，否则均指分析纯试剂；实验所用水均为经过二次去离子处理的水。

# 第 2 章　分析化学实验室基础知识

## 2.1　分析化学实验室用水

在分析实验室中，用于溶解、稀释和配制溶液的水，都必须事先经过纯化处理。由于不同的分析要求对应着不同的水质纯度标准，因此，需要根据具体需求采用不同的纯化方法来制备纯水。一般而言，实验室常用的纯水类型包括蒸馏水、二次蒸馏水、去离子水、无二氧化碳蒸馏水以及无氨水等。

### 2.1.1　分析化学实验室用水的规格

根据 GB/T 6682—2008《分析实验室用水规格和试验方法》的规定，分析实验室用水分为 3 个级别：一级水、二级水和三级水。分析化学实验室用水应符合相应的规格，如表 2-1 所示。

表 2-1　分析实验室用水规格指标

| 级别 | pH 范围<br>(25 ℃) | 电导率<br>(25 ℃)/(mS·m$^{-1}$) | 可氧化物质含量（以 O 计）/(mg·L$^{-1}$) | 吸光度<br>(254 nm,<br>1 cm 光程) | 蒸发残渣<br>(105 ℃±2 ℃)<br>含量/(mg·L$^{-1}$) | 可溶性硅<br>（以 SiO$_2$ 计）<br>含量/(mg·L$^{-1}$) |
|---|---|---|---|---|---|---|
| 一级 | — | ≤0.01 | — | ≤0.001 | — | ≤0.01 |
| 二级 | — | ≤0.10 | ≤0.08 | ≤0.01 | ≤1.0 | ≤0.02 |
| 三级 | 5.0~7.5 | ≤0.50 | ≤0.4 | — | ≤2.0 | — |

一级水主要用于有严格要求的分析实验，尤其是那些对微粒有特定要求的实验，如高效液相色谱分析所需的用水。制取一级水的过程包括将二级水通过石英设备蒸馏或离子交换混合床处理，随后经过 0.2 μm 微孔滤膜进行过滤。

二级水主要用于无机痕量分析等实验，如原子吸收光谱分析用水。制取二级水可以采用多次蒸馏或离子交换等方法。

三级水主要用于一般的化学分析实验，其制取方法同样包括蒸馏或离子交换等。

在实验室中，为了保持蒸馏水的纯净度，需要随时加塞，并确保专用的虹吸管内外都保持干净。同时，蒸馏水瓶附近应避免放如浓 HCl、NH$_3$·H$_2$O 等易挥发的试剂，以防止对蒸馏水造成污染。在取用蒸馏水时，通常使用洗瓶，并且在此过程中不应取出塞子和玻璃管，也不应将蒸馏水瓶上的虹吸管插入洗瓶内。

关于储存，普通蒸馏水通常保存在玻璃容器中，而去离子水则保存在聚乙烯塑料容器中。对于用于痕量分析的高纯水，如二次亚沸石英蒸馏水，需要保存在石英或聚乙烯塑料容器中，以确保其纯净度和质量。

## 2.1.2 纯水质量的检验指标

分析化学实验室对纯水的质量检验指标很多，主要有酸碱度、电阻率、氯离子和钙镁离子的含量等。

（1）酸碱度：pH=6~7。在2支试管中加入待测水样10 mL进行检验，加入2滴甲基红指示剂的一支试管应不显红色，加入5滴0.1%溴麝香草酚蓝的另一支试管应不显蓝色。

（2）电阻率：选用合适的电导率仪测定。

（3）氯离子的含量：取待测水样2~3 mL，加入6 mol·L$^{-1}$硝酸1滴进行酸化，然后加入0.1%硝酸银溶液1滴，不产生浑浊为好。

（4）钙镁离子的含量：取待测水样50 mL，加入1 mL pH=10的氨水-氯化铵缓冲溶液和铬黑T（EBT）指示剂少许，显纯蓝色，不应显红色。

## 2.1.3 各种纯水的制备

实验中所用纯水一般有蒸馏水、去离子水、超纯水等（详细内容见二维码）。

二维码 2-1
各种纯水的制备

# 2.2 玻璃仪器的洗涤

在分析化学实验中，所使用的各种玻璃仪器必须保持洁净，其内外壁应能被水均匀润湿，且不应挂有水珠。洗净玻璃仪器不仅是实验前的一项必要准备工作，而且是一项技术性工作。仪器的洗涤质量直接影响实验的准确度和精密度。不同的分析工作，如一般的化学分析、工业分析、微量分析等，对仪器的洗净要求也各不相同。

对于常用的锥形瓶、烧杯、量筒等玻璃器皿，通常可以先用毛刷蘸取去污粉或合成洗液进行刷洗，然后用自来水冲洗干净，最后用蒸馏水或去离子水润洗3次。而对于分光光度法中所使用的比色皿，由于其由光学玻璃制成，因此不能使用毛刷进行洗涤。比色皿的洗涤方法应根据具体情况而定，但通常的做法是将比色皿浸泡在洗液中一段时间后，再冲洗干净。

## 2.2.1 玻璃仪器的洗涤方法

仪器的洗涤方法多种多样，选择时应根据实验的具体要求、污物的性质以及沾污的程度来决定。一般来说，附着在仪器上的污物主要包括尘土、不溶性杂质、可溶性杂质、有机物和油污等。针对这些不同类型的污物，可以分别采用相应的洗涤方法进行清洗。

**1. 刷洗**

用水和适合的毛刷刷洗仪器上的尘土及其他物质。注意要刷洗到仪器的全部内表面。要及时更换旧、脏、秃头的毛刷,以免沾污或损坏仪器。

**2. 合成洗液洗涤**

先用水润湿器皿,再用毛刷蘸取少许洗液或去污粉将仪器内外刷洗后,用水边冲边刷洗直至干净。

**3. 铬酸洗液洗涤**

先在干燥的洗涤器皿内装入少许洗液,转动使其内壁被洗液浸润,必要时可用洗液浸泡,浸洗后将洗液倒回原装瓶内,然后用水将器皿内残存的洗液冲洗干净。若将洗液加热,去污能力会更强。

使用的洗液有强氧化性的、强酸性的和强腐蚀性的,应注意:被洗涤的仪器尽量保持干燥,以免有水稀释洗液而失效;所用洗液用后倒回原瓶,可反复使用;为防洗液吸水失效,瓶塞要塞紧;一定小心洗液不可溅在衣服和皮肤上;洗液的颜色应为深棕色,当变为绿色则表示 $K_2Cr_2O_7$ 已还原为 $Cr_2(SO_4)_3$ 而失效。

**4. 碱性洗液洗涤**

碱性洗液易于清洁油脂和有机物,但其作用过程相对缓慢,通常需通过 24 h 浸泡或浸煮的方式,以达到最佳效果。

(1) $NaOH$-$KMnO_4$ 洗液:此洗液洗涤过后的器皿易留下 $MnO_2$,因此,需要再用 HCl 洗液清洗。

(2) NaOH-乙醇洗液:此洗液在去除油脂方面的效率显著优于某些有机溶剂。然而,应特别注意:碱有强腐蚀性,应避免与玻璃仪器长时间直接接触,操作时也需谨防其溅及眼睛或皮肤,以免造成伤害。

**5. 酸性洗液洗涤**

(1) 粗 HCl:粗 HCl 能够有效去除附着在仪器壁上的大多数不溶于水的无机物,如氧化剂 $MnO_2$ 等。因此,在仪器难以使用毛刷刷洗或不适宜刷洗(如吸管和容量瓶等)的情况下,可以利用粗 HCl 进行洗涤。例如,使用 1:1 的 HCl 溶液来洗涤灼烧过并留有沉淀物的瓷坩埚,且洗涤使用过的粗 HCl 还可以回收并继续使用。

(2) $HCl$-$H_2O_2$ 洗液:洗去易残留在容器上的 $MnO_2$。例如,可以洗涤过滤 $KMnO_4$ 溶液用过的砂芯漏斗。

(3) HCl-乙醇洗液:易于洗涤被有机染料染色的器皿。

(4) $HNO_3$-HF 洗液:该洗液是洗涤玻璃和石英器皿的优良选择,可以有效防止杂质金属离子的附着。该洗液在适宜常温条件下储存于耐腐蚀的塑料容器中,具有高效的洗涤性能与快速的清洁速度,然而,对油脂及有机污染物的去除效果相对有限。该洗液对皮肤具有强烈的腐蚀性,使用过程中必须采取严格的安全防护措施,如穿戴防护手套、安全眼镜及化学防护服,以确保操作人员的安全。鉴于其强腐蚀的作用,该洗液并不推荐用于清洗高精度或易受损的仪器,以避免潜在损害。

**6. 有机溶剂洗液**

在处理单体原液、油脂类、聚合体等有机污染物时,选择合适的有机溶剂作为洗液至关重要。苯、二甲苯、二氯乙烯、三氯乙烯、乙醇、丙酮、乙醚、四氯化碳、三氯甲烷、汽油及醇醚混合液等是常用的有机溶剂。通常建议先用所选有机溶剂进行两次初步清洗，随后用清水彻底冲洗，视情况可采用浓酸或浓碱溶液进行深度清洁，之后再次用清水冲洗，确保无腐蚀性物质残留。

此外，针对特定类型的污物，还应采取更具针对性的清洗措施。对于 AgCl 沉淀，$NH_3 \cdot H_2O$ 因其能与 $Ag^+$ 形成可溶性的络合物而成为很好的选择；对于硫化物沉淀，可通过 HCl 与 $HNO_3$ 的联合作用，利用它们的氧化性和酸性特性有效去除；对于衣物上的碘斑，推荐使用 10% $Na_2S_2O_3$ 溶液处理，该溶液能与 $I_2$ 发生氧化还原反应，从而消除污渍；若遇到 $KMnO_4$ 溶液在器壁上留下的棕色污斑，则可借助 $FeSO_4$ 的酸性溶液进行清洗，$FeSO_4$ 作为还原剂，能有效将 $KMnO_4$ 还原为无色物质。

## 2.2.2 常用洗液的配制

常用洗液的配制如下。

（1）铬酸洗液：用少量水将 5 g $K_2Cr_2O_7$ 润湿，缓慢地加入浓 $H_2SO_4$ 80 mL，不断搅拌，直至冷却后储存在磨口试剂瓶中。

（2）$HNO_3$-HF 洗液：将 150~250 mL 浓 $HNO_3$、100~120 mL 40% HF 和 650~750 mL 蒸馏水混合即可得到。其中，含 $HNO_3$ 20%~35%、HF 约 5%。若洗液混浊，则可采用带滤纸的塑料漏斗过滤。若洗涤能力降低，则可适当添加一些 HF。

（3）NaOH-$KMnO_4$ 洗液：用少量水溶解 4 g $KMnO_4$ 后，加入 10% NaOH 溶液 100 mL。

（4）NaOH-乙醇洗液：将 120 g NaOH 溶解在 120 mL 水中，加入 95%的乙醇稀释至 1 L。

（5）醇醚混合物洗液：将乙醚和乙醇按 1∶1 混合。

## 2.2.3 玻璃仪器的干燥

在实验操作中，为了确保实验结果的准确性，所用仪器的清洁与干燥是至关重要的。针对不同类型的实验需求，仪器干燥的标准应有所区分。一般而言，对于定量分析实验，若使用烧杯、锥形瓶等常规玻璃器皿，则只需将它们清洗干净，无须干燥处理。然而，在涉及食品分析的实验中，对仪器的干燥要求更为严格。许多仪器不仅要求表面无可见水痕，甚至需要达到无水状态，以避免水分对实验结果造成干扰。这要求实验人员根据具体实验需求，选择适当的干燥方法，如自然风干、热风烘干、热（冷）风吹干等，以确保仪器完全符合干燥标准。

**1. 自然风干**

此方法适用于不急于使用的仪器，以及那些对干燥要求不高的场合。将洗净的仪器倒立于试管架或仰立于烧杯架、烧瓶架上，自然干燥。

**2. 热风烘干**

将洗净控去水分的仪器置于设定温度为 105~110 ℃的烘箱内，进行烘干 1 h。此外，也可选用红外灯干燥箱烘干，此方法广泛适用于各类玻璃仪器。对于称量瓶等精密仪器，烘干后应立即转移至干燥器内。对于配备实心玻璃塞或具有较厚壁厚的仪器，需特别注意控制升温的速度,避免温度急剧上升,防止因热胀冷缩不均导致仪器破裂。同时,强调量器类仪器应避免直接放入烘箱中烘干,以免因高温影响其精度或造成损坏。对于硬质试管,可采用酒精灯加热的方式进行烘干。加热时,应从试管底部开始,管口向下倾斜,防止管内残留水分受热后形成水珠倒流引发试管炸裂。待试管内完全无水珠后,再将试管口朝上,用余温去除管内的水蒸气。

**3. 热(冷)风吹干**

对于急需快速干燥且不宜直接放入烘箱的大型或特殊仪器,热(冷)风吹干是一个高效且实用的方法。通常在已去除水分的仪器中轻轻倒入少量乙醇或丙酮(随后可选乙醚进行最终处理)进行摇洗,然后用电吹风机吹,先冷风吹 1~2 min,当观察到大部分溶剂已挥发时,再切换至热风继续吹拂直至完全干燥。为确保去除残余水蒸气,避免其重新冷凝在仪器内部,应再次使用冷风进行吹拂。

## 2.3 化学试剂

化学试剂是整个分析操作过程中的基础之一。从样品采集、预处理、组分分离富集到最终测定,每一步都依赖高质量的化学试剂。常将用于分析化学的化学试剂称为分析试剂,其重要性随着科学技术的飞速进步与分析测试技术的日益精进而愈发凸显。在分析测定过程中,首先,用化学试剂配制成标准溶液,通过精确的计算确定样品的含量;其次,作为化学反应的直接参与者,分析试剂与待测组分发生特定的化学反应;最后,化学试剂还广泛应用于样品的采集与处理环节,如利用掩蔽剂消除干扰、通过萃取剂实现目标组分的有效分离等。若试剂纯度不达标,则标准溶液不准确,将直接导致分析结果偏离真实值,处理样品时也会增加试剂空白,影响测定的准确性,使结果偏大。因此,正确且谨慎地选择化学试剂至关重要。在选择试剂时,仅凭纯度的等级标签作为判断依据是远远不够的,必须深入了解并分析试剂的主体成分含量及杂质含量,确保其满足特定分析任务的需求。当试剂中的主体含量或某一特定杂质含量可能对分析结果产生显著影响时,应采取可靠手段对这些关键数据进行验证。对于不符合特定要求的试剂,还需通过适当的纯化步骤进行预处理,以确保分析结果的准确性与可靠性。总之,化学试剂的选择与应用需严谨细致,方能支撑起分析化学的精准与高效。

### 2.3.1 化学试剂的等级

化学试剂的种类繁多且复杂,其等级划分及有关术语表达在国内外尚未统一标准。目前,我国化学试剂通常依据其特定的应用领域划分为一般试剂、基准试剂、高纯试剂、色谱专用试剂、生化分析试剂、生物染色剂、光学纯级试剂、标记化合物、指示剂及闪烁纯试剂等多种类别。在分析化学方面,常用的试剂主要有作为日常分析的一般试剂、作为标准物质的基准试剂以及高精度分析实验中的高纯试剂等。

**1. 一般试剂**

通常一般试剂分为优级纯、分析纯、化学纯三级(表 2-2)。此外,在分析工作中常作辅助的试剂，因其含杂质较多、纯度较低，故称其为实验试剂，归为四级品。

表 2-2 化学试剂等级对照表

| 质量次序 | | 1 | 2 | 3 | 4 | 5 |
|---|---|---|---|---|---|---|
| 我国化学试剂等级标志 | 级别 | 一级品 | 二级品 | 三级品 | 四级品 | 五级品 |
| | 中文标志 | 保证试剂 | 分析试剂 | 化学纯 | 化学用 | 生物试剂 |
| | | 优级纯 | 分析纯 | 化学纯 | 实验试剂 | — |
| | 符号 | G.R | A.R | C.P | L.R | B.R |
| | 瓶签颜色 | 绿色 | 红色 | 蓝色 | 棕色 | 黄色等 |
| 德、美、英等国通用等级和符号 | | G.R | A.R | C.P | — | — |

**2. 基准试剂**

基准试剂是高纯度、杂质少、稳定性好、化学组分恒定的化合物，在分析化学中至关重要。它有微量分析试剂、pH 基准试剂以及有机分析标准试剂等种类。

**3. 高纯试剂**

高纯试剂是指杂质含量极低的高纯度的化学试剂，以满足高精密度分析和科学研究的需求。高纯试剂的纯度通常由 100% 减去杂质的质量分数计算出来，高于 99.99%（≥4N，即四个九），有些甚至可以达到 99.999% 以上（如 5N、6N 等）。这种高纯度是通过特殊的制备和纯化方法实现的。通常按纯度可分为高纯、超纯、特纯、光谱纯等。其应用广泛，在分析化学中可以确保分析结果的准确性和可靠性；在半导体工业中用来确保产品的质量和性能；在生物医药领域，高纯试剂也发挥着重要作用；在生物样本分析中，高纯试剂是进行精准检测的基础；在光学和电子学领域，高纯试剂用于制备高纯度的光学材料和电子材料，以满足精密仪器和设备的制造需求。

## 2.3.2 试剂的保管与取用

**1. 试剂的保管**

实验室试剂管理至关重要，种类繁多、性质各异的试剂需精心分类与储存。一般而言，固体试剂宜置于广口瓶中，而液体试剂及溶液则选用细口瓶存放。对于频繁使用且量小的特定试液，如定性分析试剂及指示剂，选用滴瓶储存。光敏性试剂，如硝酸银，需避光保存于棕色瓶中。储存碱性物质时，应选用橡皮塞以防腐蚀。

易氧化的试剂（如氯化亚锡、低价铁盐等）和易风化或潮解的试剂（如氯化铝、无水碳酸钠、苛性钠等）应放在密闭容器内，必要时应用石蜡封口。用氯化亚锡、低价铁盐这类性质不稳定的试剂配制的溶液不能久存，应现用现配。

氢氟酸等腐蚀性强的试剂，应存放于塑料容器中以防腐蚀玻璃。易燃、易爆及剧毒药品，特别是低沸点有机溶剂（如乙醚、甲醇、汽油等），需独立存放，远离火源，防范火灾风险。剧毒药品的管理尤为严格，需专人专责，记录详尽，并尽可能存放于保险柜内，确保安全无虞。

所有试剂均应存放于阴凉、通风、干燥的环境中，避免阳光直射及高温影响。分类清晰，便于取用，同时确保标签完整，详细标注试剂名称、化学式、规格及溶液的浓度、配制日期等信息，采用碳素墨水书写，确保字迹持久。脱落或模糊的标签应及时处理，避免误用，造成不必要的损失。定期检查试剂状态，确保实验室安全高效运行。

**2. 试剂的取用**

在取用试剂之前，细辨标签无误后取用。取液体时，手握瓶标朝自己，沿壁缓倾，防溅防溢，尤其注意末滴处理，防止浪费。取完即可盖瓶盖，防止混淆污染。在取用试剂时，秉持节约、按需取量、余液不回原瓶的原则。处理易挥发试剂（如浓酸、溴等）时，于通风橱内进行，保证空气清新。操作剧毒药品时要严守安全规范，确保安全至上。简而言之，取用试剂需细心、节约、安全，确保实验顺利进行，同时保护自身与环境。

## 2.4 分析试样的采集、制备及分解

### 2.4.1 分析试样的采集和制备

分析化学实验结果的可靠性，核心在于试样的代表性与分析结果的准确性。确保试样能全面反映整批物质特性，需掌握精湛技术，严格遵循规则，采用科学合理的试样采集和制备方法，二者相辅相成、缺一不可，共同支撑着质量控制与科学研究的精准数据基础。

**1. 土壤样品的采集和制备**

1) 污染土壤样品的采集

在采集污染土壤样品时，鉴于土壤自然分布的非均一性，一定要确保样品的代表性。对于面积适中（1 000~1 500 m²）的采样区域，应采取多点采样策略，精心挑选5~10个代表性强、分布均匀的采样点，避免点位过于集中或选取边缘及特殊区域（如邻近堆肥处），以全面反映该区域内土壤的整体状况。

采样深度则需根据研究目的灵活调整：若只是初步评估土壤污染概况，则可集中于表层15 cm左右的耕层土壤及其下15~20 cm土层；若要深入探究土壤污染的垂直分布特征，则需依据土壤剖面层次进行分层采样。

鉴于分析需求，多点采集的土壤需通过科学的缩分方法——如经典的四分法，逐步缩减至所需量（一般约为1 kg，具体依分析项目而定），以确保最终样品的代表性和分析结果的准确性。

2) 土壤样品的制备

除特殊不稳定组分需新鲜样外，其他多数样品均需风干。风干时，铺展土样、剔除杂质、定期翻动，避免阳光直射与灰尘污染。风干后，用非反应性的有机玻璃棒轻轻碾碎，过2 mm孔径的尼龙筛，去除杂质，采用四分法缩减至适量，再用玛瑙研钵细磨过100目筛，确保样品均匀细腻。全程须防污染，最终装瓶密封，标注清晰信息。此过程确保了样品的代表性与分析结果的准确性。

**2. 生物样品的采集和制备**

1) 采样的一般原则

采样需遵循三大原则：代表性，选代表性植株，避开田埂边缘；典型性，确保采样部位

准确反映目标特征；适时性，结合植物生长周期定期采样。精准选样，避免混杂，定期观察，以全面揭示污染物对植物生长的真实影响，确保数据科学可靠。

2）采样量

样品处理需确保满足分析需求，通常要求干重样品采样量至少达 1 kg。若采用新鲜样品，鉴于其高含水量（80%~90%），则采样量须相应增加至约 5 kg。

3）采样方法

采样以梅花形或交叉间隔布点，混合挑选 5~10 个试样为代表样。细分采集根、茎、叶、果，根部保持完整。样品用清水洗 4 次，避免浸泡，擦干后备用。水生植物须全株采集。

4）样品制备

制备新鲜样品时，对于易被污染物及瓜果蔬菜，须迅速洗净擦干，均匀切碎后，取 100 g 置于捣碎机中，加入等量蒸馏水，轻柔捣碎 1~2 min 至浆状；对于纤维丰富的样品，则切碎混匀即可。

对于须风干分析的样品，应立即清洗后置于 40~60 ℃ 鼓风干燥箱中烘干，防止变质。干燥后，细心去除杂质，剪碎并通过精细筛网（1 mm 或 0.25 mm）磨碎，确保样品细腻均匀。最终，将处理好的样品储存于磨口玻璃广口瓶中，以备后续分析使用，有效保持样品的干燥与纯净。

5）动物样品的收集和制备

进行血液采样时，使用注射器适量抽取，可加抗凝剂（如二溴酸盐）摇匀。对于毛发样品，则须洗涤去污，经去离子水、有机溶剂（乙醚或丙酮、乙醇等）清洗后，彻底干燥保存。对于肉类样品，则依据分析目标而异：有机污染物检测须搅拌均匀并用有机溶剂浸取；无机物分析则须磨碎、灰化并溶解残渣，确保样品均一性，便于精确分析。

**3. 其他固体试样的采集和制备**

地质与矿样采集应采用多点、多层次策略，依据试样分布范围，设定合理间距与深度进行取样。样品经磨碎后，通过四分法逐步缩减至所需量，以确保代表性。产品及商品则依批号分别采样，同批号产品采样次数 $S$ 依式（2-1）精确计算，确保样品充分混合。

$$S = \sqrt{\frac{N}{2}} \tag{2-1}$$

式中，$N$ 为待测物的数目（件、袋、包、箱等）。

对于金属片或丝状样品，进行简单剪切后即可分析。钢锭与铸铁因内外凝固差异，须用钢钻采集不同深度的碎屑并混合，以全面反映其组成特性，确保分析结果的准确性与可靠性。

**4. 水样的采集和制备**

水样的采集须根据水体特性灵活调整策略。对于均匀水样，在不同深度取样即可；对于黏稠、含固体的悬浮液及非均匀液体，则须充分搅拌后取样，以确保样品具有代表性。采集水管或泵井水样前，须预先放水 10~15 min，以排除干扰。对于江河湖泊等宽阔水域，采用断面布设法，分层采集表层、中层及底层水，以全面反映水质状况。对于静止水域，则须在不同深度采集水样，以精准分析水质变化。采样时，利用特制装置，如将配有塞子的干净空瓶瓶底配重，塞子系绳沉入指定深度，然后拉绳拔塞，以确保准确获取水样，保障后续分析的科学性与准确性。

**5. 气体样品的采集**

1) 采样方法

抽气法：利用高效吸收液与固体吸附剂精准捕捉气体样品。吸收液，如水、特定水溶液及有机溶剂，依据目标物质特性精心选择，确保快速吸收、高转化率，并利于后续分析。固体吸附剂则分为颗粒状（如硅胶、素陶瓷，后者须酸碱处理并烘干以增强吸附面）与纤维状（如滤纸、滤膜等，须质地细密均匀以保证采样效率），前者兼具物理与化学吸附力，尤其是粗孔与中孔硅胶效果显著；后者则主要通过物理阻留收集气溶胶。此法整体设计旨在优化采样过程，确保分析结果的准确性与可靠性。

真空瓶采样法：适用于高浓度目标物或高灵敏度检测，尤其当物质难溶于吸收液且固体吸附受限时。此法采用体积小于 1 L 的活塞真空瓶，现场即时吸入空气样本，随后注入吸收液，确保充分接触以高效捕集目标物。此法优化了采样流程，提升了分析结果的准确性，为复杂环境下的空气质量监测提供了可靠技术支撑。

置换法：采集空气样品时，连接采样器至抽气泵，以 6~10 倍于采样器体积的空气流通，确保原有空气彻底排出。另一方法是预先以惰性液体（如水或食盐水）填满采样器，采样时排空液体，使目标空气无缝填充，精准收集样品，确保分析结果的准确性。

静电沉降法：它可以高效采集气溶胶样品，利用 12~20 kV 电场使气体分子电离，离子吸附于气溶胶粒子，赋予其负电性。在电场力驱动下，带电粒子迅速沉降于收集电极，随后洗脱分析。此法高速、高效，但操作要谨慎，避免在易爆气体、蒸气或粉尘环境中使用，以确保安全。

2) 采样原则

为了得到高的采样效率，必须选用合适的收集器和吸附剂，以及适当的抽气速度，才能确保空气中的待测物质能完全进入收集器中，被吸收下来，同时也便于分离测定。

采样前必须计算出最小采气量，以保证能测出最高容许浓度水平的待测物质。由式（2-2）可计算出最小采气量：

$$V = \frac{ac}{bd} \tag{2-2}$$

式中，$V$ 为最小采气量，L；$a$ 为样品的总体积，mL；$b$ 为分析时所取样品的体积，mL；$c$ 为测定方法的绝对检出限，μg；$d$ 为最高容许浓度，mg/m³。

若空气中待测物质的浓度很高，则不受最小采气量的限制，可以少采些。

采样点须精准选取，综合考量测定目标、工艺流程、生产状况、物质特性、排放情况及气象条件。面对高浓度待测物质，可适当减少采气量。每点平行采集双样，确保结果偏差不超过 20%，并详细记录温压数据。对于连续生产，应多点、多时段采样；对于间歇作业，则于待测物质产生前后及发生时分别进行精准测定，以确保数据全面、准确反映实际状况。

## 2.4.2 分析试样的分解

在实际分析工作中，除干法外，试样常需先分解并定量转入溶液。分解过程需确保完全性，避免待测组分损失，同时严禁引入新组分或干扰物。依据试样特性与测定需求，分解方法多样，包括溶解法、熔融法、干式灰化法及微波消解法等，均能精准高效地完成分析前处理。

**1. 溶解法**

采用水、酸和碱等适当的溶剂，将试样溶解制成溶液的方法，称为溶解法。

1）水溶法

直接用蒸馏水对可溶性的无机盐进行溶解，制成对应溶液。

2）酸溶法

利用多种无机酸及混合酸的酸性、氧化性及配位性，使待测组分转入溶液而溶解。以下几种酸是常用的。

（1）盐酸（HCl）：能溶解多数氯化物及氢前金属、氧化物与碳酸盐。其氯离子具有还原性，可配位金属离子助溶样品。它被广泛应用于溶解赤铁矿（$Fe_2O_3$）、辉锑矿（$Sb_2S_3$）、碳酸盐及软锰矿（$MnO_2$）等，是化学分析与样品处理的重要试剂。

（2）硝酸（$HNO_3$）：具有强氧化性，能溶解多数金属及合金（除了Pt、Au及少数稀有金属），且硝酸盐普遍可溶。对于Fe、Al、Cr等金属，硝酸能致其表面钝化，但可通过加入非氧化酸（如盐酸）去除氧化层，促进溶解。此外，硝酸几乎能溶解所有硫化物，通常先以盐酸处理，使硫以$H_2S$形式挥发，防止硫单质包裹试样，确保分解完全。因此，硝酸在金属溶解及硫化物处理中不可或缺。

（3）硫酸（$H_2SO_4$）：溶解性广，除特定金属外，其盐多溶于水。热浓硫酸兼具强氧化性与脱水性，能有效分解金属及其合金，以及土壤中的有机物。其高沸点（338 ℃）特性，使其成为去除低沸点酸阴离子干扰的理想选择，通过蒸发至冒白烟（$SO_3$），以彻底去除杂质，确保分析结果的准确性。在化学分析与样品处理中，硫酸的作用不可或缺。

（4）磷酸（$H_3PO_4$）：磷酸因其超强的配位能力，能溶解近九成矿石，包括多种难溶矿物如铬铁矿、钛铁矿等，以及高碳高合金材料。但其溶解条件需精细控制，通常在500~600 ℃下操作不超过5 min，以防生成难溶焦磷酸盐及聚硅磷酸黏结物，既阻塞容器又损伤玻璃器皿。精准调控是确保高效溶解与避免副产物生成的关键。

（5）高氯酸（$HClO_4$）：热浓高氯酸的氧化能力极强，能迅速腐蚀钢铁与铝合金，将Cr、V、S等元素氧化至最高价。其沸点为203 ℃，蒸发至冒烟可去除低沸点杂质，残渣亲水。其常作为$SiO_2$测定的脱水剂。使用时务必远离有机物，以防爆炸，确保操作安全。

（6）氢氟酸（HF）：它的$F^-$的配位能力很强而酸性很弱，能与一些高价离子，如$Al^{3+}$、$Fe^{3+}$、$Zr^{4+}$、$Ti^{4+}$、$W^{5+}$、$Ta^{5+}$、$Nb^{5+}$、$U^{4+}$等形成溶于水的配离子，也易与硅形成$SiF_4$。

3）混合酸溶法

（1）王水［$HNO_3$：HCl = 1：3（体积比）］：常用于溶解W、Au、Pt、Pb、Mo等金属和Cu、Ni、Bi、In、Ga、U、V等的合金，也可用于溶解Fe、Co、Ni、Bi、Cu、Pb、Sb、Hg、As、Mo等的硫化物和Se、Sb等的矿石。其利用硝酸的氧化性和盐酸的配位性，增强了溶解能力。

（2）逆王水［$HNO_3$：HCl = 3：1（体积比）］：常用于溶解Hg、Ag、Mo等金属及Mn、Fe、Ge等的硫化物。浓$HNO_3$、浓HCl、浓$H_2SO_4$的混合物称为硫王水，可溶解含硅量较大的矿石和铝合金。

（3）HF+$H_2SO_4$+$HClO_4$：常用于溶解W、Cr、Mo、Nb、Zr、Tl等金属及其合金，也可溶解钛铁矿、硅酸盐、土壤及粉煤灰等样品。

（4）HF+$HNO_3$：常用于溶解氧化物、硅化物、氮化物和硼化物等。

（5）$H_2SO_4+H_2O_2+H_2O$ ［2∶1∶3（体积比）］：常用于溶解粮食、油料、植物等样品。为了使溶解更加完全快速，可加入少量的 $K_2SO_4$、$CuSO_4$ 和硒粉作催化剂。

（6）$HNO_3+H_2SO_4+HClO_4$（少量）：对铬矿石及一些生物样品具有强的溶解性，如动植物的组织、尿液、粪便和毛发等。

（7）$HCl+SnCl_2$：常用于溶解赤铁矿、褐铁矿及磁铁矿等。

4）碱溶法

碱溶法主要以 NaOH、KOH 或加入少量的 $Na_2O_2$、$K_2O_2$ 作为溶剂，用于溶解两性金属，如 Zn、Al 及其合金以及它们的氢氧化物或氧化物，还可用于溶解酸性氧化物如 $MoO_3$、$WO_3$ 等。

**2. 熔融法**

熔融法是将酸性或碱性熔剂与试样进行混合，在高温下，试样在熔剂中发生多相反应，致使试样组分易于转变为易溶于酸或水的化合物。该法的分解能力较强，但熔融时需加入质量为试样的 6~12 倍的大量熔剂，易引入干扰，而且熔融时对坩埚材料的腐蚀，也会有其他组分引入。熔融法依据所用熔剂的性质和操作条件的差异，可分为酸熔法、碱熔法和半熔法。

1）酸熔法

碱性试样的分解可用酸熔法。$K_2S_2O_7$、$KHF_2$、$KHSO_4$、$B_2O_3$ 等是常用熔剂。$KHSO_4$ 是将其加热脱水后生成与其作用一样的 $K_2S_2O_7$。若加热超过 300 ℃，$K_2S_2O_7$ 中的部分 $SO_3$ 容易与一些碱性或中性氧化物（如 $Al_2O_3$、$TiO_2$、$Fe_3O_4$、$Cr_2O_3$、$ZrO_2$ 等）发生作用，形成可溶性的硫酸盐。其常用于分解 Fe、Al、Cr、Ti、Zr、Nb 等的金属氧化物，以及硅酸盐、中性或碱性耐火材料、煤灰和炉渣等。$KHF_2$ 可在铂坩埚中，低温熔融分解硅酸盐、钍和稀土化合物等。$B_2O_3$ 可用铂坩埚在 580 ℃时熔融分解硅酸盐及其他许多金属氧化物。

2）碱熔法

酸性试样的分解可用碱熔法。$K_2CO_3$、$Na_2CO_3$、KOH、NaOH、$Na_2O_2$ 和它们的混合物等常作为熔剂使用。

（1）$Na_2CO_3+K_2CO_3$：将 $Na_2CO_3$（熔点 850 ℃）与 $K_2CO_3$（熔点 890 ℃）按质量比 1∶1 混合，其混合物（熔点 700 ℃）用于分解硫酸盐、硅酸盐等。分解 S、As、Cr 的矿样时，可在铂坩埚中加入掺有少量 $KNO_3$ 或 $KClO_3$ 的 $Na_2CO_3$，在 900 ℃时利用空气中的氧将其氧化为 $SO_4^{2-}$、$AsO_4^{3-}$、$CrO_4^{2-}$ 而熔融。

（2）$Na_2CO_3+S$：在瓷坩埚中，可用来很好地分解含 Sb、As、Sn 的矿石，使熔剂转化为可溶性的硫代酸盐。

（3）NaOH+KOH：可在银、铁或镍坩埚中用于分解铝土矿、硅酸盐等试样。NaOH 的熔点为 321 ℃，KOH 的熔点为 404 ℃，它们都是低熔点的强碱性熔剂。若用 $Na_2CO_3$ 作熔剂，为提高其分解能力并降低熔点，可加入少量 NaOH。

（4）$Na_2O_2$：能分解许多难熔物，并将大部分元素氧化成高价态。由于它是一种具有强氧化性以及强腐蚀性的碱性熔剂，可分解硅铁矿、铬铁矿、辉钼矿、黑钨矿、绿柱石、独居石等。有时为了减缓其氧化的剧烈程度，也可将 $Na_2O_2$ 与 $Na_2CO_3$ 混合使用。但 $Na_2O_2$ 不宜与有机物混合作熔剂，因为其混合物易发生爆炸。$Na_2O_2$ 一般放在铁、镍或刚玉坩埚中，防止腐蚀。

（5）$NaOH+Na_2O_2$ 或 $KOH+Na_2O_2$：可用于一些难熔性的酸性物质的分解。

3）半熔法

半熔法是将试样与熔剂混合，在低于熔点的温度下加热至其熔解，又称烧结法。此法在低温下熔解，不易损坏坩埚而减少杂质引入，但加热耗时过长。例如，在 800 ℃时用 MgO+Na$_2$CO$_3$ 分解矿石、煤或土壤，用 Na$_2$CO$_3$+ZnO 分解矿石或煤等。

通常，样品分解首选简便快捷、低干扰的溶解法。熔融法虽有效，但耗时耗力，且易混入坩埚杂质。因此，选用时需依据样品特性及操作要求，精心挑选合适的坩埚，力求减少外部干扰，确保分析结果的准确性。

### 3. 干式灰化法

干式灰化法是专为有机与生物试样设计，通过马弗炉高温处理，使样品灰化分解，随后用特定溶剂溶解残渣的方法。该法需依据目标物的挥发性，精准调控灰化温度，避免分析产生偏差。灰化分解的方法主要有高温灰化法、低温灰化法、氧气瓶燃烧法、燃烧法等。氧气瓶燃烧法：用滤纸包裹试样，用铂片固定，于富氧锥形瓶中燃烧，各类元素转化为可溶性形态，便于后续分析。对于碳氢测定，燃烧法将有机物定量转化为 CO$_2$ 与 H$_2$O，直接且高效。分解方法依试剂形态分为湿法与干法。湿法利用酸碱盐溶液分解，温和而全面；干法则借助固体盐碱，通过熔融或烧结实现高效分解。

### 4. 微波消解法

微波消解法是一种利用微波的穿透性和激活反应能力，通过分子极化和离子导电两个效应对物质直接加热，促使固体样品表层快速破裂，产生新的表面与溶剂作用，从而在短时间内完全分解样品的方法。

微波消解法利用微波的电磁场特性，以每秒数亿次甚至数十亿次的频率转换方向，使极性电介质分子中的偶极矩发生转向运动，由于这种转向运动无法迅速跟上交变电场的变化，导致极化滞后并产生热量，因此样品内部温度急剧上升，实现快速加热和分解。这是一种"体加热"或"内加热"方式，微波能够直接穿入试样的内部，在试样的不同深度同时产生热效应，使加热更加迅速且均匀。微波消解技术已广泛应用于分析检测中的样品处理，特别是在食品检测、环境分析等领域，用于测定蛋白质、微量元素、有机物等含量，以及分析大气颗粒物、水、土壤等环境样品中的金属元素等。

微波消解法具有以下优点。

（1）加热速度快：微波加热比常规加热快 10~100 倍，能够显著缩短样品处理时间。

（2）加热均匀：微波能够直接穿入试样内部，在试样的不同深度同时产生热效应，使加热更加均匀。

（3）样品分解完全：微波消解能够促使固体样品表层快速破裂，产生新的表面与溶剂作用，从而在短时间内完全分解样品。

（4）挥发性元素损失小：由于加热速度快且均匀，微波消解过程中挥发性元素的损失相对较小。

（5）试剂消耗少：微波消解技术通常只需加入少量的酸溶液即可达到分解样品的目的，试剂消耗较少。

（6）操作简单：微波消解操作相对简便，易于掌握。

（7）处理效率高：微波消解技术能够显著提高样品处理效率，降低实验成本。

（8）污染小：微波消解过程中产生的废液和废气相对较少，有利于环境保护。

（9）空白值低：由于加热均匀且快速，微波消解能够减少样品处理过程中的空白值干扰。

## 2.5 实验数据的记录、处理及分析结果的表示

### 2.5.1 实验数据的记录

学生应当准备专属的、预编页码的实验记录本，保留每一页的实验探索结果，严禁撕毁或遗失任何一页，确保实验记录的完整性和可追溯性。实验的所有数据及观察结果必须直接记录于实验记录本中，杜绝使用单页纸、小纸片、书籍空白处或手掌等，以便后续的数据分析、报告撰写及可能的学术审查。

在记录实验数据时，应秉持科学求真的态度，确保数据的真实性和准确性。任何观察结果和测量数据都应如实记录，不得掺杂个人偏见或主观臆断，更不得为了迎合预期结果而拼凑或伪造数据。实验记录本与实验报告本在功能上可以相互融合，鼓励学生在实验结束后立即在实验记录本上整理并撰写实验报告。这种即时记录的习惯有助于加深理解、巩固记忆，并减少因时间间隔过长而导致的记忆模糊或数据遗漏。

在实验过程中，对于所有使用到的特殊仪器型号以及标准溶液的确切浓度等关键信息，要及时且准确地记录在实验记录本中。

在记录实验测量数据时，根据仪器与实验的不同，要注意有效数字的位数，以确保数据的科学性和准确性。对于常用的万分之一分析天平，进行称量时，应精确至±0.000 1 g，例如，称量结果应表述为 0.250 0 g 或 1.348 3 g。而若采用托盘天平（或称小台秤）这类精度稍低的称量工具，则记录为 0.5 g、2.4 g、10.7 g 等。若滴定管为大于 5 mL，则应记到小数点后第二位（±0.01 mL）；若滴定管为小于 5 mL，则应记到小数点后第三位（±0.001 mL）。例如，用滴定管取 24 mL 液体时，滴定管读数为 24.00 mL。无分度值的移液管应记到小数点后第二位，如 50.00 mL、25.00 mL、5.00 mL 等。容量瓶总体积大于 10 mL 的可记到四位有效数字，如常用的 50.00 mL、100.0 mL、250.0 mL。分光光度计的测定结果以吸光度记录，小于 0.6 时，应记录精确至 0.001；大于 0.6 时，则应记录精确至 0.01。

实验过程中的每一个测量数据都应如实记录，即使是重复测定的完全相同的数据，也应记录。记录时，保持记录结果准确、整齐、清楚。当数据算错、测错或读错时，需要改动的，可用横线划去，及时记下正确的数字。

### 2.5.2 实验数据的处理

为了衡量分析结果的精密度，一般对单次测定的一组结果 $x_1$, $x_2$, $\cdots$, $x_n$，计算出算术平均值 $\bar{x}$ 后，应再用单次测定结果的相对偏差、平均偏差、标准偏差、相对标准偏差等表示出来，这些是分析实验中最常用的几种处理数据的表示方法。

算术平均值为

$$\bar{x} = \frac{x_1 + x_2 + \cdots + x_n}{n} = \frac{\sum_{i=1}^{n} x_i}{n} \tag{2-3}$$

相对偏差为

$$d_r = \frac{x_i - \bar{x}}{\bar{x}} \times 100\% \tag{2-4}$$

平均偏差为

$$\bar{d} = \frac{|x_1 - \bar{x}| + |x_2 - \bar{x}| + \cdots + |x_n - \bar{x}|}{n} = \frac{\sum_{i=1}^{n}|x_i - \bar{x}|}{n} \tag{2-5}$$

标准偏差为

$$s = \sqrt{\frac{\sum_{i=1}^{n}(x_i - \bar{x})^2}{n-1}} \tag{2-6}$$

相对标准偏差为

$$\mathrm{RSD} = \frac{s}{\bar{x}} \times 100\% \tag{2-7}$$

其中，相对偏差是分析化学实验中最常用的确定分析测定结果好坏的方法。例如，用 $K_2$-$Cr_2O_7$ 法五次测得铁矿石中 Fe 的质量分数分别为 37.40%，37.20%，37.30%，37.50%，37.30%，其数据处理应如表 2-3 所示。

表 2-3 数据处理

| 数据 | $w_{Fe}/\%$ | $\bar{w}_{Fe}/\%$ | 绝对偏差/% | 相对偏差/% |
|---|---|---|---|---|
| $x_1$ | 37.40 |  | +0.06 | 0.16 |
| $x_2$ | 37.20 |  | -0.14 | -0.37 |
| $x_3$ | 37.30 | 37.34 | -0.04 | -0.11 |
| $x_4$ | 37.50 |  | +0.16 | 0.43 |
| $x_5$ | 37.30 |  | -0.04 | -0.11 |

分析化学实验数据处理常涉及大宗数据，包括总体与样本的广泛分析，如河流水质监测、地表矿藏分布研究及土壤多点位调查等，需精细处理以确保数据的准确性与代表性。

对于置信度与置信区间、是否存在显著性差异的检验及对可疑值的取舍判断等有关实验数据的统计学处理，可参考相关书籍资料。

### 2.5.3 分析结果的表示

**1. 列表法**

此法简明、直观且易于参考比较，记录实验数据多用此法。

**2. 图解法**

此法不仅可使测量数据间的关系表达得更为直观，能清楚地显示出数据的变化规律，如极大值、极小值、转折点、周期性、变化速度等，还易从图上找出所需数据，如标准曲线法求未知物浓度、连续标加法作图外推求痕量物质含量、用滴定曲线的转折点求电位滴定的终点以及用图解积分法求色谱峰面积等。因此，在各类测量仪器中正日益广泛使用记录仪直接获得测量图形，以便快速得到分析结果。

### 3. 电子工具计算

目前，对实验数据的处理广泛利用各类计算机软件平台进行。其优点是快速、自动、便捷，能快速绘图并计算结果。这里简单介绍用 Excel 处理实验数据。

（1）用 Excel 进行回归分析：利用 Excel 提供的"分析数据库"快速便捷地完成一元线性回归分析。以次甲基蓝-二氯乙烷萃取分光光度计测定硼的实验结果（表2-4）为例，介绍这种回归处理的操作过程。

表2-4　实验结果

| 浓度 $c/(\mu g \cdot mL^{-1})$ | 0 | 1.00 | 2.00 | 3.00 | 4.00 | 5.00 | 6.00 |
|---|---|---|---|---|---|---|---|
| 吸光度 $A$ | 0.001 | 0.144 | 0.272 | 0.380 | 0.467 | 0.581 | 0.702 |

① 将实验数据按浓度和吸光度分别输入为两列。
② 选中数据区域，单击"插入"→"图表"→"散点图"，即可出现数据图。
③ 根据所作图，标出图的名称，以及 $X$ 轴与 $Y$ 轴的名称等。
④ 在任一数据点上单击，再单击"添加趋势线"，选择"线性"，选中"显示公式"和"R 平方值"，便可完成整个绘图过程。本例中给出的回归方程为

$$A = 0.019\ 1 + 0.113\ 9c \qquad R^2 = 0.997\ 7$$

（2）用 Excel 绘制吸收曲线：用 Excel 可方便地绘制一些实验曲线，如分光光度法的吸收曲线。以 $Fe^{2+}$-邻二氮菲体系为例，表2-5 为某同学测得不同波长下的吸光度。

表2-5　不同波长下的吸光度

| 波长 $\lambda$/nm | 440 | 450 | 460 | 470 | 480 | 490 | 495 | 500 |
|---|---|---|---|---|---|---|---|---|
| 吸光度 $A$ | 0.026 | 0.051 | 0.096 | 0.165 | 0.235 | 0.320 | 0.376 | 0.410 |
| 波长 $\lambda$/nm | 505 | 510 | 515 | 520 | 530 | 540 | 550 | 560 |
| 吸光度 $A$ | 0.465 | 0.496 | 0.474 | 0.412 | 0.257 | 0.103 | 0.005 | 0.004 |

用 Excel 绘制吸收曲线的过程如下。
① 将实验数据按波长和吸光度分别输入为两列。
② 选定数据区域，单击"插入"→"图表"→"散点图"→"平滑线散点图"。
③ 根据所作图，标出图的名称，以及 $X$ 轴与 $Y$ 轴的名称等。
④ 双击坐标轴，可对坐标刻度大小进行调整。将 $X$ 轴的最大值和最小值分别设置成560和420，主要刻度线设置成20，则可完成整个绘图过程。

### 4. 实验结果表达应注意的事项

（1）实验应以多次测定的平均值表示结果，并给出测定结果的相对偏差。
（2）根据实验要求表示实验结果，应给出实验结果的计算公式。
（3）实验结果应给出原始试样中某一组分含量的报告。若测前对样品进行过稀释，则最后结果应折算为稀释前原始试样中的含量。

（4）实验结果中数据的有效数字的位数要与实验中测量数据的有效数字的位数相对应。

### 2.5.4 实验报告

实验结束后，应根据实验现象及记录数据等，用专门的实验报告纸，及时而认真地写出实验报告。实验报告按示例书写（详细内容见二维码）。

二维码 2-2
实验报告
格式示例

## 2.6 实验室安全知识

### 2.6.1 实验室的安全规则

在进行分析化学实验时，由于实验过程中实验人员频繁接触腐蚀性、易燃、易爆或有毒的化学试剂，以及大量使用易碎玻璃仪器和高精度的分析设备，并伴随水、电、燃料等多种能源的使用，安全管理工作显得尤为关键。为确保实验人员的人身安全、保护国家财产免受损失，并保障实验活动的顺利进行，必须将安全工作置于首位，严格遵守实验室的各项安全规章制度。

（1）实验室内严禁任何形式的饮食、吸烟，确保化学试剂不能入口。实验结束后，务必彻底清洗双手。使用完水、电、燃气后，须立即关闭相关设备。离开前，细致检查并确认水、电、燃气阀门及门窗均已妥善关闭。

（2）禁止以潮湿之手触碰电气设备及其开关，避免使用漏电设备。对于非实验用途的仪器与设备，未经许可不得随意移动或拨弄。

（3）严禁在实验室直接加热腐蚀性强的浓酸、浓碱，操作应在通风橱内进行，并佩戴防护手套与眼镜，以防溅伤。若不慎溅及皮肤或衣物，应立即用大量清水冲洗，并根据酸碱性质选用 5% 碳酸氢钠或 5% 硼酸溶液中和，最后用蒸馏水洗净。

（4）易燃易爆有机溶剂禁止用火焰或电炉直接加热，应采用水浴方式，使用时远离火源。存放时，瓶盖需盖紧密，置于阴凉通风处。

（5）剧毒物质如汞盐、砷化物、氰化物等，不得直接排放至下水道或废液缸，须先转化为无毒形态方可处理。使用过程中需特别谨慎，防止氰化物与酸接触生成剧毒的 HCN。

（6）避免热、浓 $HClO_4$ 与有机物直接接触，处理含有机物样品时，应先用浓硝酸破坏有机物后再加 $HClO_4$，以防燃烧或爆炸。

（7）易爆炸（如高氯酸、高氯酸盐、过氧化氢及高压气体等）与易燃（如乙醚、二硫化碳、苯、乙醇、油等低沸点物质）药品应分开存放，远离热源，确保安全距离。

（8）开启易挥发或冒烟的试剂瓶时，严禁对准自己或他人，在夏季时应先冷却后开启，以防意外。

（9）发生实验意外时，须冷静应对，根据具体情况采取适当措施。如烫伤，应用烫伤药膏或黄色的苦味酸溶液处理。不同类型的火灾采用不同的灭火方法，如用水可以扑灭乙醇等可溶于水的物质的着火；用砂土可以扑灭汽油、乙醚类有机溶剂的着火；对于电器火灾，

须先断电再用 $CCl_4$ 灭火器扑灭。紧急情况下，及时报警求助。

（10）保持实验室整洁，固体废弃物与玻璃碎片不得丢弃于水槽，废酸废碱须妥善处理，以防腐蚀下水道。

## 2.6.2　实验室用水安全

用完自来水后迅速关闭阀门，遇停水时更应即刻关闭，以防漏水。离开实验室前务必复查阀门，确保紧密关闭，避免水患，保障实验室安全。

## 2.6.3　实验室用电安全

实验室用电安全至关重要，必须严格遵守以下规范：

（1）所有电气设备必须由专业人员进行安装，确保电路布局合理、安全。

（2）严禁未经许可私自拉接电线，以防短路、漏电等安全隐患。

（3）使用电器前，务必详细阅读并遵循相关说明书及安全指导，确保操作正确无误。

（4）确保电器用电量与实验室供电系统及用电端口相匹配，避免超负荷使用，预防火灾等事故发生。一旦发现用电问题，首要任务是立即切断电源。

（5）如遇触电事故，首先要迅速使触电者脱离电源，可通过拉下电源开关或使用绝缘工具切断电源线，切勿直接用手接触触电者以防连锁触电。随后，将触电者移至通风良好的地方，根据伤势情况采取相应急救措施。对于轻度电击，触电者可能自行恢复；若触电者伤势严重或呼吸停止，则应立即解开其上衣，对其进行人工呼吸和供氧，抢救过程须保持耐心，必要时持续数小时，同时避免错误使用强心兴奋剂。

## 2.6.4　实验室用火（热源）安全

在实验操作中，无论是用电还是明火作为热源，安全用火（热源）均为首要原则。对于燃气设备，定期检查防漏至关重要，以防不测。加热易燃物质时，务必采用水浴、油浴等间接加热方式，严禁明火直接接触，确保安全。当加热接近沸点时，加入沸石预防暴沸，实验者须全程在场监控。加热设备务必选用合规产品，严禁私自替代，以防意外。

一旦发生火灾，首要任务是迅速切断电源与热源，阻断火源。火情初起时，立刻采用适当的灭火方法扑救；若火势失控，则应立即报警并疏散，以确保人员安全为首要。迅速而有序的行动，是应对实验室火灾的关键。

常用的灭火器及其适用范围如表 2-6 所示。

表 2-6　常用的灭火器及其适用范围

| 类型 | 药液成分 | 适用范围 |
| --- | --- | --- |
| 酸碱 | $H_2SO_4$、$NaHCO_3$ | 非油类及电器失火的一般火灾 |
| 泡沫 | $Al_2(SO_4)_3$、$NaHCO_3$ | 油类失火 |
| 二氧化碳 | 液体 $CO_2$ | 电器失火 |
| 四氯化碳 | 液体 $CCl_4$ | 电器失火 |

续表

| 类型 | 药液成分 | 适用范围 |
| --- | --- | --- |
| 干粉 | 粉末主要成分为 $Na_2CO_3$ 等盐类物质，加入适量润滑剂、防潮剂 | 油类、可燃气体、电气设备、文件记录和遇水燃烧等物品的初起火灾 |
| 气雾式卤代烷 | $CF_2ClBr$ | 油类、有机溶剂、高压电气设备、精密仪器等失火 |

水是被普遍认知的灭火利器，在化学实验室的应用中却须谨慎对待。由于多数易燃有机溶剂密度低于水，会漂浮于水面并随之流动，此时若以水扑救，非但无法遏制火势，反而可能因水的扩散而加速火焰的蔓延，形成更为严峻的火情。此外，部分溶剂与水接触时会发生剧烈化学反应，释放大量热能，非但不能灭火，反而可能加剧燃烧，甚至引发爆炸，带来不可估量的后果。因此，在化学实验室的灭火操作中，必须根据具体情况，审慎选择适当的灭火方法，以确保人员安全及实验环境的稳定。

## 2.6.5 实验室使用压缩气体的安全

在实验室环境中，气体钢瓶作为储存高压压缩气体的专业设备，其设计严格遵循耐压标准。这些钢瓶通过精密的减压阀（配备气压表）系统对气体流出进行精准调控，但是内部承受一定的高压（部分可达 15 MPa），以及所盛气体可能具有易燃性或毒性。因此，操作时必须严格遵守安全规范，以确保人员安全与环境稳定。在使用过程中，以下几点安全注意事项尤为重要。

（1）定期检查与维护：定期对气体钢瓶、减压阀及连接管路进行外观检查与功能测试，确保无泄漏、无损伤，并保持标识清晰可辨。

（2）正确安装与使用：确保减压阀安装正确，使用前检查其密封性，并遵循操作手册指导，平稳开启或关闭阀门，避免急剧的压力变化。搬运及存放时紧固钢瓶上的安全帽。

（3）远离火源与热源：对于易燃气体，应远离明火、高温源及潜在的电火花区域，防止发生爆炸或火灾事故。可燃性气体钢瓶一定与氧气钢瓶实施隔离存放。

（4）通风良好：在使用有毒或有刺激性气体的环境中，必须确保实验室通风系统良好，及时排除有害气体，避免人员中毒。

（5）个人防护：操作人员应穿戴合适的个人防护装备，如防毒面具、化学防护服、安全眼镜及防护手套等，以防意外接触或吸入有害物质。

二维码 2-3
气体钢瓶颜色
与标记

（6）应急准备：应熟悉并掌握针对不同气体的应急处理措施，包括泄漏应对、火灾扑救及人员急救等，确保在紧急情况下能够迅速有效地采取行动。

（7）分类存放：不同性质的气体钢瓶应分类存放于指定区域，且在外部喷涂特定颜色、标注气体名称，并设置明显的警示标志，以防混淆或误用（详细内容见二维码）。

（8）留存气体：使用完毕后，气体钢瓶内应保留至少 0.05 MPa 的残余压力（气压表显示），对于可燃性气体如 $C_2H_2$，则需保留 0.2~0.3 MPa 的残余压力。防止空气或其他杂质进入气体钢瓶，影响后续充气的气体纯度，并降低潜在安全风险。

## 2.6.6 化学实验废液（物）的安全处理

在化学实验室中，由于实验项目的多样性与试剂的复杂性，废弃物处理尤为关键。对于如氰化物等剧毒废液，直接排放至酸性环境将加剧其毒性，应将其转化为亚铁氰化物盐类后再行处理，这是确保环境安全的必要步骤。同样，重铬酸钾等标准溶液残余，须转化为毒性较低的三价铬形态，严禁未处理就排放，以防污染水源。应遵循 GB 8978—1996《污水综合排放标准》的规定，特别是对第一类污染物排放浓度的严格限制，如表 2-7 所示，体现了我国对环境保护的高度重视。

**表 2-7 第一类污染物的最高允许排放浓度**

| 污染物 | 总汞 | 烷基汞 | 总镉 | 总铬 | 铬 Cr(Ⅵ) | 总砷 | 总铅 | 总镍 | 苯并(α)芘 | 总铍 | 总银 | 总α放射性 | 总β放射性 |
|---|---|---|---|---|---|---|---|---|---|---|---|---|---|
| 最高允许排放浓度 | 0.05 mg·L$^{-1}$ | 不得检出 | 0.1 mg·L$^{-1}$ | 1.5 mg·L$^{-1}$ | 0.5 mg·L$^{-1}$ | 0.5 mg·L$^{-1}$ | 1.0 mg·L$^{-1}$ | 1.0 mg·L$^{-1}$ | 0.00003 mg·L$^{-1}$ | 0.005 mg·L$^{-1}$ | 0.5 mg·L$^{-1}$ | 1 Bq·L$^{-1}$ | 10 Bq·L$^{-1}$ |

（1）处理含汞盐废液：先调至 pH=8~10，加入过量硫化钠形成硫化汞沉淀。随后添加硫酸亚铁作共沉淀剂，硫化铁有效吸附硫化汞微粒，共沉淀净化。清除上层清液后，残渣经焙烧回收汞，或直接转化为汞盐再利用，实现高效环保处理。

（2）处理含砷废液：可加氧化钙调至 pH=8，生成砷酸钙沉淀；或调至 pH>10，加硫化钠生成无毒硫化物沉淀。两种方法均能有效去除砷，保障环境安全。

（3）处理含铅、镉废液：用消石灰调至 pH=8~10，生成氢氧化铅和氢氧化镉沉淀。再加入硫化亚铁作共沉淀剂，增强沉淀效果，确保高效去除铅、镉污染。

（4）处理含氰废液：用 NaOH 调至 pH>10，加入 3% 过量 KMnO$_4$ 氧化 CN$^-$。CN$^-$ 含量高时，增加次氯酸钙与氢氧化钠，确保其彻底氧化分解，保障环境安全。

（5）处理含氟废液：加入石灰使其生成氟化钙沉淀。

（6）处理含 Cr(Ⅵ) 废液：需严格遵守环保标准，最高排放浓度限值低至 0.05 mg·L$^{-1}$。常用化学还原法，以 SO$_2$、硫酸亚铁、亚硫酸氢钠等作为还原剂，有效将 Cr(Ⅵ) 还原，确保废水达标排放，保护生态环境。例如：

$$2SO_2 + 2H_2O + O_2 = 2H_2SO_4$$
$$3SO_2 + Na_2Cr_2O_7 + H_2SO_4 = Cr_2(SO_4)_3 + Na_2SO_4 + H_2O$$

将还原后的铬酸盐用氢氧化钠或石灰转化成氢氧化铬，沉淀下来后再进行处理。

$$Cr_2(SO_4)_3 + 3Ca(OH)_2 = 2Cr(OH)_3\downarrow + 3CaSO_4$$

实验室安全至关重要，须全面强化安全防范。对全体人员实施安全教育，普及安全操作知识及应急处理措施，确保每位成员知晓如何在安全环境中高效工作与学习。营造安全的实验室氛围，是保障科研与教学顺利进行的基石。

# 第 3 章　定量化学分析法

## 3.1　概　　述

定量化学分析是分析化学课程的重要组成部分，是以实验操作为主的技能课程。确保定量化学分析实验教学的有效实施，是深入掌握该门课程精髓与技能不可或缺的关键环节。定量化学分析实验教学的核心目标，在于深化学生对分析化学基础理论的认知与掌握，同时培养他们形成严谨而精确的"量化"思维与概念，加深对分析化学基本理论知识的理解，并能熟练掌握基本的实验技能和操作，提高观察分析和解决问题的能力，培养学生良好的实验习惯、严谨的科学态度和工作作风，培养学生独立思考问题、解决问题及实际操作的能力。为学生后续专业课程的学习及完成学位论文和走上工作岗位后参加科研、生产奠定必需的实践基础。

定量化学分析一般要经过以下几个步骤。

(1) **采取试样**：根据分析需要，采取固体、液体或气体等不同试样进行分析。其要求是被分析试样的组成和含量能代表被分析的总体，要具有一定的代表性，否则分析将毫无意义。采样时通常是从大批物料中找出多个不同部分的深度不同的采样点取样，然后粉碎之后将其混合均匀备用，分析试样时从中取少量即可。

(2) **分解试样**：在定量化学分析中，除特定方法外，多数需将干燥试样分解至溶液中以便测定。分解方法主要分为溶解法与熔融法，选择依据为试样性质及分析需求。例如，测定补钙药物的钙含量时，优选酸溶解法，将试样转化为溶液；测定沙子中的硅含量时，则须先以碱熔融法处理，随后转化为可溶性物质再行溶解测定。

(3) **消除干扰**：复杂体系中测定特定组分时，须消除共存组分的干扰。有时可通过加入掩蔽剂简化操作，但合适的掩蔽剂往往难求。因此，常采用分离技术，如沉淀、萃取、离子交换及色谱法等，精准分离被测与干扰组分。这些方法各有特色，能有效提升分析结果的准确性，确保复杂体系中的目标组分测定结果可靠。

(4) **分析测定**：根据待测组分的性质、含量和对分析结果准确度要求的不同，要选择合适的分析方法进行测定。而各种分析方法在选择性、灵敏度和适用范围等方面都有一定的差异，如化学分析主要用于分析常量组分，仪器分析则主要用于分析微量组分。

(5) **分析结果计算及评价**：根据分析反应计量关系与实测数据，精确计算试样各组分的含量。运用统计学方法评估结果及其误差分布，确保分析准确可靠。

定量化学分析依据测定原理、对象、组分含量及试样用量，可细分为多种分析方法。微量分析常采用仪器法，常量分析则常采用化学法，后者以化学反应为核心，具体涵盖滴定分析法与质量分析法两大类方法，确保分析精准高效。

（1）滴定分析法：依据滴定操作，准确测定滴定剂体积与浓度，从而确定试样中待测组分的含量。这类方法可细分为酸碱、沉淀、配位及氧化还原滴定法。

（2）质量分析法：通过精确称量试样中待测组分的质量，确定其含量。这类方法涵盖了沉淀、电解及气化等多种技术。

## 3.2 方法原理

### 3.2.1 滴定分析法的基本原理

滴定分析法，亦称容量分析法，是一种高效且应用广泛的定量分析方法。该法通过精确控制已知浓度的标准溶液与被测溶液间的化学反应，直至达到化学计量平衡，随后准确测定标准溶液消耗的体积。根据所消耗的体积与标准溶液的浓度，即可精准计算出待测物质的含量。滴定分析法以其简便的操作流程、快速的反应速度及广泛的应用范围，在化学分析领域具有重要地位。

**1. 方法特点**

（1）用于组分含量在1%以上各种物质的测定。
（2）加入的标准溶液的物质的量与待测物质的物质的量之间一定具有化学计量关系。
（3）分析快速、准确性高、仪器设备和操作简便。
（4）用途极其广泛。

**2. 具备条件**

（1）定量计算的基础是反应必须按方程式定量地完成99.9%以上。
（2）反应能够迅速地完成（必要时可加热或加催化剂加速）。
（3）可能存在的干扰物质应不影响主反应，否则用适当的方法消除。
（4）必须存在一种简便有效的方法来确定滴定终点。

**3. 滴定方式**

（1）直接滴定法：直接以标准溶液滴定待测物质，要求反应满足高定量性、快速性、无共存物干扰及计量点明确。此法简便高效，是滴定分析法中最常用的方法，应用广泛。

（2）返滴定法：当反应迟缓或涉及固体反应物时，常采用返滴定法。此法先加入过量滴定剂以促进反应，待反应彻底后，再以另一标准溶液准确滴定剩余滴定剂，从而弥补了直接滴定的不足，确保分析结果的准确性。

（3）置换滴定法：对于某些无法直接滴定的物质，通过它与特定物质反应，置换出可滴定成分，随后采用适当滴定剂进行准确测定。此法拓宽了滴定分析的应用范围，确保复杂体系中目标物的精确测定。

（4）间接滴定法：对于某些无法直接与滴定剂反应的物质，通过构建一系列相关联的化学反应，间接地测定其含量。

**4. 标准溶液和基准物质**

标准溶液是已知准确浓度的溶液。能直接配成标准溶液的物质为基准物质，须具备以下条件。

（1）实际组成与化学式应相符合。
（2）物质纯度要高，应在 99.9% 以上。
（3）性质要稳定，在保存或称量过程中不应分解、吸湿、风化、氧化等。
（4）应具有较大的摩尔质量，可以减小称量的相对误差。

**5. 标准溶液的配制**

（1）直接法：根据目标溶液的浓度精确计算出基准物质的质量。准确称量并充分溶解，待溶液冷却至室温后，小心移入已选定的容量瓶中，以纯水稀释至刻度线，并充分摇匀以确保溶液均匀。

（2）标定法：根据所需滴定液的浓度，计算所需试剂的质量并称取，进行溶解或稀释成一定体积，然后进行标定，精确确定滴定液的浓度。对于难称量的吸湿或不稳定物质，先配制近似浓度溶液，再采用基准物质进行精确标定，从而求得滴定液的准确浓度。对于不易处理的物质，也可以测定滴定液的浓度。

**6. 滴定分析法的计算**

（1）基本公式：以滴定反应 $aA+bB=cC+dD$ 为例，设定 $A$ 为待测物质，$B$ 为基准物质，当反应按化学计量关系反应完全时，则 $n_A:n_B=a:b$。

（2）求待测溶液的浓度 $c_A$：已知待测溶液的体积为 $V_A$，标准溶液的浓度为 $c_B$ 以及体积为 $V_B$，则

$$c_A V_A = \frac{a}{b} c_B V_B \qquad c_A = \frac{aV_B}{bV_A} c_B$$

（3）求待测物质的质量 $m_A$：

$$n_A = \frac{a}{b} n_B \qquad \frac{m_A}{M_A} = \frac{a}{b} n_B = \frac{a}{b} c_B V_B$$

体积 $V$ 以 mL 为单位时，则有

$$m_A = \frac{a}{b} c_B V_B M_A \times 10^{-3}$$

（4）求试样中待测物质的质量分数 $w_A$：

$$w_A = \frac{m_A}{m_{试样}} = \frac{ac_B V_B M_A}{bm_{试样} \times 10^3}$$

## 3.2.2 重量分析法的基本原理

重量分析法是化学分析中最经典的一种方法，是通过称量经适当方法处理所得的与待测组分含量相关的物质的质量，来求得待测物质含量的方法。它不用基准物质进行比较，相对误差一般为 0.1%~0.2%，准确度较高，但耗时多，周期长。重量分析法分为沉淀重量法、电解重量法和气化法。这里仅讨论沉淀重量法。沉淀重量法是将待测组分通过沉淀反应先转变成沉淀，继而转化成一定的称量形式进行称量分析。物质的沉淀形式与称量形式有的相同，有的不同。此法的分析过程也因沉淀类型及其性质的不同而异。例如，晶形沉淀（如 $BaSO_4$）的重量分析过程如下：

试样溶解→沉淀→陈化→过滤和洗涤→烘干→炭化→灰化→灼烧至恒重→结果计算

有机试剂沉淀（如镍的丁二酮肟沉淀）的重量分析过程一般如下：

试样溶解→沉淀→陈化→过滤和洗涤→烘干至恒重→结果计算

由以上沉淀的过程可以看出，虽然这与晶形沉淀重量分析法的过程大致相同，但一般不需要灼烧。灼烧反而会使换算因数增大，不利于测定。

重量分析法要求沉淀形式纯净、稳定，易于转化为称量形式，且两者间转化过程无质量损失。沉淀应易于过滤、洗涤，减少杂质干扰。烘干或灼烧成称量形式，须恒重。为了确保测定结果的准确性与可靠性，并便于操作，对沉淀形式和称量形式提出以下要求。

**1. 对沉淀形式的要求**

（1）沉淀要有小的溶解度。

（2）沉淀应易于过滤和洗涤。

（3）沉淀要力求纯净。

（4）沉淀形式要易于转化为称量形式。

**2. 对称量形式的要求**

（1）称量形式的化学组成必须确定。

（2）称量形式要稳定（不受空气中水分、$CO_2$和$O_2$等的影响）。

（3）为了减小称量误差，称量形式要有大的摩尔质量。

**3. 沉淀的溶解度及其影响因素**

在沉淀重量法中，沉淀是否完全，可以根据反应达到平衡后，溶液中剩余待测组分的含量来衡量。沉淀的溶解度常受多种因素影响，包括同离子效应、盐效应、酸效应及络合效应等，这些因素直接影响沉淀的稳定性。此外，温度、溶剂介质、晶体内在结构及颗粒尺寸也不容忽视，这些因素共同作用于溶解度，影响沉淀的形成与分离效果。

1）同离子效应

在饱和的微溶化合物溶液中，加入沉淀的同离子（即构晶离子）时，微溶化合物的溶解度会减小，这种现象叫同离子效应。同离子效应致使微溶化合物的溶解度减小。在实际工作中，通常利用同离子效应，即加大沉淀剂的用量，使待测组分沉淀完全。一般情况下，沉淀剂过量 50%～100%是合适的，如果沉淀剂不易挥发，则以过量 20%～30%为宜。

2）盐效应

在饱和的微溶化合物溶液中，加入强电解质（非构晶离子）时，微溶化合物的溶解度会增大，这种现象叫作盐效应。盐效应致使微溶化合物的溶解度增大。构晶离子的电荷愈高，影响也愈严重。因此，在实际工作中应尽量避免不必要的各种电解质的存在。

3）酸效应

酸对微溶化合物溶解度的影响称为酸效应。酸效应显著受溶液中的[$H^+$]调控，影响弱酸解离平衡。弱酸盐在纯水中的溶解度计算较为复杂，需依具体情况深入分析。对于溶解度极小的弱酸盐，常简化考虑水的自然酸效应，即[$H^+$]约为$10^{-7}$ mol·L$^{-1}$。而对于溶解度较大的种类，则须重点考虑其阴离子水解作用对溶解度的影响。

4）络合效应

在微溶化合物饱和溶液中，络合剂若能与构晶离子结合成可溶性络合物，将显著提升溶解度，此现象称为络合效应。络合效应的强度取决于溶度积与络合物稳定常数，络合物越稳定，效应越显著，溶解度增幅越大。这一效应为调控溶解度提供了有效途径。

**4. 沉淀的类型和形成过程**

1）沉淀的类型

沉淀按其物理性质不同，可大致分为晶形沉淀和无定形沉淀（非晶形沉淀）。从沉淀的颗粒大小来看，晶形沉淀大，无定形沉淀小。

2）沉淀的形成过程

$$构晶离子 \xrightarrow{成核作用} 晶核 \xrightarrow{长大过程} 沉淀微粒 \begin{cases} \xrightarrow{聚集速度大于定向速度} 无定形沉淀 \\ \xrightarrow{定向速度大于聚集速度} 晶形沉淀 \end{cases}$$

晶核的形成有均相成核作用和异相成核作用两种情况。在进行沉淀反应时，异相成核作用总是存在的。不同的沉淀，形成均相成核作用时所需的相对过饱和程度不一样。相对过饱和程度愈大，愈易引起均相成核作用。

沉淀形态（晶形或无定形）由定向速度与聚集速度共同决定。定向速度受沉淀物性质、极性、溶剂特性及温度影响；聚集速度则与溶液的过饱和程度密切相关。当定向速度大于聚集速度时，形成晶形沉淀；反之，则形成无定形沉淀。

**5. 沉淀条件的选择**

重量分析法中要确保待测组分沉淀完全、纯净且便于过滤洗涤。选择适宜的沉淀条件至关重要，因不同形态的沉淀性质各异，故所需条件也不同，以确保分析结果的准确性。

1）晶形沉淀

在热溶液中进行沉淀，必要时将溶液稀释。操作时，滴加速度要慢，当沉淀接近完全时，可以稍加快。沉淀完全后（应检查沉淀是否完全），将表面皿盖于上方，为使沉淀陈化，可选择将其静置过夜，或置于水浴中加热约 1 h。

2）无定形沉淀

对于无定形沉淀的生成，宜采用浓度较高的沉淀剂溶液，快速加入并搅拌，以加速沉淀过程。待沉淀完全后，应立即用热蒸馏水稀释，以减少聚集，且无须额外陈化时间。

# 3.3 仪器部分

## 3.3.1 电子天平

**1. 电子天平的简介**

电子天平基于电磁力平衡原理设计，实现了无砝码直接称量，全量程精准无误。一旦放置待测物质，数秒内即可达到稳定状态，迅速显示精确读数。其优越之处，在于采用弹性簧片作为支承点，替代了传统机械天平的玛瑙刀口，同时引入差动变压器替代升降枢，并以数字显示屏替代了传统的指针刻度，这一系列革新不仅延长了天平的寿命，而且使天平的性能稳定，操作简便快捷，灵敏度更是达到了前所未有的高度。

此外，电子天平较智能，如具有自动校正、去皮、超载提示与故障报警等功能，大幅提升了使用体验。其质量电信号输出能力，更是为与打印机、计算机等设备的无缝对接提供了可能，进一步解锁了数据统计、分析（如最大值、最小值、平均值及标准偏差计算）等高级功能，满足了科研、生产等众多领域的复杂需求。

尽管电子天平在价格上相较于传统机械天平有所劣势，但其无可比拟的性能优势正逐步赢得市场的广泛认可，成为越来越多领域中的首选称量工具，预示着机械天平将逐步被电子天平所取代。根据结构不同，电子天平主要分为上皿式与下皿式两大类，其中上皿式以其设计的便利性和广泛应用性，成为市场的主流选择。尽管种类繁多，但电子天平的使用方法却基本相通，具体操作可参看各仪器的使用说明书。下面以 BSA224S-CW-赛多利斯万分之一电子分析天平为例（图 3-1），简要介绍电子天平的使用方法。

图 3-1 电子分析天平

**2. 电子天平的使用**

电子天平是精密仪器，放在天平室里。天平室要保持干燥清洁。进入天平室后，对照天平号坐在自己需使用的天平前，按下述方法进行使用。

（1）检查。掀开防尘罩，整理叠放在天平箱上方。检查天平是否正常、天平是否水平、秤盘是否洁净等。若天平秤盘上或内部不洁净，则应用软毛刷小心清扫。

（2）水平调节。观察水泡，位于水平仪中心则为水平；若水泡偏移出圈，则需调整水平调节脚。

（3）开启显示器并预热。接通电源，按 ON 键开机，屏幕显示仪器型号，预热到规定的时间后，显示称量模式 0.000 0 g，则可进行操作，读数时应关上天平门。

（4）校准。为了保证称量结果准确，应进行校准。校准由 TAR 键、CAL 键及 100 g 校准砝码完成。

（5）称量。按 TAR 键清零，将被称物置于秤盘中心，待显示器上的数字稳定后，读出被称物的质量。

（6）去皮称量。将容器置于秤盘上，按 TAR 键清零，则屏幕显示零，即去皮成功。再将被称物（粉末状物或液体）逐步加入容器中，直至达到所需质量，此时显示器显示的是称量物的净质量，及时记下数据。取下秤盘上的所有物品，天平显示负值，按 TAR 键清零，即显示 0.000 0 g。称量的总质量不可超过最大载荷。

称量结束后，若短时间内还要使用天平则不关闭。全部使用完后，取出被称物放到原位，关侧门，关显示器，断电源，盖防尘罩。登记使用情况，教师签字，放回凳子。

**3. 电子天平的称量方法**

（1）直接称量法：按 TAR 键，显示为 0.000 0 g 后，把被称物放于天平秤盘中央（不能用手直接接触，应套住，戴一次性手套、专用手套，用镊子或钳子等）所得读数即被称物的质量。这种方法适用于称量洁净干燥的器皿、棒状或块状的金属及其他整块的不易潮解或升华的固体样品。

（2）固定质量称量法：用于指定质量的试样称取，对不宜吸水、在空气中性质稳定的试样较适用。先将盛放试样的容器置于秤盘中去皮，然后加试样。当试样加到与目标质量相差小于10 mg时，将盛有试样的牛角勺伸向秤盘上容器的上方2~3 cm处，拿稳牛角勺，并用食指轻弹勺柄，将试样慢慢抖入容器中，直至到所需质量，具体操作如图3-2所示。若不慎加多了试样，应用牛角勺小心取出多余的试样，不断重复上述操作，直到达到称量要求为止。

（3）递减称量法：适用于精确称取待测试样及基准物质，是一种高效、精确且操作便捷的方法。其通过两次称量的差值直接得出所需试样要求范围内的准确质量。操作时，首先，从干燥器中取出表面皿及其上面放置的称量瓶，过程中避免手部直接接触瓶体以保持其干燥清洁。随后，利用小纸片辅助或戴手套开启瓶盖，用牛角勺向称量瓶中加入略多于预期量的试样（此步骤可在台秤上粗略估算），迅速盖好瓶盖以防止试样吸湿。接下来，采用清洁纸条折叠成细纸带环绕称量瓶或戴手套拿取称量瓶，将其安全、稳定地放置于天平秤盘中央，进行精确称重至0.1 mg，记录此质量为$m_1$。然后，右手持纸带轻提称量瓶至接收器上方，左手持纸片稳固瓶盖并小心开启，确保瓶盖始终悬于接收器上方以防污染。此操作戴手套进行更便捷。在倾倒试样时，须缓慢倾斜瓶身，并轻敲瓶口，使试样缓慢落入容器内，同时注意观察试样的体积变化，以估算接近所需质量时停止倾倒。此时，应迅速将称量瓶竖直，并再次轻敲瓶口，确保沾附的试样落入瓶内或接收器中（图3-3），随后盖好瓶盖，重新放回天平秤盘上进行第二次精确称重，记录此质量为$m_2$。根据两次称重的差值$m_1-m_2$，即可准确得知倒入接收器中的试样质量。此方法能够连续操作以称取多份试样，极大地方便了化学实验中的定量操作需求。

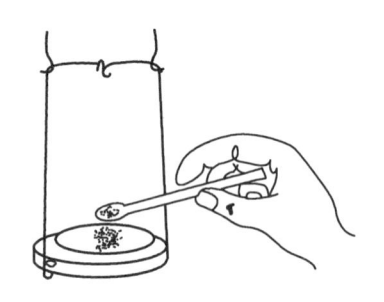

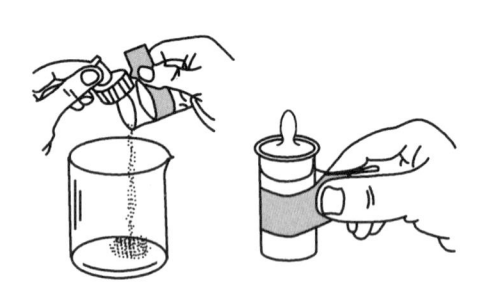

图3-2　固定质量称量操作　　　　图3-3　称量瓶倾倒样品操作

**4. 电子天平的使用注意事项**

（1）放置环境良好：电子天平应放置在平稳、水平的台面上，并确保其安装牢固，避免房间阳光直射或潮湿，避免静电干扰、移动，远离热源和高强电磁场等不稳定环境，以确保称量结果的准确性。

（2）保持清洁干燥：在称量前，需要将电子天平的秤盘和称量器具清洁干燥，以避免残留物质或水分对称量的影响。同时，天平箱内应保持清洁干燥，可放置吸潮剂（如硅胶）以吸收湿气。

（3）进行水平调节：在每次使用前，应调整水平仪气泡至中间位置，并按说明书的要求进行预热。

（4）避免超载：电子天平的最大载荷是有限的，超过其可能会对电子天平造成损坏。

（5）正确操作：在称量过程中，应轻轻放置和取出样品，开关电子天平侧门的动作都要轻缓，切不可用力过猛、过快，同时，应避免在电子天平上放置过热的物品，以防对电子天平造成损害。

（6）正确记录结果：称量完成后，等待电子天平稳定显示结果，再准确记录称量结果。可以根据需要选择将结果保存在电子天平的储存器中，或者手动记录在实验报告本或实验记录本上。

（7）定期维护与校准：定期对电子天平进行清洁和维护，包括清除积尘、杂质以及清洁称量皿或容器。同时，应定期进行校准，以确保电子天平的准确性和稳定性。

（8）正确搬运与储存：如需搬动电子天平，应尽量平稳。在储存时，应放置在干燥、通风、无腐蚀性气体的环境中。

## 3.3.2 常用滴定分析仪器

溶液体积测量的误差是滴定分析准确度的主要影响因素，其误差往往远超称量误差。若体积测量失准，即便其他操作准确无误，也难确保分析结果的准确性。因此，保证溶液体积的精准测量是提升滴定分析精度的关键。这不仅依赖容量仪器的精确制造，更在于如何精准地操作这些仪器，如滴定管、移液管、吸量管及容量瓶等。保证这些仪器的使用准确性是提升滴定分析结果准确度的有效途径。下面分别讨论这些容量仪器。

**1. 容量仪器的洗涤**

在实验操作前，容量仪器必须清洗干净。这些容量仪器内壁能被水均匀润湿且无小水珠则为洗净。

1）滴定管的洗涤

滴定管的清洁维护须谨慎。外部污渍可用洗洁精轻刷，内部无油污时，用自来水冲洗或浸泡于洗液即可，避免刷洗以防内壁受损，影响精确度。遇到顽固油污时，可使用铬酸洗液处理。酸式管可直接注入洗液旋转清洗；碱式管则先拆卸橡皮管，再用小烧杯承接洗液进行清洗。铬酸洗液可重复使用，无须丢弃。清洗后，先以自来水彻底冲洗，继而用蒸馏水洗涤3次，确保内壁不挂水珠方为洗净。特别提醒，碱式管玻璃部件经铬酸洗液处理后，须多次用自来水冲洗，再细心组装，洗涤时应从管尖排放，变换捏持位置，确保玻璃珠被全面清洁，以保障后续实验结果的准确性和可靠性。

2）容量瓶的洗涤

将少许铬酸洗液倒入容量瓶中充分摇动或浸泡，洗涤完后的铬酸洗液装回原瓶。然后用自来水充分冲洗干净，再用适量蒸馏水洗涤3次。

3）移液管的洗涤

先用洗耳球辅助吸入少量铬酸洗液于移液管中，横置并旋转，确保内壁均匀沾附洗液，随后直立，将洗液从管尖倒回原瓶（图3-4）。随后，依次用自来水和蒸馏水彻底冲洗移液管，各3次，直至干净无残留。

**图3-4 移液管的洗涤**

**2. 容量仪器的使用方法**

1）滴定管的使用方法

滴定管的使用方法见视频 3-1。

（1）使用滴定管前的准备。

使用酸式滴定管前，须细致检查活塞的灵活性及是否漏水。通过试漏确认无渗水且活塞转动顺畅后，方可使用；否则，取出活塞，干燥后涂抹薄层凡士林于两端，注意避免堵塞孔眼。若遇凡士林堵塞，可尝试通过水压与洗耳球鼓气排出，或温水软化后快速放水冲洗。若仍无法解决，则重新涂油并再次试漏。

使用碱式滴定管前，须检查玻璃珠、乳胶管的状态及漏水情况，确保完好无损。一旦发现乳胶管老化、玻璃珠大小不适或表面不圆滑导致漏水，应及时更换部件。认真地检查与维护，是确保滴定管精准测量的关键。

（2）标准溶液的装入。

为确保标准溶液的浓度不受稀释影响，须用其润洗滴定管 2~3 次，每次 5~10 mL，彻底清除管内多余水分。装液时应直接倒入，避免使用额外容器，以防污染或浓度变化。装完后，检查尖嘴气泡并排除，确保滴定体积精准。随后，调整液面至"0.00" mL 刻度或其下，准确记录初始读数。

（3）滴定管的读数。

滴定管读数的精准度是减少滴定分析误差的关键。在滴定前，充分练习读数是必要的。操作时，应手持滴定管上端，确保其竖直无倾斜，以消除视觉误差。无色溶液弯月面清晰，读数时应保持视线与弯月面下缘最低点水平对齐（图 3-5）。对于有色溶液（如 $KMnO_4$），弯月面模糊时，可改读上缘相切刻度，但同样须保持水平视角。特殊情况如"蓝线"滴定管，液面形成三角交叉点，应读取交叉点与刻度线的切点。

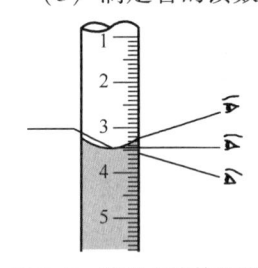

**图 3-5 读数视线的位置**

为提升读数的精准度，应保持滴定管竖直稳定，视线与液面边缘精准对齐，选择液面清晰边缘进行读数，并多次练习以熟悉不同溶液的读数技巧。

为了使读数准确，应遵守以下原则。

① 在滴定操作中，精确读数至关重要。装满或释放溶液后，务必静置 1~2 min，确保内壁溶液完全流下，以获取准确读数。对于流速缓慢的情况，如接近滴定终点，可适当缩短静置时间至 0.5~1 min。每次滴定前，调整液面至"0.00" mL 刻度或其下，因滴定管的刻度不均匀，故通过在同一区域读数来部分抵消刻度误差。

② 读数精确至小数点后第二位，即 0.01 mL，这是关键。滴定管相邻刻度的间隔为 0.1 mL，位于两刻度间的液面，需依据视觉估计细分至 0.01 mL。例如，若液面位于刻度间的 1/3 或 2/3 处，则分别为 0.03 mL 或 0.07 mL；对于更精细的 1/5 位置，可视为 0.02 mL。

③ 为提升非"蓝线"滴定管的读数清晰度，可使用读数卡（图 3-6）。将半黑半白的读数卡置于滴定管后，调整位置使黑色部

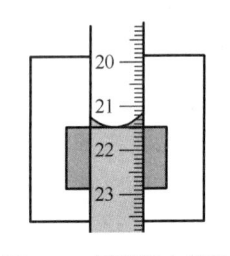

**图 3-6 用读数卡读数**

分覆盖弯月面下约 0.1 mL 处，此时弯月面反射层全黑，便于清晰读取下缘最低点。对于有色溶液，读取两侧最高点时，则宜采用白色读数卡作为背景，以提高对比度，确保读数准确无误。

（4）滴定操作。

在使用酸式滴定管时，左手精准操作活塞，拇指前置，食指与中指轻扣其后，确保活塞控制稳定且不触及手心（图 3-7），防止漏液。右手持锥形瓶，边滴边轻轻摇动，确保反应溶液均匀混合，反应彻底。初期滴定可稍快，但须避免液流成线；接近终点时，操作转为缓慢，逐滴或半滴加入，并以蒸馏水冲洗内壁，确保锥形瓶内壁无残留，直至终点精准到达。

在使用碱式滴定管时，左手技巧性地捏挤乳胶管，拇指与食指协同作用，于玻璃珠上方轻捏，产生微小缝隙让溶液顺畅流出。关键在于避免触碰玻璃珠下方，以防气泡生成。此操作确保了滴定过程的准确与流畅。

2）容量瓶的使用方法

（1）使用容量瓶前的准备。

使用容量瓶前一定确认无漏水。具体操作是注入自来水至标线边缘，紧密旋上瓶塞，拭去外部水珠。左手稳固瓶塞，右手握瓶底，倒置容量瓶持续 2 min，仔细观察瓶塞周围有无渗水迹象。确认无误后，将容量瓶直立，旋转瓶塞约半圈，再次倒置测试 2 min，此双重检查至关重要，因瓶塞与瓶口密合度可能随位置变化，以此确保全方位密封。

（2）容量瓶的操作方法。

在配制溶液之前，确保容量瓶清洁干净。对于固体溶质制备标准溶液的情况，需精确称量所需固体并置于小烧杯中溶解，然后将溶液转移至容量瓶中。在此过程中，玻璃棒应紧贴瓶颈内壁，引导溶液顺畅流入，避免溅出（图 3-8）。转移完后，彻底洗涤烧杯 3 次，并将洗液合并至容量瓶，此步骤称为溶液的定量转移，确保了溶质的准确计量。

图 3-7 酸式滴定管的滴定操作　　　　图 3-8 移液至容量瓶的操作

随后，使用蒸馏水稀释溶液至容量瓶约 2/3 处，轻轻摇动以促进溶液均匀混合。继续加蒸馏水，接近刻度线时，应改为逐滴加入，直至弯月面精准地与标线相切。无论溶液的透明度如何，均以此为准。此时，盖上瓶塞，通过反复颠倒振荡容量瓶，确保溶液混合均匀（图 3-9）。

对于浓溶液的定量稀释，则应借助移液管准确量取所需体积，再按上述稀释与混合步骤进行操作。

若溶液需避光保存，则应选用棕色容量瓶。要注意的是，容量瓶非长期储存容器，特别

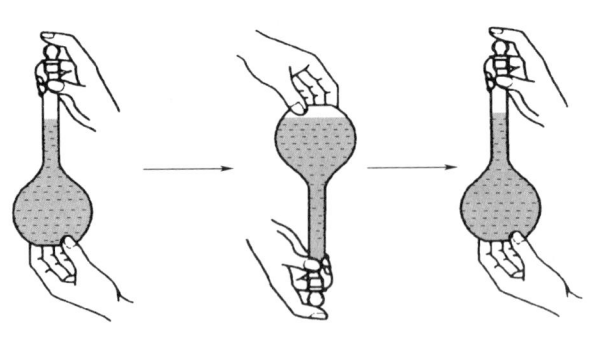

图 3-9 容量瓶的混匀溶液操作

是碱性溶液会损害瓶塞的密封性，故应及时转移至试剂瓶中保存。此外，容量瓶严禁加热或烘烤，若需干燥处理，则可采用乙醇等适宜溶剂洗涤后自然晾干或用冷风吹干。

3）移液管和吸量管的使用方法

移液管的使用方法见视频 3-2。

视频 3-2 移液管的使用方法

首次使用洗净的移液管时，先用滤纸吸除尖端内外的残留水分，确保无水滴干扰，再采用少量待移取溶液对移液管进行 2~3 次充分润洗，消除管内壁对溶液可能产生的稀释效应，确保移取溶液的浓度准确无误。

操作移液管时，右手拇指与中指轻握颈标线上方，左手持洗耳球，相互配合。将移液管下端轻插入溶液 1~2 cm 深处，避免过深导致外壁沾液过多，也避免过浅引发空吸现象。通过洗耳球缓缓吸入溶液至刻度线以上（图 3-10），随即用食指紧压管口，提离液面，并轻旋或擦拭下端以去除多余沾附溶液。随后，微调食指力度，使液面精准降至刻度线，确保移取体积的精确性。

转移溶液时，移液管垂直置于接收容器口，管尖轻触内壁，缓缓释放溶液，直至自然流尽，并静待 15 s 以确保无残留（图 3-10）。特别注意的是，除非移液管明确标有"吹"字，否则切勿吹出管尖内的溶液，以免破坏预设的精确体积。

使用完毕后，移液管应彻底清洗并妥善置于管架上晾干，严禁烘烤，以防体积变化影响后续使用的准确性。吸量管的操作遵循相似原则。须特别留意，凡移液管标有"吹"字，务必吹尽管内余液，确保测量无误。

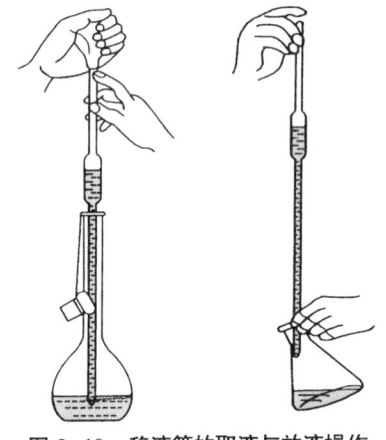

图 3-10 移液管的取液与放液操作

## 3.4 实验技术

沉淀重量分析法作为一种精确测定物质含量的方法，其基本操作流程涵盖了样品的预处理、沉淀的生成、沉淀的分离纯化（包括过滤、洗涤）、沉淀的干燥和灼烧，以及最终的精确称量等多个关键步骤。每一步操作均须细致入微，以确保沉淀的完整性与纯净度，从而保障分析结果的准确无误。

**1. 样品的预处理**

将样品置于烧杯中，沿杯壁缓缓注入溶剂，随后盖上表面皿，轻轻旋转烧杯以促进溶解。若需加热加速溶解，务必控制温度适中，避免溶液溅出。对于需酸溶且伴随气体释放的样品，应预加水调和至糊状，覆以表面皿，从烧杯边缘缓慢注入酸液，待反应完全后，用洗瓶细心冲洗表面皿，确保所有残留物流入烧杯，保持操作安全且高效。

**2. 沉淀的生成**

在沉淀重量分析法中，确保沉淀的完全性与纯净度是非常重要的。因此，须依据沉淀的具体类型，调控沉淀条件，涵盖溶液体积、温度，沉淀剂浓度、加入量、加入速度，搅拌强度及静置时长等，每一步均须遵循既定操作规程，以实现最佳沉淀效果。

操作时，手法要专业。左手稳握滴管，精准滴加沉淀剂；右手轻持玻璃棒，于溶液中持续搅拌，避免与烧杯壁或底部接触，以防划伤并减少杂质引入。若需加热促进沉淀，应采用水浴或电热板等温和方式，确保温度控制精准。

沉淀完成后，必须验证其完全性。通过在上层清澈溶液中，沿杯壁缓缓滴加一滴沉淀剂，细致观察滴落点是否产生浑浊，以此作为判断依据。若无浑浊现象，则证明沉淀已彻底完成；反之，则适量补加沉淀剂，并重复检验，直至上层溶液保持清澈，再无浑浊现象，方可盖上表面皿。

**3. 沉淀的过滤和洗涤**

1）滤纸的选择

在沉淀重量分析法中，定量滤纸（无灰滤纸）因其灼烧后残余灰分微乎其微，成为过滤操作的首选。这些滤纸不仅规格多样，直径涵盖 11 cm、9 cm 至 7 cm 不等，还依据孔隙大小细分为"快速""中速"与"慢速"3 类，以满足不同沉淀特性的需求。例如，针对 $BaSO_4$、$CaC_2O_4 \cdot 2H_2O$ 等细晶形沉淀，慢速滤纸能确保过滤细致无漏；$Fe_2O_3 \cdot nH_2O$ 等无定形沉淀，则适宜采用快速滤纸以提高效率；至于 $MgNH_4PO_4$ 等粗晶形沉淀，中速滤纸则能平衡效率与效果。此外，根据预计沉淀量的多少，合理选择滤纸尺寸，既能避免浪费，又能确保过滤过程的顺畅与精确。表 3-1 是常用国产定量滤纸的灰分质量，表 3-2 是国产定量滤纸的类型。

表 3-1 常用国产定量滤纸的灰分质量

| 直径/cm | 7 | 9 | 11 | 12.5 |
|---|---|---|---|---|
| 每张纸的灰分/g | $3.5\times10^{-5}$ | $5.5\times10^{-5}$ | $8.5\times10^{-5}$ | $1.0\times10^{-4}$ |

表 3-2 国产定量滤纸的类型

| 类型 | 滤纸盒上色带标志 | 滤速/(s·100 mL$^{-1}$) | 适用范围 |
|---|---|---|---|
| 快速 | 蓝色 | 60~100 | 无定形沉淀，如 $Fe(OH)_3$ |
| 中速 | 白色 | 100~160 | 中等粒度沉淀，如 $MgNH_4PO_4$ |
| 慢速 | 红色 | 160~200 | 细粒状沉淀，如 $BaSO_4$ |

2）漏斗的选择

沉淀重量分析法中选择长颈漏斗，使颈长保持在 15~20 cm 之间，漏斗锥体角达到 60°，颈的直径为 3~5 mm，确保在颈内容易形成水柱，出口处的角度为 45°。在使用前一定要将漏斗清洗干净。

3）滤纸的折叠

操作前，洗净并擦干双手。将滤纸对折并轻压一半，再对折不压，形成圆锥状。放入漏斗，确保低于边缘 0.5~1 cm，高出则裁剪。调整滤纸角度，确保与漏斗内壁紧密贴合，并压紧第二次折边。取出滤纸后，撕去外层一角，使内层紧贴漏斗，同时，保留撕下的滤纸碎片，以备后续用于擦拭烧杯内可能残留的沉淀物。滤纸的折叠如图 3-11 所示。

4）做水柱

将滤纸放入漏斗后，轻按使其密合，并用水润湿滤纸。用手指轻压滤纸，排除气泡，然后加水至滤纸边缘，形成水柱。若水柱不形成，可尝试封堵漏斗口，向滤纸与漏斗间加水，再慢慢松开手指，促使水柱形成。若仍失败且漏斗颈已清洁，则可能是漏斗颈过大，需更换。

图 3-11　滤纸的折叠

将形成水柱的漏斗置于架上，下方承接洁净烧杯收集滤液。即便滤液非必要，也需收集以防意外。调整漏斗位置，确保过滤时漏斗颈不接触滤液，防止溅出。同时，让漏斗颈出口斜边紧贴烧杯内壁，确保过滤顺畅且安全。

5）倾泻法过滤和初步洗涤

在沉淀过程中，沉淀的过滤和洗涤要连贯进行，不能间断，因此要做好时间安排，这对过滤无定形沉淀尤为重要。无定形沉淀的过滤操作一旦中断，可能导致沉淀再分散或堵塞滤纸，影响分离效果。

过滤过程通常分为 3 个阶段：首先，运用倾泻法迅速滤去大部分清液，并初步洗涤烧杯内沉淀；其次，细心将沉淀转移至漏斗；最后，彻底清洗烧杯并认真洗涤漏斗上附着的沉淀，确保过滤彻底无遗漏。

过滤时，为防止沉淀堵塞滤纸，常用倾泻法：倾斜静置烧杯，待沉淀沉降，再将上层清液缓缓倾入漏斗，保持溶液清澈过滤，以保证过滤速度与质量。

进行过滤操作时（图 3-12），将烧杯置于漏斗正上方，提起烧杯中的玻璃棒，使其末端轻触烧杯内壁，确保悬挂的液滴流回烧杯。随后，将烧杯口与玻璃棒紧密贴合，玻璃棒保持竖直，其尖端轻贴三层滤纸边缘，将烧杯中的上层清液引流入漏斗中。在此过程中，须严格控制漏斗内液面高度于滤纸高度的 2/3 处，或至少低于滤纸上沿约 5 mm 处，以防毛细现象诱使沉淀损失。

若需暂停倾注，应沿着玻璃棒缓缓提升烧杯，直至两者由垂直转为近乎平行，再将玻璃棒与烧杯分离，避免残留液体不慎洒落。玻璃棒须放回烧杯且不能搅动已澄清的液体，也不可靠近附着少量沉淀的

图 3-12　倾泻法过滤

烧杯口。不断重复上述步骤,直至烧杯中上层清液尽数倾出。剩余少量液体时,调整玻璃棒与烧杯的角度,使倾斜角度更大,完成倾倒。

当倾注完上层清液后,洗涤烧杯中沉淀。应根据沉淀的类型选用合适的洗液。

(1) 晶形沉淀:宜采用冷稀沉淀剂清洗,利用同离子效应减小其溶解度。若沉淀剂为非挥发物质,则不宜作洗液,应改用蒸馏水或适宜的替代溶液进行洗涤,以确保沉淀纯净。

(2) 无定形沉淀:宜采用热电解质溶液洗涤,以防胶溶,常选易挥发铵盐溶液作为洗液,确保沉淀稳定且纯净。

(3) 溶解度较大的沉淀:宜采用沉淀剂与适量有机溶剂进行洗涤,有效减小其溶解度。洗涤过程中,应沿烧杯内壁缓缓注入约 20 mL 洗液,搅拌使其充分接触,随后静置沉淀。重复此操作 4~5 次,每次均彻底倾倒洗液,并检查滤液清澈度,确保无沉淀残留。若发现滤液浑浊,则重新过滤或调整实验步骤,以确保实验结果的准确性与可靠性。

6) 沉淀的转移

在用倾泻法洗涤后的沉淀中加入少量洗液,搅拌均匀,全部倾倒入漏斗。如此重复 2~3 次,然后利用玻璃棒,将烧杯内壁上附着的沉淀液全部转入漏斗中。随后用撕下的小块滤纸先擦拭玻璃棒,再用玻璃棒压住滤纸擦拭烧杯,擦完后拨入漏斗中。接着用洗液冲洗烧杯,将残留的沉淀全部转入漏斗中。有时也可用淀帚(图 3-13)擦洗烧杯内壁上的沉淀,然后洗净淀帚。

7) 沉淀的洗涤

在完成沉淀转移至滤纸后,须认真进行最终洗涤。操作时,应沿滤纸边缘缓缓以螺旋状方式下冲洗液,确保沉淀汇聚于滤纸底部,避免直接冲击沉淀造成溅失,如图 3-14 所示。

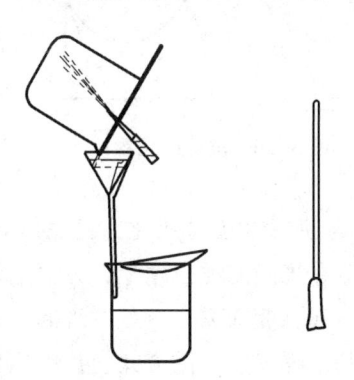

图 3-13 沉淀的转移　　　　　图 3-14 沉淀的洗涤

采用"少量多次"策略,即每次少量加入洗液,充分沥干后再加。洗涤次数依实验要求而定,如指定 8~10 次,或直至滤液中无特定离子为止。以 $Cl^-$ 为例,为验证洗涤效果,可定期取少量滤液,用硝酸酸化的硝酸银溶液检测,若无白色沉淀生成,则表明洗涤彻底,否则继续洗涤,直至达标。

**4. 沉淀的干燥和灼烧**

在进行沉淀的干燥和灼烧前,须确保坩埚已预先灼烧至质量恒定,这是准确测定的前提,务必提前准备好坩埚。

1）坩埚的准备

在进行沉淀的干燥和灼烧前，首先要洗净瓷坩埚，然后以小火烤干或置于烘箱中烘干，以确保无残留水分。为方便识别，可使用含 $Fe^{3+}$ 或 $Co^{2+}$ 的蓝墨水在坩埚外壁清晰编号。接着，将坩埚置于高温电炉中，为避免因温度急剧变化而导致破裂，可先将坩埚放入预冷的炉膛，再缓慢升温，或在炉膛口预热后迅速放入。灼烧温度通常设定为 800~950 ℃，新坩埚须延长灼烧时间至 1 h 以确保充分干燥与稳定。

取出坩埚时，须待炉温下降后，迅速移至干燥器内，随干燥器一同转移至天平室，静待约 30 min 冷却至室温，随后精确称量。此过程须重复进行，第二次灼烧时间缩短至 15~20 min，再次冷却并称量，直至连续两次称量结果之差不超过 0.2 mg，方可确认坩埚质量恒定。要注意，灼烧空坩埚的温度须与后续灼烧沉淀时的温度保持一致，以确保实验结果的准确性。

2）沉淀的干燥和灼烧步骤

用玻璃棒从漏斗中把滤纸和沉淀取出（图 3-15），并把沉淀包裹成沉淀包卷（图 3-16）。此时操作要小心，不能使沉淀有损失。若有些微沉淀沾在漏斗上，可用碎片滤纸擦下，放在沉淀包卷中。

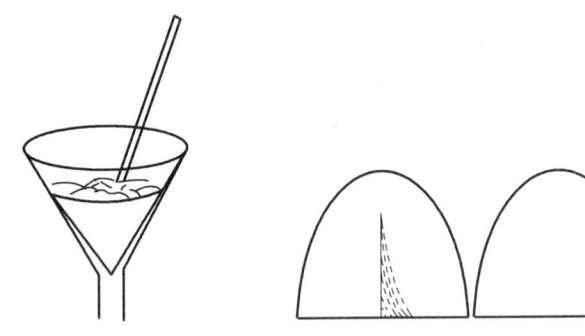

图 3-15　沉淀的取出　　　　　　图 3-16　沉淀的包裹

将包好的沉淀包卷装进已恒重的坩埚内，为使滤纸较易灰化，将滤纸较多层的一边向上。如图 3-17、图 3-18 所示，将坩埚倾斜放置在稳固的泥三角上，并盖上坩埚盖，使滤纸烘干并炭化，但要避免滤纸意外着火，否则会引起沉淀损失。一旦发现滤纸有起火迹象，应果断地将煤气灯移开，并迅速地盖上坩埚盖，利用隔绝空气的方式，让火焰自然熄灭。

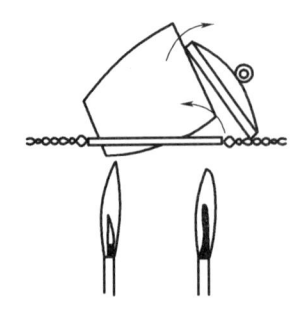

图 3-17　炭化和灰化的火焰位置 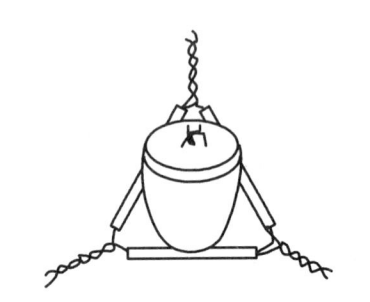　　　　　　图 3-18　沉淀和滤纸在坩埚中烘干

滤纸炭化后，逐步提升温度，期间使用坩埚钳轻轻转动坩埚，确保内壁附着的黑炭彻底燃烧为 $CO_2$，此步骤称为灰化。随后，将坩埚垂直放置在泥三角上，坩埚盖微启以排气，于设定温度下进行沉淀灼烧，或置于高温电炉中处理。首次灼烧 30~45 min，第二次则缩短至 15~20 min。每次灼烧后，先于空气中自然冷却，再移入干燥器。待沉淀冷却至室温，进行称量，并重复灼烧→冷却→称量步骤，直至质量恒定，确保结果的准确性。

**5. 干燥器的使用方法**

干燥器（图 3-19）常用于保存称量瓶、坩埚、试样等物。它是磨口的玻璃器皿，边缘涂有一薄层凡士林使盖子密合。

干燥器底部通常盛放变色硅胶和无水氯化钙干燥剂，上方置有干净的带孔瓷板。干燥剂对水分的吸收能力均存在上限。例如，硅胶在 20 ℃时，其干燥后的 1 L 空气中仍含约 $6×10^{-3}$ mg 水分；而无水氯化钙在 25 ℃时，该值低于 0.36 mg。这说明，干燥器内的空气虽经处理，但并非绝对无湿，而是达到了相对较低的湿度水平。

使用干燥器时应注意下列事项。

（1）干燥剂剂量不可太多，以免坩埚底部沾污。

（2）在开启干燥器时，应避免直接向上掀起盖子。正确操作：左手按住干燥器，右手则谨慎地将盖子边缘轻轻推开一个缝隙，如图 3-20 所示。待冷空气缓缓渗透入内后，方可完全推开盖子。此时，应将盖子正面朝上，稳妥地放置于桌面上，以确保操作的安全。

（3）移动干燥器时，要小心，须用双手大拇指紧紧按住盖子，如图 3-21 所示。

图 3-19 干燥器　　图 3-20 干燥器的打开方法　　图 3-21 干燥器的移动方法

（4）太热的物体不可放入干燥器中。

（5）较热的物体直接放入干燥器中易将盖子顶起，这是因为空气受热易膨胀。应按住盖子，不时推盖放气，以防打翻盖子。

（6）灼烧或烘干后的坩埚和沉淀，不宜在干燥器内久放，否则易吸水分使质量略有增加。

（7）变色硅胶在干燥状态下呈现蓝色，这是由于其含有无水 $Co^{2+}$。一旦硅胶受潮，它便转变为粉红色，这是因为水分子与 $Co^{2+}$ 结合形成了水合状态，从而改变了颜色。为了恢复硅胶的干燥能力，可将受潮的硅胶置于 120 ℃的环境下烘烤，直至其重新变回蓝色。允许硅胶被反复使用，直至其因物理磨损而破碎，无法再行利用为止。

## 3.5 实　　验

### 3.5.1 分析仪器的认领、洗涤和安全教育

**1. 实验目的与要求**

（1）了解本学期实验内容的安排。

（2）对照仪器清单认领和洗涤本学期所用的仪器。

（3）了解实验室制度、实验要求和安全纪律等。

**2. 实验原理**

教师演示所需仪器物品，如烧杯、锥形瓶、容量瓶、移液管、吸量瓶、酸式和碱式滴定管、称量瓶、洗瓶、瓷坩埚、坩埚钳等，并介绍如何洗涤玻璃仪器。仪器清单如表3-3所示。

表3-3　仪器清单

| 名称 | 规格 | 数量 | 名称 | 规格 | 数量 |
| --- | --- | --- | --- | --- | --- |
| 滴管 | 带橡皮头 | 2 | 移液管 | 25 mL | 1 |
| 量筒 | 5 mL | 1 | 表面皿 | 7~8 cm | 2 |
| 量筒 | 10 mL | 1 | 锥形瓶 | 250 mL | 3 |
| 量筒 | 100 mL | 1 | 玻璃棒 | — | 1 |
| 酸式滴定管 | 50 mL | 1 | 碘量瓶 | 250 mL | 2 |
| 碱式滴定管 | 50 mL | 1 | 烧杯 | 500 mL | 1 |
| 容量瓶 | 250 mL | 1 | 烧杯 | 250 mL | 2 |
| 容量瓶 | 100 mL | 1 | 烧杯 | 50 或 100 mL | 2 |
| 试剂瓶 | 500 mL | 2（其中1个为棕色） | 洗瓶 | 500 mL | 1 |
| 洗耳球 | — | 1 | 漏斗 | — | 1 |
| 毛刷 | — | 1 | 抹布 | — | 1 |

**3. 仪器与试剂**

仪器：按照仪器清单进行认领和洗涤本学期所用的仪器。

试剂：去污粉、凡士林、洗衣粉和铬酸洗液等。

**4. 实验内容与步骤**

1）实验室的纪律教育

（1）本次实验是学生第一次进实验室，要求学生遵守纪律，不得迟到早退，在实验室内不得吃东西，不得大声喧哗。着实验服，将长头发扎起或盘起，不得穿拖鞋，必须将手机

关闭。实验完毕后，将实验桌面、仪器和药品架整理干净。

（2）进入实验室前要做好预习，主要明确实验的目的、原理、方法、步骤以及基本操作和注意事项。进入实验室后认真听教师的讲解指导，然后按照正确的操作规程操作，仔细观察，随时将实验现象和数据如实记录在专用记录本上。

（3）用完公用仪器和试剂瓶后立即放回原处，不能随意乱放。要保持桌面和实验室清洁。如发现破损，及时向教师汇报；如在实验过程中损坏仪器，应填写仪器破损报告单。

（4）每次实验后都需安排值日生。值日生的职责：擦洗所有台面、水池，清扫地面，清洁天平室台面、地面（勿用湿布），检查水、电的开关和门窗是否关好。最后须经教师允许后方能离开。

2）实验室的安全教育

在化学分析实验中，鉴于频繁接触腐蚀性、易燃易爆及有毒试剂，并大量运用易碎玻璃器皿、精密仪器及水、电等资源，必须严格遵守实验室安全规范。这不仅关乎实验的正常进行，更是对人员安全的坚实保障。每位实验人员都应秉持高度的安全意识，细致操作，确保实验环境的安全。

（1）实验室内严禁饮食吸烟，实验后务必洗手确保卫生。使用水、电后，需立即关闭开关以防意外。离开实验室前，细心检查水、电、煤气的开关及门窗，确保全部关闭，保障实验室安全。

（2）在操作电气设备时，务必保持高度谨慎，严禁用湿手触碰电闸及开关，以防发生触电事故，确保个人安全。

（3）浓酸浓碱极具腐蚀性，操作时必须严防溅及皮肤、衣物。使用如硝酸、盐酸、硫酸、高氯酸及氨水等强腐蚀性化学品时，应在通风橱内进行，确保安全。若不慎溅及皮肤或眼睛，应立刻以大量清水冲洗，随后根据酸碱性质，分别用稀碳酸氢钠溶液或稀硼酸溶液中和，最后以清水冲洗，并立即就医。

（4）若发生烫伤，可涂抹苦味酸溶液或烫伤软膏缓解，伤势严重时需立即就医。若发生实验室火灾，应迅速判断火源，采取适当灭火措施，并视火情决定是否报警，确保安全至上。

（5）实验室应维持整洁有序，避免杂物乱放。毛刷、抹布等不得遗留在水槽，固体废弃物及玻璃碎片须投至指定容器，以防堵塞下水道。废纸废屑归类存放，废酸、碱液谨慎倒入废液缸，严禁倒入水槽，保护管道免受腐蚀，共同维护实验环境的清洁安全。

3）认领清点仪器

对照仪器清单核查各类仪器的规格、数量、质量。在实验室内采用"多退少补"的策略，互相补充，清点清楚。以后若有缺损，按赔偿条例处理。

4）仪器的洗涤

注意酸式和碱式滴定管、容量瓶、移液管的洗涤方法。强调"少量多次"的冲洗、润洗原则，强调使用铬酸洗液的注意事项（各种洗液公用）。

特别注意如何为酸式滴定管的旋塞涂凡士林、试漏和排气泡；如何为碱式滴定管排气泡和试漏。若有滴漏，酸式滴定管须重新涂凡士林，碱式滴定管需更换玻璃珠或乳胶管，要注意滴定管上口与下端出口尖部的保护。

**5. 注意事项**

（1）实验前必须认真预习，理解实验原理，了解实验步骤，探寻影响实验结果的关键环节，做好必要的预习笔记。未预习者不得进行实验。

（2）所有实验数据，尤其是各种测量的原始数据，必须随时记录在专用的、预先编好页码的实验记录本上。不得记录在其他任何地方，不得涂改原始数据。

（3）严格遵守实验室的各项规章制度，了解消防设施和安全通道的位置。树立环境保护意识，尽量降低化学物质（特别是有毒有害试剂以及洗液、洗衣粉等）的消耗。

（4）保持室内安静和实验台面清洁整齐。爱护仪器和公共设施，树立良好的公共道德意识。

**6. 思考题**

（1）使用玻璃仪器前为什么要洗涤？如何洗涤？

（2）铬酸洗液的成分是什么？使用时应注意什么问题？如何判断铬酸洗液已经失效？

（3）如何为酸式滴定管的旋塞涂凡士林、试漏和排气泡？

（4）如何为碱式滴定管排气泡和试漏？操作时应注意什么问题？

（5）容量管如何洗涤、试漏、摇匀和定容？

（6）使用移液管时应注意什么问题？

## 3.5.2 天平的称量练习

**1. 实验目的与要求**

（1）学会检查和调节天平的水平。

（2）学会电子天平的操作方法。

（3）熟悉直接称量、递减称量和固定质量称量的方法。

**2. 实验原理**

电子天平是根据电磁力平衡原理制成的，能够直接称量。若称量过程中秤盘上的总质量超过最大载荷，天平仅显示上部线段，此时应立即减小载荷。

当称量不易吸水、在空气中稳定、无腐蚀的物品时，可采用直接称量法称量。当称量秤易吸水、易氧化、易吸收 $CO_2$ 等的物质时，采用递减称量法称量。电子天平的构造、使用规则和称量方法以及主要事项详见 3.3.1 节。

**3. 仪器与试剂**

仪器：电子天平、台秤、药匙、称量瓶、小烧杯（50 mL）等。

试剂：无水 $Na_2CO_3$（供称量练习用）。

**4. 实验内容与步骤**

1）天平水平的检查和调节

检查天平秤盘是否洁净，若不洁净，可用软毛刷刷净。再看天平是否水平，若不水平，可通过调节天平箱前下方两个天平螺旋脚，使水准器内的水平泡恰好在圆中央。

2）天平的预热和开启

接通天平的电源，将天平预热至规定时间，开启显示器进行操作。

3）直接称量法

按 TAR 键，显示为零后，取一洁净、干燥的小烧杯，置于天平秤盘中央，待数字稳定，即显示器左下角的"0"标志消失后，可读出小烧杯的质量（称量值应读准至小数点后第四位）。

4) 递减称量法（称取无水 $Na_2CO_3$ 3 份，每份 0.2~0.4 g）

取一洁净、空的称量瓶，装入适量无水 $Na_2CO_3$，准确称其总质量，记录为 $m_1$。将称量瓶拿到小烧杯或锥形瓶的上方，轻轻敲称量瓶的上方，敲出少量药品后（药品不能落到容器外面），再放到天平上称量，如此反复操作，直到倒出需要的样品质量，记录剩余样品和称量瓶的称量值 $m_2$。按上述方法操作，分别称取第 2 份、第 3 份无水 $Na_2CO_3$，并分别记录称量值 $m_3$、$m_4$。

5) 固定质量称量法（称取无水 $Na_2CO_3$ 2 份，每份 0.500 0 g）

取一小烧杯（或称量纸），置于天平秤盘中央，按 TAR 键清零，即去皮。再将称量物逐步加入烧杯中，直到称量物质量非常接近目标质量时，小心地手持盛有试样的药匙，伸向烧杯正上方 2~3 cm 处，拿稳药匙，用食指轻弹（最好是摩擦）药匙，让药匙里的试样以非常缓慢的速度抖入烧杯内。直至达到所需质量 0.500 0 g，待显示器左下角"0"标志消失，这即为称量物的净质量，及时记录称量值。移去秤盘上的所有物品，天平显示负值，按 TAR 键，天平显示 0.000 0 g。按上述的操作，再称取 1 份，记录称量值。

**5. 注意事项**

(1) 实验前做好预习，严格遵守天平的操作规程。

(2) 在使用前一定要先调节天平至水平。

(3) 使用电子天平时应按说明书的要求进行预热。

(4) 称量瓶与烧杯除放在干燥器内和天平秤盘上外，须放在洁净的纸上，不得随意乱放，以免沾污。

(5) 要注意清理天平箱内遗落的药品，可用毛刷及时清理干净。

(6) 用完天平后，切断天平的电源，罩好天平罩。最后在天平使用记录簿上登记，并请指导教师签字。

**6. 数据处理**

(1) 固定质量称量法的数据记录在表 3-4 中。

表 3-4 固定质量称量法的数据

| 名称 | 1 | 2 | 3 |
| --- | --- | --- | --- |
| $m/g$ | | | |

(2) 递减称量法的数据记录在表 3-5 中。

表 3-5 递减称量法的数据

| 名称 | 1 | 2 | 3 |
| --- | --- | --- | --- |
| $m_{烧杯}/g$ | | | |
| $m_{(称量瓶+样品)}/g$ | | | |
| $m_{(称量瓶+剩余样品)}/g$ | | | |
| 称量瓶敲出试样的质量 $m_1/g$ | | | |

续表

| 名称 | 1 | 2 | 3 |
|---|---|---|---|
| $m_{(烧杯+样品)}$/g | | | |
| 烧杯中试样的质量 $m_2$/g | | | |
| 偏差$(m_1-m_2)$/mg | | | |

**7. 思考题**

(1) 递减称量法称量过程中能否用小勺取样？为什么？

(2) 称量时，应尽量将物体放在天平秤盘的中央，为什么？

(3) 称量时，如何操作才能保证不损失试样？

(4) 本次实验用的天平可读到小数点后第几位（以 g 为单位）？

## 3.5.3 常用容量器皿的校准

**1. 实验目的与要求**

(1) 了解常用容量器皿校准的必要性。

(2) 学习掌握常用容量器皿的校准方法。

(3) 进一步熟悉移液管、滴定管及容量瓶的正确使用方法。

**2. 实验原理**

实验室常用的移液管、滴定管、容量瓶等玻璃容量器皿，其标称容积是基于 20 ℃时水的体积标定的，确保符合国家标准的容积允差。然而，受材质、温度波动及试剂侵蚀影响，实际容积与标称值常存在偏差，可能超出分析精度要求，导致系统误差。因此，为确保分析结果的准确性，定期对这些器皿进行容积校准至关重要，能够有效避免误差累积，保障实验数据的可靠性。

玻璃容量器皿因热胀冷缩现象，体积随温度变化。为确保准确性，国际上统一将 20 ℃定为标准温度。常用的校准方法有绝对校准和相对校准两种，均严格遵循此标准温度操作，以消除温度差异带来的误差，保障实验数据的精准与可靠。

1) 绝对校准

绝对校准是精确测定容量器皿实际容积的方法，常用衡量法（或称称量法）：通过天平称量出纯水的质量，结合纯水在该温度时的表观密度，精确计算出该器皿在 20 ℃时的实际容积，确保校准结果的准确性与可靠性。由质量换算成容积时，需考虑一些影响因素：①水的温度影响，应尽可能接近室温，因为水的密度随温度产生变化，玻璃容量器皿的容积胀缩受温度影响；②空气浮力的影响，称量时盛有水的玻璃容量器皿是在空气中称量的。

不同温度下水的质量均为真空中的质量，而实际上称量出的水的质量是在空气中称量的，因此除知道水的密度外，还需知道空气的密度和黄铜砝码的密度，以便将水的密度进行空气浮力的校正。求出 1 mL 水在空气中称得的密度 $\rho'_t$，校正公式为

$$\rho'_t = \rho_t/(1+0.001\,2/\rho_t+0.001\,2/8.4)$$

校正时，通常实验室的温度不是恰好为 20 ℃，因而还需加上玻璃容量器皿随温度变化

的校正值，得出考虑 3 个方面因素的总校正公式为

$$\rho_t'' = \rho_t/(1+0.001\ 2/\rho_t+0.001\ 2/8.4)+0.000\ 25\times(t-20)\rho_t$$

式中，$\rho_t'$ 为 $t$ ℃时在空气中用黄铜砝码称量 1 mL 水的质量（g），即密度，$g\cdot mL^{-1}$；$\rho_t''$ 为 $t$ ℃时在空气中用黄铜砝码称量 1 mL 水（校正玻璃容量器皿随温度变化后）的质量（g），即密度，$g\cdot mL^{-1}$；$\rho_t$ 为 $t$ ℃时水的密度，$g\cdot mL^{-1}$；$t$ 为校正时的温度，℃；0.001 2 为空气的相对密度，$g\cdot mL^{-1}$；8.4 为黄铜砝码的密度，$g\cdot mL^{-1}$；0.000 25 为玻璃的体膨胀系数，℃$^{-1}$。

为方便起见，将不同温度时的 $\rho_t'$ 和 $\rho_t''$ 值列于表 3-6 中。实际应用时，只要称量出被校准的玻璃容量器皿容纳纯水的质量，再除以该温度时纯水的密度，便是该器皿在 20 ℃时的实际容积。

表 3-6　不同温度时的 $\rho_t'$ 和 $\rho_t''$ 值

| 温度/℃ | $\rho_t'/(g\cdot mL^{-1})$ | $\rho_t''/(g\cdot mL^{-1})$ | 温度/℃ | $\rho_t'/(g\cdot mL^{-1})$ | $\rho_t''/(g\cdot mL^{-1})$ |
| --- | --- | --- | --- | --- | --- |
| 4 | 0.999 96 | 0.998 53 | 18 | 0.998 60 | 0.997 49 |
| 5 | 0.999 94 | 0.998 53 | 19 | 0.998 41 | 0.997 33 |
| 7 | 0.999 90 | 0.998 52 | 20 | 0.998 21 | 0.997 15 |
| 8 | 0.999 85 | 0.998 49 | 21 | 0.997 99 | 0.996 95 |
| 9 | 0.999 78 | 0.998 45 | 22 | 0.997 77 | 0.996 76 |
| 10 | 0.999 70 | 0.998 39 | 23 | 0.997 54 | 0.996 55 |
| 11 | 0.999 61 | 0.998 33 | 24 | 0.997 30 | 0.996 34 |
| 12 | 0.999 50 | 0.998 24 | 25 | 0.997 05 | 0.996 12 |
| 13 | 0.999 38 | 0.998 15 | 26 | 0.996 79 | 0.995 88 |
| 14 | 0.999 25 | 0.998 04 | 27 | 0.996 52 | 0.995 66 |
| 15 | 0.999 10 | 0.997 92 | 28 | 0.996 24 | 0.995 39 |
| 16 | 0.998 94 | 0.997 78 | 29 | 0.995 95 | 0.995 12 |
| 17 | 0.998 78 | 0.997 64 | 30 | 0.995 65 | 0.994 85 |

2）相对校准

在实际分析操作中，针对无须精确容积而只需两种容器间容积比例关系的情况，可采用相对校准法。以 250 mL 容量瓶与 25 mL 移液管为例，将容量瓶干燥后，用移液管连续 10 次注入 25 mL 蒸馏水，若液面不符刻度，标记此点为新标线。此后，用该移液管从校准后的容量瓶中抽取一管液体，即准确代表其总容积的 1/10。此方法简便高效，适用于仅需比例精度的分析工作，有效简化校准流程。

**3. 仪器与试剂**

仪器：带磨口塞的锥形瓶、分析天平、移液管、滴定管、容量瓶。

试剂：蒸馏水。

**4. 实验内容与步骤**

1）绝对校准法校准滴定管

洗净滴定管，注满蒸馏水，调零后，以稳定速度（10 mL/min 或 4 滴/s）向干燥锥形瓶

（50 mL，带磨口塞）中注入 10 mL 水，此放出蒸馏水的体积称为表观体积。依据滴定管规格，表观体积可设为 1 mL、5 mL、10 mL 不等。使用同一分析天平，精确至 0.01 g，连续称重并记录。注意，尽管表观体积与目标值略有偏差（±0.1 mL 内），但无须倒出锥形瓶内的水，便于连续校准，提升效率。

然后根据测定水温的数据，计算蒸馏水的质量，用此质量除以表 3-6 中所示该温度时水的密度，得实际容积，最后求其校准值。

2）绝对校准法校准移液管

将洗净的用于校准的 50 mL 或 25 mL 移液管，准确吸取温度与室温相同的蒸馏水，放入已称质量的 50 mL 锥形瓶中（洗净和干燥过的锥形瓶），盖紧瓶塞，准确称量至 0.01 g。重复校准，使两次测得的水的质量相差不超过 0.02 g。

3）相对校准法校准移液管和容量瓶

洗净晾干需校准的容量瓶，用已校准的 25.00 mL 移液管分 10 次移取蒸馏水装入容量瓶中，确保装入时不沾湿瓶颈。检查液面与刻度线，若吻合则达标；若不吻合，则于瓶颈处另作标线。此后，该容量瓶搭配此移液管使用时，以此新标线为准。

**5. 注意事项**

（1）使用滴定管时，操作手势要准确，滴定管最后一滴要斜靠一下。

（2）移液管尖不能到容器底部，也不能太浅（以免吸空），到待取液面下 1 cm 处；最后一滴不能吹出，但需要斜靠一段时间。

（3）滴定管的读数要保留两位小数；移液管和容量瓶的液面要对准刻度线。

（4）容量瓶不能用烘箱干燥，内壁可以用无水乙醇干燥。

**6. 思考题**

（1）校正容量器皿的主要影响因素有哪些？

（2）为什么用称量法校准滴定管或移液管时，锥形瓶和水的质量只需准确到 0.01 g？为什么滴定管的读数要准确到 0.01 mL？

（3）滴定分析过程中要用同一支滴定管或移液管，而且每次都从零刻度或零刻度以下附近开始，为什么？

（4）在进行校准时，为什么水的温度和玻璃容器皿的温度要尽可能接近室温？

## 3.5.4 酸碱溶液的配制与相互滴定练习

**1. 实验目的与要求**

（1）学习并掌握滴定分析中常用仪器的洗涤方法。

（2）学习并掌握移液管、酸式和碱式滴定管的使用方法、操作技术及注意事项。

（3）初步掌握酚酞及甲基橙指示剂确定终点的方法和原理。

**2. 实验原理**

在酸碱滴定分析中，通常用 HCl 或 $H_2SO_4$ 作为酸标准溶液。由于稀 HCl 比较稳定，不会破坏指示剂，而且大多数氯化物易溶于水，因此，用 HCl 作为酸标准溶液的使用更多。当进行样品分析时，需要过量的酸标准溶液共同煮沸或者酸标准溶液浓度大，则用 $H_2SO_4$

作为酸标准溶液更好。

NaOH 和 KOH 是常被选用的碱标准溶液，有时也可选用 Ba(OH)$_2$。实际上 NaOH 标准溶液选用的最多，但由于它易吸收空气中的水分和 $CO_2$，并腐蚀玻璃，因此长期保存时要放在塑料瓶中。

由于 NaOH 和浓 HCl 的性质不够稳定，其纯品也不易获得，所以配制其标准溶液用间接法。

在此实验中，主要是学会 NaOH 和 HCl 溶液的配制以及滴定分析基本操作的练习，重点是通过练习来掌握滴定操作技术以及酸式和碱式滴定管的使用方法，能正确读取数据和掌握滴定终点的控制。

**3. 仪器与试剂**

仪器：锥形瓶、酸式和碱式滴定管（50 mL）、试剂瓶（500 mL）、量筒（10 mL）、移液管（25.00 mL）、洗耳球。

试剂：浓 HCl（A.R）、NaOH（A.R，固体）、甲基橙指示剂（0.02%水溶液）、酚酞指示剂（0.04%乙醇溶液）。

**4. 实验内容与步骤**

(1) 0.1 mol·L$^{-1}$ HCl 和 0.1 mol·L$^{-1}$ NaOH 溶液的配制。

HCl 溶液的配制：用清洗干净的量筒量取浓 HCl 4~4.5 mL，倒入洁净的装有一定蒸馏水的试剂瓶中，然后用水稀释到位，盖上玻璃塞并摇匀，贴上标签备用。

NaOH 溶液的配制：用台秤称取 2 g NaOH 固体于小烧杯中，加适量水并用玻璃棒搅拌溶解，然后将溶液转移至洁净的试剂瓶中，清洗小烧杯 2~3 次并转入试剂瓶中，用水稀释到位，盖上橡皮塞并摇匀，贴上标签备用。

(2) 甲基橙指示剂终点的确定。采用移液管精确量取 25.00 mL NaOH 溶液加入锥形瓶中，加甲基橙指示剂 1~2 滴，摇匀。随后，以 0.1 mol·L$^{-1}$ HCl 溶液滴定，初期可稍快，接近终点时一定要逐滴乃至半滴滴定。密切观察溶液的色泽变化，当黄色骤变为橙色时，即为滴定终点。若不慎转为红色，则已过终点，可微调，用 NaOH 溶液回滴至橙色再现即可。若红色再返黄色，说明又过终点，则继续用 HCl 溶液滴定，如此反复微调，确保精确把控终点，达到最佳滴定效果。

(3) 酚酞指示剂终点的确定。采用移液管精确量取 25.00 mL HCl 溶液加入锥形瓶中，加酚酞指示剂 1~2 滴，摇匀后溶液初显无色。随后，以 0.1 mol·L$^{-1}$ NaOH 溶液滴定至溶液呈淡粉色，且 30 s 内不褪色即达终点。若溶液过红，则已过终点，应用 HCl 溶液回滴至无色，再缓滴 NaOH 溶液至重现淡粉色，稳定 30 s 不褪色，精准判定终点。

(4) 酸滴定碱。采用移液管精确量取 25.00 mL NaOH 溶液加入锥形瓶中，加甲基橙指示剂 1~2 滴，充分摇匀。随后，采用 HCl 溶液滴定至溶液恰好转为橙色，30 s 内不褪色即为终点。避免回滴，重复此流程 3 次，准确记录 HCl 溶液的消耗量。

(5) 碱滴定酸。采用移液管精确量取 25.00 mL HCl 溶液加入锥形瓶中，加酚酞指示剂 1~2 滴使溶液显无色，摇匀。以 0.1 mol·L$^{-1}$ NaOH 溶液滴定至溶液转为稳定淡粉色，30 s 内不褪色即为终点。重复此操作 3 次，准确记录 NaOH 溶液的消耗量。

**5. 注意事项**

（1）使用玻璃仪器前，要按程序将其洗涤干净。

（2）滴定时尽量每次从零刻度开始，以减小滴定管刻度不匀所产生的系统误差。

（3）手心要握住试剂瓶上的标签部位倾倒 HCl、NaOH 等试剂，以保护标签。

（4）酸式滴定管、移液管均应用标准溶液润洗。

**6. 数据处理**

（1）酸碱互滴的数据记录在表 3-7 中。

表 3-7 酸碱互滴的数据

| 名称 | 酸滴定碱 ||| 碱滴定酸 |||
|---|---|---|---|---|---|---|
|  | 1 | 2 | 3 | 4 | 5 | 6 |
| $V_{HCl}$/mL |  |  |  |  |  |  |
| $V_{NaOH}$/mL |  |  |  |  |  |  |
| $V_{HCl}/V_{NaOH}$ |  |  |  |  |  |  |
| $\overline{V_{HCl}/V_{NaOH}}$ |  |  |  |  |  |  |
| $d_r$/% |  |  |  |  |  |  |

（2）由数据分析结果确定酸碱溶液浓度的相对大小。

**7. 思考题**

（1）使用前应如何洗涤玻璃仪器？

（2）滴定时用到的锥形瓶要不要润洗？为什么？滴定管为何要用标准溶液润洗 3 次？

（3）滴定时尽量每次从零刻度开始，为什么？

（4）滴定管如何使用？操作时应注意什么？

（5）移液管如何使用？操作时应注意什么？

（6）用 HCl 溶液滴定 NaOH 溶液时，选用甲基橙指示剂，而用 NaOH 溶液滴定 HCl 溶液时，选用酚酞指示剂，为什么？

## 3.5.5 食醋中总酸度的测定（酸碱滴定法）

**1. 实验目的与要求**

（1）掌握 NaOH 溶液的配制和标定方法。

（2）掌握强碱滴定弱酸的滴定过程及指示剂的选择。

（3）能够用酚酞指示剂准确地判断滴定终点。

**2. 实验原理**

食醋的主要成分是醋酸（一般含量为 3%~5%），除此外还有少量其他的有机酸（乳酸等）。醋酸的 $K_a = 1.8 \times 10^{-5}$，乳酸的 $K_a = 1.4 \times 10^{-5}$，它们都能满足 $cK_a \geqslant 10^{-8}$ 的滴定条件，所以都可被 NaOH 标准溶液直接滴定。所测为食醋中的总酸度，然而相比其他酸，醋酸在食醋中相对较多，故食醋中的总酸度常用醋酸含量表示。此滴定操作属于强碱滴定弱酸，化学计量点的pH≈8.7，选酚酞指示剂确定终点，用 NaOH 标准溶液滴定至由无色变为淡粉色且 30 s 内不褪色，即为终点（在整个滴定操作过程中要特别注意消除 $CO_2$ 的影响）。

### 3. 仪器与试剂

仪器：电子天平、台秤、移液管、容量瓶、烧杯、试剂瓶、碱式滴定管、锥形瓶。

试剂：邻苯二甲酸氢钾（$KHC_8H_4O_4$）基准试剂（在 100～125 ℃ 的条件下干燥后备用）、0.2%乙醇溶液的酚酞指示剂、食醋样品、NaOH（A. R，固体）。

### 4. 实验内容与步骤

1) 0.1 mol·$L^{-1}$ NaOH 溶液的配制

用台秤称取 NaOH 固体 2 g 于小烧杯中，加水溶解后，将溶液倾入洁净的试剂瓶中，并润洗小烧杯一并转入，以水稀释至 500 mL，用橡皮塞塞紧瓶口并摇匀。

2) 0.1 mol·$L^{-1}$ NaOH 溶液的标定

用电子天平以递减称量法准确称取 3 份邻苯二甲酸氢钾 0.4～0.6 g 于 250 mL 锥形瓶中，加入 40～50 mL 水，待溶解完全后，加入酚酞指示剂 1～2 滴，用待标定的 NaOH 溶液滴定，终点时溶液呈淡粉色且 30 s 内不褪色，记录消耗 NaOH 溶液的体积。用 NaOH 溶液再次装满碱式滴定管进行滴定，重复 3 次，记录 3 次消耗 NaOH 溶液的体积并求出其平均值，计算 NaOH 溶液的浓度。

3) 食醋中醋酸的测定

用移液管准确量取食醋样品 25.00 mL 放入 250 mL 容量瓶中，用蒸馏水稀释至刻度，摇匀。用移液管平行量取 25.00 mL 的上述溶液 3 份，分别置于锥形瓶中，加入酚酞指示剂 2 滴，用 NaOH 标准溶液滴定，终点时溶液由无色变为淡粉色且 30 s 内不褪色。请根据下列公式计算食醋的总酸度：

$$\rho_{HAc} = \frac{c_{NaOH} \times V_{NaOH} \times M_{HAc}}{25.00 \times \frac{25.00}{250.0}}$$

### 5. 注意事项

（1）食醋中醋酸的浓度较大，且颜色较深，故必须稀释后再进行滴定。

（2）测定醋酸含量时，所用的蒸馏水不能含有 $CO_2$，否则会溶于水中生成碳酸，碳酸将同时被滴定。

（3）注意碱式滴定管滴定前要赶走气泡，滴定过程中不要形成气泡。

### 6. 数据处理

（1）0.1 mol·$L^{-1}$ NaOH 溶液的标定数据记录在表 3-8 中。

表 3-8　NaOH 溶液的标定数据

| 名称 | 1 | 2 | 3 |
|---|---|---|---|
| $m_{邻苯二甲酸氢钾}$/g | | | |
| $V_{NaOH}$/mL | | | |
| $c_{NaOH}$/(mol·$L^{-1}$) | | | |
| $\overline{c_{NaOH}}$/(mol·$L^{-1}$) | | | |
| $d_r$/% | | | |

(2) 食醋的测定数据记录在表3-9中。

表3-9 食醋中醋酸的测定数据

| 名称 | 1 | 2 | 3 |
| --- | --- | --- | --- |
| $V_{HAc}$/mL | 25.00 | 25.00 | 25.00 |
| $V_{NaOH}$/mL | | | |
| $\rho_{HAc}$/(g·100 mL$^{-1}$) | | | |
| $\overline{\rho_{HAc}}$/(g·100 mL$^{-1}$) | | | |
| $d_r$/% | | | |

**7. 思考题**

(1) 测定食醋中醋酸的含量时选用酚酞指示剂，为什么？是否可以使用甲基橙指示剂？
(2) 酚酞指示剂指示终点后，变红的溶液在空气中放置后又会变为无色，为什么？
(3) 以此实验为例说明$CO_2$对酸碱滴定的影响和消除办法。
(4) 称取邻苯二甲酸氢钾和NaOH各用什么天平？为什么？

## 3.5.6 混合碱的分析（双指示剂法）

**1. 实验目的与要求**

(1) 了解酸碱滴定法的原理及应用。
(2) 掌握强酸滴定二元弱碱的滴定过程、突跃范围及指示剂的选择。
(3) 掌握双指示剂法测定混合碱的原理和组成成分的判别及计算方法。

**2. 实验原理**

混合碱常含$Na_2CO_3$与NaOH或$Na_2CO_3$与$NaHCO_3$。若想测定同一份试样中各组分的含量，可用HCl标准溶液滴定，选择双指示剂分别指示两个化学计量点（终点）。根据两个化学计量点时HCl标准溶液的消耗量，可精准判定试样成分并计算各组分含量，实现精确分析。

在混合碱试样中先使用酚酞指示剂，混合碱溶液初显红色，随后以HCl标准溶液滴定，直至溶液由红色转为无色，则NaOH已完全转化为NaCl，同时$Na_2CO_3$中和为$NaHCO_3$，此时溶液的pH值稳定在8.3左右，适宜区分酸碱度变化。若原样含$NaHCO_3$，此阶段HCl对其无影响，保持未滴定状态。反应如下：

$$NaOH + HCl = NaCl + H_2O, \quad Na_2CO_3 + HCl = NaCl + NaHCO_3$$

设滴定用去的HCl标准溶液的体积为$V_1$，再加入甲基橙指示剂，继续用HCl标准溶液滴定到溶液由黄色变为橙色。此时试液中的$NaHCO_3$（或是$Na_2CO_3$第一步被中和生成的$NaHCO_3$，或是试样中含有的$NaHCO_3$）被中和生成$CO_2$和$H_2O$，此时溶液的pH值为3.9。反应如下：

$$NaHCO_3 + HCl = NaCl + CO_2\uparrow + H_2O$$

此时，又消耗的HCl标准溶液（即第一终点到第二终点的消耗）的体积为$V_2$。根据$V_1$、$V_2$可以判断混合碱的组成及其在试样中的含量。

### 3. 仪器与试剂

仪器：电子天平、烧杯、容量瓶、移液管、酸式滴定管、锥形瓶、试剂瓶。

试剂：无水 $Na_2CO_3$（基准试剂）、0.2%乙醇溶液的酚酞指示剂、0.2%水溶液的甲基橙指示剂、混合指示剂（由 3 份 0.1%溴甲酚绿乙醇溶液加 1 份 0.2%甲基红乙醇溶液形成）、浓 HCl。

### 4. 实验内容与步骤

1) 0.1 $mol·L^{-1}$ HCl 溶液的配制与标定

用洁净量筒量取 4~4.5 mL 浓 HCl，注入试剂瓶中，用水稀释至 500 mL 并摇匀。将无水 $Na_2CO_3$ 在 150 ℃ 的条件下烘干 1 h，冷却后迅速用递减称量法称取 0.15~0.20 g（3 份），置于锥形瓶中，加水 20~30 mL 溶解，加 1~2 滴甲基橙指示剂。用 HCl 溶液滴定至溶液由黄色转为橙色，即为终点。依据滴定数据，精确计算得出 HCl 溶液的浓度。

2) 混合碱的测定

将混合碱样品在 150 ℃ 的条件下烘干 1 h 并自然冷却至室温，采用递减称量法精确称取 2.0~2.5 g，置于小烧杯中，随后用 20~30 mL 水溶解，可加热促进溶解。待溶液冷却，准确转移至 250 mL 容量瓶中，反复用水冲洗烧杯并合并至容量瓶，定容至刻度线，充分摇匀。随后，使用 25.00 mL 移液管精确移取 3 份各 25.00 mL 的试液至 250 mL 锥形瓶中，每份加水 20~30 mL，并滴加 1~2 滴酚酞指示剂。以标定好的 HCl 标准溶液滴定至溶液颜色由红色转为无色，记录消耗的 HCl 标准溶液的体积 $V_1$。随后，加入 1~2 滴甲基橙指示剂（或混合指示剂甲基红-溴甲酚绿），继续滴定至溶液变色（由黄色转为橙色或蓝绿色转为酒红色），记录又消耗的 HCl 标准溶液的体积 $V_2$。根据 $V_1$、$V_2$，可以精确判断样品组成并计算各组分含量。

### 5. 注意事项

（1）在滴定的第一终点完成后，加入甲基橙指示剂立即滴定并读取 $V_2$。切记不可将 3 份平行溶液都滴完 $V_1$ 后再分别滴 $V_2$。

（2）为了防止 NaOH 滴定不完全而影响结果，第一终点的酚酞指示剂可适当多滴几滴，否则 NaOH 的测定结果偏低，$Na_2CO_3$ 的测定结果偏高。

（3）建议使用相近浓度的 $NaHCO_3$ 酚酞溶液作参照，滴定前确保速度适中，避免 HCl 局部过浓导致 $CO_2$ 逸散增大误差，同时速度也不宜过缓，需均匀摇动溶液以确保准确。

（4）临近第二终点时，为了防止形成 $CO_2$ 的过饱和溶液使终点提前，要充分振摇。

### 6. 数据处理

（1）0.1 $mol·L^{-1}$ HCl 溶液的标定数据记录在表 3-10 中。

表 3-10　0.1 $mol·L^{-1}$ HCl 溶液的标定数据

| 名称 | 1 | 2 | 3 |
| --- | --- | --- | --- |
| $m_{无水Na_2CO_3}/g$ | | | |
| $V_{HCl}/mL$ | | | |
| $c_{HCl}/(mol·L^{-1})$ | | | |
| $\overline{c}_{HCl}/(mol·L^{-1})$ | | | |
| $d_r/\%$ | | | |

（2）混合碱的测定数据记录在表3-11中。

表3-11 混合碱的测定数据

| 名称 | 1 | 2 | 3 | 平均值 |
|---|---|---|---|---|
| $m_{混合碱}$/g | | | | |
| $V_1$/mL | | | | |
| $V_2$/mL | | | | |
| $w_{NaOH}$/% | | | | |
| $w_{Na_2CO_3}$/% | | | | |
| $w_{NaHCO_3}$/% | | | | |
| $d_r$/% | | | | |

**7. 思考题**

（1）在同一份溶液中采用双指示剂法测定混合碱时，请判断以下情况中混合碱的成分各是什么？①$V_1=0$，$V_2\neq0$；②$V_1\neq0$，$V_2=0$；③$V_1>V_2$；④$V_1<V_2$；⑤$V_1=V_2$。

（2）若混合碱液在空气中放置一段时间后，再用HCl溶液滴定，对结果有何影响？

（3）在滴定混合碱液的第一终点前，若滴定速度过快，或振摇不均匀，对测定结果有何影响？

## 3.5.7 EDTA溶液的配制与标定

**1. 实验目的与要求**

（1）了解EDTA溶液的配制及其标定原理。

（2）掌握标定EDTA的常用方法。

（3）熟悉金属离子指示剂的变色原理。

**2. 实验原理**

乙二胺四乙酸$H_4Y$（本身是四元酸），简称EDTA，由于其溶解度很小，通常用其溶解度较大（11.1g/100 mL）的二钠盐（$Na_2H_2Y \cdot 2H_2O$），也称为EDTA或EDTA二钠盐。在水溶液中，EDTA相当于六元酸，存在六级解离平衡。其一般能与多数金属离子形成配位比为1∶1的螯合物。

EDTA溶液采用标定法配制，其易吸附0.3%的水分，而且会含有少量杂质。能标定EDTA溶液的基准物质较多，有Cu、Zn、Ni、Pb等纯金属以及它们的氧化物，还有$CaCO_3$、$MgSO_4 \cdot 7H_2O$、$ZnSO_4 \cdot 7H_2O$等盐类。

在络合滴定时，金属离子指示剂可以与金属离子反应，生成有色络合物，来指示滴定过程中金属离子浓度的变化。反应如下：

$$M + In（颜色甲） \Longleftrightarrow MIn（颜色乙）$$

当EDTA溶液滴入后，溶液中游离的金属离子逐步被络合，当反应达到化学计量点时，

与指示剂络合的金属离子会被 EDTA 夺取,而指示剂被释放出显示本身的颜色。反应如下:
$$MIn（颜色乙）+ Y \rightleftharpoons MY + In（颜色甲）$$

金属离子指示剂变化的 pMep 应与化学计量点的 pMsp 尽量一致。由于金属离子指示剂是有机弱酸,易产生酸效应,因此要求选择显色迅速、灵敏、稳定的指示剂。常用的金属离子指示剂如下。

铬黑 T 指示剂:pH = 10 时,用于 $Mg^{2+}$、$Zn^{2+}$、$Cd^{2+}$、$Pb^{2+}$、$Hg^{2+}$、$In^{3+}$ 等的测定。

二甲酚橙（XO）:pH = 5~6 时,用于 $Zn^{2+}$ 的测定。

K-B 指示剂（酸性铬蓝 K-萘酚绿 B 混合指示剂）:pH = 10 时,用于 $Mg^{2+}$、$Ca^{2+}$、$Zn^{2+}$、$Mn^{2+}$ 等的测定;pH = 12 时,用于 $Ca^{2+}$ 的测定。

### 3. 仪器与试剂

仪器:分析天平、酸式滴定管、锥形瓶、烧杯、表面皿、容量瓶、移液管。

试剂:EDTA 二钠盐（$Na_2H_2Y \cdot 2H_2O$）、$NH_3 \cdot H_2O$-$NH_4Cl$ 缓冲溶液（pH = 10）、铬黑 T 指示剂（0.5%）、三乙醇胺（200 g·$L^{-1}$）、HCl 溶液（1∶1）、纯 Zn 片（99.99%）、氨水（1∶1）、$CaCO_3$ 基准试剂（于 110 ℃烘箱中干燥 2 h）、K-B 指示剂（称取 0.2 g 酸性铬蓝 K 和 0.4 g 萘酚绿 B,加水稀释至 100 mL）。

### 4. 实验内容与步骤

1) 0.02 mol·$L^{-1}$ EDTA 溶液的配制

称取 EDTA 二钠盐 1.8~2.0 g 于烧杯中,用少量热水溶解,然后稀释至 250 mL 并装于广口试剂瓶中（最好储存于聚乙烯塑料瓶中）。

2) EDTA 溶液的标定

(1) 用 $Ca^{2+}$ 标准溶液标定:称取 $CaCO_3$ 基准试剂 0.4~0.5 g 于 250 mL 烧杯中,先用少量蒸馏水将其润湿,然后在烧杯表面盖上表面皿,随即滴加 10 mL HCl 溶液（1∶1）,使其溶解（可加热）,溶解完后用少量水冲洗表面皿和烧杯壁,将溶液全部转入 250 mL 容量瓶中,用水稀释至刻度,摇匀。准确移取 25.00 mL $Ca^{2+}$ 标准溶液于 250 mL 锥形瓶中,加入 $NH_3 \cdot H_2O$-$NH_4Cl$ 缓冲溶液（pH = 10）20 mL,加入 K-B 指示剂 2~3 滴。用 0.02 mol·$L^{-1}$ EDTA 溶液进行滴定,终点时溶液由紫红色变成蓝绿色。用同一方法平行标定 3 份,准确记录 EDTA 溶液的消耗体积 $V_{EDTA}$,求出 EDTA 溶液的准确浓度。

(2) 用 $Zn^{2+}$ 标准溶液标定:用分析天平称取纯 Zn 片 0.34~0.40 g,置于 100 mL 烧杯中,加入 5 mL HCl 溶液（1∶1）,在烧杯表面盖上表面皿,为使溶解完全可以进行水浴温热,溶解完全后一定要用蒸馏水冲洗表面皿及烧杯壁,然后将溶液转移到 250 mL 容量瓶中,加水稀释摇匀。用移液管准确移取 25.00 mL $Zn^{2+}$ 标准溶液放置于 250 mL 锥形瓶中,逐滴加入氨水（1∶1）,同时不断摇动,直至开始出现白色沉淀。加入 5 mL $NH_3 \cdot H_2O$-$NH_4Cl$ 缓冲溶液(pH = 10),并加入 50 mL 水和铬黑 T 指示剂 2~3 滴,用 EDTA 溶液滴定,溶液由紫红色变成纯蓝色时即为终点。用同一方法平行标定 3 份,准确记录 EDTA 溶液的消耗体积 $V_{EDTA}$,求出 EDTA 溶液的准确浓度。

### 5. 注意事项

(1) 在配制 EDTA 溶液时,要保证 EDTA 二钠盐固体要全部溶解。

(2) 用 HCl 溶液溶解碳酸钙基准试剂时要缓慢,以防 $CO_2$ 冒出时带走一部分溶液,产生误差。

(3) 滴定时一定要保证络合反应充分进行，其反应速度应缓慢。

(4) 所用酸式滴定管和移液管都应用标准溶液润洗。

**6. 数据处理**

(1) 用 $Ca^{2+}$ 标准溶液标定 EDTA 溶液的数据记录在表 3-12 中。

表 3-12　用 $Ca^{2+}$ 标准溶液标定 EDTA 溶液的数据

| 名称 | 1 | 2 | 3 |
|---|---|---|---|
| $V_{EDTA}$/mL | | | |
| $c_{EDTA}$/(mol·L$^{-1}$) | | | |
| $\overline{c_{EDTA}}$/(mol·L$^{-1}$) | | | |
| $d_r$/% | | | |

(2) 用 $Zn^{2+}$ 标准溶液标定 EDTA 溶液的数据记录在表 3-13 中。

表 3-13　用 $Zn^{2+}$ 标准溶液标定 EDTA 溶液的数据

| 名称 | 1 | 2 | 3 |
|---|---|---|---|
| $V_{EDTA}$/mL | | | |
| $c_{EDTA}$/(mol·L$^{-1}$) | | | |
| $\overline{c_{EDTA}}$/(mol·L$^{-1}$) | | | |
| $d_r$/% | | | |

**7. 思考题**

(1) 滴定时为什么要加入 $NH_3·H_2O$-$NH_4Cl$ 缓冲溶液（pH=10）？

(2) 实验中为什么用 EDTA 二钠盐作为滴定剂，而不是用 EDTA 酸？

(3) 滴定时为何要加入缓冲溶液？若不加入缓冲溶液会导致什么现象发生？

(4) 为什么要使用两种指示剂分别标定？

## 3.5.8　自来水总硬度的测定（络合滴定法）

**1. 实验目的与要求**

(1) 熟悉配位滴定法的原理及其操作技术。

(2) 掌握水的总硬度的测定方法。

(3) 掌握金属离子指示剂准确判断滴定终点的原理。

**2. 实验原理**

自然水体，如自来水、河水及井水等，常富含钙盐和镁盐，这类水称为硬水。在锅炉供水、工业生产及日常生活等多个领域，对水的硬度进行准确测定显得尤为重要。硬度的测定主要分为两种：总硬度和钙-镁硬度。前者是测定水样中钙离子（$Ca^{2+}$）和镁离子（$Mg^{2+}$）

的总量，而后者则进一步细化，分别测定这两种离子的具体含量。

为了精确测定，常采用以 EDTA 二钠盐作为配位剂的配位滴定法。用 $NH_3 \cdot H_2O-NH_4Cl$ 缓冲溶液（pH=10）调节水样至 pH≈10，加入微量的铬黑 T 指示剂。在此条件下，铬黑 T 会与水样中的 $Mg^{2+}$ 发生络合反应：

$$HIn^{2-}（蓝色）+Mg^{2+} \Longleftrightarrow MgIn^-（酒红色）+H^+$$

滴定前溶液呈酒红色。用 EDTA 标准溶液滴定时，滴入的 EDTA 首先和水样中呈游离状态的 $Ca^{2+}$ 及 $Mg^{2+}$ 作用：

$$Ca^{2+}+HY^{3-} \Longleftrightarrow CaY^{2-}（无色）+H^+$$
$$Mg^{2+}+HY^{3-} \Longleftrightarrow MgY^{2-}（无色）+H^+$$

当达到终点时，EDTA 便夺取 $MgIn^-$ 中的 $Mg^{2+}$，使指示剂 In 游离出来：

$$MgIn^-（酒红色）+HY^{3-} \Longleftrightarrow MgY^{2-}（蓝色）+HIn^{2-}$$

当滴定溶液从酒红色转变为纯蓝色时，即达到终点。根据所消耗的 EDTA 标准溶液的体积，便可算出试样中 $Ca^{2+}$、$Mg^{2+}$ 的总含量。

测定时若存在 $Fe^{3+}$、$Fe^{2+}$、$Al^{3+}$ 等离子对 $Ca^{2+}$ 的干扰，可用三乙醇胺进行掩蔽。一些重金属离子如 $Cu^{2+}$、$Pb^{2+}$、$Zn^{2+}$ 等也会干扰，可用 KCN、$Na_2S$ 进行掩蔽。

水的质量指标可用水的硬度来表示。我国目前对于水硬度的表示分为 $CaCO_3$ 和 CaO 两种。$CaCO_3$ 表示法是将测得的 $Ca^{2+}$、$Mg^{2+}$ 折算成 $CaCO_3$ 的质量，以每升水中含有的质量（mg/L）表示硬度。CaO 表示法是将测得的 $Ca^{2+}$、$Mg^{2+}$ 折算成 CaO 的质量，以每升水中含有的质量（mg/L）表示硬度，而且以每升水中含有 10 mg CaO 为 1°，此为德国度。硬度小于 8° 为软水，大于 16° 为硬水，在 8°~16° 之间为中硬水。

**3. 仪器与试剂**

仪器：分析天平、酸式滴定管、移液管、容量瓶、锥形瓶、烧杯等。

试剂：EDTA 溶液（0.01 mol·L$^{-1}$）、$NH_3 \cdot H_2O-NH_4Cl$ 缓冲溶液（pH=10）、铬黑 T 指示剂（0.1%）、三乙醇胺（200 g·L$^{-1}$）、HCl 溶液（1∶1）。

**4. 实验内容与步骤**

用移液管准确移取 50.00 mL 自来水于 250 mL 锥形瓶中，加入 1~2 滴 HCl 溶液（1∶1）使试液酸化，充分摇动后加入 3 mL 三乙醇胺，再充分摇动并放置 3~5 min 后，加入 $NH_3 \cdot H_2O-NH_4Cl$ 缓冲溶液（pH=10）5 mL，加入铬黑 T 指示剂 2~3 滴，用 EDTA 标准溶液滴定至纯蓝色即为终点。准确读取 EDTA 标准溶液的消耗量 $V_{EDTA}$ 并记录，平行测定 3 份，依据公式计算水样的总硬度，以 $CaCO_3$ 或 CaO（mg·L$^{-1}$）表示结果。

$$总硬度(CaCO_3) = \frac{c_{EDTA} \times V_{EDTA} \times M_{CaCO_3}}{50.00} \times 10^3$$

$$总硬度(CaO) = \frac{c_{EDTA} \times V_{EDTA} \times M_{CaO}}{50.00} \times 10^3$$

**5. 注意事项**

（1）要控制好指示剂的加入量，加入过多溶液颜色深，加入过少溶液颜色浅，影响终点变色，不利于观察。

（2）终点颜色是从酒红色→紫色→蓝紫色→纯蓝色的渐变过程，而不是突变，而且过量后仍是纯蓝色。因此接近终点时，一定要慢滴，以免过量。

（3）必须在酸性溶液中加入三乙醇胺来掩蔽 $Fe^{3+}$ 和 $Al^{3+}$，并放置 3~5 min 后，再碱化，否则 $Fe^{3+}$ 和 $Al^{3+}$ 分别易生成 $Fe(OH)_3$ 和 $Al(OH)_3$ 沉淀而不易被掩蔽。

**6. 数据处理**

自来水总硬度的测定数据记录在表 3-14 中。

表 3-14 自来水总硬度的测定数据

| 名称 | 1 | 2 | 3 |
|---|---|---|---|
| $V_{EDTA}$/mL | | | |
| 自来水的总硬度($CaCO_3$)/(mg·L$^{-1}$) | | | |
| 自来水总硬度的平均值($CaCO_3$)/(mg·L$^{-1}$) | | | |
| $d_r$/% | | | |
| 自来水的总硬度($CaO$)/(mg·L$^{-1}$) | | | |
| 自来水总硬度的平均值($CaO$)/(mg·L$^{-1}$) | | | |
| $d_r$/% | | | |

**7. 思考题**

（1）水的总硬度测定是测定水中的哪些离子？

（2）水的总硬度测定中为何加入缓冲溶液？应控制溶液的 pH 值在什么范围？

（3）水的总硬度测定中若忘记了加入缓冲溶液，对测定结果有什么影响？

（4）用 EDTA 测定水的总硬度时除了用铬黑 T 指示剂，还可以用什么指示剂？

（5）测定水的总硬度时，除了 $Fe^{3+}$、$Al^{3+}$，还可能有哪些离子干扰？如何消除？

（6）为什么要在酸性溶液中加入三乙醇胺掩蔽 $Fe^{3+}$、$Al^{3+}$？

（7）掩蔽 $Cu^{2+}$、$Pb^{2+}$、$Zn^{2+}$ 等离子可以用 KCN，但是否也可在酸性条件下进行？

## 3.5.9 $Bi^{3+}$、$Pb^{2+}$ 混合溶液的连续滴定（络合滴定法）

**1. 实验目的与要求**

（1）了解由控制酸度提高 EDTA 选择性的原理。

（2）掌握用金属 Zn 标定 EDTA 的方法。

（3）学会用精密 pH 试纸对调节溶液的酸度进行检验的方法。

**2. 实验原理**

混合离子的滴定分析，常采用控制酸度法、掩蔽法等进行，依据副反应系数分析它们分别滴定的可能性。

多数离子与 EDTA 形成稳定的 1∶1 络合物，$Pb^{2+}$ 与 $Bi^{3+}$ 也如此，形成的络合物对应的 lg $K$ 分别为 18.04 和 27.94，两者的 lg $K$ 相差很大，满足分别滴定的要求，故可利用酸效应控制不同的酸度进行分别滴定，通常在 pH≈1 时滴定 $Bi^{3+}$，在 pH=5~6 时滴定 $Pb^{2+}$。

在 $Bi^{3+}$、$Pb^{2+}$ 混合溶液的滴定中，先将溶液调节为 pH≈1，选择二甲酚橙作为指示剂，此时 $Bi^{3+}$ 与指示剂形成紫红色络合物而 $Pb^{2+}$ 不形成紫红色络合物，然后用 EDTA 标准溶液滴定 $Bi^{3+}$，在滴定 $Bi^{3+}$ 的终点时溶液由紫红色变为亮黄色。在滴定完 $Bi^{3+}$ 的溶液中，加入六次甲基四胺溶液将溶液调节为 pH=5~6，此时 $Pb^{2+}$ 与二甲酚橙形成紫红色络合物，然后继续用 EDTA 标准溶液滴定，直至溶液由紫红色变为亮黄色时，即为滴定 $Pb^{2+}$ 的终点。

**3. 仪器与试剂**

仪器：分析天平、移液管、酸式滴定管、锥形瓶、烧杯、量筒、洗耳球、玻璃棒、精密 pH（0.5~6）试纸等。

试剂：EDTA 溶液（0.02 mol·$L^{-1}$），$HNO_3$ 溶液（0.1 mol·$L^{-1}$），六次甲基四胺溶液（20%），$Bi^{3+}$、$Pb^{2+}$ 混合溶液（含 $Bi^{3+}$、$Pb^{2+}$ 各约 0.01 mol·$L^{-1}$，$HNO_3$ 0.15 mol·$L^{-1}$），二甲酚橙水溶液（2 g·$L^{-1}$）。

**4. 实验内容与步骤**

1）0.02 mol·$L^{-1}$ EDTA 溶液的标定

称取纯 Zn 粒 0.33~0.35 g 于 100 mL 小烧杯中，加入 HCl 溶液（1:1）5~6 mL，盖上表面皿，以防飞溅，观察其溶解完全后，将表面皿和烧杯内壁进行冲洗，并将溶液转移至 250 mL 容量瓶中，用水冲洗烧杯几次并转入容量瓶中，用水稀释至刻度，摇匀。

用移液管准确移取 3 份 25.00 mL 的 $Zn^{2+}$ 标准溶液，分别置于 250 mL 锥形瓶中，加入 1~2 滴二甲酚橙指示剂（0.2%）。滴加六次甲基四胺溶液（20%）使溶液呈现稳定的紫红色后，再过量加入 5 mL，用 EDTA 溶液进行滴定，终点时溶液颜色由紫红色变为亮黄色，记录消耗 EDTA 溶液的体积 $V_{EDTA}$，计算 EDTA 溶液的准确浓度。

2）样品分析

用移液管准确移取 3 份 25.00 mL 的 $Bi^{3+}$、$Pb^{2+}$ 混合溶液，分别置于 250 mL 锥形瓶中。若样品为铅铋合金，则需称取 0.15~0.18 g 试样，加入 10 mL 2 mol·$L^{-1}$ $HNO_3$ 稍加热溶解后，稀释至 100 mL，此时溶液的 pH=1，加入 1~2 滴二甲酚橙指示剂，用 EDTA 标准溶液滴定，终点时溶液由紫红色变为亮黄色，准确记录消耗的 EDTA 标准溶液的体积 $V_1$。然后，在滴定完 $Bi^{3+}$ 的溶液中滴加 20% 的六次甲基四胺溶液，当溶液呈稳定的紫红色后，再过量加入 5 mL 调至溶液的 pH=5~6，继续用 EDTA 标准溶液滴定，直到溶液由紫红色变为亮黄色，即为 $Pb^{3+}$ 的滴定终点，记录消耗的 EDTA 标准溶液的体积 $V_2$，计算 $Bi^{3+}$ 和 $Pb^{2+}$ 的浓度（若为固体样品则计算含量）。

**5. 注意事项**

（1）标定 EDTA 溶液用的基准物质——Zn 粒在盐酸中的溶解速度较慢，Zn 的纯度越高、粒度越大，溶解速度越慢，必须完全溶解后再转移至容量瓶中。

（2）$Bi^{3+}$、$Pb^{2+}$ 混合溶液的连续滴定，两个滴定终点颜色变化是相同的，由紫红色变为亮黄色，滴定剂过量溶液颜色不变，因此终点附近滴定速度要慢。

（3）滴定过程中注意，在滴定 $Bi^{3+}$ 的终点时 EDTA 标准溶液不要过量，否则结果误差较大，$Bi^{3+}$ 含量偏高，$Pb^{2+}$ 含量偏低。

**6. 数据处理**

（1）用 $Zn^{2+}$ 标准溶液标定 EDTA 溶液的数据记录在表 3-15 中。

表 3-15 用 $Zn^{2+}$ 标准溶液标定 EDTA 溶液的数据

| 名称 | 1 | 2 | 3 |
| --- | --- | --- | --- |
| $V_{EDTA}$/mL | | | |
| $c_{EDTA}$/(mol·L$^{-1}$) | | | |
| $\overline{c_{EDTA}}$/(mol·L$^{-1}$) | | | |
| $d_r$/% | | | |

(2) $Bi^{3+}$、$Pb^{2+}$ 浓度的测定数据记录在表 3-16 中。

表 3-16 $Bi^{3+}$、$Pb^{2+}$ 浓度的测定数据

| 名称 | 1 | 2 | 3 |
| --- | --- | --- | --- |
| $V_1$/mL | | | |
| $V_2$/mL | | | |
| $\rho_{Bi^{3+}}$/(g·L$^{-1}$) | | | |
| $\overline{\rho_{Bi^{3+}}}$/(g·L$^{-1}$) | | | |
| $d_r$/% | | | |
| $\rho_{Pb^{2+}}$/(g·L$^{-1}$) | | | |
| $\overline{\rho_{Pb^{2+}}}$/(g·L$^{-1}$) | | | |
| $d_r$/% | | | |

**7. 思考题**

(1) 在滴定 $Bi^{3+}$ 和 $Pb^{2+}$ 时如何控制溶液的酸度，为什么？

(2) 本实验中，能否先在 pH=5~6 的溶液中测定 $Pb^{2+}$ 和 $Bi^{3+}$ 的含量，然后调整到 pH≈1 时测定 $Bi^{3+}$ 的含量？

(3) 连续滴定 $Bi^{3+}$、$Pb^{2+}$ 时，为什么用二甲酚橙作为指示剂？用铬黑 T 指示剂可以吗？

(4) 能否直接称取 EDTA 二钠盐来配制 EDTA 溶液？

(5) 本实验为什么用六次甲基四胺来调节溶液的 pH=5~6，而不用氨水或碱调节呢？是否可以用 HAc 缓冲溶液代替六次甲基四胺？

## 3.5.10 $KMnSO_4$ 溶液的配制与标定

**1. 实验目的与要求**

(1) 了解 $KMnO_4$ 溶液的配制方法、保存条件以及自动催化反应的特点。

(2) 掌握用 $Na_2C_2O_4$ 作基准物质标定 $KMnO_4$ 溶液浓度的原理和方法。

(3) 掌握 $KMnO_4$ 自身指示剂指示终点的方法。

**2. 实验原理**

市售 $KMnO_4$ 因含杂质（$MnO_2$、硫酸盐、氯化物及硝酸盐等）及易受光线、还原性物质

影响而分解，所以不宜直接配制其溶液。标定时可选的基准物质有 $Na_2C_2O_4$、$H_2C_2O_4 \cdot 2H_2O$、$(NH_4)_2Fe(SO_4)_2 \cdot 6H_2O$（俗称摩尔盐）、$As_2O_3$ 和纯铁丝等，但 $Na_2C_2O_4$ 因其纯度高、易提纯且不吸湿，成为首选。其他物质虽也可用，但 $Na_2C_2O_4$ 更为便捷稳定。

在酸性溶液中，$C_2O_4^{2-}$ 与 $MnO_4^-$ 的反应如下：

$$2MnO_4^- + 5C_2O_4^{2-} + 16H^+ = 2Mn^{2+} + 10CO_2\uparrow + 8H_2O$$

室温下此反应很慢，须加热至 75~85 ℃ 以加快反应的进行。但温度也不宜过高，否则容易引起草酸部分分解：

$$H_2C_2O_4 = H_2O + CO_2\uparrow + CO\uparrow$$

在滴定开始时，即使在加热情况下，$MnO_4^-$ 与 $C_2O_4^{2-}$ 的反应也很慢，所以加入 $KMnO_4$ 溶液的速度要慢至逐滴加入。随着滴定进行，溶液中产生的 $Mn^{2+}$ 会起催化剂作用，从而加快反应速度，滴定速度可加快。这种现象叫作自动催化作用。

在滴定过程中必须控制好酸度，适宜的酸度约为 $c(H^+) = 1\ mol \cdot L^{-1}$，否则易产生 $MnO_2$ 沉淀，而引起误差。要用硫酸调节酸度。因硝酸中 $NO_3^-$ 有氧化性，盐酸中 $Cl^-$ 又有还原性，醋酸酸性太弱，都不能满足所需酸度，故不适用。滴定时由于 $KMnO_4$ 溶液本身具有特殊的紫红色，滴定时 $KMnO_4$ 溶液稍微过量，即可看到溶液呈淡粉色，表示终点已到。因此，称 $KMnO_4$ 为自身指示剂。

**3. 仪器与试剂**

仪器：分析天平、酸式滴定管、移液管、容量瓶、锥形瓶、烧杯、洗耳球、玻璃棒。

试剂：$KMnO_4$ 固体、$Na_2C_2O_4$（在 105~110 ℃ 的条件下烘干 2 h）、$3\ mol \cdot L^{-1}\ H_2SO_4$ 溶液（搅拌下缓慢将分析纯的浓硫酸 167 mL 加入 833 mL 水中）。

**4. 实验内容与步骤**

1）$0.02\ mol \cdot L^{-1}\ KMnO_4$ 溶液的配制

用台秤称取 $KMnO_4$ 固体约 1.6 g 溶于 500 mL 蒸馏水中，盖上表面皿，加热至沸腾并保持微沸状态 1 h。冷却后，用微孔玻璃漏斗（3 号或 4 号）过滤，将滤液储存于棕色试剂瓶中。也可以将新配制的 $KMnO_4$ 溶液在室温下放置 3~5 d 后过滤备用。

2）$KMnO_4$ 溶液的标定

称取 0.13~0.15 g 经烘干过的分析纯 $Na_2C_2O_4$ 2~3 份，分别置于 250 mL 锥形瓶中，加入 40 mL 水和 10 mL $3\ mol \cdot L^{-1}\ H_2SO_4$ 溶液使其溶解，加热至 75~85 ℃，趁热用 $KMnO_4$ 溶液进行滴定。刚开始反应较慢，滴入一滴 $KMnO_4$ 溶液，摇动，等溶液褪色后，再滴加第二滴（此时反应生成了 $Mn^{2+}$ 起催化剂作用）。随着反应速度的加快，滴定速度也可逐渐加快，但不能过快，尤其是接近化学计量点时，更要小心滴加，不断摇动或搅拌。滴定至溶液呈现淡粉色并在 30 s 内不褪色，即为终点。根据滴定消耗的 $KMnO_4$ 溶液的体积和 $Na_2C_2O_4$ 的质量，按下列公式计算 $KMnO_4$ 溶液的浓度：

$$c_{KMnO_4} = \frac{2 \times m_{Na_2C_2O_4} \times 10^3}{5 \times M_{Na_2C_2O_4} \times V_{KMnO_4}}$$

**5. 注意事项**

（1）$Na_2C_2O_4$ 的溶解要用热蒸馏水，溶解后冷却至室温再转移到容量瓶中。

（2）KMnO₄溶液容易在酸性加热情况下分解，滴定速度不得过快。

（3）确保滴定接近化学计量点时的溶液温度不低于 55 ℃，否则因反应慢而影响终点的观察和准确度。

（4）滴定速度要和反应速度一致，按慢—快—慢的速度。

（5）要擦干锥形瓶的外部水分再去加热，以防炸裂。

**6. 数据处理**

用 Na₂C₂O₄ 标准溶液标定 KMnO₄ 溶液的数据记录在表 3-17 中。

表 3-17　用 Na₂C₂O₄ 标准溶液标定 KMnO₄ 溶液的数据

| 名称 | 1 | 2 | 3 |
|---|---|---|---|
| $m_{Na_2C_2O_4}/g$ | | | |
| $V_{KMnO_4}/mL$ | | | |
| $c_{KMnO_4}/(mol \cdot L^{-1})$ | | | |
| $\overline{c_{KMnO_4}}/(mol \cdot L^{-1})$ | | | |
| $d_r/\%$ | | | |

**7. 思考题**

（1）用什么方法配制 KMnO₄ 溶液？为什么？

（2）可以用哪些基准物质标定 KMnO₄ 溶液？最常用的基准物质是什么？

（3）溶解 Na₂C₂O₄ 时，若溶液未冷却至室温就定容，则对标定结果有何影响？

（4）滴定时，如果加热 Na₂C₂O₄ 溶液到 90 ℃ 以上，则标定结果会怎样？

（5）滴定时，为什么第一滴 KMnO₄ 溶液的颜色褪得很慢，而以后会逐渐加快？

（6）标定 KMnO₄ 溶液时，若未控制好酸度，使酸度不够，会发生什么反应和现象？使标定结果偏高还是偏低？

（7）若滴定速度过快会发生什么反应？使标定结果偏高还是偏低？

## 3.5.11　H₂O₂ 含量的测定（KMnO₄ 法）

**1. 实验目的与要求**

（1）掌握用 KMnO₄ 法测定 H₂O₂ 的原理和操作技术。

（2）通过测定 H₂O₂ 的含量进一步了解 KMnO₄ 法的特点。

（3）能够用 KMnO₄ 自身指示剂准确地判断滴定终点。

**2. 实验原理**

H₂O₂ 在纺织、印染、电镀及化工等领域应用广泛，同时，它也是医药与食品加工中不可或缺的消毒杀菌剂。在医疗领域，它能安全地用于耳部、鼻部及口腔的清洁，有效缓解扁桃体炎、口腔炎等症状。此外，在生物学研究中，$H_2O_2$ 分解释放的氧气成为测定 $H_2O_2$ 酶活性的关键，展现出其在科研领域的独特价值。在室温下，稀的 $H_2SO_4$ 溶液中，$KMnO_4$ 标准溶液可直接滴定 $H_2O_2$，反应如下：

$$2MnO_4^- + 5H_2O_2 + 6H^+ = 2Mn^{2+} + 5O_2\uparrow + 8H_2O$$

滴定开始时反应速度较慢，随着 $Mn^{2+}$ 的生成，在自动催化作用下，反应速度会加快。也可在实验开始时加入 $Mn^{2+}$ 加快反应速度。若 $H_2O_2$ 溶液中含有机物和一些作为稳定剂的乙酰苯胺、尿素、丙乙酰胺等，也会消耗 $KMnO_4$ 标准溶液使测定结果偏高，此时应改用碘量法测定。市售 $H_2O_2$ 溶液的浓度过高（30%），应将其浓度稀释为原来的约 1/150 后才能进行测定。

**3. 仪器与试剂**

仪器：酸式滴定管、吸量管、移液管、容量瓶、锥形瓶等。

试剂：$KMnO_4$ 标准溶液、3 $mol \cdot L^{-1}$ $H_2SO_4$ 溶液、市售 $H_2O_2$ 溶液（30%）。

**4. 实验内容与步骤**

（1）$KMnO_4$ 溶液的配制与标定（参考本章实验 3.5.10）。

（2）$H_2O_2$ 含量的测定。

准确移取 1.00 mL $H_2O_2$ 溶液于 250 mL 容量瓶中，加水定容并摇匀。随后，移取此稀释液 25.00 mL 至锥形瓶中，加入 5 mL 3 $mol \cdot L^{-1}$ 的 $H_2SO_4$ 溶液及少量（2~3 滴）1 $mol \cdot L^{-1}$ $MnSO_4$ 溶液作为催化剂。采用 $KMnO_4$ 标准溶液滴定至溶液呈淡粉色且稳定 30 s，重复 3 次以上操作确保准确性。根据下列公式，计算试样中 $H_2O_2$ 的质量体积浓度：

$$\rho_{H_2O_2} = \frac{\frac{5}{2} \times c_{KMnO_4} \times V_{KMnO_4} \times 10^{-3} \times M_{H_2O_2}}{1.00 \times \frac{25.00}{250.0}}$$

**5. 注意事项**

（1）滴定速度不能太快，否则产生 $MnO_2$，促进 $H_2O_2$ 分解，增大误差。

（2）滴定速度要和反应速度一致，按慢—快—慢的速度。

**6. 数据处理**

测定 $H_2O_2$ 含量的数据记录在表 3-18 中。

**表 3-18 测定 $H_2O_2$ 含量的数据**

| 名称 | 1 | 2 | 3 |
| --- | --- | --- | --- |
| $V_{KMnO_4}$/mL | | | |
| $\rho_{H_2O_2}/(g \cdot mL^{-1})$ | | | |
| $\overline{\rho_{H_2O_2}}/(g \cdot mL^{-1})$ | | | |
| $d_r$/% | | | |

**7. 思考题**

（1）用 $KMnO_4$ 法测定 $H_2O_2$ 的含量时应关注哪些测定条件？

（2）用 $KMnO_4$ 法测定 $H_2O_2$ 含量的滴定速度应如何控制？若太快对测定结果有何影响？

（3）用 $KMnO_4$ 法测定 $H_2O_2$ 的含量时，开始 $KMnO_4$ 标准溶液的颜色褪得很慢，而后会逐渐加快，为什么？

（4）用 $KMnO_4$ 法测定 $H_2O_2$ 的含量时，能否用加热的办法来加快反应速度？

## 3.5.12 化学需氧量的测定（酸性 $KMnO_4$ 法）

**1. 实验目的与要求**

（1）了解环境分析的分析方法，感知其重要性。

（2）了解水样的化学需氧量的测定意义，以及其与水体污染的关系。

（3）掌握测定水样中化学需氧量的方法及原理（酸性 $KMnO_4$ 法）。

**2. 实验原理**

化学需氧量（Chemical Oxygen Demand，COD）是指在一定条件下，易受强氧化剂氧化的还原态物质所消耗的氧化剂的量，以每升水消耗 $O_2$ 的质量（mg/L）来表示。水体中可被氧化的物质包括有机物和无机物（硫化物、亚铁盐等），COD 主要是衡量水体被还原态物质污染程度的一项重要指标。在水样中，加入 $H_2SO_4$ 溶液及过量的 $KMnO_4$ 溶液，加热以加快反应。然后，加入过量的 $Na_2C_2O_4$ 标准溶液还原剩余的 $KMnO_4$。最后，用 $KMnO_4$ 溶液返滴定过剩的 $Na_2C_2O_4$。根据 $KMnO_4$ 溶液的消耗量，计算水样的 COD。本方法适用于 $Cl^-$ 含量不超过 300 $mg·L^{-1}$ 的水样中 COD 的测定。有关反应如下：

$$4MnO_4^- + 5C + 12H^+ = 4Mn^{2+} + 5CO_2\uparrow + 6H_2O$$

$$2MnO_4^- + 5C_2O_4^{2-} + 16H^+ = 2Mn^{2+} + 10CO_2\uparrow + 8H_2O$$

这里的 C 泛指水中的还原性物质或需氧物质，主要为有机物。

**3. 仪器与试剂**

仪器：酸式滴定管、吸量管、移液管、容量瓶、锥形瓶等。

试剂：$Na_2C_2O_4$ 标准溶液（0.005 $mol·L^{-1}$）、$KMnO_4$ 标准溶液（0.002 $mol·L^{-1}$，由 0.02 $mol·L^{-1}$ $KMnO_4$ 溶液配制）、$H_2SO_4$ 溶液（3 $mol·L^{-1}$）。

**4. 实验内容与步骤**

1）试样分解

用 50 mL 移液管分别移取所采水样 50 mL 于 250 mL 锥形瓶中，用量筒加入 10 mL 6 $mol·L^{-1}$ $H_2SO_4$ 溶液，再用 25 mL 吸量管准确移取 15.00 mL 0.002 $mol·L^{-1}$ $KMnO_4$ 标准溶液，摇匀。将锥形瓶置于电炉上煮沸后，并准确保持煮沸 10 min。如在加热过程中 $KMnO_4$ 的紫红色褪去，则须增加 $KMnO_4$ 标准溶液的量。

2）实验滴定

取下锥形瓶，冷却 1 min，用 25 mL 移液管加入 0.005 $mol·L^{-1}$ $Na_2C_2O_4$ 标准溶液 25.00 mL，摇匀溶液，观察到高锰酸钾的紫红色完全消失后，用 0.002 $mol·L^{-1}$ $KMnO_4$ 标准溶液趁热（此时溶液温度不应低于 70 ℃，否则需加热）滴定至试液呈微红色，且保持 30 s 不褪色即为终点。记下消耗的 $KMnO_4$ 标准溶液的体积，如此平行测定 3 份。另取 50 mL

蒸馏水按水样的测定步骤测定蒸馏水消耗 KMnO₄ 的空白实验，然后在测定结果中扣除蒸馏水的 COD，即为所测水样的 COD。加热过程中 KMnO₄ 自身的分解量可忽略不计。COD 按下式计算：

$$COD = \frac{\left(\frac{5}{4}c_{KMnO_4}(V_1+V_2)_{KMnO_4} - \frac{1}{2}c_{Na_2C_2O_4}V_{Na_2C_2O_4}\right) \times M_{O_2} \times 10^3}{V_{水样}}$$

式中，$V_1$ 为第 1 次加入的 KMnO₄ 标准溶液的体积；$V_2$ 为第 2 次加入的 KMnO₄ 标准溶液的体积。

**5. 注意事项**

（1）KMnO₄ 分解时，常在加热至沸腾后保持一定时间，反应并不一定完全，由此测得的值也不同于充分反应后的值，常称之为 KMnO₄ 指数。

（2）采集水样后，应加入 H₂SO₄ 使水样的 pH<2，以抑制微生物繁殖。水样应尽快分析，必要时保存于 0~5 ℃，应在 48 h 内测定。

（3）玻璃器皿易碎，实验中注意谨慎操作；加热后温度高，要防止烫伤。

**6. 数据处理**

测定 COD 的数据记录在表 3-19 中。

表 3-19　测定 COD 的数据

| 名称 | 1 | 2 | 3 |
| --- | --- | --- | --- |
| $V_{水样}$/mL | | | |
| $V_{1(KMnO_4)}$/mL | | | |
| $V_{2(KMnO_4)}$/mL | | | |
| COD/(mg·L⁻¹) | | | |
| $\overline{COD}$/(mg·L⁻¹) | | | |
| 空白值/(mg·L⁻¹) | | | |
| 校正后的 COD/(mg·L⁻¹) | | | |

**7. 思考题**

（1）为什么 COD 是衡量水体污染程度的一项重要指标？

（2）水样中加入 KMnO₄ 溶液煮沸后，若紫红色褪去，说明什么？应怎样处理？

（3）测定 COD 的方法及适用范围有哪些？

## 3.5.13　胆矾中铜含量的测定（间接碘量法）

**1. 实验目的与要求**

（1）掌握间接碘量法的操作技术及注意事项。

（2）掌握 Na₂S₂O₃ 溶液的配制及标定方法。

（3）学习使用淀粉指示剂正确判断滴定终点。

**2. 实验原理**

胆矾（$CuSO_4 \cdot 5H_2O$）中的铜常用间接碘量法进行测定。在酸性溶液中，将过量的 KI 加入样品中，使 $Cu^{2+}$ 与 KI 发生作用，生成难溶性的 CuI 沉淀，析出 $I_2$。然后，用 $Na_2S_2O_3$ 标准溶液滴定析出的 $I_2$：

$$2Cu^{2+}+4I^- = 2CuI\downarrow +I_2$$
$$I_2+2S_2O_3^{2-} = S_4O_6^{2-}+2I^-$$

此反应因 CuI 沉淀的溶解度较大而进行不完全，且溶液中的 $I_2$ 易被 CuI 沉淀强烈吸附，使测定结果偏低，滴定终点不明显。若在滴定过程中，加入 KSCN 使 CuI 沉淀转化为更难溶的 CuSCN 沉淀：

$$CuI+SCN^- = CuSCN\downarrow +I^-$$

如此，CuSCN 沉淀吸附 $I_2$ 的倾向较小，提高了分析结果的准确度和反应终点的明显度。但是，切记 KSCN 只能在接近终点时加入，否则，$SCN^-$ 可直接还原 $Cu^{2+}$ 而使测定结果偏低：

$$6Cu^{2+}+7SCN^-+4H_2O = 6CuSCN\downarrow +SO_4^{2-}+HCN+7H^+$$

$I^-$ 在前一反应中既是还原剂和络合剂，又是沉淀剂。形成的 CuI 难溶于水，导致 $Cu^{2+}/Cu^+$ 的电极电位提升，大于 $I_2/I^-$ 的电极电位，才使反应很好地定量完成。

$Cu^{2+}$ 易水解，因此反应必须控制在微酸性（pH=3~4）溶液中进行预防。但酸化时要用 $H_2SO_4$ 或 HAc，不能用 HCl，因为 $Cu^{2+}$ 易与 $Cl^-$ 形成络离子。酸度低时反应较慢，但酸度过高时，$Cu^{2+}$ 易催化加快 $I^-$ 被空气氧化，使测定结果偏高。

若样品中含 $Fe^{3+}$，则对测定有干扰，因为 $Fe^{3+}$ 能氧化 $I^-$ 生成 $I_2$，使测定结果偏高，可加入 NaF 进行掩蔽。

**3. 仪器与试剂**

仪器：分析天平、移液管、酸式滴定管、锥形瓶、容量瓶、烧杯、洗耳球、玻璃棒等。

试剂：$H_2SO_4$ 溶液（1 mol·$L^{-1}$）、KI 溶液（20%）、KSCN 溶液（10%）、淀粉指示剂（0.5%）、$Na_2S_2O_3 \cdot 5H_2O$（A.R）、$K_2Cr_2O_7$（A.R）、$Na_2CO_3$（A.R）。

**4. 实验内容与步骤**

1）0.05 mol·$L^{-1}$ $K_2Cr_2O_7$ 标准溶液的配制

将 $K_2Cr_2O_7$ 在 150~180 ℃ 的条件下干燥 2 h，置于干燥器中冷却至室温。用固定质量称量法准确称取 0.612 9 g $K_2Cr_2O_7$ 于小烧杯中，加水溶解，定量转入 250 mL 容量瓶中，稀释至刻度，摇匀。

2）0.1 mol·$L^{-1}$ $Na_2S_2O_3$ 溶液的配制

称取 12.5 g $Na_2S_2O_3 \cdot 5H_2O$ 置于 400 mL 烧杯中，加入约 0.1 g $Na_2CO_3$，用新煮沸经冷却的蒸馏水稀释到 500 mL，保存于棕色瓶中，在暗处放置 3~5 d 后再标定浓度。

3）0.1 mol·$L^{-1}$ $Na_2S_2O_3$ 溶液的标定

用移液管吸取 $K_2Cr_2O_7$ 标准溶液 25.00 mL 于 250 mL 锥形（碘）瓶中，加入 5 mL 6 mol·$L^{-1}$ HCl 溶液，加入 20% KI 5 mL，摇匀后放在暗处 5 min 后，立即用待标定的 $Na_2S_2O_3$ 溶液滴定至溶液呈淡黄色，加入 0.2% 淀粉溶液 5 mL，继续用 $Na_2S_2O_3$ 溶液滴定至蓝色刚好消失，计算浓度。平行测定 3 份，计算平均值。

4）胆矾试样的分析

称取 $CuSO_4 \cdot 5H_2O$ 试样 0.5~0.6 g 3 份，分别置于锥形瓶中，加入 5 mL 1 mol·L$^{-1}$ $H_2SO_4$ 溶液和 100 ml 水使其溶解，加入 10% KI 溶液 10 mL，立即用 0.1 mol·L$^{-1}$ $Na_2S_2O_3$ 溶液滴定至溶液呈浅黄色，然后加入 2 mL 淀粉指示剂，继续滴定至溶液呈浅蓝色。再加入 10% KSCN 溶液 10 mL，摇匀后，溶液的蓝色加深，再继续用 $Na_2S_2O_3$ 溶液滴定至蓝色刚好消失，即为终点。根据下列公式计算试样中铜的含量：

$$w_{Cu} = \frac{c_{Na_2S_2O_3} \times V_{Na_2S_2O_3} \times M_{Cu} \times 10^{-3}}{m_{CuSO_4 \cdot 5H_2O}} \times 100\%$$

**5. 注意事项**

（1）滴定要在避光、快速、勿剧烈摇动的环境下进行。

（2）加入淀粉指示剂不能过早，因滴定反应中产生大量的 CuI 沉淀，若淀粉与 $I_2$ 过早地生成蓝色配合物，大量的 $I_2$ 被 CuI 吸附，终点将呈较深的灰黑色，不易于观察终点。

（3）加入 KSCN 不能过早，且加入后要剧烈摇动溶液，以利于沉淀转化和释放出被吸附的 $I_2$。

（4）滴定至终点后若溶液很快变蓝，表示 $Cu^{2+}$ 与 $I^-$ 反应不完全，该份样品应弃去，并重做实验。若 30 s 之后溶液又恢复蓝色，是由于空气氧化 $I^-$ 生成 $I_2$，不影响结果。

（5）为了防止铜盐水解，反应必须在酸性溶液中进行，溶液的 pH 值应严格控制在 3.0~4.0 之间。又因大量 $Cl^-$ 能与 $Cu^{2+}$ 生成络盐，因此不能用 HCl，而应使用 $H_2SO_4$。

**6. 数据处理**

（1）用 $K_2Cr_2O_7$ 标准溶液标定 $Na_2S_2O_3$ 溶液的数据记录在表 3-20 中。

表 3-20　用 $K_2Cr_2O_7$ 标准溶液标定 $Na_2S_2O_3$ 溶液的数据

| 名称 | 1 | 2 | 3 |
|---|---|---|---|
| $V_{K_2Cr_2O_7}$/mL | | | |
| $c_{Na_2S_2O_3}$/(mol·L$^{-1}$) | | | |
| $\overline{c_{Na_2S_2O_3}}$/(mol·L$^{-1}$) | | | |
| $d_r$/% | | | |

（2）用 $Na_2S_2O_3$ 溶液测定胆矾中铜含量的数据记录在表 3-21 中。

表 3-21　用 $Na_2S_2O_3$ 溶液测定胆矾中铜含量的数据

| 名称 | 1 | 2 | 3 |
|---|---|---|---|
| $V_{Na_2S_2O_3}$/mL | | | |
| $w_{Cu}$/% | | | |
| $\overline{w_{Cu}}$/% | | | |
| $d_r$/% | | | |

**7. 思考题**

（1）用碘量法测定 $Cu^{2+}$ 的条件为什么要控制在弱酸性介质中？若酸度过低或过高有何

影响？

(2) 用碘量法测定 $Cu^{2+}$，为什么要加入 KSCN？

(3) 用碘量法测定 $Cu^{2+}$ 中过早加入 KSCN，会怎样？使测定结果偏高还是偏低？

(4) 用碘量法测定 $Cu^{2+}$ 时，若忘记加入 KSCN，使测定结果偏高还是偏低？

(5) 若试样中含有铁，则加入何种试剂以消除铁对测定铜的干扰？

## 3.5.14 维生素 C 含量的测定（直接碘量法）

**1. 实验目的与要求**

(1) 掌握碘溶液的配制以及其标定方法。

(2) 了解直接碘量法的操作步骤及注意事项。

(3) 了解测定维生素 C 的原理和方法。

**2. 实验原理**

维生素 C（摩尔质量为 176.12 g/mol）又叫抗坏血酸，分子式为 $C_6H_8O_6$。由于维生素 C 分子中存在具有还原性的烯二醇基，易被 $I_2$ 定量地氧化成二酮基，因而可用 $I_2$ 标准溶液对维生素 C 直接进行滴定，其反应式为 $C_6H_8O_6+I_2 \Longrightarrow C_6H_6O_6+2HI$。可推广用直接碘量法测定药片、注射液、饮料、蔬菜和水果等中的维生素 C 含量。

由于维生素 C 具有很强的还原性，很容易被空气和溶液中的氧所氧化，在碱性介质中维生素 C 的还原性更强，但它在酸性介质中较为稳定，为减少副反应的发生，故反应宜在稀酸（如稀乙酸、稀硫酸或偏磷酸）溶液中进行。同时，考虑到在强酸性溶液中 $I^-$ 也易被氧化，所以选在 pH=3~4 的弱酸性溶液中进行。并且，要在样品溶于稀酸后，立即用 $I_2$ 标准溶液进行滴定。

碘因其挥发性和腐蚀性，不宜直接称取，需采用间接配制法；可用 $Na_2S_2O_3$ 标准溶液对 $I_2$ 溶液进行标定，其反应式为 $2S_2O_3^{2-}+I_2 \Longrightarrow S_4O_6^{2-}+2I^-$。

$S_2O_3^{2-}$ 和 $I_2$ 的反应必须在中性或弱酸性溶液中进行，才能保证反应迅速、完全。在碱性溶液中 $I_2$ 会把 $S_2O_3^{2-}$ 氧化成 $SO_4^{2-}$，而且在 $I_2$ 碱性溶液中会发生歧化反应。在强酸性溶液中，$Na_2S_2O_3$ 会发生分解反应，这些反应均会引入误差。

**3. 仪器与试剂**

仪器：分析天平、酸式滴定管、移液管、容量瓶、锥形瓶、烧杯、玻璃漏斗、洗耳球、玻璃棒、棕色试剂瓶等。

试剂：KI 和 $I_2$（均为 A.R）、浓盐酸、HAc（10%）、淀粉溶液（1%）、维生素 C 片剂、$Na_2S_2O_3$ 标准溶液（$0.1\ mol \cdot L^{-1}$）。

**4. 实验内容与步骤**

1) $0.1\ mol \cdot L^{-1}\ I_2$ 溶液的配制

称取 10.8 g KI，溶于 10 mL 蒸馏水中，再称取 $I_2$ 约 6.5 g，溶于上述 KI 溶液中，加 1 滴浓盐酸，加水稀释至 300 mL，摇匀，用玻璃漏斗过滤，储存于棕色试剂瓶中并置于暗处。

2) $0.1\ mol \cdot L^{-1}\ I_2$ 溶液的标定

准确移取 $0.1\ mol \cdot L^{-1}\ Na_2S_2O_3$ 标准溶液 25.00 mL 3 份，分别置于 250 mL 锥形瓶中，各

加入 50 mL 水、2 mL 淀粉溶液（1%），用 0.1 mol·L$^{-1}$ I$_2$ 溶液滴定至溶液呈稳定的蓝色，且持续 30 s 不褪色，即为终点。平行测定 3 份，计算 I$_2$ 溶液的准确浓度。

3）维生素 C 含量的测定

准确称取 0.2 g 维生素 C 片剂样品置于 250 mL 锥形瓶中，加入 10% HAc 10 mL，用新煮沸并冷却的蒸馏水 100 mL 使其完全溶解后，再加入 1 mL 淀粉溶液（1%），立即用 0.1 mol·L$^{-1}$ I$_2$ 溶液滴定至溶液呈蓝色，且持续 30 s 不褪色，平行测定 3 份，计算维生素 C 的含量。

**5. 注意事项**

（1）用 Na$_2$S$_2$O$_3$ 标准溶液标定 I$_2$ 溶液时要特别注意在中性或弱酸性溶液中进行。

（2）由于 I$_2$ 的挥发性，在标定 I$_2$ 溶液时要一份一份地分别进行，不能同时进行，并且滴定动作要快。

（3）由于 I$_2$ 能与有机物发生反应，因此所有 I$_2$ 溶液要置于酸式滴定管而不是碱式滴定管中。

**6. 数据处理**

（1）用 Na$_2$S$_2$O$_3$ 标准溶液标定 I$_2$ 溶液的数据记录在表 3-22 中。

表 3-22　用 Na$_2$S$_2$O$_3$ 标准溶液标定 I$_2$ 溶液的数据

| 名称 | 1 | 2 | 3 |
| --- | --- | --- | --- |
| $V_{I_2}$/mL | | | |
| $c_{I_2}$/(mol·L$^{-1}$) | | | |
| $\overline{c_{I_2}}$/(mol·L$^{-1}$) | | | |
| $d_r$/% | | | |

（2）用 I$_2$ 标准溶液测定维生素 C 含量的数据记录在表 3-23 中。

表 3-23　用 I$_2$ 标准溶液测定维生素 C 含量的数据

| 名称 | 1 | 2 | 3 |
| --- | --- | --- | --- |
| $V_{I_2}$/mL | | | |
| $c_{维生素C}$/(mg·L$^{-1}$) | | | |
| $\overline{c_{维生素C}}$/(mg·L$^{-1}$) | | | |
| $d_r$/% | | | |

**7. 思考题**

（1）配制 I$_2$ 溶液时，为什么要加入过量 KI？

（2）配制 Na$_2$S$_2$O$_3$ 标准溶液时，要将蒸馏水先煮沸再冷却后才能使用，为什么？

（3）要用强氧化剂与 KI 反应产生 I$_2$ 来标定 Na$_2$S$_2$O$_3$ 溶液，而不能用氧化剂直接反应来标定 Na$_2$S$_2$O$_3$ 溶液，为什么？

## 3.5.15 可溶性氯化物中氯含量的测定（莫尔法）

**1. 实验目的与要求**

（1）深入了解 $AgNO_3$ 溶液的制备步骤及其标定方法。

（2）掌握用莫尔法测定氯含量的滴定原理、滴定条件以及操作方法。

（3）了解莫尔法对酸度的要求及酸度变化对测定结果的影响。

**2. 实验原理**

可溶性氯化物中氯含量的测定常用莫尔法，此方法是在中性或弱碱性条件下，用 $K_2CrO_4$ 作指示剂，$AgNO_3$ 标准溶液作滴定剂。因 AgCl 的溶解度小于 $Ag_2CrO_4$，溶液中先显现白色 AgCl 沉淀。当 AgCl 完全沉淀后，过量 $AgNO_3$ 溶液 1 滴即显砖红色 $Ag_2CrO_4$ 沉淀，到达滴定终点。

主要反应如下：

$$Ag^+ + Cl^- =\!=\!= AgCl\downarrow （白色） \quad K_{sp} = 1.8\times10^{-10}$$

$$2Ag^+ + CrO_4^{2-} =\!=\!= Ag_2CrO_4\downarrow （砖红色） \quad K_{sp} = 2.0\times10^{-12}$$

滴定最适宜的 pH = 6.5~10.5。若有铵盐存在，需将溶液调至 pH = 6.5~7.2。

指示剂的用量也要进行控制，以防对滴定产生影响，常控制 $K_2CrO_4$ 的浓度为 $5\times10^{-3}$ mol·L$^{-1}$。

滴定时的干扰不可忽略。例如，$PO_4^{3-}$、$AsO_3^{3-}$、$AsO_4^{3-}$、$SO_3^{2-}$、$S^{2-}$、$C_2O_4^{2-}$、$CO_3^{2-}$ 等离子均能与 $Ag^+$ 作用，生成难溶化合物或络合物，产生干扰。可将能挥发的 $H_2S$ 加热煮沸除去，氧化 $SO_3^{2-}$ 为 $SO_4^{2-}$ 而消除其干扰。大量有色离子如 $Cu^{2+}$、$Co^{2+}$、$Ni^{2+}$ 等影响终点判断。除此之外，$Ba^{2+}$、$Pb^{2+}$ 等阳离子能与指示剂 $K_2CrO_4$ 作用，易生成难溶化合物，也干扰测定。可加入过量 $Na_2SO_4$ 消除 $Ba^{2+}$ 的干扰。一些高价金属离子，如 $Al^{3+}$、$Fe^{3+}$、$Bi^{3+}$、$Sn^{4+}$ 等在中性或弱碱性溶液中易水解产生沉淀，造成干扰。

**3. 仪器与试剂**

仪器：分析天平、容量瓶、酸式滴定管、锥形瓶、移液管、烧杯、洗耳球、玻璃棒等。

试剂：NaCl 基准试剂（在 500~600 ℃ 的条件下灼烧 30 min 后，于干燥器中冷却）、$AgNO_3$（A.R，固体）、$K_2CrO_4$（A.R，5%的水溶液）。

**4. 实验内容与步骤**

1）0.1 mol·L$^{-1}$ $AgNO_3$ 溶液的配制与标定

用分析天平称取 8.5 g $AgNO_3$ 于 250 mL 烧杯中，用无氯蒸馏水溶解后，转移至棕色瓶中，加入蒸馏水定容至 500 mL，摇匀，避光保存。

用递减称量法准确称取 NaCl 基准试剂 1.4~1.5 g 于小烧杯中，用无氯蒸馏水溶解后，定量转入 250 mL 容量瓶中，然后用水润洗烧杯 3~4 次，并转入容量瓶中，稀释至刻度，摇匀。于 250 mL 锥形瓶中，准确移入 25.00 mL NaCl 标准溶液，加入无氯蒸馏水 25 mL，加入 5% $K_2CrO_4$ 溶液 1 mL，用力连续摇动，用 $AgNO_3$ 溶液滴定，当溶液颜色由黄色变为淡红色浑浊即为终点。平行测定 3 份，根据 NaCl 标准溶液的浓度和消耗 $AgNO_3$ 溶液的体积，计算 $AgNO_3$ 溶液的浓度。

2）试样分析

称取 1.8~2.0 g 氯化物试样于小烧杯中，用水溶解，定量转移至 250 mL 容量瓶中，然后用水润洗烧杯 3~4 次,并转入容量瓶中,稀释至刻度,摇匀。准确移取 25.00 mL 此溶液 3 份于 250 mL 锥形瓶中,分别加入无氯蒸馏水 25 mL、5% $K_2CrO_4$ 溶液 1 mL,用力连续摇动,用 $AgNO_3$ 标准溶液滴定,当溶液颜色由黄色变为淡红色浑浊即为终点。计算试样中氯的含量。

**5. 注意事项**

(1) $AgNO_3$ 见光分解成金属银($2AgNO_3 = 2Ag\downarrow + 2NO_2\uparrow + O_2\uparrow$),故需保存在棕色瓶中。$AgNO_3$ 若与有机物接触,则起还原作用,加热后颜色变黑,故勿使 $AgNO_3$ 与皮肤接触。

(2) 本实验结束后,盛装 $AgNO_3$ 溶液的滴定管应先用蒸馏水冲洗 2~3 次,再用自来水冲洗,以免产生 AgCl 沉淀,难以洗净。含银废液应予以回收,不能随意倒入水槽中。

**6. 数据处理**

(1) 用 NaCl 基准试剂标定 $AgNO_3$ 溶液的数据记录在表 3-24 中。

表 3-24  用 NaCl 基准试剂标定 $AgNO_3$ 溶液的数据记录

| 名称 | 1 | 2 | 3 |
| --- | --- | --- | --- |
| $m_{NaCl}$/g | | | |
| $V_{NaCl}$/mL | 25.00 | 25.00 | 25.00 |
| $V_{AgNO_3}$/mL | | | |
| $c_{AgNO_3}$/(mol·L$^{-1}$) | | | |
| $\overline{c_{AgNO_3}}$/(mol·L$^{-1}$) | | | |
| $d_r$/% | | | |

(2) 用 $AgNO_3$ 标准溶液测定氯化物试样中氯含量的数据记录在表 3-25 中。

表 3-25  用 $AgNO_3$ 标准溶液测定氯化物试样中氯含量的数据记录

| 名称 | 1 | 2 | 3 |
| --- | --- | --- | --- |
| $m_{试样}$/g | | | |
| $V_{试样}$/mL | 25.00 | 25.00 | 25.00 |
| $V_{AgNO_3}$/mL | | | |
| $w_{Cl}$/% | | | |
| $\overline{w_{Cl}}$/% | | | |
| $d_r$/% | | | |

**7. 思考题**

(1) 为什么用莫尔法测氯含量时溶液的 pH 值须控制在 6.5~10.5 之间?

(2) 作为指示剂的 $K_2CrO_4$ 溶液的浓度太大或太小对滴定结果有何影响?

(3) 莫尔法对酸度的要求及酸度变化对测定结果的影响分别是什么?

## 3.5.16　氯化钡中钡含量的测定（沉淀重量法）

**1. 实验目的与要求**

（1）了解晶形沉淀的沉淀条件和沉淀方法。
（2）练习并掌握沉淀的过滤、洗涤和灼烧的操作技术。
（3）掌握用沉淀重量法测定氯化钡中钡的含量以及用换算因数计算测定结果。

**2. 实验原理**

$Ba^{2+}$ 能生成如 $BaCO_3$、$BaCrO_4$、$BaC_2O_4$、$BaHPO_4$、$BaSO_4$ 等一系列的微溶化合物，其中 $BaSO_4$ 的溶解度最小（25 ℃下仅为 0.25 mg/100 g $H_2O$），其组成与化学式相符合且性质稳定，因此测定 $Ba^{2+}$ 时选择 $BaSO_4$ 重量法。虽然 $BaSO_4$ 的溶解度极小，但仍需优化条件，采用过量 50%~100% 的 $H_2SO_4$ 作为沉淀剂，减小 $BaSO_4$ 的溶解度，利用 $H_2SO_4$ 在高温灼烧时易挥发的特性，确保 $Ba^{2+}$ 完全沉淀。$BaSO_4$ 沉淀初生成时易形成细小的晶体，易穿过滤纸不易过滤，沉淀过程中为了得到颗粒较大又纯净的晶体沉淀，控制在温热的酸性稀溶液中进行，边搅拌边逐滴加入热稀 $H_2SO_4$，易生成大颗粒、纯净的 $BaSO_4$ 晶体，便于过滤。选择 0.05 mol·$L^{-1}$ HCl 溶液作为反应介质，加热至近沸，有效防止其他碳酸盐、磷酸盐及铬酸盐等杂质的生成。最后，经陈化、精细过滤、彻底洗涤及灼烧后的 $BaSO_4$ 沉淀，通过精确称量，即可准确计算出试样中的钡含量。

**3. 仪器与试剂**

仪器：瓷坩埚、马弗炉、分析天平、烧杯、坩埚钳、定量滤纸（慢速或中速）、玻璃漏斗。

试剂：$BaCl_2·2H_2O$（A.R）、$AgNO_3$（0.1 mol·$L^{-1}$）、$H_2SO_4$（1 mol·$L^{-1}$ 和 0.1 mol·$L^{-1}$）、HCl（2 mol·$L^{-1}$）、$HNO_3$（2 mol·$L^{-1}$）。

**4. 实验内容与步骤**

1）试样的称取、溶解和沉淀

戴手套取一干燥洁净的称量瓶，装入 $BaCl_2·2H_2O$ 试样。用递减称量法称取 0.5~0.6 g 试样于 250 mL 烧杯中，加入大约 70 mL 蒸馏水，再加入 2 mol·$L^{-1}$ HCl 溶液 2~3 mL。烧杯上盖上表面皿进行加热至近沸（但勿煮沸以防溅失）。

另取 100 mL 烧杯加入 3 mL 1 mol·$L^{-1}$ $H_2SO_4$ 溶液，用水稀释至 30 mL，并将其加热近沸。然后，用滴管慢慢滴加此热的稀 $H_2SO_4$ 至热的试样溶液中，边滴加边搅拌。当加完稀 $H_2SO_4$ 后，再盖好表面皿静置几分钟。观察到沉淀都沉积于烧杯底部时，将 0.1 mol·$L^{-1}$ $H_2SO_4$ 溶液沿烧杯内壁加入 1~2 滴，再确认 $Ba^{2+}$ 是否沉淀完全。若有浑浊出现在上层清液，必须再次加稀 $H_2SO_4$ 直至沉淀完全为止。此时再盖好表面皿，放置进行陈化到下次实验，或在水浴上加热陈化 40 min，加热陈化时，应不时搅拌。

2）空坩锅的灼烧和测定恒重（$m_1$）

洗净晾干 2 个瓷坩埚，标记后放入高温炉（800~850 ℃）灼烧 30~45 min，取出稍冷，放置于干燥器中冷至室温，称重。重复灼烧 15~20 min，同法冷却称重，直至恒重（两次质量相差不大于 0.2 mg）。注意：两次冷却时间应一致，确保数据准确。

3) 沉淀的过滤和洗涤

陈化沉淀冷却后，用定量滤纸过滤。用倾泻法加入清液，随后以稀 $H_2SO_4$（用 1 mol·L$^{-1}$ $H_2SO_4$ 溶液 2~4 mL 稀释到 200 mL）洗涤 3~4 次，每次 10 mL。确保沉淀完全转移至滤纸，用滤纸角擦净残留。继续水洗沉淀至用 $AgNO_3$ 溶液检验不到 Cl$^-$ 为止。

4) 沉淀的灼烧和称重（$m_2$）

将包裹好的沉淀放置于恒重坩埚中，经电炉干燥炭化灰化后，再在 800~850 ℃ 的条件下灼烧至恒重。根据下列公式计算出 $BaCl_2·2H_2O$ 试样中的钡含量：

$$w_{Ba} = \frac{m_{BaSO_4}}{m_{试样}} \times \frac{M_{Ba}}{M_{BaSO_4}} \times 100\%$$

### 5. 注意事项

(1) 沉淀 $BaSO_4$ 时要注意沉淀条件，保证 $BaSO_4$ 沉淀完全。

(2) 洗涤沉淀时，用洗液要少量、多次。

(3) 不要将玻璃棒拿到烧杯外。

(4) 滤纸灰化时空气要充足，否则 $BaSO_4$ 易被滤纸的碳还原为灰黑色的 $BaS_2$。

(5) 灼烧温度不能太高，如果超过 950 ℃，可能有部分 $BaSO_4$ 分解。

### 6. 数据处理

Ba 含量的测定数据记录在表 3-26 中。

**表 3-26　Ba 含量的测定数据**

| 名称 | 1 | 2 |
| --- | --- | --- |
| $m_{试样}$/g | | |
| $m_1$/g | | |
| $m_2$/g | | |
| $(m_2-m_1)$/g | | |
| $w_{Ba}$/% | | |
| $\overline{w_{Ba}}$/% | | |

### 7. 思考题

(1) 为什么 $BaCl_2·2H_2O$ 试样要称取 0.4~0.6 g？怎样计算？

(2) 要在一定酸度的盐酸介质中进行 $BaSO_4$ 的沉淀，为什么？

(3) 为什么沉淀时，要预先稀释试液和沉淀剂，并预先加热试液？

(4) 沉淀完成后要保温放置一段时间后才能进行过滤，为什么？

(5) 过滤 $BaSO_4$ 沉淀时，为什么要选用无灰、紧密的滤纸？

(6) 如何检查 $BaSO_4$ 沉淀是否洗涤干净？

(7) 烘干和灰化滤纸时，应注意什么？

# 第4章 电化学分析法

## 4.1 概 述

电化学是研究电的作用和化学作用相互关系的化学分支。将电化学基本原理和分析化学研究相结合，便是电化学分析方法研究的内容。电化学分析是仪器分析的重要组成部分，在环境监测、工业质量控制、生物医学分析等领域均具有广泛的应用价值。从定量测定的角度看，电化学分析法是以物质在电化学池中的电化学性质及其变化来进行分析的一类分析方法。分析测定时，以电化学池的某些电学参数（如电位、电流、电荷量、电导等）与被测物浓度（活度）间的关系作为计量关系的基础，通过电极把待测物质的量的信息转换为相关的电学参数并加以测量，从而测定被测物的浓度（活度）。从测量技术的角度看，电化学分析法与其他仪器分析方法有相似之处，也是通过控制（或改变）电化学池的某一电学参数（激发信号），然后观察或测量其他电学参数（响应信号）如何随受控变量的变化而变化，并建立所测量电学参数与待测物浓度（活度）间的定量关系，从而进行分析测定。根据所测量的电学参数的不同，电化学分析法可分为电位分析法、伏安和极谱分析法、电解分析法、库仑分析法和电导分析法。此外，利用滴定过程中电化学池某些电学参数的变化来指示滴定终点，也可建立相应的电化学滴定法，如电位滴定法、电导滴定法和伏安滴定法等。

## 4.2 方法原理

### 4.2.1 电位分析法

电位分析法是以测量指示电极平衡电位为基础建立起来的一类电化学分析法，定量分析的理论依据是能斯特（Nernst）公式。电位分析法可分为直接电位法（也称为电位分析法）和电位滴定法两类。直接电位法适用于微量-痕量分析，而电位滴定法一般仅适用于常量分析。早在20世纪初电位分析法就得到了应用，最早用来测定溶液的pH值。20世纪60年代以后，随着各种离子选择性电极的研制成功及测量仪器的改进，电位分析法得到了广泛的应用。

电位测量装置示意图如图4-1所示。整个装置包括一支指示电极、一支参比电极、待测溶液及一台高输入阻抗的电位计。其中，指示电极能把溶液中待测离子的活（浓）度转

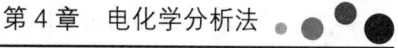

换为电位信号，且指示电极电位与待测离子活度间的关系服从 Nernst 公式，而参比电极电位在测量期间保持恒定，不随待测离子活度的变化而变化。测量时，为了缩短指示电极的响应时间，一般要对溶液进行搅拌。

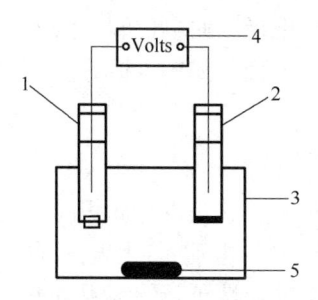

1—参比电极；2—指示电极；3—电池；4—电位计；5—磁子。

**图 4-1　电位测量装置示意图**

测量时，将指示电极、参比电极一起浸入待测试液，用高输入阻抗的电位计测量通过回路电流为零条件下电池的电动势，从而测量指示电极的平衡电位，进而测定待测离子的活（浓）度。设待测离子为 $M^{n+}$，其活度为 $\alpha_{M^{n+}}$，则指示电极电位 $E_{IE}$ 可表示为

$$E_{IE} = k' + \frac{RT}{nF}\ln \alpha_{M^{n+}} \tag{4-1}$$

电位计测出电池的电动势为

$$E_{cell} = E_{IE} - E_{RE} + E_j \tag{4-2}$$

由于参比电极电位（$E_{RE}$）保持恒定，采取一定措施后液接电位（$E_j$）可忽略或可保持基本不变，于是该电池的电动势可进一步表示为

$$E_{cell} = k + \frac{RT}{nF}\ln \alpha_{M^{n+}} \tag{4-3}$$

可见，测量电池的电动势与待测离子活度间的关系也服从 Nernst 公式，所以测量了电池的电动势，就相当于测定了待测离子的活度，这就是电位分析法的基本原理。

从原理上讲，测量出上述电池的电动势，就可用上述公式计算出待测离子的活度，但公式中的常数项 $k$ 受多种因素影响，在一定条件下才是一个常数，故在实际工作中电位分析法常用的定量分析方法是校正曲线法、标准加入法和直接比较法。

另外，由式（4-3）可以看出，电位分析法中直接响应的是待测离子的活度，而不是浓度，但一般分析测定的目的是测定待测离子的浓度，为了解决这一问题，电位分析法中要向溶液中加入离子强度调节剂，以维持标准溶液和待测溶液的离子强度一致。其原理为

$$E_{cell} = k + \frac{RT}{nF}\ln \alpha_{M^{n+}} = k + \frac{RT}{nF}\ln(c_{M^{n+}}\gamma_{M^{n+}}) \tag{4-4}$$

由于溶液的离子强度恒定，故其活度系数也为定值，可并入常数项中：

$$E_{cell} = K + \frac{RT}{nF}\ln c_{M^{n+}} \tag{4-5}$$

即在上述条件下电池的电动势与待测离子浓度之间的关系也服从 Nernst 公式。

以上各式中，$k'$ 为电极常数；$R$ 为摩尔气体常数；$T$ 为热力学温度；$F$ 为法拉第常数；$k$ 为合并了电极常数、液接电位及参比电极电位等各项的常数；$c_{M^{n+}}$ 为待测离子的浓度；$\gamma_{M^{n+}}$

为待测离子的活度系数；$K$ 为合并了 $k$ 与活度系数的常数。

根据滴定过程中指示电极电位的变化来指示滴定终点的电位分析法称为电位滴定法，它本质上仍是一种滴定分析法，与普通滴定法的区别仅在于指示终点的方式不同。直接电位法中的指示电极一般选用离子选择性电极，而电位滴定法中的指示电极除了各种专属离子选择性电极，也可使用氧化还原性指示电极，如铂电极等。

## 4.2.2 伏安和极谱分析法

伏安分析法是一种控制电位技术，它是以小面积的电极作为工作电极电解含有待测电活性物质的稀溶液，并根据电解时记录的电流-工作电极电位曲线（$i$-$E$ 曲线）来进行定性、定量分析。若使用的工作电极是能周期性更新的滴汞电极，则称为极谱分析法。伏安分析法诞生于 1922 年，得益于捷克电化学家 J. Heyrovsky 首次发现了极谱现象。在以后的发展中，逐步建立了许多有实用价值的分析方法。目前，伏安分析法是最重要的一类电化学分析法。伏安分析法的特点主要有灵敏度高、选择性好、线性范围宽、仪器简单、操作方便。除可用于成分分析外，还可用于电极反应机理等基础理论的研究。

伏安分析法的目的在于获得与待测物浓度有关的电流响应，这可通过控制工作电极的电位让待测电活性物质在工作电极上发生电极反应来实现。在这里，电极电位是激发信号，它迫使电活性物质在电极表面得到或失去电子（即发生还原或氧化反应的电极反应），从而产生电流（Faraday 电流）。该电流的大小，反映了电极反应速度的快慢，而且在一定条件下，该电流的大小与溶液中待测电活性物质的浓度间有确定的函数关系，故可通过测量此电流来进行定量分析。在实际工作中，记录 $i$-$E$ 曲线的方法是让工作电极的电位以某种预定方式变化，然后记录不同电位时流过回路的电流，即可得到 $i$-$E$ 曲线（伏安图）。进一步根据电位变化方式的不同，伏安分析法可分为多种方法，但从定量分析的角度看，应用最多的是线性扫描伏安法和各种脉冲技术（详细内容见二维码）；从定性分析和基础理论研究的角度看，最重要的方法是循环伏安法。

二维码 4-1 微分（差分）脉冲伏安法

二维码 4-2 方波伏安法

**1. 线性扫描伏安法**

线性扫描伏安法是最常用的一种伏安分析法。这种方法是通过控制工作电极电位让其以线性方式连续变化（升高或降低，图 4-2），并记录电位连续变化过程中流过回路的电流，得到 $i$-$E$ 曲线（又称为线性扫描伏安图）。一般情况下，起始电位设置在一个电活性物质不能发生电极反应的电位上，终止电位则设置在电活性物质发生完全浓差极化的电位上。当工作电极电位变化到电活性物质能发生电极反应的电位时，电活性物质就会在电极上发生电极反应而产生 Faraday 电流，当电极反应可逆，电流仅受电活性物质的扩散速度控制时，在某一电位处电流可用 Contrell 公式表示：

$$i_f = nFAD \frac{c_b - c_s}{\sqrt{\pi Dt}} \tag{4-6}$$

式中，$i_f$ 为电流，A；$n$ 为电极反应的电子转移数；$F$ 为 Faraday 常数；$A$ 为电极面积，cm$^2$；$D$ 为电活性物质的扩散系数，cm$^2 \cdot$ s$^{-1}$；$c_b$ 为本体溶液中电活性物质的浓度，mol $\cdot$ L$^{-1}$；$c_s$ 为电极表面电活性物质的浓度，mol $\cdot$ L$^{-1}$；$t$ 为时间，s。

随着电位的扫描，电极表面电活性物质的浓度逐步降低，电极表面的浓度梯度逐渐增大，扩散电流不断增大；另外，随着电极电位的变化，电极表面附近出现贫化效应，扩散层厚度增加，在二者的共同作用下，得到的 $i$-$E$ 曲线呈峰形，如图 4-3 所示。

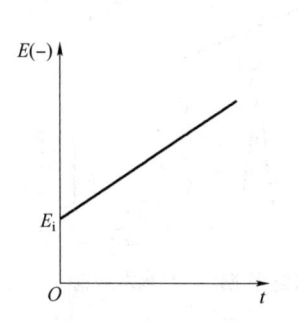

**图 4-2　线性扫描伏安法的电极电位示意图**

**图 4-3　$i$-$E$ 曲线**

峰顶处的电流称为峰电流，当电极反应可逆时，峰电流可用 Randles-Sevcik 方程表示：

$$i_p = (2.69 \times 10^5) n^{3/2} A D^{1/2} v^{1/2} c \tag{4-7}$$

式中，$i_p$ 为峰电流，A；$v$ 为电位扫描速度，V·s$^{-1}$；$c$ 为溶液中电活性物质的浓度，mol·L$^{-1}$；其他同前。在一定条件下，峰电流与电活性物质的浓度成正比，是定量分析的参数。

峰顶处对应的电位称为峰电位，当电极反应可逆时，其表达式为

$$E_p = E_{1/2} \pm 1.109 \frac{RT}{nF} \tag{4-8}$$

式中，$E_p$ 为峰电位；$E_{1/2}$ 为半波电位；还原过程用"−"，氧化过程用"+"；其他同前。在一定条件下，峰电位与电活性物质的浓度无关，是定性分析的参数。当峰较宽时，峰电位不易确定，也可用半峰电位，其表达式为

$$E_{p/2} = E_{1/2} \pm 1.109 \frac{RT}{nF} \tag{4-9}$$

式中，$E_{p/2}$ 为半峰电位；还原过程用"+"，氧化过程用"−"；其他同前。

为了进一步提高方法的分辨率，也可对上述 $i$-$E$ 曲线进行必要的数学处理，如导数伏安法。当使用滴汞电极作工作电极时，上述方法又称为单扫描极谱法。

**2. 溶出伏安法**

通过预电解使待测物质沉积在工作电极表面（称为富集），富集结束后，再给工作电极施加一反向扫描电压使富集在工作电极表面的物质重新电解溶出，并根据溶出过程得到的 $i$-$E$ 曲线进行分析的伏安分析法称为溶出伏安法。由于采用了预富集，溶出伏安法具有很高的灵敏度，结合微分脉冲伏安法，溶出伏安法的灵敏度更高，广泛用于痕量金属离子的定量测定。根据富集和溶出时工作电极反应的性质，溶出伏安法可分为阳极溶出伏安法和阴极溶出伏安法。对阳极溶出伏安法而言，富集过程是电还原，溶出过程是电氧化；而对阴极溶出伏安法而言，富集过程是电氧化，溶出过程则是电还原。图 4-4 是阳极溶出伏安法测量金属离子 M$^{n+}$ 时的基本原理。

溶出过程中常用的溶出方法有线性扫描和微分脉冲技术，得到的溶出伏安图均呈峰形，在一定条件下，峰电流均正比于待测电活性物质的浓度，可用于定量分析。溶出伏安法中最常用的工作电极是悬汞电极和汞膜电极，近年来也有人使用铋（Bi）膜电极作工作电极。

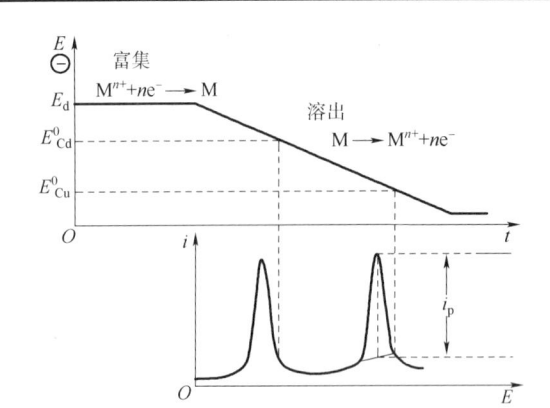

图 4-4　阳极溶出伏安法测定金属离子 $M^n$ 时的基本原理

### 3. 循环伏安法

循环伏安法是获得电化学反应定性信息最广泛使用的方法，主要作用在于能够快速提供电化学反应的大量热力学信息和电极过程的动力学信息。循环伏安法是电化学和电分析化学研究中首先要使用的方法。该方法能够快速确定电活性物质的氧化还原电位，方便评价介质对电极反应的影响。

循环伏安法中工作电极电位的变化方式是一等腰三角形。它是以线性扫描伏安法的电位扫描到头后，再回过头来以相同的速度扫描到原来的起始电位，并以该过程中得到的 $i$-$E$ 曲线为基础进行定性、定量分析的一种伏安法。在循环伏安法中，工作电极电位的变化方式如图 4-5 所示。

从形状上看，电位变化是一等腰三角形，故有时又称为三角波电压。扫描方式是从起始电位 $E_i$ 线性扫描到终止电位 $E_F$，再回过头来以相同的速度扫描到起始电位 $E_i$。下面以氧化态电活性物质 O 的循环伏安法为例解释循环伏安图的形状。假设溶液中起始时只存在 O，正向扫描时，工作电极电位线性负移，达到 O 的还原电位时，O 就在电极表面发生还原反应生成产物 R：

$$O + ne^- \longrightarrow R$$

当电位扫描到线性扫描伏安法中峰电位以后合适的电位时，再回过头来向起始电位以相同的速度线性扫描（反扫）。在反扫过程中，当电位达到 R 的氧化电位时，则正扫时于电极表面附近生成的反应产物 R 又重新被氧化生成 O：

$$R - ne^- \longrightarrow O$$

一个三角波电压完成了一个氧化过程和还原过程的循环，故称为循环伏安法。记录到的 $i$-$E$ 曲线称为循环伏安图，如图 4-6 所示。

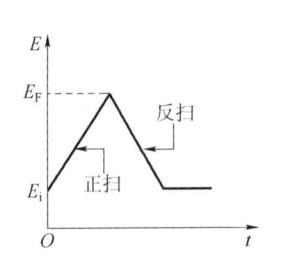

图 4-5　循环伏安法中电极电位的变化方式　　　图 4-6　循环伏安图

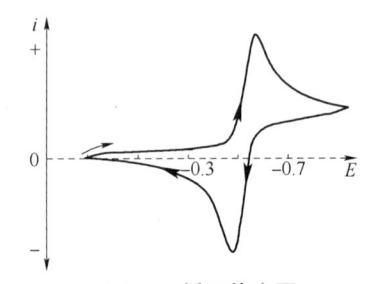

该 $i$-$E$ 曲线分为上下两部分，上半部分称为阴极支或还原支，下半部分称为阳极支或氧化支，分别对应于正扫、反扫时的电极反应。由于正扫、反扫时的电位均是线性扫描，故每半支的 $i$-$E$ 曲线均呈峰形。

循环伏安法以若干重要参数为特征，其中最重要的是两峰峰电流和两峰峰电位这四个参数。通过研究浓度、扫描速度对这四个参数的影响可判断电极反应的可逆性、求氧化还原电对的式量电位、判断电活性物质有无吸附、判断电极过程有无伴随化学反应等。下面以均相可逆电极反应为例说明循环伏安法的应用。

当电极反应可逆时，两峰峰电流可由 Randles-Sevcik 方程来表示：

$$i_p = (2.69 \times 10^5) n^{3/2} A D^{1/2} v^{1/2} c \tag{4-10}$$

式中，各项的物理意义同前。可以看出，对可逆反应而言，两峰峰电流之比 $i_{p,a}/i_{p,c}=1$ 且与扫描速度无关（与回扫时的转向电位有关，当转向电位超过正扫时峰电位 $100/n$ mV 时，二者的比值约等于1），且两峰峰电流均与浓度成正比，与电位扫描速度的 1/2 次方成正比，若以峰电流对扫描速度的 1/2 次方作图，可得一条直线，这是可逆过程的重要特征。

当电极反应可逆时，阳极峰电位、阴极峰电位分别为

$$E_{p,a} = E_{1/2} + 1.109 \frac{RT}{nF} \tag{4-11}$$

$$E_{p,c} = E_{1/2} - 1.109 \frac{RT}{nF} \tag{4-12}$$

两峰峰电位均与浓度和电位扫描速度无关。两峰峰电位之差（峰峰电位分离）为

$$\Delta E_p = E_{p,a} - E_{p,c} = 2 \times 1.109 \frac{RT}{nF} \tag{4-13}$$

25 ℃时，则有

$$\Delta E_p = E_{p,a} - E_{p,c} = \frac{56.5}{n} \text{ mV} \tag{4-14}$$

据此可求电极反应的电子转移数。

同时，根据循环伏安图上的两峰峰电位也可求得氧化还原电对的式量电位：

$$E^{\theta'} = \frac{E_{p,a} + E_{p,c}}{2} \tag{4-15}$$

当电极反应为不可逆或准可逆过程时，不能完全满足上述条件，详细可参考有关专著。

## 4.2.3 电解分析法（电重量分析法）

电解分析法包括两种方法：一是利用外加电源电解含有待测物质的溶液，使待测物质以具有确定化学组成的形式沉积于工作电极表面，电解完成后，称量工作电极上析出的待测物质的质量，然后计算分析结果，从本质上讲，该法属于重量分析法，故此时称为电重量分析法；二是利用电解的方法实现分离，此时称为电解分离法。电解分析法在电解时，不一定需要 100% 的电流效率，但要求待测物质必须以具有确定组成的形式沉积于工作电极表面，同时，电解分析法仅适用于常量分析。该法是最早建立起来的一种电化学分析法，目前主要用于某些金属的精品分析。

电解过程从方式上可分为控制电流电解和控制电位电解两种，因此，建立在电解现象基

础上的电解分析法也分为控制电位电解分析法和控制电流电解分析法两种。图4-7是控制电流电解分析法的基本装置示意图。

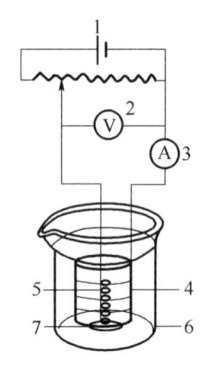

1—直流电源；2—电压表；3—电流表；4—Pt网阴极；5—Pt阳极；6—电解池；7—磁子。
图4-7 控制电流电解分析法的基本装置示意图

调节可调电阻$R$，控制并调节通过回路的电流为一恒定值（一般为0.5~2 A）进行电解，为了提高电解效率和减小浓差极化，电解时，要使用大面积的工作电极，一般使用Pt网阴极，同时要对溶液进行搅拌。电解完成后，取下Pt网阴极，冲洗烘干后称重，并计算分析结果。电解时，随待电解物质的电解消耗，阴极电位会逐渐负移，引起$H_2$的析出而影响镀层的性质。同时，若溶液中有其他共存离子，会引起共沉积而影响分析结果的准确度。为解决上述问题，电解时一般要使用阴极电位缓冲剂来控制阴极电位。控制电流电解分析法的特点是电解效率高、分析速度快，缺点是选择性差，一般只用于溶液中只有一种可还原金属离子的测定；也可分离金属电动序中H以前和H以后的金属。实际工作中该法常用于精品Cu的仲裁分析。

控制电位电解分析法的基本装置示意图如图4-8所示。

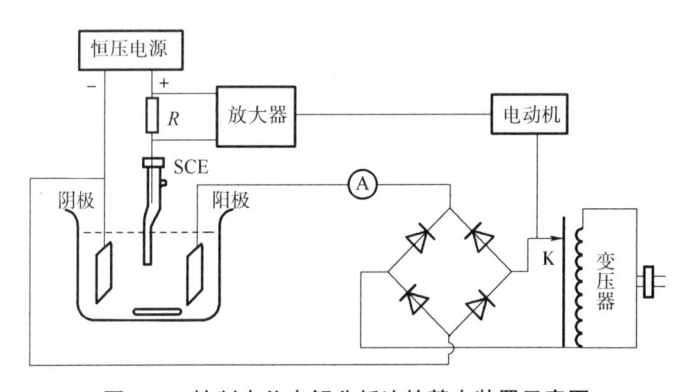

图4-8 控制电位电解分析法的基本装置示意图

将外加电源施加于电解池上进行电解，由工作电极和参比电极组成阴极电位测量系统，实时测量阴极电位，并将测量结果反馈给外加电源以调节可调电阻$R$，控制阴极电位恒定。当电流减小至一趋于零的稳定值时，电解完成，取下工作电极，冲洗、烘干后称重，计算分析结果。控制电位电解装置一般可自动控制工作电极电位。控制电位电解分析法的特点是选择性好、应用广泛，不足之处在于电解时间长、分析速度慢。

## 4.2.4 库仑分析法

库仑分析法也是以电解现象为基础建立的一类电化学分析法。与电解分析法相比，库仑分析法的不同之处在于定量分析的基本原理不同。库仑分析法是通过测量待测物质在100%的电流效率下电解时所消耗的电荷量（简称电量），并根据Faraday定律来求得分析结果的一类分析方法。根据Faraday定律，电解时，电极上析出物的质量与电解时消耗的电量之间服从Faraday定律，其数学表达式为

$$m = \frac{M}{nF}Q \tag{4-16}$$

式中，$m$ 为电解时析出物的质量，g；$M$ 为析出物的摩尔质量，$g \cdot mol^{-1}$；$n$ 为电极反应的电子转移数；$F$ 为Faraday常数；$Q$ 为电解时消耗的电量，C，$1\ C = 1\ A \cdot s$。

库仑分析中不一定要求待测物沉积于工作电极表面，但要求100%的电流效率。库仑分析法的准确度取决于电量测量的准确度。库仑分析法既可用于常量分析，也可用于微量分析；不但可进行定量分析，也可进行电化学基础理论的研究。

库仑分析法可分为恒电流库仑分析法和控制电位库仑分析法两种。恒电流库仑分析法是在电流恒定的条件下进行电解，溶液中的电解质发生电极反应产生的电生"滴定剂"与待测物质发生反应，用化学指示剂或电化学的方法确定"滴定"终点。由电流的大小和到达终点需要的时间计算出消耗的电量来求得待测物质的含量。这种滴定方法与滴定分析中用标准溶液滴定待测物质的方法相似，因此恒电流库仑分析法又称为库仑滴定法。在库仑滴定中，电解质溶液通过电极反应产生的滴定剂的种类很多，包括 $H^+$ 或 $OH^-$，氧化剂 $Br_2$、$Cl_2$、$Ce^{4+}$、$Mn^{3+}$、$Hg^{2+}$ 和 $I_2$ 等，还原剂 $Fe^{2+}$、$Ti^{3+}$ 和 $Fe(CN)$ 等，配位剂 EDTA，沉淀剂 $Ag^+$ 等。因此，库仑滴定法具有更重要的使用价值。

控制电位库仑分析法以控制电极电位的方式电解，当电流趋近于零时表示电解完成。由测得电解时消耗的电量求出待测物质的含量。

库仑滴定法中确定滴定终点的方法主要有化学指示剂法、电位法和永停终点法等。

（1）化学指示剂法。滴定分析中使用的化学指示剂基本上都可用于库仑滴定。用化学指示剂指示终点可省去库仑滴定中指示终点的装置，在常量库仑滴定中使用，比较简便。

（2）电位法。库仑滴定法中用电位法指示终点与用电位滴定法确定终点的方法相似。在库仑滴定过程中可以记录电位（或pH）与时间的关系曲线，用作图法或微商法求出终点。也可用pH计或离子计，由指针发生突变表示终点到达。

（3）永停终点法。永停终点法指示终点的装置示意图如图4-9所示。在指示终点装置的两支大小相同的铂电极上，加50~200 mV的电压。到达终点时，由于电解液中产生可逆电对或原来的可逆电对消失，该铂电极回路中的电流迅速变化或停止变化。

与滴定分析法相比，库仑滴定法不需要制备标准溶液，不稳定的试剂可以就地产生，样品用量小，电流和时间可以准确测定，具有准确、灵敏、简便和易于实现自动化等优点。库仑分析法用途较广，不仅可用于石油化工、环保、食品检验等方面常量或微量成分的分析，而且可用于化学反应动力学及电极反应机理等的研究。库仑分析法可用于测定微量水、硫、碳、氮、氧和卤素等。

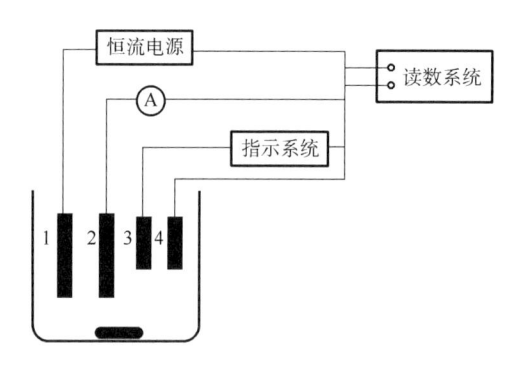

1、2—工作电极和辅助电极；3、4—指示系统电极。

图 4-9　永停终点法指示终点的装置示意图

# 4.3　仪器部分

## 4.3.1　酸度计/电位计

**1. 仪器基本构造**

电位分析法所使用的仪器称为酸度计（毫伏计），主要由电位计和电极系统构成。由于电位法测量时电池的内阻很高，故电位分析法中对电位计的基本要求是仪器的输入阻抗高、测量精密度好、稳定性好。

电极系统由一个指示电极和一个参比电极组成。指示电极主要是各种离子选择性电极，对其基本要求是响应快速、稳定、选择性高、电极电位与待测离子活度间的关系服从 Nernst 公式。参比电极常用的有饱和甘汞电极和 Ag-AgCl 电极，对参比电极的基本要求是电极电位保持恒定且与待测离子的活度无关，不干扰测定，液接电位小。

早期酸度计主要是指针式仪器，目前已基本是数字显示式仪器，其具有体积极小、便携等优点。

**2. PHS-3C 型精密酸度计**

PHS-3C 型精密酸度计是一种数字显示的酸度计，可显示温度值、pH 值、电位值。其配上适当的离子选择电极，可以作为电位滴定分析的终点显示器。其适用于测定水溶液的酸度和测量电极电位。

1）仪器操作步骤

（1）准备：将复合电极插入仪器电极插座，调节电极夹到适当位置。复合电极夹在电极夹上，拉下电极前端的电极套。拉下橡皮套，露出复合电极上端的小孔。用蒸馏水清洗电极。

（2）开机：将电源线插入电源插座。按下电源开关，预热半小时。

（3）标定：仪器使用前先要标定。一般情况下，仪器在连续使用时，每天要标定一次。

① 把选择开关旋钮调到"pH"挡。

② 调节温度补偿旋钮，使旋钮白线对准被测溶液的温度值。

③ 把斜率调节旋钮顺时针旋到底（100%位置）。

④ 把电极插入 pH=6.86 的标准缓冲溶液中。

⑤ 调节定位调节旋钮，使仪器显示读数与该缓冲溶液当时温度下的 pH 值一致（如用混合磷酸盐定位温度为 10 ℃时，pH=6.92）。

⑥ 用蒸馏水清洗电极，再插入 pH=4.00（或 pH=9.18）的标准缓冲溶液中，调节斜率调节旋钮使仪器显示读数与该缓冲溶液在当时温度下的 pH 值一致。

⑦ 重复以上操作，直至不用再调节定位或斜率调节旋钮为止。

⑧ 仪器完成标定。

（4）测量：经标定过的仪器，即可用来测量被测溶液，被测溶液与标定溶液温度不相同时，测量步骤也有所不同。

① 被测溶液与标定溶液温度相同时，测量步骤如下。

a. 用蒸馏水清洗电极头，用被测溶液清洗一次。

b. 把电极浸入被测溶液中，用玻璃棒搅拌溶液，使溶液均匀，在显示屏上读出溶液的 pH 值。

② 被测溶液与标定溶液温度不同时，测量步骤如下。

a. 用蒸馏水、被测溶液分别清洗电极头。

b. 测出被测溶液的温度值。

c. 调节温度补偿旋钮，使旋钮白线对准被测溶液的温度值。

d. 把电极插入被测溶液内，搅拌溶液，待溶液均匀、读数稳定后读出 pH 值。

2）仪器使用注意事项

（1）电极在测量前必须用已知 pH 值的标准缓冲溶液（其值愈接近被测值愈好）进行定位校准。

（2）取下电极套后，应避免电极的敏感玻璃泡与硬物接触，因为任何破损或擦毛都将使电极失效。

（3）测量后，及时套上电极保护套，电极套内应放少量内参比补充液以保持电极球泡的湿润，切忌浸泡在蒸馏水中。

（4）复合电极的内参比补充液为 3 mol·L$^{-1}$氯化钾溶液。内参比补充液可以从电极上端的小孔加入。复合电极不使用时，拉上橡皮套，防止补充液干涸。

（5）电极的引出端必须保持清洁干燥，绝对防止输出两端短路，否则将导致测量失准或失效。

（6）电极应避免与有机硅油接触。

（7）电极经长期使用后，若斜率略有降低，可把电极下端浸泡在 HF（4%）中 3~5 s，用蒸馏水洗净后在 0.1 mol·L$^{-1}$盐酸中浸泡，使之复新。

（8）电极不能用于强酸、强碱或其他腐蚀性溶液中，严禁在脱水性介质如无水乙醇、重铬酸钾等中使用。

**3. ZDJ-5B 型自动电位滴定仪**

ZDJ-5B 型自动电位滴定仪是一种分析精度高的实验室分析仪器。仪器采用模块化设计、触摸屏显示，可实时显示测试方法、滴定曲线和测量结果；操作界面简洁，采用中/英文显示；支持多种滴定模式，可直接连接自动进样器实现批量样品的自动测量。

1）仪器操作步骤

（1）开机：打开电源开关，登录。登录成功后，仪器开始检查外接设备，然后进入起始状态（屏幕显示操作提示）。

（2）设备管理：在仪器起始状态下，选择菜单项"设备管理"进入。

（3）清洗、补液：在仪器起始状态下，选择菜单项"清洗"或者选择起始界面的"清洗"快捷方式，进入清洗界面。设置清洗速度（通常为快速）、清洗次数（一般为3次，最大为99次）后，按"清洗"键，开始清洗。清洗结束后，按"结束"键返回起始状态。

（4）设置搅拌器：选择某个滴定方法，按"查阅参数"或"查阅过程"键，进入相应查阅模块，然后选择有关搅拌器项，设置搅拌器类型和搅拌器速度值。也可在仪器起始状态下，选择"设置搅拌器"快捷方式或者选择菜单项"设置搅拌器"，设置搅拌器类型和搅拌器速度值。

（5）设置、查阅测量单元：仪器默认安装有一个电位测量单元（mV/pH测量单元），即测量单元1，有两个测量单元时，在起始状态下选择菜单项"查阅测量单元1"或者选择测量单元1的图标，将进入查阅测量单元1，界面显示当前的电位值、温度值、pH值，以及上次的标定结果、使用的通道号等。也可在此设置测量的通道号、查阅上次的标定数据、重新标定电极等。

（6）标定pH电极：pH复合电极在不同的使用环境下或者在长时间未使用时都有一定的漂移，导致电极斜率、零点不同，需要使用标准缓冲溶液重新标定。

（7）设置滴定管的类型、滴定管系数：选择某个滴定方法，选择"查阅参数/滴定单元设置"，设置滴定管的类型、滴定管系数。

（8）标定滴定管系数：按滴定管出厂时标识的相应滴定管系数设置。每一个滴定方法在第一次使用时，或者更换过滴定管后，必须将滴定管系数设置一遍。当滴定管长时间使用，或者某些滴定剂的长期腐蚀导致滴定管变形进而影响滴定管系数、影响测量结果时，可以自己标定滴定管系数。

（9）滴定：选择一种滴定途径（从"重复上次滴定"开始滴定；从"一步步开始滴定"开始滴定；从"开始方法滴定"开始滴定；从"开始样品列表滴定"开始滴定；从"快捷方式"开始滴定）进行滴定。

（10）关机：滴定完，按"清洗"程序清洗后，关闭电源。

2）仪器使用注意事项

（1）仪器的输入端（电极插座）必须保持干燥、清洁。

（2）测量时，电极的引入导线应保持静止，否则会引起测量不稳定。

（3）取下电极套后，应避免电极的敏感玻璃泡与硬物接触，因为任何破损或擦毛都将使电极失效。

（4）复合电极的外参比电极（或甘汞电极）应经常注意补充液（饱和氯化钾溶液）是否充足，不足时补充液从电极上端的小孔加入。

（5）电极应避免长期浸泡在蒸馏水、蛋白质溶液和酸性氟化物溶液中。

（6）电极应避免与有机硅油接触。

（7）滴定前最好先用滴液将电磁阀橡皮管冲洗数次。

（8）到达终点后，不可以按"滴定开始"键，否则仪器又将开始滴定。

（9）不能使用与橡皮管起作用的高锰酸钾等溶液。

## 4.3.2 伏安分析仪（电化学工作站）

**1. 仪器基本构造**

此类仪器由两个基本电路组成：一个为极化电路，为电解池提供所需要的极化电压，以控制并使工作电极电位按预定方式变化；另一个为测量电路，用以测量流过回路的电流。仪器与电解池相连。现代伏安分析中广泛采用三电极系统电解池，三电极分别为工作电极、参比电极和辅助电极，目的主要在于减小溶液 $iR$ 降的影响。目前，伏安分析仪的极化电路主要由具有反馈回路的运算放大器组成，如图 4-10 所示。

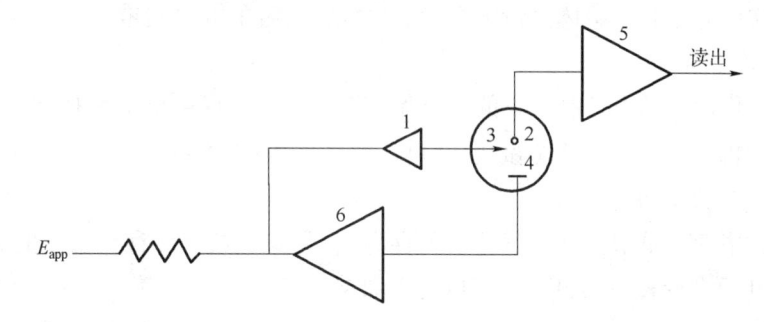

1—反馈放大器；2—工作电极；3—辅助电极；4—参比电极；5—电流放大器；6—扫描放大器。

图 4-10 恒电位仪运算放大器

工作原理：外加极化电压（$E_{app}$）施加于工作电极和辅助电极组成的回路上，在该回路中测量电流。由工作电极和参比电极组成另一个回路，该回路电阻很高，没有明显的电流通过，由该回路测量工作电极电位并将测量结果反馈给极化电路。如果工作电极电位偏离预定值，运算放大器则会根据反馈信号提供一个电位校正，从而控制工作电极电位按预定方式变化。现代伏安分析仪已经完全实现了计算机控制，由计算机控制各种参数并进行自动测量。

**2. LK98BⅡ型电化学工作站**

LK98BⅡ型电化学工作站可一机多用，提供电位控制、电流控制、开路电位测量、各种极谱及伏安分析如线性扫描、循环伏安、电流阶跃、计时电流、差分脉冲伏安、常规脉冲伏安、现代方波伏安、交流伏安、选相交流伏安、二次谐波交流伏安及各种溶出方法计时电量法、控制电位（电流）电解库仑法、线性电流计时电位法等电化学研究和分析方法。其使用灵活方便，实验曲线实时显示，使操作者在实验时更加直观、方便。

1) 操作步骤

（1）启动与自检。

① 将电化学工作站主机与计算机、外设以及其他必要设备的电源线、控制线连接好。

② 打开计算机，运行"LK98BⅡ"，进入主控菜单（注意：打开仪器之前请将 4 根电极线断开，并保证其两两不相连）。

③ 打开主控菜单下设置命令，单击"系统自检"，仪器将逐一对各部分进行自检，主控

菜单上应显示"系统自检通过",系统进入正常工作状态。

(2) 连接电极。

将辅助电极与红色夹头相连,绿色夹头与工作电极相连,参比电极与黄色夹头相连,并将上述电极浸入电解池的电解质溶液液面以下。

(3) 设置菜单命令(以循环伏安法为例进行说明)。

① 方法选择。

单击主菜单上的设置栏下的"方法选择"(该步操作也可使用快捷键"π"),先进行方法种类选择(线性扫描技术),然后选择具体方法(循环伏安法)。

② 参数设定。

选择好实验方法后,单击"确定"可自动进入"参数设定"页面。也可单击主菜单上的设置栏下的"参数设定"(该步操作可使用快捷键"P")。当弹出"参数设定"对话框后,按具体的实验方法和实验体系设定合适的参数,然后单击"确定"。

(4) 开始实验。

完成上述操作后,单击控制栏下的"开始实验"(也可直接单击 按钮)。当需要终止时,单击 按钮即可。仪器完成测试后,可自动给出相应的伏安图。

(5) 数据的记录与查看。

每次测试完毕后,单击文件栏下的"另存为",将实验数据保存到指定的文件夹中。并且,可用"打开"命令逐一打开已保存的每个数据。

① 记录数据。

程序可进行自动和手动测量:将光标放在峰高线上,右击,会出现一个对话框,其中记录有此峰高与峰电位的数据,可以手动记录,也可单击"加入",会出现提示"输入对应标准溶液浓度"的对话框,当输入浓度后单击"确定",可将输入的标准溶液浓度值加入"工作曲线法"对话框中。依据此方法可以记录一系列标准溶液的峰高与峰电位,手动记录的数据可以在 Excel 中以浓度为横坐标、峰高为纵坐标作图。单击加入的数据,直接在工作曲线法中可求结果。

② 查看数据。

当需要将数据转换成文档并导出时,单击数据处理栏下的"查看数据",将当前缓冲区内的数据以列表的形式显示出来(只对当前缓冲区的图形有用),此列表格式与 Windows 列表的格式相同,所以可以任意移动到其他数据处理或图形绘制软件中进行再加工。以 Excel 为例,先将数据列表中所需数据选中,在键盘上按"Ctrl+C"键(复制),若需要全部数据,则直接单击"拷贝",再打开 Excel 单击"粘贴"即可。

(6) 关机。

实验完毕后,先将电极取出,然后退出运行程序。依次关闭电化学工作站主机、计算机。

2) 使用注意事项

(1) 仪器接地,确保电源的 3 芯插头中的中间插头接地良好。

(2) 开机时先开计算机再开电化学工作站主机,不可反复开关。

(3) 准确连接工作电极、辅助电极、参比电极,然后双击打开电化学工作软件。

(4) 关机时按照关软件、关计算机、关电化学工作站主机的顺序进行。

**3. CHI660D 型电化学工作站**

1) 操作步骤

(1) 启动与自检。

① 将电化学工作站主机与计算机、外设以及其他必要设备的电源线、控制线连接好。

② 依次打开计算机、电化学工作站主机。

③ 运行程序"CHI660D",进入主控菜单。

(2) 连接电极。

将辅助电极与红色夹头相连,绿色夹头与工作电极相连,参比电极与黄色夹头相连,并将上述电极浸入电解池的电解质溶液液面以下。

(3) 设置菜单命令(以循环伏安法为例进行说明)。

① 方法选择。

单击主菜单上的设置栏下的"方法选择"(该步操作也可使用快捷键"T"),选择合适的方法 Cyclic Votammetry,单击 OK 按钮确认。

② 参数设定。

单击主菜单上的设置栏下的"参数设置"(该步操作也可使用快捷键"P"),进行参数设置。对话框中各项的意义如下。Init E:初始电位;High E:转向电位;Low E:终止电位;Initial Scan:正向扫描极性;Scan rate:扫描速度;Sweep segments:循环次数(一般设为偶数);Sample Interval:电位增量(一般设为 0.001 V);Quiet Time:扫前等待时间;Sensitivity:灵敏度选择。按需要设置好参数后,单击 OK 按钮确认。

(4) 开始实验。

完成上述操作后,单击控制栏下的"开始实验",也可直接单击▶按钮。当需要暂停实验时,单击❙❙按钮,若要停止实验,则单击■按钮。仪器完成测试后,可自动给出相应的伏安图。

(5) 数据的记录与查看。

每次测试完毕后,单击文件栏下的"另存为",将实验数据保存到指定的文件夹中。并且可单击"打开"逐一打开已保存的每个数据。

① 记录数据。

程序可进行自动和手动测量。实验结束后,运行 Graphics 菜单中的 Present Data Plot 命令,可进行数据自动显示。根据需要可进一步处理。

② 查看数据。

当需要将数据转换成文本文档并导出时,单击文件栏下的"数据转换",然后选中需要转换的文件,再单击"打开"即可。可以将其复制到其他数据处理软件中进行处理。

(6) 关机。

实验完毕后,先将电极取出,然后退出运行程序,依次关闭电化学工作站主机、计算机。

2) 使用注意事项

(1) 仪器电源应采用单相三线电源,要有接地。

(2) 不能反复开关仪器，离开实验室时要关闭仪器。

(3) 电极夹头要保持干燥，不能将水洒在上面，不要去掉夹头的保护层。若有锈蚀，可用细砂纸仔细打磨抛光。

### 4.3.3　KLT-1型通用库仑仪

**1. 面板说明**

KLT-1型通用库仑仪前、后面板示意图如图4-11、图4-12所示。

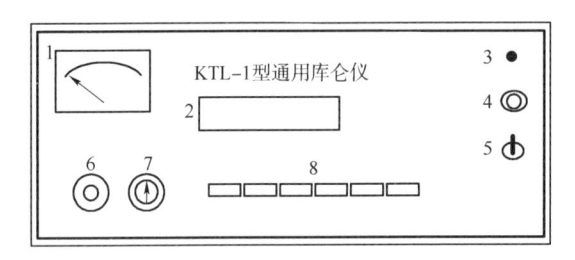

图4-11　KLT-1型通用库仑仪前面板示意图

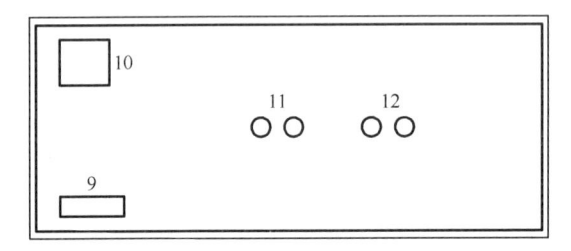

图4-12　KLT-1型通用库仑仪后面板示意图

(1) 50 μA表头：可指示滴定终点时电流或电位的突变。当按下"启动"琴键和"极化电位"琴键时，表头指示加在指示电极两端的极化电位大小，满刻度为500 mV。

(2) 4位LED：显示毫库仑数。

(3) 电解指示灯：停止电解时指示灯亮，电解时指示灯灭。

(4) "电解"按钮：按下后指示灯灭，接通电解回路。

(5) "工作/停止"开关：当指示灯灭，且此开关置于"工作"位置时才电解，置于"停止"位置时仍不电解，实际为电解的双重控制。

(6) "量程选择波段"开关：电解电流为"50 mA"挡时，电量为显示读数乘5毫库仑；电解电流为"10 mA""5 mA"挡时，显示读数为毫库仑数。

(7) "补偿极化电位"钟表电位器：按下"电位"琴键时指示电极电位；按下"电流"琴键时，表示加在指示电极两端的极化电压。长针转一圈约为500 mV。

(8) 琴键：从左至右分别为"极化电位""电位""电流""上升""下降"和"启动"琴键。"启动"琴键弹起时指示回路不通，计数器不工作并自动消零；按下后指示回路接通，计数器处于工作状态。"电位""电流"琴键用于选择指示电极终点的方式。"上升""下降"琴键用于选择指示滴定终点时电信号是上升还是下降。当采用电流法指示终点时，按下"极化电位"琴键，表头指示极化电压的大小。

（9）电源开关。

（10）电源插座。

（11）电解电极插孔。

（12）指示电极插孔。

**2. 使用方法**（以双指示电极电流永停终点法为例）

（1）开启电源前所有琴键应全部弹出。"工作/停止"开关置于"停止"位置。电解电流量程应根据样品含量高低、样品用量多少及分析精度要求，选择适宜的挡位。电流微调放在最大位置，需要时可调小。

（2）打开电源开关，预热 10 min。

（3）选择工作电流。

调节电流量程选择开关[对应旋钮为上文仪器面板中的（6）]，选择工作电流，一般为 10 mA。

（4）选择指示终点的方法。

以电流法指示终点为例，按下"电流"琴键，根据滴定体系，选择终点前后电流的变化方式，若终点时指示系统电流突然增大，则按下"上升"琴键；反之，若终点时指示系统电流突然减小，则按下"下降"琴键。

（5）设置指示系统极化电压。

按下"极化电位"琴键和"启动"琴键，调节极化电位补偿器调节合适的极化电压，选择好后，将"极化电位"琴键和"启动"琴键弹起。

（6）连接电极。

分别将电解系统电极和指示系统电极插头插入对应的电极插孔中，并把电极接线接到相应的电极上。把电解液放入库仑池内，放入搅拌磁子，开动搅拌器，选择适当的搅拌速度。

要根据工作电极反应的性质连接好电解系统电极。若电生滴定剂是通过电氧化产生的，这时阳极为工作电极，则把电解系统红线接双铂电极，黑线接铂丝对电极。相反，若电生滴定剂是通过电还原产生的，这时阴极为工作电极，则把电解系统黑线接双铂电极，红线接铂丝对电极。指示系统电极接大二芯线，红夹子夹两指示铂电极中的任意一根，黑夹子夹在另一根上。

（7）滴定。

向库仑池中准确加入一定体积的待测溶液，按下"启动"琴键，将"工作/停止"开关置于"工作"位置，按一下"电解"按钮，指示灯灭，开始电解计数。电解至终点时表头指针向右突变，红灯亮，停止电解。这时仪器显示的数为消耗的电解电量（毫库仑数）。记录读数，将"工作/停止"开关置于"停止"位置，弹起"启动"琴键，清零。再向库仑池中准确加入一定体积的待测溶液，按上述操作进行滴定。

（8）关机。

实验完毕后，将"工作/停止"开关置于"停止"位置，弹起"启动"琴键，清零。依次拆下电极连线，将各琴键依次弹起。检查后关闭仪器电源，清洗电极和库仑池。

**3. 注意事项**

（1）在仪器的使用过程中，拿出电极头或松开电极夹时必须先弹起"启动"琴键，以使仪器的指示回路输入端起到保护作用，不会损坏机内的器件。

(2) 要根据工作电极反应的性质连接好电解系统电极。
(3) 电解过程中不要换挡，否则会使误差增大。
(4) 电解电流一般以"10 mA"挡为宜。
(5) 注意保护电极线夹头。

## 4.4 实验技术

### 4.4.1 电极

各种电化学和电化学分析的测量均是在电化学池中进行的，电极是电化学池的核心组成部分，是各种电化学反应发生的场所，是研究物质的电化学性质及获得必要的与待测物质浓（活）度有关的电学信号的基础。在电化学分析研究中，常根据需要对电极进行分类命名：

(1) 按电极电位的高低分为正负极；
(2) 按电极反应的性质分为阴阳极；
(3) 按电极的用途分为指示电极、参比电极、工作电极和辅助电极。

**1. 指示电极**

在电化学分析中，把要研究和利用的电极称为主要电极，主要电极又分为指示电极和工作电极。对于平衡体系，或在测量期间溶液的本体浓度不发生任何可觉察变化的体系，相应的主要电极称为指示电极，电位分析法中的主要电极是指示电极。

按电极电位产生的原理，指示电极可分为两类：一是基于电子交换的指示电极；二是基于电极-溶液界面离子交换的各种离子选择性电极。离子选择性电极是一种电化学传感器，它的电极电位与响应离子活度服从 Nernst 公式。在电位分析法中，有实用价值的是各种离子选择性电极。常用的指示电极主要有以下几种。

1) pH 玻璃电极

pH 玻璃电极是使用最早的一种离子选择性电极，主要由敏感膜、内充溶液、内参比电极和电极引线组成。敏感膜是具有特殊组成的玻璃薄膜，厚度约为 0.1 mm，可对 $H^+$ 产生选择性 Nernst 响应。内参比电极常为 Ag-AgCl 电极。内充溶液常由 $0.1\ mol \cdot L^{-1}$ HCl 溶液组成。为了使用方便，目前已有复合 pH 玻璃电极，它将 pH 玻璃电极和外参比电极制成一体，使用时，不需要外参比电极。

使用 pH 玻璃电极时应注意的事项如下。
(1) 在使用新电极前，置于纯水或稀酸溶液中浸泡活化 24 h 以上。
(2) 不使用电极时，应浸入缓冲溶液或水中；长期保存时，应仔细擦干并放入保护性容器中。
(3) 每次使用后，用蒸馏水彻底清洗电极并用吸水纸小心吸干。
(4) 测量时要充分搅拌缓冲性较差的溶液，否则，玻璃-溶液界面间会形成一层静止层。
(5) 要用软纸擦去膜表面的悬浮物和胶状物，避免划伤敏感膜。

(6) 不要在酸性氟化物溶液中使用 pH 玻璃电极,因为膜会受到 F⁻ 的化学侵蚀。

2) 氟离子晶体膜选择性电极

氟离子晶体膜选择性电极是一种晶体膜离子选择性电极,主要由敏感膜、内充溶液、内参比电极和电极引线组成。敏感膜是用掺杂有 $EuF_2$ 的 $LaF_3$ 单晶膜制成的,厚度为 1~2 mm,可对 F⁻ 产生选择性 Nernst 响应。内参比电极常为 Ag-AgCl 电极。内充溶液常由 0.1 mol·L⁻¹ NaCl 和 0.001 mol·L⁻¹ NaF 混合溶液组成。

使用氟离子晶体膜选择性电极(以下简称氟电极)时的注意事项如下。

(1) 使用氟电极前,取下电极的防护帽,先在 0.001 mol·L⁻¹ NaF 溶液中浸泡 1~2 h 或在去离子水中浸泡过夜活化,再用去离子水清洗到使其在去离子水中的电位为 260 mV 左右。

(2) 将氟电极浸入待测溶液中时,注意单晶片内外不要附着气泡,以免影响电极读数。

(3) 在连续测定不同氟离子浓度的溶液时,最好采用两支氟电极,一支初测未知浓度和高浓度溶液,另一支专测低浓度溶液,以免高浓度溶液沾污电极而影响低浓度溶液测定的准确度。测定一种溶液后,需用去离子水冲洗干净,且用滤纸吸干水分,然后才能再次使用,甘汞电极亦然。用一支电极连续测定不同浓度溶液时,应按从稀到浓的顺序。

(4) 电极单晶片敏感膜应仔细保护,勿以尖硬物碰擦。晶片如沾污,则用脱脂棉依次蘸乙醇、丙酮轻拭,再用去离子水洗净。

**2. 参比电极**

在电化学分析中,参比电极的作用是与指示电极或工作电极组成电池,通过测量零电流条件下该电池的电动势,进而测量指示电极或工作电极的电极电位。对参比电极的基本要求是可逆性、重现性和稳定性均要好。常用的参比电极有甘汞电极和 Ag-AgCl 电极。

1) 甘汞电极

甘汞电极由电极引线、玻璃套管、内充 KCl 溶液、Hg-$Hg_2Cl_2$ 混合物和多孔陶瓷塞组成。根据内充溶液浓度的不同,甘汞电极可分为表 4-1 所示的 3 种,其中最常用的是饱和甘汞电极(SCE),其内充溶液是饱和 KCl 溶液。

表 4-1 甘汞电极

| 项目 | 0.1 mol·L⁻¹ 甘汞电极 | NCE | SCE |
| --- | --- | --- | --- |
| KCl 溶液的浓度/(mol·L⁻¹) | 0.1 | 1.0 | 饱和 KCl 溶液 |
| E/V | +0.336 5 | +0.282 8 | +0.243 8 |

表 4-1 中是 25 ℃时的电位值,其他温度时,可用下式校正:

$$E = 0.243\ 8 - 7.6 \times 10^{-4}(t-25) \tag{4-17}$$

式中,E 为饱和甘汞电极电位,V;t 为温度,℃。

使用饱和甘汞电极时的注意事项如下。

(1) 使用电极前,所有的空气泡必须从甘汞电极的表面或液接界部位排除掉,否则会引起测量回路断路或读数不稳定。

(2) 使用前应将电极侧管口和液接界部位的小橡皮塞(帽)取下,使电极套管内的

KCl 溶液与大气相通。甘汞电极平常应立式放置，不用时应在加液口和液接界部位套上橡胶帽。长期不用的甘汞电极应充满内充溶液，置于电极盒内静置保存。

（3）电极中内充 KCl 溶液中要有固体 KCl 存在。

（4）每隔一定的时间，要用电阻测试仪或电导仪检查一次电极内阻，平常应小于 10 kΩ。

2）Ag-AgCl 电极

Ag-AgCl 电极由电极引线、玻璃套管、内充 KCl 溶液、镀有 AgCl 的 Ag 丝和多孔陶瓷塞组成。根据内充溶液浓度的不同，Ag-AgCl 电极可分为表 4-2 所示的 3 种，其中最常用的是饱和 Ag-AgCl 电极，其内充溶液是饱和 KCl 溶液。

表 4-2  Ag-AgCl 电极

| 项目 | 0.1 mol·L$^{-1}$ Ag-AgCl 电极 | 标准 Ag-AgCl 电极 | 饱和 Ag-AgCl 电极 |
| --- | --- | --- | --- |
| KCl 溶液的浓度/(mol·L$^{-1}$) | 0.1 | 1.0 | 饱和 KCl 溶液 |
| $E$/V | +0.288 0 | +0.222 3 | +0.200 0 |

表 4-2 中是 25 ℃时的电位值，其他温度时，可用下式校正：

$$E = 0.200\ 0 - 6.0 \times 10^{-4}(t-25) \tag{4-18}$$

式中，$E$ 为饱和 Ag-AgCl 电极电位，V；$t$ 为温度，℃。

3）参比电极的检查

在电化学测量中，参比电极具有重要的作用。要学会正确使用参比电极。参比电极使用时最常见的问题是多孔陶瓷塞堵塞（主要是 KCl 结晶堵塞），这时可用测量电阻的办法简单判断，将待检查的参比电极和一根洁净的铂丝连接于电导率仪上，测出的电阻应小于 10 kΩ，大于此值时，说明有堵塞，可用下述方法除去。

（1）饱和甘汞电极：将电极下端（多孔陶瓷塞部位，一般为 2~3 cm 处）浸入 10% KCl 溶液中，加热至 60~70 ℃浸泡一段时间。

（2）Ag-AgCl 电极：Ag-AgCl 电极的多孔陶瓷堵塞有两类，一是 KCl 结晶堵塞，可用（1）中的方法去除；二是 AgCl 结晶堵塞，这时先将电极的内充 KCl 溶液放空，然后将电极下端浸入氨水中浸泡一段时间，冲洗干净后，重新装填 KCl 溶液即可。

4）参比电极电位的检查

（1）将待检查的参比电极与另一好的参比电极接入酸度计的两端，用一定温度的饱和 KCl 溶液作电解质测量电池的电动势，测出的电位值不得超过 ±3 mV，否则，应检查或更换。

（2）循环伏安法检查：用待检查的参比电极和另一工作电极记录式量电位，已知可逆氧化还原电对［常用的是 K$_3$Fe(CN)$_6$/K$_4$Fe(CN)$_6$ 和二茂铁］的循环伏安图，从图中求出式量电位，再与文献值比较以判断有无偏离。用这种方法检查时，工作电极要处理好。

**3. 工作电极**

在电化学分析中，对于非平衡体系或测量时有较大电流通过回路，溶液的本体浓度发生较大变化的体系，相应的主要电极称为工作电极。此处讨论的主要是伏安分析法中使用的工作电极。这类电极的主要作用是通过研究溶液中电活性物质的电化学性质以获得必要的分析参数,这时工作电极仅提供电极反应的场所,电极本身不发生电化学反应,故常用惰性材料如贵金属(Pt、Au)和各种碳材料电极、汞电极等。不同的电极,可用的电位范围不同,使用时应根据需要选择合适的电极。工作电极从形状上看有多种形式,常用的有球状电极、盘状电极、线状电极、带状电极等。

(1) 汞电极。由于$H_2$在汞电极表面析出时具有较高的过电位,所以汞电极具有较宽的阴极电位范围;同时,汞在常温下是液态且易提纯,即汞电极也具有良好的重现性。以上优点使汞电极在伏安分析法中得到了广泛的应用。在实际工作中,汞电极有不同的类型,常用的有滴汞电极、悬汞电极和汞膜电极3种。

(2) 金属电极。金属电极具有良好的电子传递性能,广泛应用于伏安分析法中。金属电极中使用最多的是贵金属(Pt、Au)电极。这类电极一般制成盘状。

(3) 碳材料电极。碳材料电极也是伏安分析法中广泛使用的一类电极。碳材料电极表面的电子传递速度虽不及金属电极表面快,但碳材料电极具有电位范围宽、背景电流小、电极表面性质丰富、化学惰性较好及价格便宜等优点。碳材料电极主要有玻碳电极、碳糊电极和石墨电极等。

(4) 固态电极的预处理。不论是金属电极,还是各种碳材料电极,都是固态电极。固态电极表面的电化学响应与电极表面的状态密切相关,所以使用固态电极时,要对其表面进行仔细的预处理以获得电化学活性高、重现性好的电极表面。固态电极预处理的基本步骤如下。

① 物理处理:先用小号金相砂纸将表面打磨平滑,再依次用不同粒度的氧化铝粉末在麂皮垫上逐一打磨成镜面。其目的在于得到一个光滑平整的电极表面。

② 化学处理:打磨平整的电极表面,选用合适的酸、洗液、有机溶剂等进行清洗,最后用纯水冲洗干净。

③ 电化学处理:将上述处理好的电极浸入合适的支持电解质溶液中,在选用的电位范围内用循环伏安法多次循环扫描,直至得到稳定的电化学响应。

**4. 辅助电极**

在电化学分析中,辅助电极(有时也称为对电极)的作用是与工作电极组成回路以传导电流,辅助电极上发生的电极反应不需要研究和测试。常用的辅助电极是Pt电极,根据需要可制成不同的形状。

## 4.4.2 溶剂和支持电解质

各种电化学分析都是在电解质溶液中进行的,选择合适的溶剂非常重要。在实际工作中,绝大多数电化学分析是在水溶液中进行的,有时也需要在非水溶液中进行,非水溶剂应满足以下要求。

(1) 可溶解足够量的支持电解质。

(2) 常温下为液体,且蒸气压不大。

(3) 黏性不能太大。

(4) 可以测定的电位范围(电位窗口)大。

(5) 毒性小，容易精制且价格便宜。

常用的有机溶剂有乙腈、丙烯酸、二甲基甲酰胺（DMF）、二甲基亚砜（DMSO）及甲醇等。

在电化学分析中，支持电解质的作用是使溶液导电且减小溶液的电阻、消除迁移电流及保持溶液的离子强度恒定。对支持电解质的基本要求是具有化学惰性、不干扰测定且纯度高。常用的支持电解质有惰性无机盐（如 NaCl、KCl、KNO$_3$、Na$_2$SO$_4$ 等）、惰性矿物酸（如盐酸、硫酸、硝酸等）。有时需要控制溶液的 pH 值，还要加入合适的酸碱缓冲组分。一般情况下，溶液中支持电解质的浓度在 0.1~1.0 mol·L$^{-1}$ 的范围内。

## 4.5 实　　验

### 4.5.1 离子选择性电极电位法测定自来水中的氟离子

**1. 实验目的与要求**

（1）理解氟离子选择性电极测定微量氟的原理和方法。

（2）理解总离子强度调节缓冲溶液的作用和意义。

（3）掌握标准曲线法的实验技术和数据处理的方法。

**2. 实验原理**

氟是人体必需的微量元素，人体缺乏氟会引起龋齿和骨质疏松，氟量过高又会造成斑釉齿，甚至氟中毒。人体中氟的主要来源是饮水，因此测定饮水中氟的含量具有重要意义。

将氟电极和饱和甘汞电极浸入被测试液中组成的工作电池为

$$\text{Ag, AgCl} \left| \begin{array}{c} \text{NaF, NaCl} \\ (0.1\ \text{mol·L}^{-1}) \end{array} \right| \text{LaF}_3 \left\| \text{F}^- \text{试液} \right\| \text{KCl（饱和）} \left| \text{Hg}_2\text{Cl}_2, \text{Hg} \right.$$

该电池的电动势为

$$E_{cell} = E_{SCE} - E_F = E_{SCE} - k + \frac{RT}{F}\ln \alpha_{F^-} \tag{4-19}$$

$$E_{cell} = K + 0.059\lg \alpha_{F^-}\ (25\ ℃) \tag{4-20}$$

通常进行定量分析时，需要测定的是离子浓度，而不是活度。为了测定氟离子的浓度，必须控制试液的离子强度恒定，离子的活度系数也为定值，可并入常数项中，则上述公式可以进一步表示为

$$E_{cell} = K' + 0.059\lg c_{F^-} \tag{4-21}$$

为此，常在标准溶液和试样溶液中同时加入相等的足量的惰性电解质作为离子强度调节剂，使它们的总离子强度相同。而且，测量时要控制溶液的 pH 值，为了掩蔽溶液中的 Fe$^{3+}$、Al$^{3+}$ 等，还要加入合适的掩蔽剂。实际工作中，常将上述组分混合在一起配制，称为总离子强度调节缓冲溶液（TISAB）。氟离子电位分析法中使用的 TISAB 组分为 NaCl +（NaAc-HAc）+ 柠檬酸盐缓冲体系。

一般晶体膜氟离子选择性电极的线性范围为 5×10$^{-7}$ ~ 1.0×10$^{-1}$ mol·L$^{-1}$，电极的检测限

为 $1\times10^{-7}$ mol·L$^{-1}$左右。常用的定量分析方法有标准曲线法和标准加入法。标准曲线法适用于试液组成较为简单的体系，如果试液组成复杂，则应采用标准加入法测定。本实验采用标准曲线法定量测定。

测定氟离子的适宜 pH 值范围为 5.0~6.0。在酸性溶液中，易形成 HF 或 $HF_2^-$ 而影响氟离子的平衡浓度；在碱性溶液中，易引起单晶膜中 $La^{3+}$ 的水解，形成 $La(OH)_3$，影响电极对氟离子的响应，所以测定中必须严格控制溶液的 pH 值。加入 TISAB 既可以控制一定的离子强度，也可以调节酸度和掩蔽干扰离子。

氟离子选择性电极是比较成熟的离子选择性电极之一，可用于测定尿和血中的总氟含量、食品和粮食中的微量氟及环境检测等。

**3. 仪器与试剂**

仪器：PHS-2（或 PHS-3）型酸度计、氟离子选择性电极、饱和甘汞电极、电磁搅拌器、容量瓶、移液管。

试剂：氟标准溶液（0.100 mol·L$^{-1}$，优级纯 NaF 于 120 ℃干燥 2 h，储存于塑料瓶中）、TISAB。

**4. 实验内容与步骤**

1）准备工作

TISAB 的配制：于 500 mL 烧杯中加入约 300 mL 去离子水、28.5 mL 冰醋酸、29 g NaCl、6 g 柠檬酸钠，搅拌至溶解。将烧杯置于冷水浴中，缓慢加入 6 mol·L$^{-1}$ NaOH 溶液（约 63 mL），直至 pH=5.0~5.5，冷却后用 pH 计检查其 pH 值，然后转入 500 mL 容量瓶中，用去离子水稀释至刻度，摇匀。

将氟电极和甘汞电极分别与 pH 计连接，开启仪器开关，选择"mV"挡，预热 10 min。取去离子水 50 mL 于一塑料烧杯中，放入搅拌磁子，插入电极，搅拌清洗至空白电极电位为 300 mV 左右。若空白电极电位达不到 300 mV 以上，则应更换去离子水，继续清洗，直至读数大于 300 mV。

2）标准曲线的绘制

（1）采用逐级稀释法配置标准系列。先吸取 5.00 mL 0.100 mol·L$^{-1}$氟标准溶液于 50 mL 容量瓶中，加入 5 mL TISAB，用去离子水稀释至刻度，摇匀。该溶液为 $1.0\times10^{-2}$ mol·L$^{-1}$（即 pF=2.0）氟标准溶液。然后用逐级稀释法依次配制浓度为 $1.0\times10^{-3}$、$1.0\times10^{-4}$、$1.0\times10^{-5}$ 及 $1.0\times10^{-6}$ mol·L$^{-1}$的氟标准溶液系列。逐级稀释时，只需加入 4.5 mL TISAB。

（2）将氟标准溶液系列按由低浓度到高浓度的顺序依次转入干燥的塑料烧杯中，插入氟离子选择性电极和饱和甘汞电极，开启电磁搅拌器搅拌，待电位稳定后，记录电位。更换待测溶液时，必须将磁子和电极洗净并吸干。

3）试液的测定

准确吸取自来水样 25 mL 于 50 mL 容量瓶中，加入 5 mL TISAB，用去离子水稀释至刻度，摇匀。在与测定氟标准溶液相同的条件下测定电位。从标准曲线上查出对应的 pF 值，计算自来水中氟离子的含量，分别以 mol·L$^{-1}$和 mg/L 表示。

**5. 注意事项**

（1）在使用氟离子选择性电极之前，应在去离子水中浸泡数小时或过夜（或在 $1\times10^{-3}$ mol·L$^{-1}$

氟溶液中浸泡 1 h）活化，再用去离子水清洗到空白电极电位大于 300 mV。

（2）电极的敏感膜应保持清洁和完好，切勿污染和机械损伤。如沾有油污，可用脱脂棉依次蘸乙醇、丙酮轻拭，再用去离子水洗净。

（3）测定时应按溶液从稀到浓的顺序进行，测定浓溶液之后，应立即用去离子水清洗电极至空白电极电位。电极不宜在浓溶液中长时间浸泡，以免影响其检出下限。

（4）使用电极后，应将它清洗至空白电极电位。若暂时不用，则浸泡在水中；若长期不用，则应擦干后保存。

**6. 数据处理**

1）数据记录

氟离子浓度的测定数据记录在表 4-3 中。

表 4-3  氟离子浓度的测定数据

| 序号 | 1 | 2 | 3 | 4 | 5 | 试液 |
|---|---|---|---|---|---|---|
| $c_{F^-}/(mol \cdot L^{-1})$ | $1.0 \times 10^{-3}$ | $1.0 \times 10^{-3}$ | $1.0 \times 10^{-4}$ | $1.0 \times 10^{-5}$ | $1.0 \times 10^{-6}$ | |
| pF | 2.0 | 3.0 | 4.0 | 5.0 | 6.0 | |
| $E$/mV | | | | | | |

2）数据处理

以 $E$ 为纵坐标，pF 为横坐标绘制标准曲线。利用作图法或解析法求得试液中氟离子的浓度，并进一步求得试液中氟离子的浓度。

**7. 思考题**

（1）本实验测定的是氟离子的浓度还是活度？为什么？

（2）本实验中加入的 TISAB 的作用是什么？由哪些成分组成？

（3）测定氟离子时，为什么要控制溶液的酸度？pH 值过高或过低时会产生何种影响？

（4）测定时为什么要按浓度从低到高的顺序进行？

## 4.5.2 电位法测定水溶液的 pH 值

**1. 实验目的与要求**

（1）掌握用玻璃电极测定溶液 pH 值的基本原理和测量技术。

（2）学会测定玻璃电极响应斜率的方法，加深对玻璃电极响应特性的了解。

**2. 实验原理**

以玻璃电极为指示电极，饱和甘汞电极为参比电极，用电位法测定溶液的 pH 值，组成测量电池的图解表示式为

(-)Ag，AgCl∥内参比溶液 | 玻璃膜 | 试液 ∥ KCl(饱和) | Hg₂Cl₂，Hg (+)
　　　　　　玻璃电极　　　　　　　　　　　　　　SCE

上述电池的电动势为 $E = E_{SCE} - E_{玻璃} + E_j$。由于参比电极电位为一定值，$E_j$ 很小或在一定

条件下为定值，故上述电池的电动势可表示为 $E=K'-E_{玻璃}$。又由于玻璃电极电位与 $H^+$ 活度服从 Nernst 公式，故上式可进一步表示为

$$E=K-0.059\lg \alpha_{H^+}=K+0.059\text{pH}(25\ ℃) \tag{4-22}$$

式中，0.059 为玻璃电极在 25 ℃时的理论响应斜率；$K$ 为玻璃电极的常数项，包括玻璃电极的不对称电位、内参比电极电位、参比电极电位和液接电位。由于玻璃电极的常数项，或者说电池的"常数"电位无法准确确定，而且玻璃电极响应的斜率并不一定完全等于其理论斜率，故实际中测定 pH 值是采用相对方法，即通过与 pH 值已经确定的标准缓冲溶液进行比较而得到待测溶液的 pH 值。为此，pH 值通常被定义为其所测溶液电动势与标准溶液电动势差有关的函数，其关系式为

$$\text{pH}_x=\text{pH}_s+\frac{(E_x-E_s)F}{RT\ln 10} \tag{4-23}$$

式中，$\text{pH}_x$ 和 $\text{pH}_s$ 分别为待测溶液和标准溶液的 pH 值；$E_x$ 和 $E_s$ 分别为相应的电动势。上式称为 pH 值的实用定义。

测定 pH 值用的仪器——酸度计就是按照上述原理设计制成的。测量时，先用一个标准 pH 缓冲溶液对酸度计进行定位操作，目的相当于测定式（4-22）中的 $K$ 值。另外，一般酸度计的理论斜率设计为 58 mV/pH（25 ℃）。但在实际工作中，玻璃电极实际响应的斜率不完全符合理论值，这样就会引入误差。为了减小这个误差，还要用另一个标准 pH 缓冲溶液对酸度计进行斜率校正，该步操作称为校正。两点校正法的本质在于使用两个标准 pH 缓冲溶液制作校正曲线，从而使仪器按电极的实际斜率进行响应。

当用双标准 pH 缓冲溶液法时，电位计的单位 pH 变化率（$S$）为

$$S=\frac{E_{s,2}-E_{s,1}}{\text{pH}_{s,1}-\text{pH}_{s,2}} \tag{4-24}$$

式中，$\text{pH}_{s,1}$ 和 $\text{pH}_{s,2}$ 分别为标准 pH 缓冲溶液 1 和 2 的 pH 值；$E_{s,1}$ 和 $E_{s,2}$ 分别为其电动势。代入式（4-23），得

$$\text{pH}_x=\text{pH}_s+\frac{E_x-E_s}{S} \tag{4-25}$$

从而消除了电极响应的斜率与仪器原理设计值不一致引入的误差。

显然，标准 pH 缓冲溶液的 pH 值是否准确可靠，是准确测定 pH 值的关键。目前，我国建立的标准 pH 缓冲溶液有 7 种，它们的 pH 值见附表 3。

**3. 仪器与试剂**

仪器：PHS-3C 型（或其他型号）精密酸度计、pH 玻璃电极（2 支，其电极响应的斜率应有一定差别）、饱和甘汞电极、电磁搅拌器。

试剂：邻苯二甲酸氢钾标准 pH 缓冲溶液、磷酸氢二钠与磷酸二氢钾标准 pH 缓冲溶液、硼砂标准 pH 缓冲溶液、未知试样溶液（至少 3 个，选 pH 值分别在 3、6、9 左右为好）。

**4. 实验内容与步骤**

1）测定玻璃电极实际响应的斜率

（1）在 pH 电位计上装好玻璃电极和甘汞电极，并选择仪器的"mV"挡。

（2）用蒸馏水清洗电极，并用滤纸轻轻吸去附着在电极上的水。然后，将电极插入试液中，注意不要与杯底、杯壁相碰。

（3）按下测量按钮，待电位值显示稳定后读取"mV"数值，并记录。测量完成，从试液中提出电极，用滤纸吸去电极上的残留试液，再按步骤（2）清洗电极。

（4）按上述步骤测量3种不同pH值的标准pH缓冲溶液，用作图法求出玻璃电极响应的斜率。

（5）按相同步骤测量另一支玻璃电极响应的"mV"值。

2）单标准pH缓冲溶液法测量溶液的pH值

这种方法要求待测溶液的pH值与标准pH缓冲溶液的pH值之差小于3。

（1）选择仪器的"pH"挡，将清洗干净的电极浸入标准pH缓冲溶液中，按下测量按钮，转动定位调节旋钮，使仪器显示的pH值稳定为该标准pH缓冲溶液的pH值。

（2）取出电极，用蒸馏水清洗几次，小心用滤纸吸去电极上的水。

（3）将电极置于待测溶液中，按下测量按钮，读取稳定pH值，记录。取出电极，按步骤（2）清洗后进行下个样品的测量。测量完毕，用蒸馏水清洗电极后将其浸泡在蒸馏水中。

3）双标准pH缓冲溶液法测量溶液的pH值

（1）按单标准pH缓冲溶液法的步骤（1）、（2），选择两种标准pH缓冲溶液，用其中一种对仪器定位。

（2）将电极置于另一种标准pH缓冲溶液中，调节斜率旋钮（如果没有斜率旋钮，可用温度补偿旋钮调节），使仪器显示的pH值为该标准pH缓冲溶液的pH值。

（3）松开测量按钮，取出电极，清洗，用滤纸吸去电极上的水后，再放入第一次测量的标准pH缓冲溶液中，按下测量按钮，仪器显示的pH值与该试液的pH值相差至多不超过0.05，表明仪器和玻璃电极的响应特性均良好。往往要反复测量、反复调节几次，才能使测量系统达到最佳状态。

（4）当测量系统调定后，将洗干净的电极置于待测溶液中，按下测量按钮，读取稳定pH值，记录。松开测量按钮，取出电极，清洗干净后，将玻璃电极浸泡在蒸馏水中。

**5. 注意事项**

（1）pH玻璃电极的正确使用参看本章的4.4节。

（2）玻璃电极经长期使用后，会逐渐降低活性并失去对$H^+$的响应，称为"老化"。当电极响应的斜率低于52 mV/pH时，就不宜再使用。

（3）饱和甘汞电极在使用前应将两个橡皮帽取下，补充饱和KCl溶液至浸没内部的小玻璃管下口，弯管处不应有气泡存在。

（4）测量极稀（$<0.01$ mol·$L^{-1}$）的酸和碱溶液的pH值时，为了保证电位计稳定工作，需要加入惰性电解质（如KCl），提供足够的导电能力。

（5）如果需要测量精确度高的pH值，为避免空气中的$CO_2$的影响，尤其是测量碱性溶液的pH值时，要使暴露于空气中的时间尽量短，读数要尽可能地快。

**6. 数据处理**

（1）标准pH缓冲溶液"mV"的测量数据记录在表4-4中。

表 4-4　标准 pH 缓冲溶液 "mV" 测量数据

| 标准 pH 缓冲溶液的 pH 值 | 电位计读数/mV ||
|---|---|---|
| | 1#电极 | 2#电极 |
| 4.00 | | |
| 6.86 | | |
| 9.18 | | |

（2）以表 4-4 中的标准 pH 缓冲溶液的 pH 值为横坐标，测得的电位计的 "mV" 读数为纵坐标作图，由作出的直线的斜率计算出玻璃电极响应的斜率，并比较两支电极的性能。

（3）列表记录两种方法测量的试样溶液 pH 值的结果。

**7. 思考题**

（1）在测定溶液的 pH 值时，为什么酸度计要用标准 pH 缓冲溶液进行定位？

（2）使用 pH 玻璃电极测定溶液的 pH 值时，应匹配何种类型的电位计？

（3）为什么用单标准 pH 缓冲溶液法测定 pH 值时，应尽量选用 pH 值与待测溶液相近的标准 pH 缓冲溶液来校正酸度计？

（4）使用 pH 玻璃电极时，应注意哪些问题？

## 4.5.3　硫、磷混合酸的自动电位滴定

**1. 实验目的与要求**

（1）学习电位滴定法的基本原理和操作技术。

（2）学习 pH-$V$、($\Delta$pH/$\Delta V$)-$V$ 和 ($\Delta^2$pH/$\Delta^2 V$)-$V$ 曲线确定滴定终点的方法。

**2. 实验原理**

$H_2SO_4$ 和 $H_3PO_4$ 都为强酸，$H_2SO_4$ 的 p$K_{a2}$ 为 1.99，$H_3PO_4$ 的 p$K_{a1}$、p$K_{a2}$ 和 p$K_{a3}$ 分别为 2.12、7.20 和 12.36，由解离常数看出，当用标准碱溶液滴定时，$H_2SO_4$ 的第一、二级解离及 $H_3PO_4$ 的第一级解离的 $H^+$ 可一步被中和，形成滴定曲线上的第一个突跃；$H_3PO_4$ 的第二级解离出来的 $H^+$ 形成滴定曲线上的第二个突跃。而 $H_3PO_4$ 的第三级解离常数太小，故第三级解离出来的 $H^+$ 不能被直接滴定，因此滴定曲线上将出现两个突跃。根据两个终点时 NaOH 标准溶液的用量可求得混合酸溶液中 $H_2SO_4$ 和 $H_3PO_4$ 的浓度。

确定混合酸的滴定终点，可用指示剂法，也可用电位法（即电位滴定）。酸碱电位滴定中通常用 pH 玻璃电极作指示电极，饱和甘汞电极作参比电极，同试液组成工作电池。在滴定过程中，随着 NaOH 标准溶液的持续加入，溶液的 pH 值不断变化，以滴定过程中溶液的 pH 值对 NaOH 标准溶液的加入体积作图，即可得到滴定曲线（pH-$V$），然后用作图法即可确定滴定终点，并根据 NaOH 标准溶液的消耗量进一步计算分析结果。

当滴定曲线上的滴定突跃不太明显时，pH-$V$ 曲线法误差较大，这时可绘制一级微分 [($\Delta$pH/$\Delta V$)-$V$] 或二级微分曲线 [($\Delta^2$pH/$\Delta^2 V$)-$V$] 以确定滴定终点。在一级微分曲线上，曲线最大值处对应的滴定剂体积即为滴定终点；二级微分曲线上，二级微分值为零处即

为滴定终点。为了使用方便，可使用自动电位滴定仪，滴定过程中，可连续加入滴定剂，并可根据需要，自动绘制所需要的滴定曲线。本实验采用自动电位滴定法。

**3. 仪器与试剂**

仪器：ZDJ-5B型（或其他型号）自动电位滴定仪、pH玻璃电极、饱和甘汞电极。

试剂：草酸标准溶液（0.100 0 mol·L$^{-1}$），NaOH溶液（0.1 mol·L$^{-1}$），H$_2$SO$_4$、H$_3$PO$_4$混合酸试液（两种酸浓度之和低于0.5 mol·L$^{-1}$）。

**4. 实验内容与步骤**

（1）按本章ZDJ-5B型自动电位滴定仪的操作步骤调试仪器。

（2）NaOH溶液的标定。

准确吸取0.100 0 mol·L$^{-1}$草酸标准溶液2.00 mL 2份，分别置于100 mL专用的滴定杯中，各加约50 mL蒸馏水。然后将滴定杯装在ZDJ-5B型自动电位滴定仪上，用待标定的NaOH溶液按仪器操作步骤测定。开动搅拌器，调节适当的搅拌速度；然后开始滴定，当滴定曲线完整时，停止滴定。记录消耗NaOH溶液的体积并计算其浓度。

（3）混合酸的滴定。

准确移取1.00 mL的混合酸溶液2份，按上述方法滴定。

**5. 注意事项**

应注意每次滴定开始时，都应让滴定管从0.00 mL处开始。

**6. 数据处理**

（1）NaOH溶液的标定和H$_2$SO$_4$、H$_3$PO$_4$浓度测定的数据记录在表4-5中。

表4-5　NaOH溶液的标定和H$_2$SO$_4$、H$_3$PO$_4$浓度测定的数据

| 项目 | | 终点读数 | |
|---|---|---|---|
| | | 1 | 2 |
| NaOH溶液的标定 | $V$/mL | | |
| H$_2$SO$_4$、H$_3$PO$_4$浓度的测定 | $V_1$/mL | | |
| | $V_2$/mL | | |

（2）根据ZDJ-5B型自动电位滴定仪记录出的滴定曲线确定滴定终点，计算NaOH溶液的浓度（mol·L$^{-1}$）和混合酸中H$_2$SO$_4$、H$_3$PO$_4$的浓度（mol·L$^{-1}$）。

**7. 思考题**

（1）草酸是二元酸，在用它作基准物标定NaOH溶液的浓度时，为什么只出现一个突跃？

（2）测量混合酸时出现两个突跃，请说明每个突跃对应的反应物和生成物是什么？

### 4.5.4　食醋总酸度的自动电位滴定

**1. 实验目的与要求**

（1）掌握自动电位滴定食醋总酸度的原理及方法。

（2）进一步熟悉 ZDJ-5B 型自动电位滴定仪的使用及二级微商确定滴定终点的方法。

**2. 实验原理**

用 NaOH 标准溶液作滴定剂，滴定样品溶液的总酸度（以 HAc 计），反应式为

$$HAc + OH^- \rightleftharpoons Ac^- + H_2O$$

在有色食醋溶液中插入 pH 玻璃电极（指示电极）和饱和甘汞电极（参比电极），组成工作电池。随着 NaOH 标准溶液的加入，被测 $H^+$ 的浓度不断发生改变，溶液的 pH 值不断变化，到达化学计量点时，产生一个电位突跃。根据这一原理，指示电极的电位也相应地发生改变。因此，测量工作电池的电动势变化，就可以确定滴定终点。本实验采用自动电位滴定法测定 $H^+$ 的含量，从而求出食醋中醋酸的浓度。

**3. 仪器与试剂**

仪器：ZDJ-5B 型（或其他型号）自动电位滴定仪、pH 玻璃电极、饱和甘汞电极。

试剂：草酸标准溶液（0.100 0 mol·L$^{-1}$）、NaOH 溶液（0.1 mol·L$^{-1}$）、食醋样品。

**4. 实验内容与步骤**

（1）按 ZDJ-5B 型自动电位滴定仪的操作步骤调试仪器。

（2）NaOH 溶液的标定（同实验 4.5.3）。

（3）食醋的滴定。

取 2.00 mL 食醋样品 2 份，分别置于 100 mL 专用的滴定杯中，各加约 50 mL 蒸馏水。然后将滴定杯装在 ZDJ-5B 型自动电位滴定仪上，用 NaOH 标准溶液按仪器操作步骤测定。开动搅拌器，调节适当的搅拌速度；然后开始滴定，当滴定曲线完整时，停止滴定。记录消耗 NaOH 溶液的体积。

**5. 注意事项**

有色食醋样品在取样时注意吸量管的读数，以免影响测定结果的准确性。

**6. 数据处理**

（1）NaOH 溶液的标定和食醋浓度测定的数据记录在表 4-6 中。

表 4-6  NaOH 溶液的标定和食醋浓度测定的数据

| 项目 |  | 终点读数 | |
|---|---|---|---|
|  |  | 1 | 2 |
| NaOH 溶液的标定 | $V_{NaOH}$/mL |  |  |
| 食醋浓度的测定 | $V_{NaOH}$/mL |  |  |

（2）根据 ZDJ-5B 型自动电位滴定仪记录的滴定曲线确定滴定终点，计算 NaOH 标准溶液的浓度（mol·L$^{-1}$）和食醋中醋酸的浓度（mol·L$^{-1}$）。

**7. 思考题**

（1）能否用指示剂滴定食醋中醋酸的浓度？

（2）实验测定的是食醋中醋酸的浓度吗？

## 4.5.5 控制电流电解法测定 Cu

**1. 实验目的与要求**

（1）理解电解分析法的基本原理。

（2）掌握电解分析法实验的基本操作方法。

**2. 实验原理**

电解分析法是通过在电解池的两个电极之间加一个大于被测离子的分解电压的电压，使被测离子在电极上还原成金属或氧化成氧化物而沉积在电极上，然后通过直接称量电极上沉积物的质量，来求得待测物质的含量。在电解过程中，电流的大小会影响电解速度。一般来说，电流越小，电解速度越慢，电解时间越长，电极上析出的镀层越均匀牢固；电流越大，电解速度越快，电解时间越短。但是，如果电流过大，沉积速度太快，则有可能同时析出氢气，且使沉积物呈疏松的海绵状，在电极上附着不牢固。本实验的电流控制在 1～2 A 之间。

电解 Cu 时，溶液的酸度对其沉积有很大影响，酸度过高会使电解时间延长或电解不完全，酸度不足则会导致析出的 Cu 易被氧化，同时其他金属离子也容易析出，最适宜的酸度条件是 0.5～0.8 mol·L$^{-1}$ 的硝酸溶液。硝酸有去极化作用，能防止氢气在阴极上析出，有利于 Cu 在阴极上致密沉积。硝酸根离子还原时的电极反应为

$$NO_3^- + 10H^+ + 8e^- = NH_4^+ + 3H_2O$$

由于硝酸溶液中常含有各种低价氮的氧化物，会影响 Cu 的定量沉积，可通过将溶液煮沸或加尿素等方法去除。电解时，析出电位比 Cu$^{2+}$ 更负的金属离子一般对测定没干扰，但 Fe$^{3+}$ 因为能在阴极被还原为 Fe$^{2+}$，而 Fe$^{2+}$ 又能还原硝酸产生亚硝酸，对测定有干扰，所以应设法掩蔽。析出电位比 Cu$^{2+}$ 更正的金属离子对测定有干扰（但铅除外，在此条件下生成 PbO$_2$ 在阳极析出），应设法消除。

**3. 仪器与试剂**

仪器：电解分析仪（44B 型或其他型号）、铂网电极（阴极、阳极各一个）。

试剂：五水合硫酸铜、硝酸溶液（6 mol·L$^{-1}$）、尿素、无水乙醇。

**4. 实验内容与步骤**

（1）将铂网电极置于 1∶1 的硝酸溶液中微热 2～3 min 后取出，再用自来水和蒸馏水冲洗，然后在无水乙醇中浸洗。最后将铂网电极放入 105 ℃ 左右的烘箱中烘烤 5 min，取出置于干燥器中冷却，称重（$m_1$）备用。

（2）称取五水合硫酸铜 0.4 g 左右于 100 mL 高型烧杯中，用少量蒸馏水溶解后，加入 6 mL 6 mol·L$^{-1}$ 硝酸溶液、0.5 g 尿素，再用蒸馏水稀释至总体积为 60 mL。

（3）将铂网电极安装在电解分析仪上，用面积大的铂网电极作阴极，面积小的铂网电极作阳极，两电极浸入试液中，接通电源总开关，开启搅拌器。然后接通电解电源，以 1～2 A 电流电解 20～30 min 至溶液呈无色，用蒸馏水冲洗电解杯壁，使铂网电极全部浸入电解液中，再电解 5 min，如无 Cu 析出，即表示电解完全。

（4）在不中断电流的条件下，缓慢将电极向上提离溶液。用蒸馏水冲洗电极，关闭电解电源后取下电极，将电极浸入无水乙醇中片刻，取出后置于表面皿中，于 105 ℃ 左右的烘箱中烘烤 5 min，取出，放入干燥器中冷却至室温，称重得质量 $m_2$。

（5）将铂网电极置于温热的 1∶1 硝酸溶液中，溶去表面的 Cu 镀层，洗净、干燥后放入干燥器中。

**5. 注意事项**

（1）必须在不中断电流的条件下，慢慢地将电极提离溶液，并用蒸馏水冲洗电极，再关闭电解电源。否则，Cu 会被重新氧化。

（2）称重前电极必须干燥，且两次称重应用同一台天平。

**6. 数据处理**

（1）控制电流电解法测定 Cu 的数据记录在表 4-7 中。

表 4-7　控制电流电解法测定 Cu 的数据

| 试样质量 $m_s$/g | $m_1$/g | $m_2$/g | 电流/A | 电压/V | 电解时间/min |
|---|---|---|---|---|---|
|  |  |  |  |  |  |

（2）按下式计算分析结果：

$$w_{CuSO_4 \cdot 5H_2O} = \frac{(m_2 - m_1) \cdot M_{CuSO_4 \cdot 5H_2O}/M_{Cu}}{m_s}$$

式中，$m_1$、$m_2$ 分别为电解前、后电极的质量；$m_s$ 为 $CuSO_4 \cdot 5H_2O$ 试样的质量。

**7. 思考题**

（1）电解完毕后，为什么要在不中断电流的条件下将电极取出？

（2）要做好本实验，必须注意哪些问题？

## 4.5.6　库仑滴定法测定维生素 C

**1. 实验目的与要求**

（1）学习电流法指示终点的基本原理。

（2）学习库仑滴定法的基本操作技术。

**2. 实验原理**

维生素 C 是一种水溶性维生素，具有很好的还原性。本实验以恒电流产生的溴或碘作为滴定剂，基于其与维生素 C 的定量反应及电解所消耗的电量，按 Faraday 定律计算维生素 C 的含量，滴定过程中的反应可表示为

电极反应：$2X^- (Br^-, I^-) = X_2 + 2e^-$

化学反应：$C_6H_8O_6 + X_2 = C_6H_6O_6 + 2HX$

库仑滴定法中指示终点常用的方法有化学指示剂法、电位法和永停终点法等。本实验采用永停终点法，利用电解产生的 $X_2$ 在指示系统的极化电极上还原，产生迅速变化的阴极电流来指示滴定终点。基本原理：当恒电流电解开始时，$X^-$ 在工作电极上氧化产生滴定剂 $X_2$，$X_2$ 与溶液里的维生素 C 反应又被还原为 $X^-$，此时溶液中没有过剩的 $X_2$，指示系统回路中就没有明显的电流。当维生素 C 被消耗尽时，电解产生的 $X_2$ 在溶液中的浓度迅速增大，在指示电极上不断增大其还原量，使指示系统回路中的电流突然增大，从而指示终点的到达。目前，库仑滴定法已经实现自动指示终点。当指示系统回路中的电流突变时，指示系统会给电解系统一个反馈信号，电解系统则可自动停止电解，并自动显示消耗的电量。

由于一定量的维生素 C 要消耗一定量的电生滴定剂 $X_2$，一定量的 $X_2$ 又要消耗一定量的电量，故消耗的电量与维生素 C 的量之间也服从 Faraday 定律。

### 3. 仪器与试剂

仪器：KLT-1 型通用库仑仪、烧杯、量筒、移液管。

试剂：KBr 或 KI 溶液（1.0 mol·L$^{-1}$）、硫酸溶液（1.0 mol·L$^{-1}$）、维生素 C 试样。

### 4. 实验内容与步骤

（1）接通电源预热仪器。

（2）发生电解质溶液的配制：取 14.0 mL 1.0 mol·L$^{-1}$ KI 溶液置于电解池中，加 7 mL 1.0 mol·L$^{-1}$ H$_2$SO$_4$ 溶液和 50 mL 蒸馏水。

（3）维生素 C 测试溶液的配制：称取约 0.1 g 的维生素 C 试样于小烧杯中，用蒸馏水溶解后转移至 100 mL 容量瓶中，定容备用。

（4）将电解池放在磁力搅拌器上，放入搅拌子，连接好电极。

（5）按 KLT-1 型通用库仑仪的使用方法调试仪器。

（6）杂质的预电解：在不加测试溶液的条件下，进行预电解，将杂质除去。先按下"启动"琴键，再将"工作/停止"开关置于"工作"位置，然后按下"电解"按钮，电解指示灯灭，电解开始，电量计数器开始跳动。当电解完时，电量跳动停止，电流指针向右偏转，电解指示灯亮。此时将"工作/停止"开关置于"停止"位置，弹起"启动"琴键，清零，预电解完成。

（7）试样滴定：用 1 mL 吸量管准确吸取 1.00 mL 维生素 C 测试溶液加入电解池进行电解，操作方法与预电解相同。当电解完成时，将"工作/停止"开关置于"停止"位置后，记录电量值，再弹起"启动"琴键，清零。然后进行下一次测量，用同样的方法平行测量 5~7 次。

### 5. 注意事项

（1）电极连好后要仔细检查，防止短路。

（2）搅拌速度不可过慢，以防终点滞后。

（3）电极套管中应及时加入适当的溶液。

（4）加样一步要仔细操作，保证结果的精密度。

### 6. 数据处理

（1）记录实验数据：记录消耗的电量，取 5~7 次平均值代入 Faraday 定律计算维生素 C 试样的质量。实验数据记录在表 4-8 中。

表 4-8 实验数据

| 次数 | 1 | 2 | 3 | 4 | 5 | 6 | 7 |
|---|---|---|---|---|---|---|---|
| 电量 |  |  |  |  |  |  |  |

（2）计算分析结果的相对标准偏差。

### 7. 思考题

（1）库仑滴定法必须满足的基本条件是什么？

（2）写出本实验中各个电极上发生的电极反应。

## 4.5.7 循环伏安法研究电极反应参数

**1. 实验目的与要求**
（1）学习循环伏安法测定电极反应参数的基本原理。
（2）掌握循环伏安法测量的实验技术和电化学工作站的使用。

**2. 实验原理**

本实验以 $Fe(CN)_6^{3-}/Fe(CN)_6^{4-}$ 电对为探针，学习循环伏安法在研究电极反应机理方面的应用。在 $1.0\ mol \cdot L^{-1}$ $KNO_3$ 电解质溶液中，$Fe(CN)_6^{3-}/Fe(CN)_6^{4-}$ 电对在 Pt 电极上的电极反应为一可逆过程，式量电位约为 0.2 V，所以记录该电对循环伏安图的电位范围一般选择为 $-0.2 \sim 0.7$ V。设置起始电位为 $+0.7$ V，终止电位为 $-0.2$ V。当电位正向扫描且达到 $Fe(CN)_6^{3-}$ 的还原电位时，$Fe(CN)_6^{3-}$ 就在电极表面被还原。其电极反应为

$$Fe(CN)_6^{3-} + e^- \longrightarrow Fe(CN)_6^{4-}$$

随着电位的负移，阴极电流迅速增加，直至电极表面的 $Fe(CN)_6^{3-}$ 浓度逐渐趋于零，电流也逐渐达到最大值。然后，因为电极表面附近溶液中的 $Fe(CN)_6^{3-}$ 几乎全部电解转变为 $Fe(CN)_6^{4-}$ 而耗尽，电极表面出现贫乏效应，电流反而逐渐衰减，得到峰形 i-E 曲线。

当电位折回头来以相同的速度反向扫描（即电位逐渐正移）并达到 $Fe(CN)_6^{4-}$ 的氧化析出电位时，正向扫描时在电极表面附近的还原产物 $Fe(CN)_6^{4-}$ 又被重新氧化，发生下述电极反应：

$$Fe(CN)_6^{4-} - e^- \longrightarrow Fe(CN)_6^{3-}$$

应该注意的是，当电位从 $-0.2$ V 反向扫描时，虽然已经转向阳极化扫描，但这时的电极电位仍相当负，扩散至电极表面的 $Fe(CN)_6^{3-}$ 仍在不断被还原，故仍呈现阴极电流。只有当电位达到了 $Fe(CN)_6^{4-}$ 的氧化电位时，$Fe(CN)_6^{4-}$ 才在电极表面被氧化产生阳极电流。该阳极电流随着电位正移迅速增加，当电极表面 $Fe(CN)_6^{4-}$ 的浓度趋于零时，阳极电流达到峰值。扫描电位继续正移，电极表面附近的 $Fe(CN)_6^{4-}$ 耗尽，阳极电流衰减至最小。因此，反向扫描时得到的 i-E 曲线也呈峰形。当电位扫至 0.7 V 时，完成第一次循环，获得了该电对的循环伏安图。

从循环伏安图中可得到的重要信息：阳极峰电流（$i_{p,a}$）、阴极峰电流（$i_{p,c}$）、阳极峰电位（$E_{p,a}$）和阴极峰电位（$E_{p,c}$）。测量确定 $i_p$、$E_p$ 的方法：沿基线作切线外推至峰下，从峰顶作垂线至切线，其高度即为 $i_p$；直接从横轴与峰顶对应处可读取 $E_p$。

对于可逆氧化还原电对，峰电流由式（4-10）所示的 Randles-Sevcik 方程表示。

由式（4-10）可见，可逆氧化还原电对循环伏安图上两峰峰电流与电活性物质的浓度成正比，与电位扫描速度的 1/2 次方成正比，若以峰电流对扫描速度的 1/2 次方作图，可得一条直线，这是可逆过程的重要特征。两峰峰电流之比等于 1。

当电极反应可逆时，两峰峰电位分别由式（4-11）和式（4-12）表示。可以看出，两峰峰电位均与浓度和电位扫描速度无关。25 ℃时，两峰峰电位之差由式（4-14）表示，据此可求得电极反应的电子转移数。同时，由式（4-15），根据循环伏安图上的两峰峰电位也可求得氧化还原电对的式量电位。

**3. 仪器与试剂**

仪器：LK98BⅡ型电化学工作站，Pt盘工作电极、饱和甘汞参比电极和铂丝辅助电极组成的电极系统。

试剂：铁氰化钾溶液（$2.0×10^{-2}$ mol·L$^{-1}$）、硝酸钾溶液（1.0 mol·L$^{-1}$）。

**4. 实验内容与步骤**

1）Pt电极的预处理

先用Al$_2$O$_3$（1 μm）悬浊液在抛光布上抛光铂电极，再用二次蒸馏水超声清洗，然后将电极置于1 mol·L$^{-1}$ H$_2$SO$_4$溶液中进行循环伏安扫描（-0.2~+1.2 V），直至出现氢和氧各自的吸附和氧化峰，证明电极表面达到清洁活化的程度。

2）试液配制

向5个25 mL的容量瓶中分别加入0.00、0.25、0.50、1.00和2.50 mL $2.0×10^{-2}$ mol·L$^{-1}$铁氰化钾溶液，再各加入2.50 mL 1.0 mol·L$^{-1}$硝酸钾溶液，定容，摇匀。

3）循环伏安法测量

（1）不同浓度下循环伏安图的测量。

按本章仪器部分的操作连接好仪器。将配制的系列铁氰化钾溶液逐一移至电解池中，插入干净的电极系统。起始电位为+0.7 V，转向电位为-0.2 V，以50 mV/s的扫描速度测量，记录各自的循环伏安图。

（2）不同扫描速度下循环伏安图的测量。

将$2.0×10^{-3}$ mol·L$^{-1}$铁氰化钾溶液置于电解池内，设置起始电位为+0.7 V，转向电位为-0.2 V，逐一变化扫描速度为10、20、40、60、80、100、150、200 mV·s$^{-1}$进行测量。记录各自的循环伏安图。

**5. 注意事项**

（1）实验前Pt电极表面要处理干净。

（2）实验前要检查参比电极的内充溶液是否合适。

（3）扫描过程中保持溶液静止。

**6. 数据处理**

1）列表记录铁氰化钾溶液的测量结果（$E_{p,a}$、$E_{p,c}$、$\Delta E_p$、$i_{p,a}$、$i_{p,c}$）。

（1）不同浓度下循环伏安图的数据记录在表4-9中。

表4-9 不同浓度下循环伏安图的数据

| 序号 | $c_{K_3Fe(CN)_6}$/(mol·L$^{-1}$) | 峰电流/μA ||| 峰电位/V |||
|---|---|---|---|---|---|---|---|
| | | $i_{p,a}$ | $i_{p,c}$ | $i_{p,a}/i_{p,c}$ | $E_{p,a}$ | $E_{p,c}$ | $\Delta E_p$ | $E^\theta$ |
| 1 | | | | | | | | |
| 2 | | | | | | | | |
| 3 | | | | | | | | |
| 4 | | | | | | | | |
| 5 | | | | | | | | |

（2）不同扫描速度下循环伏安图的数据（$c = 2.0 \times 10^{-3}$ mol·L$^{-1}$）记录在表 4-10 中。

表 4-10　不同扫描速度下循环伏安图的数据

| 序号 | $v$/(mV·s$^{-1}$) | 峰电流/μA | | | 峰电位/V | | | |
|---|---|---|---|---|---|---|---|---|
| | | $i_{p,a}$ | $i_{p,c}$ | $i_{p,a}/i_{p,c}$ | $E_{p,a}$ | $E_{p,c}$ | $\Delta E_p$ | $E^{\theta'}$ |
| 1 | 10 | | | | | | | |
| 2 | 20 | | | | | | | |
| 3 | 40 | | | | | | | |
| 4 | 60 | | | | | | | |
| 5 | 80 | | | | | | | |
| 6 | 100 | | | | | | | |
| 7 | 150 | | | | | | | |
| 8 | 200 | | | | | | | |

2）数据处理

（1）绘制峰电流对铁氰化钾溶液浓度的关系曲线，即 $i_{p,a}$-$c$ 和 $i_{p,c}$-$c$ 曲线。

（2）绘制峰电流对电位扫描速度 1/2 次方的关系曲线，即 $i_{p,a}$-$v^{1/2}$ 和 $i_{p,c}$-$v^{1/2}$ 曲线。

（3）绘制峰电位及 $\Delta E_p$ 对电位扫描速度的关系曲线。

（4）求铁氰化钾电极反应的 $n$ 和 $E^{\theta'}$。

**7. 思考题**

（1）铁氰化钾在上述条件下的电极反应有何特征？

（2）由铁氰化钾的循环伏安图解释它们在电极上可能的反应机理。

（3）根据 Randles-Sevcik 方程，估算扩散系数。

（4）若实验中测得的式量电位与文献值有差异，分析其原因。

## 4.5.8　预镀铋膜电极阳极溶出伏安法同时测定微量 Cd 和 Pb

**1. 实验目的与要求**

（1）学习阳极溶出伏安法的基本原理。

（2）掌握阳极溶出伏安法的操作过程。

（3）了解阳极溶出伏安法的应用。

**2. 实验原理**

阳极溶出伏安法广泛应用于微量、痕量重金属离子的测定，其工作电极主要为各种汞电极。由于汞具有很强的毒性，近年来许多科技工作者致力于研究新型电极代替汞电极。2000 年，Joseph Wang 等研究了铋膜修饰玻碳电极溶出伏安法对重金属离子的测定，引起了分析工作者的极大兴趣。铋的毒性极低，可以和重金属形成类似于汞齐的合金。铋膜电极具有较高的灵敏度和较宽的工作电位范围，且对溶解氧不敏感，可作为阳极溶出伏安法中汞电极的替代。

阳极溶出伏安法的操作步骤分两步：第一步是预电解富集，试液除氧后，金属离子在产生极限电流的电位处电解富集在电极上，静止 30 s 或 1 min；第二步是溶出，以一定的方式使工作电极的电位按由负向正的方向扫描，使电极上沉积的金属重新氧化。记录溶出过程中的 $i$-$E$ 曲线，以此为基础即可进行定量分析。一般情况下，溶出过程可采用线性扫描和微分脉冲技术溶出，在上述两种溶出方法中，得到的 $i$-$E$ 曲线均呈峰形，一定条件下，峰电流与被测离子的浓度成正比。峰电流的大小与预电解时间、预电解时搅拌溶液的速度、预电解电位、工作电极以及溶出的方式等因素有关。为了获得再现性好的结果，实验时必须严格控制实验条件。

Pb、Cd 能和金属铋生成类似于合金的物质，故可用预镀铋膜电极阳极溶出伏安法测定 $Pb^{2+}$、$Cd^{2+}$。

### 3. 仪器与试剂

仪器：LK98BⅡ型电化学工作站，Pt 盘工作电极、饱和甘汞参比电极、铂丝辅助电极组成的电极系统。

试剂：$KNO_3$ 溶液（2 mol·$L^{-1}$）、$HNO_3$ 溶液（5%）、$Bi(NO_3)_3$ 溶液（$5.0\times10^{-3}$ mol·$L^{-1}$）、$Pb^{2+}$ 标准溶液（1.000 0 g·$L^{-1}$，用前稀释至 1.000 0 mg·$L^{-1}$）、$Cd^{2+}$ 标准溶液（1.000 0 g·$L^{-1}$，用前稀释至 1.000 0 mg·$L^{-1}$）、HAc-NaAc 缓冲溶液（0.40 mol·$L^{-1}$，pH = 5.0）。

### 4. 实验内容与步骤

1）Pt 盘工作电极的预处理

用 $Al_2O_3$（1 μm）悬浊液在抛光布上抛光铂电极，用二次蒸馏水超声清洗，然后将电极置于 1 mol·$L^{-1}$ $H_2SO_4$ 溶液中进行循环伏安扫描（-0.2~+1.2 V），直至出现氢和氧各自的吸附和氧化峰，证明电极表面达到清洁活化的程度。

2）预镀铋膜

将处理好的 Pt 盘电极浸入 1 mol·$L^{-1}$ $KNO_3$ + 1% $HNO_3$ + $5\times10^{-4}$ mol·$L^{-1}$ $Bi^{3+}$ 沉积液中，在不断搅拌下，控制电位为 -0.3 V，恒电位沉积 240 s，电极表面即可沉积一层黑色均匀的铋膜。取出电极后，仔细冲洗干净，待用。

3）标准系列溶液的配制

分别准确移取 0.00、0.25、0.50、1.00、1.50、2.00、2.50、3.00 mL 1.000 0 mg·$L^{-1}$ $Pb^{2+}$ 和 $Cd^{2+}$ 标准溶液于 25 mL 容量瓶中，加入 5.00 mL HAc-NaAc 缓冲溶液，加水定容至刻度，摇匀。

4）待测溶液的配制

准确移取待测水样 5.00 mL 于 25 mL 容量瓶中，加入 5.00 mL HAc-NaAc 缓冲溶液，加水定容至刻度，摇匀。

5）微分脉冲溶出伏安法测定

分别将上述溶液转入电解池中以预镀铋膜电极为工作电极，饱和甘汞电极为参比电极，铂丝为辅助电极，在 -1.0 V 电位下搅拌富集 180 s，静止 10 s 后，进行微分脉冲伏安扫描（-0.9~-0.3 V），测定 Pb、Cd 的溶出峰电流。溶出结束后，将电位控制于 -0.3 V 保持

30 s，使铋膜电极得到活化，可使用同一电极进行多次测定。

**5. 注意事项**

（1）每进行一次溶出测定后，将工作电极电位控制在 $-0.3$ V 处清洗 30 s，使 Cd、Pb 全部溶出，经扫描检验溶出曲线的基线基本平直后，再进行下一次测定。

（2）为了防止铋膜电极被氧化，扫描终止电位应不高于 $-0.3$ V。

（3）实验中要严格控制实验条件。

**6. 数据处理**

（1）实验数据记录在表 4-11 中。

表 4-11　实验数据

| 序号 | 1 | 2 | 3 | 4 | 5 | 6 | 7 | 8 | 水样 |
|---|---|---|---|---|---|---|---|---|---|
| $V_{Pb^{2+}}$/mL | 0.00 | 0.25 | 0.50 | 1.00 | 1.50 | 2.00 | 2.50 | 3.00 | 5.00 |
| $c_{Pb^{2+}}/(\mu g \cdot L^{-1})$ | 0.00 | 10.0 | 20.0 | 40.0 | 60.0 | 80.0 | 100.0 | 120.0 | |
| $i_{Pb^{2+}}/\mu A$ | | | | | | | | | |
| $V_{Cd^{2+}}$/mL | 0.00 | 0.25 | 0.50 | 1.00 | 1.50 | 2.00 | 2.50 | 3.00 | 5.00 |
| $c_{Cd^{2+}}/(\mu g \cdot L^{-1})$ | 0.00 | 10.0 | 20.0 | 40.0 | 60.0 | 80.0 | 100.0 | 120.0 | |
| $i_{Cd^{2+}}/\mu A$ | | | | | | | | | |

（2）数据处理。分别绘制 $Pb^{2+}$、$Cd^{2+}$ 标准曲线，利用标准曲线法求得水样中 $Pb^{2+}$、$Cd^{2+}$ 的浓度。

**7. 思考题**

（1）为什么阳极溶出伏安法的灵敏度高？

（2）为了获得再现性的溶出峰，实验时应注意什么？

（3）与汞膜电极相比，铋膜电极具有什么特点？

# 第 5 章 原子发射光谱法

## 5.1 概　述

原子发射光谱法（Atomic Emission Spectrosmetry，AES）是依据每种化学元素的原子或离子在热（火焰）或电（电火花）激发下，发射特征的电磁辐射，进行元素定性、半定量和定量分析的方法。它是光学分析中产生与发展最早的一种分析方法。

原子发射光谱法包括了3个主要的过程：（1）由光源提供能量使样品蒸发，形成气态原子，并进一步使气态原子激发而产生光辐射；（2）将光源发出的复合光经单色器分解成按波长顺序排列的谱线，形成光谱；（3）用检测器检测光谱中谱线的波长和强度。

由于不同元素原子的能级结构不同，因此发射谱线的特征不同，据此可对样品进行定性分析；又由于待测元素原子的浓度不同，因此发射强度不同，据此可实现元素的定量测定。

原子发射光谱法的特点：（1）灵敏度高，对许多元素的绝对灵敏度为 $10^{-13} \sim 10^{-11}$ g，利用新型的光源和检测手段可极大地提高分析的灵敏度和准确性；（2）选择性好，许多化学性质相近，用化学方法难以分别测定的元素（如铌和钽、锆和铪、稀土元素），其光谱性质有较大差异，用原子发射光谱法则容易测定；（3）分析速度快，可进行多元素同时测定；（4）试样消耗少（毫克级）；（5）对非金属元素的测定困难，适用于微量样品和痕量无机组分分析，广泛用于金属、合金、矿石等各种材料的分析检验；（6）试样一般不需经过处理，且可以同时分析多种元素，对大批量试样的分析尤为方便。

## 5.2 方法原理

原子发射光谱法利用原子的外层电子由高能级向低能级跃迁，能量以电磁辐射的形式发射出去，这样就得到了发射光谱。原子发射光谱是线光谱。基态原子通过电、热或光致激发光源作用获得能量，外层电子从基态跃迁到较高能级变为激发态，激发态不稳定，约经 $10^{-8}$ s，外层电子就从高能级向较低能级或基态跃迁，多余的能量以电磁辐射的形式发射可得到一条光谱线。

如果以辐射的形式释放能量，该能量就是释放光子的能量。因为原子核外电子能量是量子化的，所以伴随电子跃迁而释放的光子能量就等于电子跃迁的两能级的能量差，即

$$E = E_H - E_L = h\nu = h\frac{c}{\lambda} \tag{5-1}$$

式中，$h$ 为普朗克常数；$c$ 为光速；$\nu$ 和 $\lambda$ 分别为发射谱线的特征频率和特征波长。

根据谱线的特征频率和特征波长可以进行定性分析。常用的光谱定性分析方法有铁光谱比较法和标准试样光谱比较法。

原子发射光谱的谱线强度 $I$ 与试样中待测组分的浓度 $c$ 成正比。据此可以进行光谱定量分析。光谱定量分析所依据的基本关系式是

$$I = ac^b \tag{5-2}$$

式中，$b$ 为自吸系数；$a$ 为比例系数。为了补偿因实验条件波动而引起的谱线强度变化，通常用分析线和内标线的强度比与元素含量的关系来进行光谱定量分析，称为内标法。常用的定量分析方法是标准曲线法和标准加入法。

## 5.3 仪器部分

进行原子发射光谱分析的仪器通常分为光源、分光系统和检测器 3 个部分。图 5-1 是典型的原子发射光谱仪示意图。

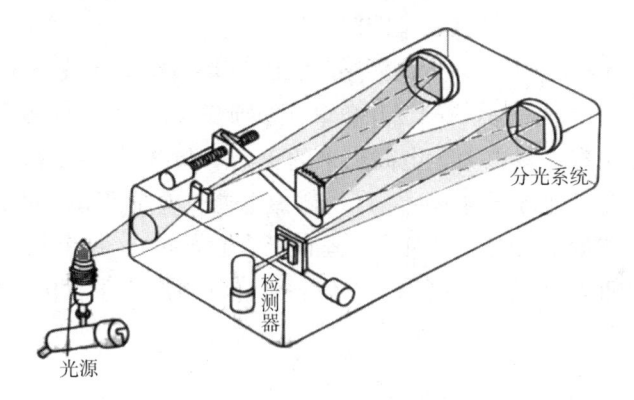

图 5-1 原子发射光谱仪示意图

### 5.3.1 光源

在原子发射光谱仪中，光源具有试样的蒸发、解离、原子化、激发、跃迁产生光辐射的作用。它对光谱分析的检出限、精密度和准确度都有很大的影响。目前常用的光源有电弧、电火花及电感耦合等离子体。

**1. 电弧、电火花光源**

电弧、电火花是两种至今仍普遍使用的光源，常用的电弧光源可分为直流电弧和交流电弧两种。前者电极头温度高，有利于难挥发元素的蒸发，但弧焰不稳定，分析结果重现性较差；后者电极头温度较低，但弧焰温度较高且稳定。电火花光源是断续式的放电，电极头温度低，灵敏度不高，但稳定性好，激发温度高，有利于难激发元素的分析。

**2. 电感耦合等离子体光源**

等离子体是一种电离度大于 0.1% 的电离气体，由电子、离子、原子和分子所组成，其中电子数目和离子数目基本相等，整体呈现中性。电感耦合等离子体（Inductively Coupled

Plasma，ICP）光源是自 20 世纪 60 年代发展起来的一种新型光源，它具有温度高、检出能力强、稳定性好、基体效应小和定量分析线性范围宽等特点，所以得到了广泛的应用，是液体试样光谱分析的一种最佳光源。目前，ICP 光源的粉末进样法也有较多研究，且取得较快的进展，应用 ICP 光源于粉末试样的光谱分析已初见端倪。

1）结构

如图 5-2 所示，ICP 由 3 个部分组成：高频发生器和高频感应线圈；炬管和供气系统；雾化器及试样引入系统。

炬管由 3 层同轴石英管组成，最外层石英管通冷却气（Ar 气），沿切线方向引入，并螺旋上升，其作用：将等离子体吹离外层石英管的内壁，保护石英管不被烧毁；这部分 Ar 气同时也参与放电。中层石英管通入辅助气（Ar 气），起维持等离子体的作用。内层石英管内径为 1~2 mm，以 Ar 气为载气，把经过雾化的试样溶液以气溶胶形式引入等离子体中。

3 层同轴石英管放在高频感应线圈内，高频感应线圈与高频发生器连接。

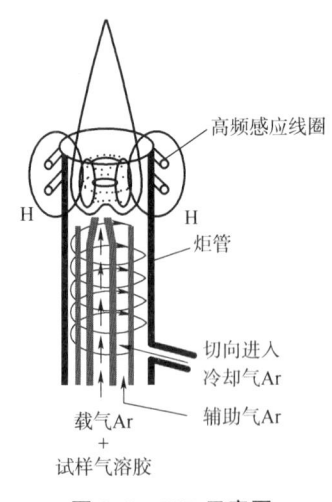

图 5-2 ICP 示意图

2）工作原理

当高频感应线圈与高频发生器接通时，高频电流流过负载线圈，并在炬管的轴线方向产生一个高频磁场。若用电火花引燃，管内气体就会有少量电离，电离出来的正离子和电子因受高频磁场的作用而被加速，在其运动途中，与其他分子碰撞时，产生碰撞电离，电子和离子的数目就会急剧增加。此时，在气体中形成能量很大的环形涡流（垂直于管轴方向），这个几百安培的环形涡流瞬间就可使气体加热到近万摄氏度的高温。然后，试样气溶胶由喷嘴喷入等离子体中进行蒸发、原子化和激发。

## 5.3.2 光谱仪

光谱仪通常由照明系统、准光系统、色散系统和投影（记录）系统组成，其作用是将光源发射的电磁辐射经色散后，得到按波长顺序排列的光谱，并对不同波长的辐射进行检测和记录。按照所用色散元件的不同，光谱仪可分为棱镜光谱仪和光栅光谱仪；按照光谱检测与记录方法的不同，光谱仪可分为照相式摄谱仪和光电直读光谱仪。

**1. 照相式摄谱仪**

摄谱法是早期原子发射光谱法中最常用、最普遍的一种方法，是用光栅或棱镜作色散元件，用照相的方法把光谱记录在感光板上，记录的光谱用光谱投影仪或测微光度计进行观测和测量。图 5-3 是国产 WSP-1 型平面光栅摄谱仪的光路图。

试样在光源 B 被激发后所发射的辐射，经三透镜照明系统 L 均匀地照明入射狭缝 S，再经平面反射镜 $P_1$ 折向凹面镜 M 下面的准光镜 $Q_1$，所得平行光束经光栅 G 衍射后变成单色平行光束，再经过凹面镜 M 上面的投影物镜 $Q_2$ 聚焦于感光板 F 上。旋转光栅转台 D，可同时改变入射角和衍射角，得到所需波长范围和衍射级次的光谱。

常用的 1 m 光栅摄谱仪，配有两块光栅，刻线为 1 200 条/mm，波长范围为 200~800 nm。

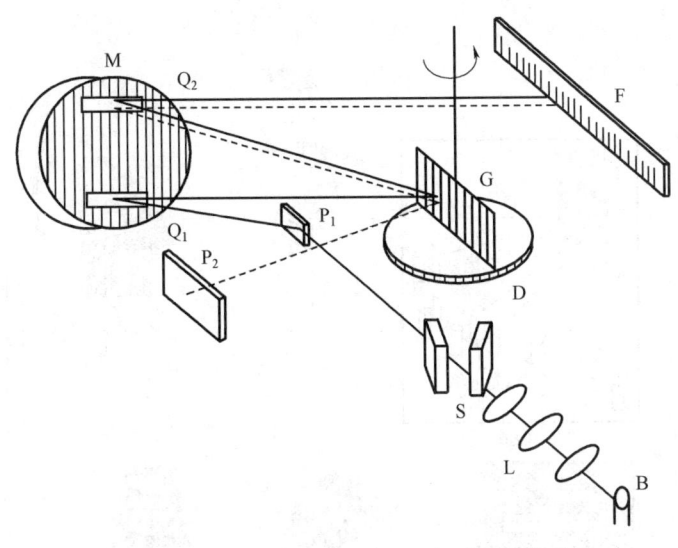

图 5-3　国产 WSP-1 型平面光栅摄谱仪的光路图

**2. 光电直读光谱仪**

光电直读光谱仪是利用光电法直接获得光谱线的强度。光电直读光谱仪可分为单道扫描光谱仪、多道直读光谱仪、全谱直读等离子体光谱仪。

1) 单道扫描光谱仪

单道扫描光谱仪的工作原理：从光源发出的光穿过入射狭缝后，反射到一个可以转动的光栅上，该光栅将光色散，经反射使某一条特定波长的光通过单出射狭缝投射到光电倍增管上进行检测。光栅转动至某一固定角度时只允许一条特定波长的光线通过该出射狭缝，随光栅角度的变化，谱线从该狭缝中依次通过并进入检测器检测，完成一次全谱扫描。

和多道直读光谱仪相比，单道扫描光谱仪的波长选择更为灵活方便，分析试样的范围广，适用于较宽的波长范围。但是，由于完成一次扫描需要的时间较长，因此分析速度受到一定限制。

2) 多道直读光谱仪

多道直读光谱仪的工作原理：从光源发出的光经透镜聚焦后，在入射狭缝上成像并进入狭缝。进入狭缝的光投射到凹面光栅上，凹面光栅将光色散，聚焦在焦面上，焦面上安装有一组出射狭缝，每一狭缝只允许一条特征波长的光通过，投射到狭缝后的光电倍增管上进行检测，最后经计算机进行数据处理。图 5-4 为多道直读光谱仪示意图。

多道直读光谱仪的优点是分析速度快，准确度优于照相式摄谱仪；光电倍增管对信号的放大能力强，可同时分析含量差别较大的不同元素；适用于较宽的波长范围。但是，由于结构的限制，多道直读光谱仪的出射狭缝有多个，且狭缝间存在一定距离，使得对波长相近谱线的利用有困难。

3) 全谱直读等离子体光谱仪

全谱直读等离子体光谱仪的工作原理：光源发出的光通过入射狭缝，入射光经抛物面准直镜反射成平行光，照射到棱镜上使光色散，色散光再进入中阶梯光栅上使光色散，并经反射镜反射进入电荷注入检测器（Charge Injection Detector，CID）。图 5-5 为全谱直读等离子体光谱仪示意图。

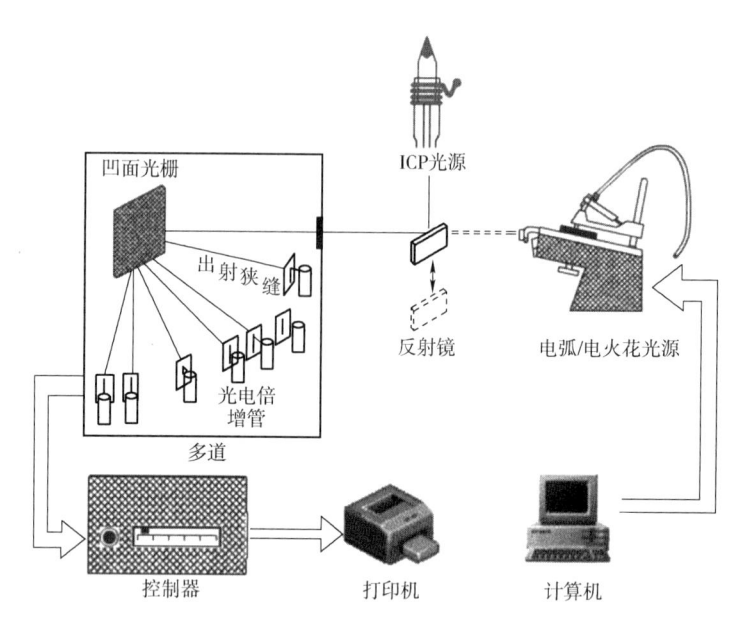

图 5-4　多道直读光谱仪示意图

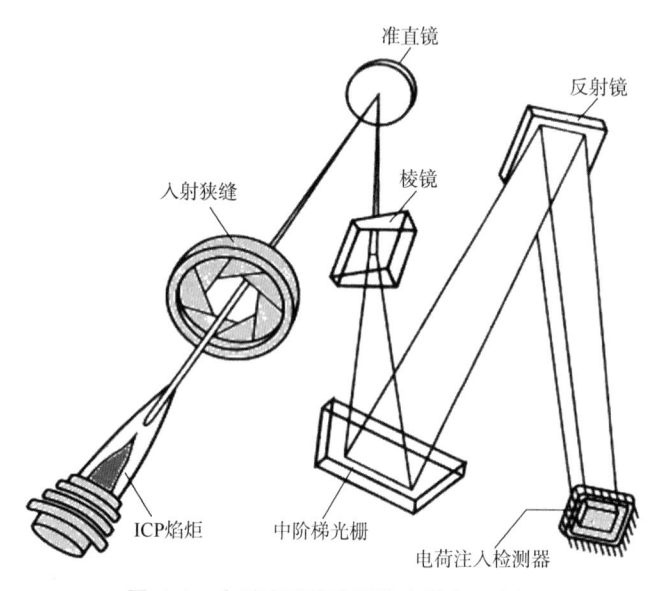

图 5-5　全谱直读等离子体光谱仪示意图

电荷注入检测器位于 28 mm×28 mm 的半导体芯片上，具有 26 万个感光点阵（每个感光点阵相当于一个光电倍增管），可同时检测 165~800 nm 波长范围内出现的全部谱线。中阶梯光栅为分光系统，仪器结构紧凑，体积大幅缩小，兼具多道型和扫描型特点。

## 5.3.3　ICPS-7510 型等离子发射光谱仪

### 1. 基本结构

ICPS-7510 型等离子发射光谱仪的结构框图如图 5-6 所示，雾化器把液体样品雾化后进入等离子炬，样品被激发并发射出元素的特征光谱（轴向观测时由反射镜反射）经聚光透镜聚焦在光谱仪的入射狭缝上。当光进入光谱仪后，射到光栅上，衍射光按照分析波长经出射狭缝照射在光电倍增管的光敏阴极上。将每种被分析物的光转换成电能，计算机把信号强度直接转变成浓度打印出来。

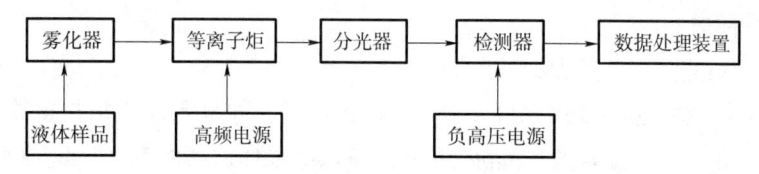

**图 5-6 ICPS-7510 型等离子发射光谱仪的结构框图**

**2. 操作方法**

1) 开机

（1）依次把稳压器、光谱仪主开关 MAIN 扳至 ON 位置（仪器停机状态时）。

（2）打开高频电源开关。

（3）打开排风扇电源开关。应听到风扇的转动声音并有排风。

（4）打开氩气钢瓶主阀（注意：余压不低于 1 MPa），调节减压阀至压力为 0.35 MPa。

（5）打开冷却循环水装置电源开关（使用 AX-1 装置时）。

（6）更换清洗吸样管用的去离子水。

（7）打开显示器、打印机及计算机主机开关，屏幕上方出现 "ICPS-7510" 主菜单画面。

（8）打开自动进样器开关，确认吸管插入纯水中。

（9）在仪器状态检查画面确认各部为 OK 状态。

（10）等离子体点火：选择 Instrument 菜单中的 Plasma ON 选项，在出现的点火条件选择菜单中，选择 Normal mode +Vac. pump ON 选项。随后仪器进行自动等离子体点火，当等离子体点燃后，可从仪器的安全门上的观察窗观察到等离子体发出的光。如果点火失败，则会在显示器上提示错误信息。一般情况下，如果第一次点不着，则会继续自动点第二次。如果第三次仍点不着，则检查相关各部件及玻璃器皿的状态。如果始终不能点火成功，与维修工程师联系，处理后再进行点火。

（11）点燃等离子体，稳定 30 min，选择 Instrument 菜单中的 Wawelength Calibretion 选项，进入波长校正画面。

2) 波长校正

确认纯水在样品吸管内流动后按 Start 按钮进行波长校正（仪器自动进行波长校正）。待校正结束，确认软件中的参数 $s<50$ 后，按 OK 按钮。

3) 分析参数设置与调用

（1）准备工作完毕，根据分析方式可以进行样品分析。选择 Analysis 菜单中的 Analysis 选项，显示选择分析或建立分析卡片画面。

（2）如果按 Open Existing Card 按钮，可在分析中选择原已保存的分析卡片。

（3）若要建立新的分析文件，则按 Make New Card 按钮。

根据提示输入新的分析卡片名称，输入新的卡片名称后按 OK 按钮（或从已建立的卡片中复制),进入输入操作者画面,输入操作者姓名。随后,可以分别按 Procedure 按钮确定定性 1、定性 2、半定量、定量或标准加入法。

按 Proccess 按钮设定分析次数、分析数据打印/显示/存档方式,选择有效范围,登记称量校正用称量目标值。

按 Sample 按钮登记分析样品。

(4) 如果不想改变这些参数,可以按 OK 按钮跳过,如果要改变某些参数,可以分别选择 Name、Procedure、Proccess 及 Sample 选项,输入或选择适当的参数,完成后按 OK 按钮,进入分析条件设定画面。

4) 选择分析元素

选择 Condition 子菜单内的 Select Element…选项,按元素周期表上要分析的元素(再按一次即取消选择)。

5) 波长的选择

元素选择完成后,按 Wavelength 按钮显示波长选择画面。按左侧 Select 1 line 按钮,所有已确定元素默认选择为最佳灵敏谱线,波长选择完成后,按 OK 按钮退出画面。

6) 确认分析条件

选择 Condition 子菜单内的 Measurement Condition…选项,在所显示的测定条件画面中设定观测高度、水溶液和样品的高速/低速冲洗(仅使用蠕动泵和自动进样器时有效)时间。可以同时设定 5 组测定条件。

7) 元素情报的确认

选择 Condition 子菜单内的 Element information…选项,在所显示的画面中可以修改积分时间、设定各元素所用分析条件或取消某个分析元素。

8) 设定扫描方式

选择 Condition 子菜单内的 Scanning Mode…选项,在所显示的画面中可以设定每个元素分析时的扫描方法。可以分别选择峰捕捉方式、固定方式、直接方式。

9) 登记检量线样品及建立漂移修正样品

登记绘制工作曲线用标准样品名称、浓度及单位(ppm、ppb 等),输入各标样名称、浓度、单位等。换另一个元素时直接按元素名称即可,也可以按 Sample 按钮,根据样品填写各元素浓度。若需要自动建立漂移修正样品,按 Make Drift Sample 按钮即可。全部输入完成后,按 OK 按钮结束。

10) 样品测定

在分析画面按 Measurement 按钮,在所显示的样品选择画面上勾选所要分析样品类型的复选框,反之取消勾选。勾选完成后,进入测定样品登记画面。

在样品登记画面中,可以:增加/删除分析样品;登记样品称量值(使用称量校正时用);设定样品在自动进样器样品台上的相应位置号码等。

设定完成后按 Measure 按钮进入样品分析画面。勾选 Continuous 复选框,分析开始,从光标条所在位置开始连续分析;或同时勾选 Auto OFF 复选框,分析完成后可以自动熄火(仅使用自动进样器时有效)。样品分析期间,显示器上会显示待测元素谱图及打印出发光强度和待测元素的含量。

11）等离子体熄火

分析完成后，按以下程序熄火。

（1）选择 Instrument 菜单中的 Plasma OFF 选项，在出现的熄火条件选择菜单中，选择 Plasma OFF+Vac. pump OFF 选项后，按 Start 按钮即可自动熄火并同时关闭真空泵电源；如果不同时关闭真空泵电源，选择 Plasma OFF 选项后，按 Start 按钮仅自动熄火。

（2）关闭氩气钢瓶总阀。

（3）按与开机相反的顺序关闭各部件的电源开关。

**3. 仪器操作注意事项**

（1）仪器点火前应特别注意等离子炬上方不能有遮盖物品，否则严禁点火。

（2）每月要清洗一次透镜、雾化器和进样器吸管，平时发现沾污应及时清洗。

（3）点火前应先通气并观察雾化器的情况，若雾化器出气不畅，应处理后再点火。在样品分析过程中，雾化器被堵时，应先熄火，处理完后再点火分析。

（4）每次点火后，都应进行波长校正后再分析。如果出现波长校正点偏离中心线较大等异常情况，则应重新校正，待正常后再分析。

## 5.3.4 火焰光度计

火焰光度法是以火焰作为激发光源并以光电系统测量引入火焰中的被测元素所辐射的特征谱线强度的一种原子发射光谱法。

火焰光源的能量较低，所获得的谱线较为简单。其能量大小与火焰种类有关，煤气-空气火焰温度较低，只能激发碱金属和碱土金属；而乙炔-空气温度较高，可激发60种以上的元素，对其中40余种具有较高的灵敏度。火焰光度法多用于样品中钾、钠及其他碱金属、碱土金属等元素的测定。

在火焰光度法中，火焰中被测元素辐射的谱线强度在一定条件下与被测元素的浓度有一定的关系，即 $I=ac^b$。由于火焰光源可以通过控制燃料气体、助燃气体的流量和压力及其他工作条件而使之稳定，故在实际测量时，比例系数 $a$ 可视为一恒定值，一般样品含量较低时，自吸系数 $b\approx1$。因此，可认为 $I$ 直接与试液中被测元素的浓度成正比。在一定的范围内，光电元件产生的光电流 $i$ 与照射到它上面的光谱线强度 $I$ 有一定的正比例关系，所以，光电流与被测元素的浓度成正比，即

$$I=Kc \tag{5-3}$$

上式即为火焰光度法的定量分析依据。

火焰光度法所用的仪器叫火焰光度计。虽然型号各不相同，但它们都由火焰光源、分光系统和检测系统组成。

**1. 火焰光源**

火焰光源由喷雾器、燃烧灯、供气装置及调节装置等部分组成。该火焰光源除使试样溶液中的被测元素原子化以外，还要提高激发被测元素的能量。这一点区别于原子吸收光谱法中火焰的作用。

火焰燃烧器是一种用不锈钢材料制成的空心圆柱体，顶端用有均匀细孔的金属板封盖，形成火焰开关。火焰温度主要取决于燃烧气体的性质及其助燃比、燃烧气的种类、进样速度及溶剂等因素。常用火焰温度为 2 000~3 000 K。近年来高温火焰种类不断增加，所以火焰光度法的应用已不局限于钾、钠的测定，目前可测定的元素达 40 余种，如钙、锶、镁、钡等。

### 2. 分光系统

与其他发射光谱分析一样，火焰光度法必须借助分光系统从火焰的复合光中分离出测定用的工作波长或光带。火焰光度法的仪器繁简不一，分光元件有滤光片和单色器（棱镜或光栅）之分，使用滤光片分光的称为火焰光度计，使用单色器分光的称为火焰分光光度计。有的仪器采用双光束型，像国产 6400A 型火焰光度计，就是采用两块干涉滤光片的双光束型仪器，它不仅可以同时测定两种元素，而且可以直接用内标法进行定量分析。

### 3. 检测系统

检测系统一般由光电池、光电管或光电倍增管组成，它们将接收到的一定强度的光信号定量地转变成一定的电信号输入检流计表头显示，也有用数码管或发光二极管等进行数字显示的，还有采用自动记录仪记录的。

## 5.3.5 6400A 型火焰光度计

仪器的操作流程如下。

### 1. 开机

检查并确保燃气阀处于关闭状态，接通主机电源。

接通压缩机电源（确保压力表指示在 0.05~0.10 MPa 之间），压力以每分钟吸取或排除溶液量 2~3 mL 为宜（简单判断：废液排出流速为 30~50 滴/min），打开液化气阀。

按住点火按钮（不要松），逆时针旋转点火旋钮，直到燃烧头产生燃烧火焰（整个过程不要松开点火按钮）；松开点火按钮，顺时针旋转燃气旋钮，调节燃气流量，观察火焰，控制火焰为纯蓝色（不能有黄色火苗），要求火焰中心区呈独立燃烧焰，火焰上部呈尖顶，周围一圈波浪形燃烧焰清晰稳定。

### 2. 预热

接下来是预热阶段。火焰的燃烧、样品的注入是个动态过程，起初是常温状态，然后是升温过程，当燃气及进样量确定后，火焰趋向热平衡，这时火焰较稳定，激发能量恒定，因而读数就稳定。

进样口放入蒸馏水，预热 15 min 左右。若样品量少，时间紧迫，也可以边稳定边测定，以节约燃料和时间。

### 3. 零满标测定

空白溶液进样，按"设置低标"按钮，使仪器显示"0"；将标样最大浓度溶液进样，按"设置高标"按钮，使仪器显示"100"；反复多次至读数稳定，即可进行样品测定。

火焰光度计是相对测定的仪器，在测定过程中，经标定后，可进行样品测定，但随着几个或十几个样品的测定，需要重新进行标准溶液的标定，这样才能保证样品测定的准确度。

**4. 样品测定**

按操作方法依次测定空白溶液、标准溶液、样品溶液的相对发射强度。

**5. 关机**

测定完毕后，吸入蒸馏水，清洗管道，关闭液化气阀，待火焰熄灭后，分别关闭空气压缩机和仪器电源。

## 5.4　实验技术

### 5.4.1　试样引入激发光源的方式

试样引入激发光源的方式，对分析性能的影响极大。一般来说，试样引入系统应将具有代表性的试样重现、高效地转入激发光源中。是否可以达到这一目的或达到这一目的的程度如何，依据试样的性质而定。

**1. 溶液试样**

将溶液试样引入原子化器，一般采用气动雾化、超声雾化和电热蒸发方式。其中，前两种方式需要事先雾化。雾化是通过压缩气体的气流将试样转变成极细的雾状微粒（气溶胶），然后由流动的气流将雾化好的试样带入原子化器进行原子化。

气动雾化进样是利用动力学原理将溶液试样变成气溶胶并传输到原子化器的进样方式。其种类很多，大致可以分为同心型、直角型和特殊型。其中，同心型应用最广。

超声雾化进样是根据超声波振动的空化作用把溶液雾化成气溶胶后，由载气传输到火焰或等离子体的进样方式。与气动雾化进样相比，超声雾化进样具有效率高、气溶胶高密均匀、不易被阻塞等优点。

电热蒸发进样是将蒸发器放在一个惰性气体（Ar）流过的密闭室内，当有少量的试样放在碳棒或钽丝制成的蒸发器上时，电流可迅速地将试样蒸发并被惰性气体携带进入原子化器的进样方式。与一般雾化方式不同，电热蒸发产生的是不连续的信号。

**2. 气体试样**

气体试样可直接引入激发光源进行分析。有些元素可以转变成其相应的挥发性化合物而采用气体发生进样。例如，砷、锑、铋、锗、锡、铅、硒和碲等元素可以通过将其转变成挥发性氢化物而进入原子化器，这种方法叫氢化物发生法。目前常用的是硼氢化钠（钾）-酸还原体系，如

$$3BH_4^- + 3H^+ + 4H_3AsO_3 \rightleftharpoons 3H_3BO_3 + 4AsH_3\uparrow + 3H_2O$$

氢化物发生法可以将这些元素的检出限提高 10~100 倍。

**3. 固体试样**

将固体、金属以粉末或微粒形式直接引入等离子体和火焰原子化器中测定的分析方法，具有不需要加入化学试剂，省去试样溶解、分离或富集等化学处理，减少污染的来源和试样的损失，以及测定灵敏度高等特点。但是，由于固体进样技术存在取样的均匀性不易控制，

基体效应严重,以及较难配制均匀、可靠的固体标样等问题,严重影响了测定的准确度和精密度。

## 5.4.2 经典电光源的试样处理

固体金属及合金等导电材料的处理。(1)块状金属及合金试样的处理:用金刚砂纸将金属表面打磨成均匀光滑的表面。表面不应有氧化层,试样应有足够的质量和大小(至少应大于燃斑直径3~5 mm)。(2)棒状金属及合金试样的处理:用车床加工成直径为8~10 mm的棒,顶端成直径为2 mm的平面。若加工成锥体则更好,这样放电稳定。表面也不应有氧化层,以免影响导电。(3)丝状金属及合金试样的处理:细金属丝可卷作一团置于石墨电极孔中,或者熔化成金属块,较粗的金属丝也可卷成直径为8~10 mm的棒。(4)碎金属屑试样的处理:首先用酸或丙酮洗去表面污物,烘干后磨成粉状,用石墨电极全燃烧法测定,或者将粉末混入石墨粉末后压成片状进行分析。

## 5.4.3 等离子体光谱法的试样前处理

电感耦合等离子光谱法一般采用溶液试样,各种试样均应转化为溶液进行分析(个别仪器有固体进样器,可分析块状金属试样)。试样主要采用酸溶解法将试样转化为溶液,个别试样采用碱熔融法。试样处理的原则是尽量不引入盐类或其他成盐试剂,以免增加溶液中固体物的量,含盐量高会造成进样雾化器的堵塞及雾化斜率的改变,产生较大误差。一般尽量采用硝酸或盐酸等处理试样,尽量不用硫酸或高氯酸等黏度较大的浓酸处理试样。处理后试液中残余酸的含量不宜过高,一般为5%~10%。试样溶液的酸度和标准溶液的酸度应基本一致。

## 5.4.4 经典光源光谱分析用标准试样的制备

块状、棒状固体金属分析用标准试样都要用相应组成和形状的标准试样。一般由相应金属熔炼而成,然后确定其准确化学成分。溶液试样分析用标准试样也采用相应组成的液体标准试样,可由相应的金属或盐类溶解后按比例制备。由于经典光源稳定性较差,所以要加入内标元素。

## 5.4.5 等离子体光源光谱分析用标准试样的制备

通常用合成法配制标准试样。先用纯金属或高纯盐配成单一元素的储备液,然后按试样组成要求混合在一起,并调节酸度为一定值。用这种方法制备标准试样时须考虑混合后溶液中阴离子对某些阳离子可能的影响,如$Cl^-$对$Ag^+$的影响。

另一制备等离子体光源光谱分析用标准试样的方法是:将相应组成的固体标准试样溶于酸。这种方法比较简单,而且阴离子种类容易控制,但目前很难按需要得到想用的固体标准试样。

## 5.5 实　　验

### 5.5.1 发射光谱定性分析

**1. 实验目的与要求**

（1）学会用铁光谱比较法定性判断试样中未知元素的分析方法。

（2）掌握摄谱仪的工作原理及使用方法。

**2. 实验原理**

利用标有各种元素特征线和灵敏线的铁光谱图，逐条检视试样光谱中的谱线，以确定其组成。本实验采用选择 2~3 条特征线或灵敏线组的方法来判断某元素的存在。

**3. 仪器与试剂**

仪器：中型光谱仪、映谱仪、感光板、光谱纯石墨电极、元素发射光谱图。

试剂：光谱纯铁棒、光谱纯碳粉、光谱纯 $MgCO_3$、大理石粉、合金钢棒、自来水样。

**4. 实验内容与步骤**

（1）试样准备。自来水样（干渣法）：在平头电极表面滴 1 滴 1%聚苯乙烯-苯溶液，待苯自然挥发后，滴 1 滴自来水，在红外灯下烤干备用。大理石粉样：将大理石粉样与光谱纯碳粉按 1:5 混合装在碳电极孔中备用。合金钢试样：表面用砂纸磨光，露出新鲜表面，然后用酒精棉擦除砂尘备用。

（2）安装感光板。在暗室中把感光板放入暗盒内，再把暗盒装到摄谱仪上。特别注意，感光板乳剂面应朝向光线入射的方向，否则感光板的玻璃会吸收光谱中的紫外部分。

（3）按摄谱计划及摄谱条件拍摄光谱。摄谱仪及参数：Q-24 型、狭缝 7 mm、遮光板 5 mm、相对孔径 15。

（4）将哈特曼光阑调到光路上。

**5. 注意事项**

（1）在暗房操作时，注意感光板一定不要装反，乳剂面应朝向入射光方向。如果感光板装反，紫外光会被玻璃吸收，将得不到完整的发射光谱。

（2）摄谱时应按时开启摄谱仪快门。

（3）冲洗感光板时，要按先显影后定影的顺序，如果顺序倒置将丢失全部光谱。

（4）接通激发光源时，切勿触摸电极架，以免触电。

（5）电弧辐射具有很强的紫外光，切记不要直接观察，以免伤害眼睛。

**6. 数据处理**

（1）记录摄谱条件，包括光源、电流、曝光时间、试样种类等。

（2）插上暗盒挡板，按操作方法冲洗感光板。

（3）用比较光谱法识谱，以铁光谱作为标准波长，在映谱仪上，把元素光谱图按顺序逐张地与所摄取的铁光谱重叠，观察试样光谱中出现的谱线所属的元素。要有意识地观察一些元素的特征光谱，如 Cu（324.754 nm 和 327.397 nm）、Al（309.271 nm 和 308.216 nm）、

B（249.678 nm 和 249.778 nm）。

（4）记录实验数据（表 5-1）并撰写实验报告。

表 5-1 实验数据

| 元素 | 波长/nm |  |  |  |  |  |
|---|---|---|---|---|---|---|
| Cu | | | | | | |
| 杂质元素 1 | | | | | | |
| 杂质元素 2 | | | | | | |
| 杂质元素 3 | | | | | | |

（5）记录所观察到的试样光谱中的谱线及归属，确定铜试样中杂质元素的种类。

**7. 思考题**

对光谱进行定性分析时，为什么要用哈特曼光阑？

## 5.5.2 ICP 光谱法测定饮用水中总硅

**1. 实验目的与要求**

（1）学习全谱直读等离子体光谱仪的操作方法。

（2）掌握用单元素测定程序测定微量元素的方法。

（3）学习 ICP 光谱分析线的选择和扣除光谱背景的方法。

（4）学习获得元素光谱图的方法。

**2. 实验原理**

ICP 光谱具有灵敏度高、操作简便及精度高等特点。其中心通道温度高达 4 000～6 000 K，可使易形成难熔氧化物的元素原子化和激发。本实验所测定的硅就属于用火焰光源难测定的元素。

**3. 仪器与试剂**

仪器：ICPS-7510 型等离子体光谱仪、氩气（钢瓶装）。

试剂：硅标准储备液（1 mg/mL）。

**4. 实验内容与步骤**

（1）将 1 mg/mL 硅标准储备液用超纯水稀释成 10 μg/mL。

（2）启动 ICPS-7510 型等离子体光谱仪，点燃等离子体，预燃 20 min。

（3）设定分析条件：选择 4 条硅谱线，它们分别是 288.159、251.611、250.690 和 212.412 nm。积分时间为 5 s。拍摄硅的谱线图，在谱线两侧选择适宜的扣除光谱背景波长，并读出光谱背景强度。

（4）用单元素分析程序进行标准化：喷雾进样高标准溶液（10 μg/mL）及低标准溶液（本实验用超纯水），绘制标准曲线，记录截距和斜率。积分时间为 1 s。

（5）对饮用水试样进行样品测定，平行测定 5 次，记录测定值及精密度。

（6）熄灭等离子体，关闭计算机电源。

**5. 注意事项**

(1) 准备工作全部完成后再点燃等离子体以节约工作氩气。

(2) 熄灭等离子体光源后再关闭冷却氩气,否则将烧毁石英炬管。

(3) 硅酸盐离子在酸性溶液中易形成不溶性的硅酸或胶体悬浮于水中。此种情况会导致雾化器堵塞,故用于测定硅的饮用水试样不能酸化及长时间放置。

**6. 数据处理**

(1) 记录下列仪器参数:仪器型号,ICP 发生器功率,等离子体焰炬观测高度,载气流量,冷却气流量,辅助气流量,进样量,分析线波长,积分时间,扣除光谱背景波长。将仪器参数记录在表 5-2 中。

表 5-2  仪器参数

| 仪器型号 | ICP发生器功率 | 等离子体焰炬观测高度 | 载气流量 | 冷却气流量 | 辅助气流量 | 进样量 | 分析线波长 | 积分时间 | 扣除光谱背景波长 |
|---|---|---|---|---|---|---|---|---|---|
|  |  |  |  |  |  |  |  |  |  |

(2) 计算 288.159、288.159、250.690 及 212.412 nm 这 4 条硅谱线的信背比,最后选用谱线强度及信背比均高的硅谱线作为分析线,并记下该线的扣除光谱背景波长。将实验数据记录在表 5-3 中。

表 5-3  实验数据

| 谱线 | 288.159 nm | 288.159 nm | 250.690 nm | 212.412 nm |  |  |  |  |
|---|---|---|---|---|---|---|---|---|
| 强度 |  |  |  |  |  |  |  |  |

(3) 绘制标准曲线,求出饮用水试样中硅的浓度。

(4) 计算平行测定 5 次的精密度。

**7. 思考题**

(1) 为什么 ICP 光谱中的离子化干扰没有火焰发射光谱中严重?

(2) ICP 光谱有哪些优点?

## 5.5.3 镍电解液中主要成分和微量成分的 ICP 光谱测定

**1. 实验目的与要求**

(1) 学习多元素 ICP 光谱分析方法。

(2) 了解 ICP 光谱分析的主要工作参数。

**2. 实验原理**

硫酸镍电解液是制备高纯金属镍的原料液,它含有高浓度的硫酸镍、硫酸钠及多种微量元素。顺序等离子体光谱技术可以同时测定试样中高浓度和低浓度的元素。本实验将试样稀释后直接测定主要成分镍、微量成分钴,以及微量杂质 Fe、Ca、Mg、Cu。

**3. 仪器与试剂**

仪器:ICPS-7510 型等离子体光谱仪。

试剂：氩气，镍标准储备液（20 mg/mL），Cu、Mg、Ca、Co、Fe 标准储备液（1 mg/mL）。

**4. 实验内容与步骤**

（1）用标准储备液配制标准溶液系列。

（2）接通高频电源及 ICPS-7510 型等离子体光谱仪电源。

（3）开启计算机，编制分析程序，积分时间选为 5 s。

（4）按照下述条件点燃等离子体：光谱功率为 1 200 W，冷却气流量为 18 L/min，辅助气流量为 0.5 L/min，载气流量为 0.5 L/min。

（5）喷进高标准溶液，进行预标准化。

（6）进行标准化，绘制校正曲线。

（7）测定试样，打印分析数据。

（8）用去离子水清洗进样系统。

（9）关机。

**5. 注意事项**

（1）测试完毕后，用去离子水清洗进样系统后，再关机，以免试样沉积在雾化器口及石英炬管口。

（2）先降高压，再熄灭等离子体，最后关冷却气。

**6. 数据处理**

（1）记录仪器参数（高频功率、频率、观测高度），气流参数（载气、冷却气、辅助气的流量）及工作参数（进样量、积分时间）。

（2）记录实际分析线及扣除光谱背景波长。

（3）记录 5 次测定同一试样的数据，并计算测量精密度。

**7. 思考题**

（1）ICP 光谱技术的原理是什么？

（2）在分析同时含大量元素及微量元素的试样时，如何选择分析线？

## 5.5.4 天然矿泉水中钾的测定

**1. 实验目的与要求**

（1）掌握火焰光度法测定的原理及方法。

（2）了解火焰光度计的使用。

**2. 实验原理**

用火焰光度法测定钾在 768 nm 处的发射强度，一定条件下这一强度的大小与钾的含量成线性关系，因此可用标准比较法定量。

**3. 仪器与试剂**

仪器：6400A 型火焰光度计、容量瓶、移液管等。

试剂：钾标准溶液（0.05 mg/mL，KCl 在 100 ℃ 的条件下干燥 2 h）、钠标准溶液（1 mg/mL）。

**4. 实验内容与步骤**

（1）按 6400A 型火焰光度计的使用说明将其调节到最佳测定状态。

(2) 绘制标准曲线。

准确吸取钾标准溶液 0、0.50、1.00、2.00、3.00、4.00、5.00 mL，分别移入 50 mL 容量瓶中，依次加入钠标准溶液各 10 mL，加水至刻度，混匀。

以空白溶液进样，调定低标为"0"，然后以最大浓度的标准溶液进样，调节高标为"100"。重复 3 次稳定后，依次喷入其他标准溶液，测定各自的相对强度。

(3) 试样的测定。

取一定量的试样溶液于 50 mL 容量瓶中，加入 10 mL 钠标准溶液，用水稀释至刻度，摇匀后，按测定标准溶液系列相同的条件测定试样溶液的相对强度。

**5. 注意事项**

(1) 火焰光度计在调"低标"和"高标"时一定要调稳定。
(2) 测定完毕后，进样系统用去离子水清洗后，再关机，以免试样沉积在雾化器口。

**6. 数据处理**

(1) 绘制钾的工作曲线。
(2) 由工作曲线法求出试样的钾含量（mg/mL），实验数据记录在表 5-4 中。

表 5-4　实验数据

| 编号 | 1 | 2 | 3 | 4 | 5 | 6 | 7 | 试样 |
|---|---|---|---|---|---|---|---|---|
| 信号 |   |   |   |   |   |   |   |   |

**7. 思考题**

(1) 测定钾为什么要加钠？
(2) 原子发射光谱法测定天然矿泉水中钾的高标和低标怎么调？

## 5.5.5　火焰光度法测定钠

**1. 实验目的与要求**

(1) 掌握火焰光度法测定钠的方法。
(2) 加深对火焰光度法原理的理解。
(3) 了解火焰光度计的构造及使用方法。

**2. 实验原理**

各种元素都有自己的特征波长辐射，其发射线的强度与待测元素的含量成函数关系，在一定条件下，所产生谱线照射在光电元件上时，形成的光电流与试样中待测元素的含量成正比。

在火焰激发下，钠原子发射出黄光（589.0 nm），在检测时得到一定的光电流，通过测量其大小以确定钠的含量。

**3. 仪器与试剂**

仪器：6400A 型火焰光度计、容量瓶、吸量管、离心试管。

试剂：钠标准储备液（1.000 mg/mL），称取在 400~450 ℃下灼烧过的氯化钠 1.271 g，用去离子水溶解后，移入 500 mL 容量瓶中，再用去离子水稀释至刻度，摇匀；钠标准工作液（0.100 0 mg/mL），量取 10.00 mL 钠标准储备液（1.000 mg/mL）于 100 mL 容量瓶中，用去离子水稀释至刻度，摇匀。

**4. 实验内容与步骤**

（1）火焰光度计的调节。调节方法见 6400A 型火焰光度计的使用说明书。

（2）标准溶液系列的配制和测定。

① 取 6 个 50 mL 容量瓶，分别依次加入 0.00、1.00、2.00、3.00、4.00、5.00 mL 0.100 0 mg/mL 钠标准工作液，用去离子水稀释至刻度，摇匀，即为标准溶液系列。

② 以空白溶液进样，调节低标为"0"；然后以标准溶液系列中最大浓度的溶液进样，调节高标为"100"，重复操作 3 次至基本稳定。

③ 标准溶液系列的测定。将标准溶液由稀至浓依次喷入火焰，读取各浓度标准溶液所对应的发射强度。

④ 试样中钠含量的测定。取 2.00 mL 试样于 50 mL 容量瓶中，用去离子水稀释至刻度，摇匀。与上述测定条件相同下喷雾进样，读取发射强度。

**5. 注意事项**

（1）火焰光度计在调"低标"和"高标"时一定要调稳定。

（2）测定完毕后，进样系统用去离子水清洗 5 min 后，再关机，以免试样沉积在雾化器口。

**6. 数据处理**

（1）测量中的实验条件及测量数据，记录在表 5-5 中。

（2）以浓度为横坐标，读取的发射强度为纵坐标，绘制工作组曲线，并求出试样中的钠含量。

表 5-5　实验条件及测量数据

| 编号 | 1 | 2 | 3 | 4 | 5 | 6 | 试样 |
|---|---|---|---|---|---|---|---|
| 信号 |   |   |   |   |   |   |   |

**7. 思考题**

（1）绘制标准曲线时，如果标准溶液系列的浓度范围过大，则标准曲线将如何变化？为什么？

（2）如果钾含量过高，对测定结果有无影响？如有，如何消除干扰？

# 第 6 章 原子吸收光谱法

## 6.1 概　述

原子吸收光谱法是一种测量特定气态原子对光辐射的吸收的方法，是以气态的基态原子外层电子对相应原子共振辐射线的吸收强度来定量测定被测元素含量的分析方法。此方法是在 20 世纪 50 年代中期出现并逐渐发展起来的一种新型的仪器分析方法，在地质、冶金、机械、化工、农业、食品、轻工、生物医药、环境保护、材料科学等领域都有非常广泛的应用。此方法主要适用于样品中微量及痕量组分的分析。

原子吸收光谱法具有快速、灵敏、准确、选择性好、干扰少和操作简便等优点，目前可对 70 余种金属进行分析，既可进行痕量组分分析，又可进行常量组分测定，在低含量物质的分析中，可达到 1%～3% 的准确度。原子吸收光谱法尚有一些不足之处，测定不同元素时需要更换相应的光源灯，每一元素的分析条件也各不相同，不利于同时进行多种元素的分析。

## 6.2 方法原理

每一种元素的原子不仅可以发射一系列特征谱线，也可以吸收与发射谱线波长相同的特征谱线。当光源发射的某一特征波长的光通过基态原子蒸气时，即入射辐射的频率与原子外层电子由基态跃迁到较高能态（一般情况下都是第一激发态）所需要的能量频率相同时，原子中的外层电子将选择性地吸收该特征谱线，使入射光减弱。特征谱线因吸收而减弱的程度称为吸光度（$A$），与被测元素的含量成正比：

$$A = -\lg \frac{I_v}{I_{0v}} = Kc \tag{6-1}$$

式中，$K$ 为常数；$c$ 为试样浓度；$I_{0v}$ 为原始特征谱线强度；$I_v$ 为吸收后的特征谱线强度。按上式可由所测未知试样的吸光度，对照标准系列曲线进行定量分析。

由于原子能级是量子化的，因此，在所有情况下，原子对辐射的吸收都是有选择性的。由于不同元素的原子结构和外层电子的排布不同，元素从基态跃迁至第一激发态时吸收的能量不同，因而不同元素的共振吸收线具有不同的特征。原子吸收光谱位于光谱的紫外区和可见区。

## 6.3 仪器部分

原子吸收光谱仪的型号繁多，但其主要组成部分均包括光源、原子化器、光学系统、检测系统和显示记录系统。其主要有单光束型和双光束型两类，图 6-1 为原子吸收光谱仪的光路图。

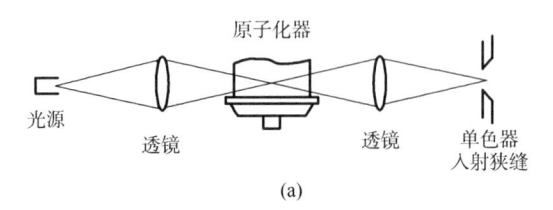

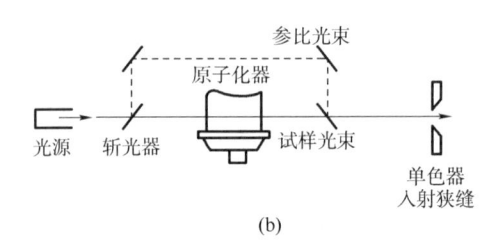

**图 6-1 原子吸收光谱仪的光路图**
（a）单光束型；（b）双光束型

单光束型仪器的结构较为简单，共振线强度在光路中损失少，应用广泛，但因光源强度的变化引起基线漂移而使准确度降低；双光束型仪器可克服这方面影响，故准确度较高，但价格较贵。

**1. 光源**

光源的作用是提供待测元素的特征谱线，以供测量用。要求光源应该是辐射强度大、稳定性好、背景小、操作方便且寿命长的锐线光源。在一定的条件下，空心阴极灯、蒸气放电灯和高频无极放电灯等光源均可满足使用要求。目前普遍使用的光源是空心阴极灯，其结构如图 6-2 所示。

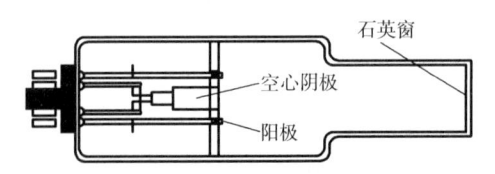

**图 6-2 空心阴极灯的结构**

空心阴极灯是一种阴极呈空心圆柱形的气体放电管。阴极内壁由待测元素的金属或合金制成。阳极为钨棒，上面装有钽片或钛丝作为吸收剂（用以吸收管内的杂质气体）。将两个电极密封于充有几百帕惰性气体（Ne 或 Ar）的带有石英窗的玻璃管中。

空心阴极灯在使用前应预热一段时间，使灯的发射强度达到稳定，预热时间长短视灯的类型和元素不同而异，一般在 5~20 min 范围内。空心阴极灯从紫外区到红外区内均有光辐射，发射谱线稳定性好、强度大、宽度窄，并且操作简单（只有一个灯电流操作参数），灯容易更换。

**2. 原子化器**

原子化器（也称原子化系统）的作用是提供一定的能量将试样中的待测元素转变成基态原子蒸气，使入射光在这里被吸收，因此相当于"吸收池"。原子化方法包括火焰原子化法、非火焰原子化法。

原子化器的质量对原子吸收光谱分析的灵敏度和准确度均有很大影响，甚至可以说在一定条件下起到决定性的作用。所以，要求原子化器具有较高的原子化效率且不受浓度变化的影响、稳定性好、再现性好和背景小。以下是两种常见原子化器。

1）火焰原子化器

目前常用的火焰原子化器是预混合式原子化器。它由雾化器（喷雾器）、预混合室（雾化室）和燃烧器等组成。其结构如图 6-3 所示，作用是将试液经雾化器转变成细雾，在预混合室中与燃气、助燃气充分混合，除去较大颗粒的液滴（由排液口排出）。混合气体进入燃烧器燃烧，形成火焰，借助火焰温度使试液中待测元素原子化形成基态原子蒸气。

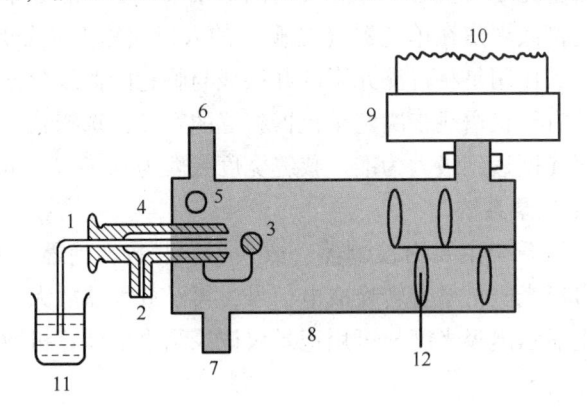

1—毛细管；2—空气入口；3—撞击球；4—雾化器；5—空气补充口；6—燃气入口；
7—排液口；8—预混合室；9—燃烧器（灯头）；10—火焰；11—试液；12—扰流器。

**图 6-3 火焰原子化器的结构**

火焰是原子化的能源。试液的去溶剂（脱水）、气化、热分解和原子化等反应都在火焰中进行。在火焰中还可能发生激发、电离和化合等复杂物理和化学作用。所以，正确地选用火焰十分重要，它直接关系到待测元素的原子化效率，也决定干扰情况。

常用火焰是乙炔-空气火焰，温度约为 2 300 ℃，可测定 30 多种常见金属元素。因为其温度较低，对某些难解离金属化合物（如 W、Mo、V 等）的灵敏度很低，甚至无法测定。$N_2O-C_2H_2$ 火焰温度较高，它可测定 70 多种元素。

火焰原子化器由于雾化效率和原子化效率都较低且基态原子蒸气又受到燃气、助燃气的大量稀释作用，使基态原子在光路中停留的时间较短，所以灵敏度较低。

2）非火焰原子化器

非火焰原子化法是除火焰原子化法以外的其他原子化法的统称，包括石墨炉（石墨管、石墨坩埚、石墨棒）法、金属舟（Ta 或 W）法、阴极溅射法、等离子体法、激光原子化法和化学原子化法等。其中，应用最多的是石墨炉法。

石墨炉原子化器的结构如图 6-4 所示，图中 $I_o$、$I_t$ 分别为入射光强度、透射光强度。将试液定量注入石墨管中，并以石墨管为电阻发热体，接通 10~15 V 低压、400~600 A 大电流后，产生高温，可达 3 000 ℃ 左右，使试液中待测元素可在短暂时间内实现原子化，形成基态原子蒸气。工作中可分为干燥、灰化、原子化及除残 4 个程序自动升温过程。为了防止试样和石墨管被氧化，整个升温过程需要不断通入惰性气体（Ar），为了保护炉体还需通水冷却降温。

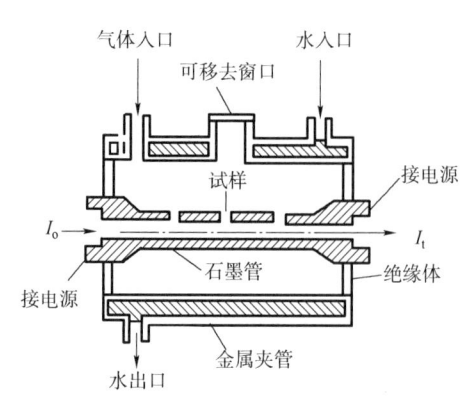

图 6-4 石墨炉原子化器的结构

### 3. 光学系统

原子吸收光谱仪中的光学系统由外光路（聚光）系统和分光系统两部分构成。

外光路系统的作用首先是将空心阴极灯发射的谱线聚焦于基态原子蒸气中央，其次是将通过基态原子蒸气后的谱线聚焦在单色器（光栅）的入射狭缝上。分光系统主要由单色器、反射镜和狭缝等组成，其作用是将待测元素的共振线与临近的谱线分开。可根据谱线的宽度和欲测共振线附近是否有干扰谱线来决定单色器狭缝的宽度，选择狭缝宽度大小以既能分开相邻的谱线，又能使吸光度达到最大为准。狭缝宽度一般为 0.2~7.0 nm，可供选用。

### 4. 检测系统和显示记录系统

检测系统和显示记录系统主要由检测器、放大器、对数转换器以及显示或打印装置组成。其作用是将光信号经光电倍增管转换成电信号，再经放大器放大、输出，输出信号经过对数转换后在显示器上显示出吸光度，可用记录仪记录结果、计算机数据处理并打印或在显示器上显示出来。

## 6.3.1 TAS-990 型原子吸收分光光度计

**1. 开机**

打开计算机、TAS-990 型原子吸收分光光度计电源（注意：顺序不能颠倒）。

**2. 仪器联机初始化**

在计算机桌面上双击 AA 图标，出现联机窗口，选择联机方式，单击"确定"，出现仪器初始化界面。等待 3~5 min（联机初始化过程），等初始化完成后，将弹出选择空心阴极灯和预热灯窗口。

按照需求选择工作灯和预热灯（双击空心阴极灯位置，可更改所在灯位置上的元素符号），单击"下一步"，出现设置元素测量参数窗口。

根据需要设置光谱带宽、燃气流量、燃烧器高度等参数（一般工作灯电流、预热灯电流、负高压以及燃烧器位置不用更改），设置完成后单击"下一步"，弹出设置波长窗口。

选择波长值（不要更改默认的波长值），单击"寻峰"。弹出寻峰窗口，等寻峰过程完成后（根据所选空心阴极灯的元素不同，整个过程需要的时间不同，一般为 1~3 min），单击"关闭"。单击"下一步"→"完成"。

**3. 设置样品**

单击"样品",弹出样品设置向导窗口。

选择校正方法(一般为标准曲线法)、曲线方程(一般为一次方程)和浓度单位,输入样品名称和起始编号,单击"下一步"。

输入标准样品的浓度和个数(可依照提示增加和减少标准样品的个数),单击"下一步"。

选择需要或不需要空白校正和灵敏度校正(一般为不需要),然后单击"下一步"。

输入待测样品的数量、名称、起始编号,以及相应的稀释倍数等信息,单击"完成"。

**4. 设置参数**

单击"参数",弹出参数设置窗口。

常规:输入标准样品、空白样品、未知样品等的测量次数(测量几次计算出平均值),选择测量方式(手动或自动,一般为自动),输入间隔时间和采样延时(一般均为 1 s)。石墨炉没有测量方式、间隔时间以及采样延时的设置。

显示:设置吸光度的最小值和最大值(一般为 0~0.7)以及刷新时间(一般为 300 s)。

信号处理:设置计算方式(一般火焰吸收为连续或峰高),以及积分时间和滤波系数(火焰积分时间一般为 1 s,滤波系数为 0.3 s)。

质量控制(适用于带自动进样器的设备):单击"确定",退出参数设置窗口。

**5. 火焰吸收的光路调整**

在火焰吸收测量方法下,单击仪器下的"燃烧器参数",弹出燃烧器参数设置窗口,输入燃气流量和高度,单击"执行",看燃烧头是否在光路的正下方,如果有偏离,更改位置中相应的数字,单击"执行",反复调节直到燃烧头和光路平行并位于光路正下方(如不平行,可以通过用手调节燃烧头的角度来完成)。单击"确定",退出燃烧器参数设置窗口。

**6. 测量**

打开空气压缩机,调节压力调节阀使压力稳定为 0.2~0.25 MPa;打开乙炔(先开主阀,再开减压阀),调节出口压力为 0.05 MPa 左右;单击"点火"(如果点不着火请进行以下检查:空气压缩机出口压力是否大于 0.2 MPa;乙炔出口压力是否在 0.05~0.1 MPa 之间;紧急熄火开关是否关闭;液位检测装置是否加满水;燃烧头下的微动开关是否完好,应直立;点火电极是否积炭,可用小刀刮除),待火焰预热 10 min 后开始测量。

测量前查看状态栏能量值是否在 100% 左右,如不在,则单击"能量",弹出窗口后再单击"自动能量平衡"。

吸入标准空白溶液,等数据稳定后单击"校零"。

单击工具栏上的"测量"按钮,出现测量对话框,依次吸入标准样品,等数据稳定后单击"开始",并读数;吸入空白溶液,待数据稳定后单击"校零";再依次吸入未知样品,等数据稳定后单击"开始",并读数。测量完成后吸入去离子水清洗 5 min。

**7. 数据保存及打印**

测量完成后单击"保存"或"打印",依照提示可保存测量数据或打印相应的数据和曲线。

**8. 关机**

依次关闭乙炔、空气压缩机。退出 AA 软件后，再依次关掉仪器、计算机、打印机电源。

## 6.3.2 4530 型原子吸收分光光度计

4530 型原子吸收分光光度计是由计算机控制操作，可以灵活选配火焰、石墨炉原子化器的高度自动化的原子吸收分光光度计。其工作站可提供数据分析和管理功能，可满足大批量数据处理的需求。

**1. 开机**

打开计算机电源，打开相应软件，打开 4530 型原子吸收分光光度计电源（注意：顺序不能颠倒）。仪器自检，自检通过后单击"确定"。

**2. 仪器调整**

自检完成后弹出方法设置弹窗，选择元素、波长，进行仪器调整（找峰、灯架调整、找峰、调整负高压、找峰），使峰高在 80~100 之间。峰出现不完整时，单击"灯架调整"，灯位置自动调整，然后单击"找峰"，自动扫峰（若峰出现平台需调整负高压，Cu 一般调到 200、Cd 调到 250），单击"发送"，再次单击"找峰"，峰为尖形即可，最大值不超过 100，单击"确定"。

**3. 设置样品**

单击"设置"，选择测试方法，输入试样浓度，选择扫描次数，单击"确定"。

**4. 样品测试**

单击"原子化装置"，依次打开空气压缩机和乙炔气，单击"点火"。点火后，先用蒸馏水"调零"，依次吸入未知样品，等数据稳定后单击"开始"，并读数。测定完成后吸入去离子水清洗 5 min。

**5. 数据保存及打印**

测量完成后单击"保存"或"打印"，依照提示可保存测量数据或打印相应的数据和曲线。

**6. 关机**

依次关闭乙炔、空气压缩机。退出软件后，再依次关掉仪器、计算机、打印机电源。

## 6.3.3 AA6800 型原子吸收分光光度计

AA6800 型原子吸收分光光度计具有两种背景校正功能，$D_2$ 法（氘灯法）和 SR 法（自吸收法或自蚀法），可根据测定的样品，选择合适的方法。

AA6800 型原子吸收分光光度计通过计算机控制平台的自动上下、前后移动，可进行快速、简单的火焰和石墨炉自动切换。此外，可以手动测定，也可以使用自动进样器（ASC-6100）进行全自动多元素连续测定。操作者可根据需求进行适当的选择。

软件基本操作如下。

启动 AA 软件后，可以进行必要的设置。按照软件向导（Wizard 功能），可依次显示相应指令，进行设置。下面简单介绍火焰法和石墨法软件操作、参数设置的基本步骤。

**1. 软件基本操作（火焰法）**

火焰法设置次序如图6-5所示。只需分别单击"下一步"或"上一步"，即可进入下一步或返回上一步。

注意：进行多元素测定时，在"光学参数"和"燃烧器/气体流量设置"页中除了设置当前测定元素的参数，不能设置其他元素的参数。如果使用自动进样器进行多元素自动测定，可以单击"编辑参数"，在"元素选择"页中设置，除可设置当前测定元素的参数外，还可设置其他测定元素的参数。

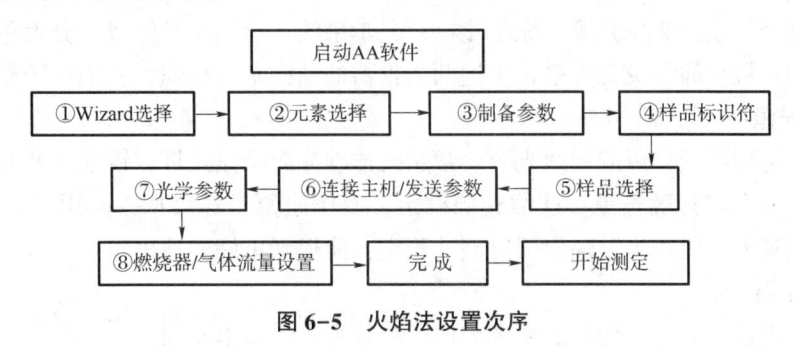

图6-5 火焰法设置次序

**2. 软件基本操作（石墨炉法）**

石墨炉法设置次序如图6-6所示。只需分别单击"下一步"或"上一步"按钮，即可进入到下一步或返回到上一步。

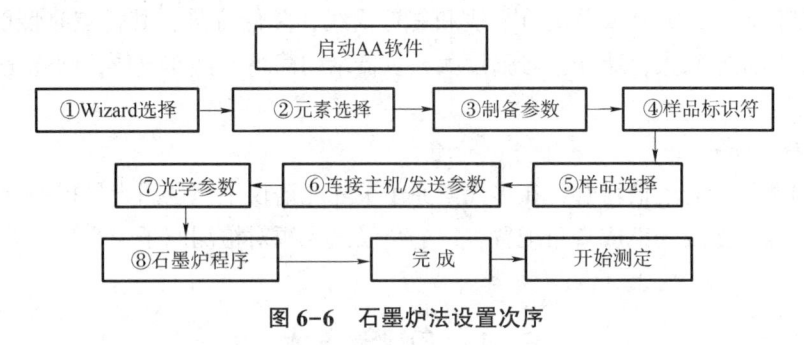

图6-6 石墨炉法设置次序

## 6.3.4 原子荧光光谱仪

原子荧光光谱法是通过测量待测元素的原子蒸气在辐射能激发下产生的荧光发射强度，来确定待测元素含量的方法。

气态自由原子吸收特征波长辐射后，原子的外层电子从基态或低能级跃迁到高能级经过约 $10^{-8}$ s，又跃迁至基态或低能级，同时发射出与原激发波长相同或不同的辐射，称为原子荧光。原子荧光分为共振荧光、直跃荧光、阶跃荧光等。

发射的荧光强度和原子化器中单位体积该元素基态原子数成正比，即

$$I_f = \varphi I_0 \varepsilon NL \tag{6-2}$$

式中，$I_f$ 为原子荧光强度；$\varphi$ 为原子荧光量子效率，表示单位时间内发射荧光光子数与吸收激发光光子数的比值，一般小于1；$I_0$ 为激发光强度；$L$ 为吸收光程长度；$\varepsilon$ 为峰值摩尔吸光系数；$N$ 为单位体积内的基态原子数。

原子荧光光度计利用惰性气体作载气，将气态氢化物和过量氢气与载气混合后，导入加热的原子化器，氢气和氩气在特制火焰装置中燃烧加热，氢化物受热以后迅速分解，待测元素解离为基态原子蒸气，其基态原子的量比单纯加热砷、锑、铋、锡、硒、碲、铅、锗等元素生成的基态原子高几个数量级。

原子荧光光谱法具有灵敏度很高，校正曲线的线性范围宽，能进行多元素同时测定等优点。这些优点使其在冶金、地质、石油、农业、生物医学、地球化学、材料科学、环境科学等领域内得到了广泛的应用。

原子荧光光谱仪由激发光源、原子化器、光学系统、检测器等组成，分为色散型原子荧光光谱仪和非色散型原子荧光光谱仪。这两类仪器的结构基本相似，差别在于单色器部分。

**1. 激发光源**

激发光源可用连续光源或锐线光源。常用的连续光源是氙弧灯，锐线光源有高强度空心阴极灯、无极放电灯、激光等。连续光源稳定、操作简便、寿命长，能用于多元素同时分析，但检出限较差。锐线光源辐射强度高、稳定，能得到更好的检出限。

**2. 原子化器**

原子荧光光谱仪对原子化器的要求与原子吸收光谱仪基本相同。

**3. 光学系统**

光学系统的作用是充分利用激发光源的能量和接收有用的荧光信号，减少和除去杂散光。色散型仪器对分辨能力的要求不高，但要求有较强的集光能力，常用的色散元件是光栅。非色散型仪器用滤光器来分离分析线和邻近谱线，降低背景，其优点是照明立体角大，光谱通带宽，集光本领大，荧光信号强度大，仪器结构简单、操作方便，缺点是散射光的影响大。

**4. 检测器**

常用的检测器是光电倍增管，在多元素原子荧光光谱仪中，也用光导摄像管、析像管作检测器。检测器与激发光束成直角配置，以避免激发光源对检测原子荧光信号的影响。

# 6.4 实验技术

## 6.4.1 原子吸收光谱法仪器最佳条件的选择

原子吸收光谱分析中影响测量的因素很多，测量同种样品时，测量条件对测定结果的准确度和灵敏度影响很大。选择最佳的工作条件，能有效消除干扰，得到最好的测量结果和灵敏度。

**1. 吸收波长（分析线）的选择**

通常选用共振线为分析线，测量高含量元素时，可选用灵敏度较低的非共振线为分析线。例如，测定 Zn 时常选用最灵敏的 213.9 nm 波长，但当 Zn 的含量高时，为保证工作曲线的线性范围，可改用 307.5 nm 波长的次灵敏线进行测量；As、Se 等的共振线位于200 nm 以下的远紫外区，火焰组分对其吸收明显，故用火焰原子化法测定这些元素时，不宜选用共振线为分析线；测定 Hg 时由于 184.9 nm 的共振线会被空气强烈吸收，因此只能改用 253.7 nm 的次灵敏线测定。

**2. 光路准直**

在分析之前，必须调整空心阴极灯的发射与检测器的接收位置为最佳状态，保证提供最大的测量能量。

**3. 狭缝宽度的选择**

狭缝宽度会影响光谱通带宽度与检测器接收的能量。调节不同的狭缝宽度时，吸光度会随狭缝宽度而变化，当有其他谱线或非吸收光进入光谱通带时，吸光度将立即减小。不引起吸光度减小的最大狭缝宽度，即为应选取的适合狭缝宽度。对于谱线简单的元素，如碱金属、碱土金属，可采用较宽的狭缝以减少灯电流和光电倍增管高压来提高信噪比，增加稳定性。对于谱线复杂的元素，如 Fe、Co、Ni 等，需选择较窄的狭缝，防止非吸收线进入检测器，以提高灵敏度，改善标准曲线的线性关系。

**4. 燃烧器的高度及与光轴的角度**

锐线光源的光束通过火焰的不同部位时对测定的灵敏度和稳定性有一定影响，为保证测定的高灵敏度，应使光源发出的锐线光通过火焰中基态原子密度最大的"中间薄层区"。这个区的火焰比较稳定，干扰也少，位于燃烧器狭缝口上方 2~5 mm 处。可通过实验来选择适当的燃烧器高度，方法是用固定浓度的溶液喷雾，缓缓上下移动燃烧器直到吸光度达最大，此时的位置即为最佳燃烧器高度。此外燃烧器也可以转动，当其缝口与光轴一致时有最高灵敏度。当待测试样的浓度高时，可转动燃烧器至适当角度以减少吸收的长度来降低灵敏度。

**5. 空心阴极灯工作条件的选择**

1）预热时间

空心阴极灯点燃后，阴极受热蒸发产生原子蒸气，其辐射的锐线光经过灯内原子蒸气后从石英窗射出。使用时为使发射的共振线稳定，必须对灯进行预热，以使灯内原子蒸气层的分布及蒸气厚度恒定，这样灯内原子蒸气产生的自吸收和发射的共振线的强度会保持稳定。通常对单光束仪器，灯预热时间应在 30 min 以上，才能达到辐射的稳定。对于双光束仪器，由于参比光束和测量光束的强度同时变化，其比值恒定，能使基线很快稳定。空心阴极灯使用前，若施加 1/3 工作电流的情况下预热 0.5~1.0 h，并定期活化，可增加寿命。

2）工作电流

空心阴极灯本身的质量直接影响测定的灵敏度及标准曲线的线性。有的灯背景过大，使用过程中会在灯管中释放出微量氢气，由于氢气发射的光是连续光谱，会产生背景发射。当关闭光闸调零后，再打开光闸，改变波长，使之离开发射的波长，在没有发射线时如仍有读数，这就是背景连续光谱。背景读数应小于 5%，较好的灯背景值小于 1%。选择灯电流前应检查灯的质量。

灯工作电流的大小直接影响灯放电的稳定性和锐线光的输出强度。灯电流小，使能辐射的锐线光谱线窄、测定灵敏度高，但灯电流太小时使透过光太弱，需提高光电倍增管灵敏度的增益，但这会增加噪声、降低信噪比；若灯电流过大，会使辐射的光谱产生热变宽和碰撞变宽，灯内自吸收增大，使辐射锐线光强度下降，背景增大，灵敏度下降，还会加快灯内惰性气体的消耗，缩短灯的寿命。空心阴极灯上都标有最大使用电流（额定电流，一般为 5~10 mA），对于大多数元素，日常分析的工作电流保持额定电流的 40%~60% 比较合适，可保证输出稳定、合适的锐线光强度。通常对于高熔点元素，如 Ni、Co、Ti、Zr 等，灯电流可大些；对于低熔点、易溅射的 Bi、K、Na、Rb、Ge、Ga 等，灯电流以小为宜。

**6. 光电倍增管工作条件的选择**

日常分析中，光电倍增管的工作电压一定选择在最大工作电压的 1/3～2/3 范围内。增加负高压能提高灵敏度，但会使噪声增大，稳定性变差；降低负高压，会使灵敏度降低，信噪比提高，能改善测定的稳定性，并能延长光电倍增管的寿命。

**7. 火焰燃烧器操作条件的选择**

1）进样量

选择可调进样量雾化器，可根据样品的黏度选择进样量，提高测定的灵敏度。进样量小，吸收信号弱，不便于测量；进样量过大，在火焰原子化法中，对火焰产生冷却效应，在石墨炉原子化法中，还会增加除残的困难。实际工作中，可测定吸光度随进样量的变化，达到最满意的吸光度时的进样量，即为应选择的进样量。

2）原子化条件的选择

（1）火焰类型。

① 对于易电离、易挥发的低、中温元素，如碱金属、部分碱土金属及易与硫化合的元素（如 Cu、Ag、Pb、Cd、Zn、Sn、Se 等），可使用低温火焰，如空气-乙炔火焰。

② 对于高温元素（难挥发和易生成氧化物的元素），如 Al、Si、V、Ti、W、B 等，使用高温的一氧化二氮-乙炔火焰。

③ 分析线位于短波区（200 nm 以下）的使用空气-氢气火焰。

④ 多数元素都采用空气-乙炔火焰（背景干扰低）。

（2）火焰性质。

① 调节燃气和助燃气的比例，可获得所需性质的火焰。

② 对于确定类型的火焰，一般来说还原性火焰（燃气量大于化学计量）是有利的。

③ 对于氧化物不十分稳定的元素，如 Cu、Mg、Fe、Co、Ni 等，可用化学计量火焰（燃气与助燃气比例与它们之间的化学计量相近）或氧化性火焰（燃气量小于化学计量）。

在火焰原子化法中，火焰类型和性质是影响原子化效率的主要因素。

此外，在石墨炉原子化法中，合理选择干燥、灰化、原子化和除残的温度及时间是十分重要的。干燥应在稍高于溶剂沸点的温度下进行，以防试剂飞溅。灰化的目的是除去基体和局外组分，在保证被测元素没有损失的前提下尽可能使用较高的灰化温度。原子化温度的选择原则是，使用达到最大吸收信号的最低温度。原子化时间的选择，应以保证完全原子化为准。在原子化阶段停止通保护气，以延长自由原子在石墨炉中的停留时间。除残是为了消除残留物产生的记忆效应，除残温度应高于原子化温度。

（3）惰性气体。原子化时常采用氩气和氮气作为保护气，氩气比氮气更好。氩气作为载气通入石墨管中，一方面将已气化的样品带走，另一方面可保护石墨管不致因高温灼烧被氧化。通常，仪器采用石墨管内、外单独供气，管外供气连续且流量大，管内供气小并可在原子化期间中断。

（4）最佳灰化温度和最佳原子化时间。干燥温度常选择 100 ℃，时间为 60 s。灰化阶段为除去基体组分，以减少共存元素的干扰，通过绘制吸光度与灰化温度的关系来确定最佳灰化温度。在低温下吸光度保持不变，当吸光度下降时对应的较高温度即为最佳灰化温度，灰化时间约为 30 s。原子化阶段的最佳温度也可通过绘制吸光度与原子化温度的关系来确定，对于大多数元素，当曲线上升至平顶形时，与最大吸光度对应的温度就是最佳原子化温度。最佳原子化时间可通过绘制吸光度与原子化时间的关系曲线来确定。在每个样品测定结束后，可在短时间内使石墨炉的温度上升至最高，空烧一次石墨管，燃尽残留样品，以实现高温净化。

## 6.4.2 原子吸收光谱法分析用标准试样的制备

**1. 试样的制备**

采用原子吸收分光光度计分析，测定有机金属化合物中的金属元素或生物材料、溶液中含大量有机溶剂时，由于有机化合物在火焰中燃烧，会改变火焰性质、温度、组成等，并且会在火焰中生成未燃尽的炭的微细颗粒，影响光的吸收，因此一般应预先以湿法消化或干法灰化的方法除去。湿法消化是使用具有强氧化性的酸，如 $HNO_3$、$H_2SO_4$、$HClO_4$ 等与有机化合物溶液共沸，使有机化合物分解除去。干法灰化是在高温下灰化、灼烧，使有机物被空气中的氧所氧化而破坏。

**2. 空白溶液的制备**

取 6 只 100 mL 高型烧杯，除不加试样外，所用的试剂和操作与试样的制备相同，冷却后转入 50 mL 容量瓶中（注意不要定容），备用。

**3. 标准溶液的制备**

用移液管分别移取不同体积的标准溶液，并分别置于 6 只已盛有空白溶液的容量瓶中，加水或酸至刻度，混匀。

## 6.4.3 原光吸收分光光度计的日常维护及保养

**1. 原子吸收分光光度计的使用环境**

保持实验室的环境卫生，做到定期打扫实验室，避免各个镜子被尘土覆盖，影响光的透过，降低能量。试验后应收拾干净试验用品，酸性物品要远离仪器，以免酸气使光学器件腐蚀、发霉，并保持仪器室内的湿度。

**2. 空心阴极灯的保养**

原子吸收分光光度计在长时间不使用的情况下，应每间隔 7~14 d 将仪器打开并联机预热 1~2 h，以延长寿命。空心阴极灯若长时间不使用，会因漏气、零部件放气等原因而不能使用，甚至不能点燃。所以长时间不使用的空心阴极灯应每隔一段时间点燃1次（2~3 h），以延长寿命，保障空心阴极灯的性能。

**3. 定期检查**

检查废液管并及时倾倒废液。废液管积液到达雾化桶下面后会导致测量极其不稳定，所以要随时检查废液管是否畅通，定时倾倒废液。

乙炔气路要定期检查，以免因管路老化而漏气，发生危险。

每次换乙炔气瓶后一定要全面试漏。用肥皂水等可检验漏气的液体在所有接口处试漏，观察是否有气泡产生，判断其是否漏气。注意：定期检查空气管路是否存在漏气现象。

**4. 空气压缩机及空气气路的保养和维护**

仪器室内的湿度高时，空气压缩机极易积水，会严重影响测量的稳定性，应经常放水，避免水进入气路管道。标配的空气压缩机上都有放水按钮，在有压力的情况下按此按钮即可将积水排除。

**5. 火焰原子化器的保养和维护**

每次测定工作结束后，在火焰点燃状态下，用去离子水清洗喷雾 5~10 min，清洗残留在雾化室中的样品溶液。然后停止清洗喷雾，等水分烘干后关闭火焰。

玻璃雾化器在测试使用氢氟酸的样品后，一定要及时清洗，清洗方法如上，以保证其寿命。

燃烧器和雾化室应经常检查，保持清洁。附着在燃烧器缝口上的积炭，可用刀片刮除。清洗雾化室时，可取下燃烧器，用去离子水直接倒入清洗。

**6. 石墨炉原子化器的保养**

（1）石墨炉内部因测试样品的复杂程度不同会产生不同程度的残留物，先通过洗耳球清除可吹掉的杂质，再用酒精棉擦拭，将其清理干净，自然风干后加入石墨管空烧。

（2）石英窗落入灰尘后会使透光度下降，产生能量的损失。清理方法：将石英窗旋转拧下，用酒精棉擦拭干净后用擦镜纸擦净污垢，安装复位即可。

（3）夏天天气比较热的时候，冷却循环水水温不宜设置过低（18~19 ℃），否则会产生水雾凝结在石英窗上影响光路的通畅。

## 6.4.4 原子荧光光谱法仪器最佳条件的选择

**1. 灯电流的选择**

灯的辐射强度直接影响荧光强度。原子荧光用的空心阴极灯工艺特殊，与原子吸收光谱的空心阴极灯不同，它允许瞬时大电流而不会产生自吸收，一般用推荐值即可。对于双阴极灯，可以通过调整主阴极和辅阴极的电流比例来调节灯电流，灯电流的调节与高压没有任何关系。原子荧光与原子吸收不同，灯电流越大，产生的荧光信号强度越大，也就是灵敏度越高，一般主阴极电流对信号灵敏度起主要作用。对于 Hg 灯，由于其工艺特殊而且是阳极灯，使用时最好不要超过推荐值。

空心阴极灯或包装盒上标明的是最大平均工作电流，而仪器上设定的电流是脉冲峰值电流，如设定 100 mA 工作电流，其实际的平均电流在 3 mA 左右。

**2. 负高压的选择**

负高压的调节与灯电流没有关系，不存在原子吸收光谱的自动平衡概念，高压越高，则荧光信号强度越大，同样噪声也增大，稳定性也相对差一点。光电倍增管有一定的耐压范围，高压与灵敏度成指数关系。根据具体信号强度进行选择，一般推荐在 300 V 左右，总调整范围是 200~500 V。

实际操作中根据不同元素灵敏度的高低可以改变负高压，如硒空心阴极灯的灵敏度比较低，一般需要加大负高压。

**3. 载气流量的选择**

载气的作用就是携带被测元素的氢化物到原子化器进行原子化。载气流量太大，会造成气流速度快,冲淡原子浓度,导致原子化效率降低,从而影响灵敏度;载气流量太小,会造成信号不稳定,影响原子化效率,一般采用推荐值。

**4. 屏蔽气的选择**

屏蔽气的主要作用是对原子化环境进行屏蔽,防止氢化物被氧化,同时减少荧光猝灭现象。屏蔽气太少,会造成屏蔽效果不好,影响信号的灵敏度和稳定性;屏蔽气太多,会影响原子化效率,使灵敏度降低。

**5. 原子化器高度的选择**

原子化器高度是指原子化器顶部到光电倍增管中心的距离,也就是光轴与原子化顶部的距离,其与气流量的选择有关,一般在 8 mm 左右,主要目的是使空心阴极灯发光照射在原子化效率最好最稳定的区域,若气流量较大,则原子化器高度应适当降低,一般采用推荐值即可。例如,对于 Hg 灯,一般调整在 10 mm 左右。

**6. 泵转速和进样量的选择**

对于断续流动,在固定时间内泵速越快,进样量越大。进样量主要取决于采样环的长短,推荐条件下每次的进样量为 1.2 mL 左右,它还和泵管粗细以及压块顶丝的松紧有关,一般情况下要保证样品充满采样环,过量采样会造成浪费和管道污染。

**7. 读数时间和进样时间的选择**

读数时间是具体的信号有效测量时间,在该时间内进行信号采集,读数时间一般大于进样时间,便于把有效信号都采集在内,读数时间太长会造成过多采集空白信号,采集完信号后的那段时间继续转泵主要是为了清洗管路和原子化器,可根据信号峰形和样品含量选择合适的清洗和读数延迟时间。

## 6.5 实 验

### 6.5.1 原子吸收光谱法仪器最佳条件的选择

**1. 实验目的与要求**

(1) 了解原子吸收分光光度计的基本结构及使用方法(原子吸收光谱法的操作流程见视频 6-1)。

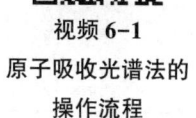

(2) 掌握原子吸收光谱分析测量条件的选择方法及测量条件的相互关系和影响,确定各项条件的最佳值。

视频 6-1
原子吸收光谱法的
操作流程

**2. 实验原理**

在原子吸收光谱分析中,分析方法的灵敏度、精密度,干扰是否严重,以及分析过程是否简便快速等,在很大程度上依赖所使用的仪器及所选用的测量条件。因此,原子吸收光谱法测量条件的选择是十分重要的。

原子吸收光谱法的测量条件,包括吸收线的波长、空心阴极灯的灯电流、火焰类型、雾化方式、燃气和助燃气的比例、燃烧器高度,以及单色器的光谱通带等。

本实验通过钙的测量条件,如灯电流、燃气和助燃气的比例、燃烧器高度和单色器狭缝宽度的选择，确定这些测量条件的最佳值。

**3. 仪器与试剂**

仪器：TAS-990型（或其他型号）原子吸收分光光度计、钙空心阴极灯。

试剂：钙标准溶液（5 μg/mL）。

**4. 实验内容与步骤**

（1）初选测量条件如表6-1所示。

表6-1　初选测量条件

| 波长/nm | 灯电流/mA | 狭缝宽度/mm | 空气流量/(L·h$^{-1}$) | 乙炔流量/(L·h$^{-1}$) | 燃烧器高度/mm |
|---|---|---|---|---|---|
| 422.7 | 3 | 0.2 | 450 | 100 | 8 |

（2）燃烧器高度和乙炔流量的选择。

用上述初选测量条件，固定空气流量，改变燃烧器高度（也称测量高度，如表6-2所示）和乙炔流量，测量其吸光度，选用有较稳定的最大吸光度的燃烧器高度和乙炔流量。

（3）灯电流的选择。

采用第（2）步中选定的燃烧器高度和乙炔流量和第（1）步中的部分初选测量条件，改变灯电流（表6-3），测量吸光度，选用有较大吸光度同时有稳定读数的最小灯电流。

（4）单色器狭缝宽度的选择。

采用前述各步骤中已经选定的最佳测量条件和部分初选测量条件，改变单色器狭缝宽度（表6-4），测量吸光度，选定最佳的狭缝宽度。

表6-2　燃烧器高度和乙炔流量的选择

| 燃烧器高度/mm | 乙炔流量/(L·h$^{-1}$) ||||| |
|---|---|---|---|---|---|
|  | 70 | 80 | 90 | 100 | 110 |
| 4 |  |  |  |  |  |
| 8 |  |  |  |  |  |
| 12 |  |  |  |  |  |
| 16 |  |  |  |  |  |
| 20 |  |  |  |  |  |

表6-3　灯电流的选择

| 灯电流/mA | 1.0 | 1.5 | 2.0 | 2.5 | 3.0 | 3.5 | 4.0 | 4.5 |
|---|---|---|---|---|---|---|---|---|
| 吸光度 $A$ |  |  |  |  |  |  |  |  |

表6-4　单色器狭缝宽度的选择

| 光谱通带/nm | 0.1 | 0.2 | 0.4 | 1.2 |
|---|---|---|---|---|
| 吸光度 $A$ |  |  |  |  |

## 5. 注意事项

(1) 停火时,先将燃气乙炔气瓶关闭,再关燃气电源开关。
(2) 关机前一定要将高电压和灯电流关闭。

## 6. 数据处理

(1) 根据实验数据绘制各项参数对吸光度的关系曲线。
(2) 列出选定的钙测量条件的最佳参数,如表6-5所示。

表6-5 钙测量条件的最佳参数

| 参数 | 值 | 参数 | 值 |
| --- | --- | --- | --- |
| 钙吸收线波长/nm | | 空气流量/(L·h$^{-1}$) | |
| 乙炔流量/(L·h$^{-1}$) | | 燃烧器高度/mm | |
| 灯电流/mA | | 狭缝宽度/mm | |

## 7. 思考题

(1) 简述测量条件选择试验的意义。
(2) 选择各项最佳条件的原则是什么?
(3) 上述选定的测量条件是否对各种仪器的分析方法均适用?为什么?

## 6.5.2 原子吸收光谱法灵敏度和检出限及自来水中钙、镁的测定

### 1. 实验目的与要求

(1) 掌握原子吸收光谱法灵敏度和检出限的测定方法。
(2) 了解原子吸收光谱法影响灵敏度和检出限的因素。
(3) 学习用原子吸收光谱法测定水中钙、镁的方法。

### 2. 实验原理

在原子吸收光谱法中,灵敏度和检出限是经常用到的重要概念,也是原子吸收分光光度计的重要技术指标。

根据国际纯粹和应用化学联合会(International Union of Pure and Applied Chemistry,IUPAC)的规定,灵敏度定义为校正曲线$A=f(c)$的斜率,它表示当被测元素浓度或含量改变一个单位时,吸光度的变化量,即$S=\dfrac{dA}{dc}$,$S$越大,表示灵敏度越高。

灵敏度用于检验仪器的固有性能和估计最适宜的测量范围及取样量。测试灵敏度的通常方法是选择最佳测量条件和一组浓度合适的标准溶液,测量其吸光度,作一条标准溶液的浓度-吸光度校正曲线,求其斜率,计算其灵敏度。

检出限定义为能产生吸收信号为3倍噪声电平所对应被检出元素的最小浓度或最小量,单位是μg/mL或g。噪声电平用空白溶液进行不少于10次的吸光度测量,计算其标准偏差求得。

检出限反映仪器的稳定性和灵敏度,它反映了在测量中总噪声电平的大小,是一台仪器的综合性技术指标。测试检出限时,试验溶液的浓度应当很低,通常取约5倍于检出限浓度

的溶液与空白溶液进行 10 次以上连续交替测量。以空白溶液测量数值的标准偏差 $\sigma$ 的 3 倍所对应的浓度为检出限。由于检出限测试着重于减小噪声电平,因此最佳测量条件的考虑,往往不完全与灵敏度的测量条件相同。

**3. 仪器与试剂**

仪器:TAS-990 型或 AA6800 型原子吸收分光光度计。

试剂:镁标准储备液(1.0 mg/mL)、钙标准储备液(1.0 mg/mL)、镁标准工作液(50 μg/mL)、钙标准工作液(50 μg/mL)。

**4. 实验内容与步骤**

(1) 镁标准溶液系列的配制:分别准确移取 0.00、0.20、0.40、0.60、0.80、1.00 mL 50 μg/mL 镁标准工作液于一系列 50 mL 容量瓶中,用蒸馏水稀释至刻度,摇匀,备用。

(2) 钙标准溶液系列的配制:分别准确移取 0.00、1.00、2.00、3.00、4.00、5.00 mL 50 μg/mL 钙标准工作液于一系列 50 mL 容量瓶中,用蒸馏水稀释至刻度,摇匀、备用。

(3) 检出限实验试验溶液的配制。

① 0.01 μg/mL 镁试验溶液的配制:采用逐级稀释,用 50 μg/mL 镁标准工作液配制 100 mL 0.01 μg/mL 的试验溶液,备用。

② 0.05 μg/mL 钙试验溶液的配制:配制方法同镁试验溶液。

(4) 仪器参数设置如表 6-6 所示。

表 6-6 仪器参数设置

| 参数 | 波长/nm | 灯电流/mA | 狭缝宽度/mm | 空气流量/(L·h$^{-1}$) | 乙炔流量/(L·h$^{-1}$) | 燃烧器高度/mm |
|---|---|---|---|---|---|---|
| 镁 | 285.2 | 2 | 0.2 | 450 | 70 | 7 |
| 钙 | 285.2 | 2 | 0.2 | 450 | 70 | 7 |

(5) 灵敏度的测定。

按仪器操作步骤分别对镁标准溶液系列和钙标准溶液系列进行测量,记录吸光度。

(6) 检出限的测定。

分别对镁、钙的试验溶液和空白溶液连续进行 10 次以上连续交替测量,记录吸光度。

(7) 自来水中镁、钙的测定。

分别测量自来水中镁、钙的吸光度,记录在表 6-7 中。

表 6-7 镁、钙的吸光度

| 编号 | 1 | 2 | 3 | 4 | 5 | 6 | 样品 |
|---|---|---|---|---|---|---|---|
| $A_{Mg}$ | | | | | | | |
| $A_{Ca}$ | | | | | | | |

**5. 注意事项**

(1) 使用时,要把钢瓶牢牢固定,以免摇动或翻倒。

(2) 开关气阀时要慢慢地操作,切不可过急或强行用力把它拧开。

(3) 乙炔非常易燃,且燃烧温度很高,有时还会发生分解爆炸。要把储存乙炔的容器置于通风良好的地方。

**6. 数据处理**

（1）灵敏度。

由镁、钙各自的标准溶液系列的浓度和吸光度绘制标准校正曲线，求斜率，计算灵敏度。

（2）检出限。

检出限计算公式：

$$c_L = \frac{c \times 3\sigma}{\bar{A}}$$

其中

$$\sigma = \sqrt{\frac{\sum_{i=1}^{n}(\bar{A}-A_i)^2}{n-1}}$$

式中，$c_L$ 为元素的检出限，$\mu g/mL$；$c$ 为试验溶液的浓度；$\sigma$ 为空白吸光度的标准偏差；$\bar{A}$ 为试验溶液的平均吸光度；$A_i$ 为单次测量的吸光度；$n$ 为测定次数。

用以上公式分别计算镁、钙的检出限。

（3）自来水中镁、钙含量的计算。

**7. 思考题**

（1）灵敏度和检出限有何意义？

（2）影响灵敏度和检出限的主要因素有哪些？

（3）测定钙、镁过程中为消除可能的干扰，可加入哪些试剂？

## 6.5.3　原子吸收光谱法测定黄酒中铜和镉的含量（标准加入法）

**1. 实验目的与要求**

（1）学习用标准加入法进行定量分析。

（2）掌握黄酒中有机物的消化方法。

（3）熟悉原子吸收分光光度计的基本操作。

**2. 实验原理**

对于基体成分不能准确知道或是十分复杂的试样，不能使用标准曲线法，但可采用另一种定量方法——标准加入法，其测定方法和原理如下。

取等体积的试样两份，分别置于相同容积的两个容量瓶中，向其中一个容量瓶中加入一定量待测元素的标准溶液，分别用水稀释至刻度，摇匀，测定各自的吸光度，则

$$A_x = Kc_x \tag{6-3}$$

$$A_0 = K(c_0 + c_x) \tag{6-4}$$

式中，$c_x$ 为试样中待测元素的浓度；$c_0$ 为加入标准溶液后待测元素浓度的增量；$A_x$、$A_0$ 分别为两份溶液的吸光度。将以上两式整理得

$$c_x = \frac{A_x}{A_0 - A_x}c_0 \tag{6-5}$$

在实际测量中，为使所得结果更为准确，多采取作图法。一般取四份等体积试样置于四个等容积的容量瓶中，从第二个容量瓶开始，分别按比例递增加入待测元素的标准溶液，用溶剂稀释至刻度，摇匀，分别测定待测元素的浓度分别为 $c_x$、$c_x+c_0$、$c_x+2c_0$、$c_x+3c_0$ 的溶液的吸光度为 $A_x$、$A_1$、$A_2$、$A_3$。然后以吸光度 $A$ 对待测元素的浓度作图，得到如图 6-7 所示的直线，纵轴上截距 $A_x$ 为只含试样的吸光度，延长直线与横坐标轴相交于 $c_x$，

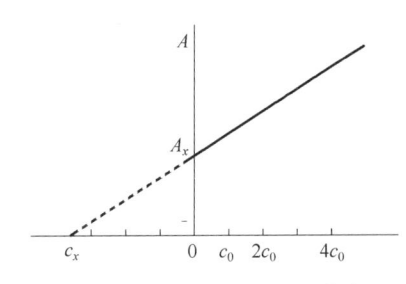

图 6-7 标准加入法工作曲线

即为所要测定的试样中待测元素的浓度。在使用标准加入法时应注意以下事项。

（1）为得到较为准确的外推结果，至少要配制四种不同加入量的待测元素的标准溶液，以提高测量准确度。

（2）绘制的工作曲线的斜率不能太小，否则外延后具有较大误差，为此，一般一次加入量 $c_0$ 与未知量 $c_x$ 尽量接近。

（3）本法能消除基体效应的干扰，不能消除背景吸收带来的干扰。

（4）待测元素的浓度与对应的吸光度应成线性（即绘制的工作曲线应成直线），当 $c_x$ 不存在时，工作曲线应通过零点。

本实验采用湿法消化黄酒中的有机物。

### 3. 仪器与试剂

仪器：TAS-990 型原子吸收分光光度计，铜和镉的元素空心阴极灯。

试剂：金属铜、镉（优级纯），浓盐酸、浓硝酸、浓硫酸（分析纯），HCl 溶液、HNO₃ 溶液（体积比为 1∶1 和 1∶100），去离子水或蒸馏水。

（1）铜标准储备液（1 000 μg/mL）：准确称取 0.500 0 g 金属铜于 100 mL 烧杯中，加入 10 mL 1∶1 的 HNO₃ 溶液溶解，然后转移至 500 mL 容量瓶中，用 1∶100 的 HNO₃ 溶液稀释至刻度，摇匀备用。

（2）铜标准使用液（50 μg/mL）：吸取上述铜标准储备液 5.00 mL 于 100 mL 容量瓶中，用 1∶100 的 HNO₃ 溶液稀释至刻度，摇匀备用。

（3）镉标准储备液（1 000 μg/mL）：准确称取 0.500 0 g 金属镉于 100 mL 烧杯中，加入 10 mL 1∶1 的 HCl 溶液溶解，然后转移至 500 mL 容量瓶中，用 1∶100 的 HCl 溶液稀释至刻度，摇匀备用。

（4）镉标准使用液（10 μg/mL）：吸取上述镉标准储备液 1.00 mL 于 100 mL 容量瓶中，用 1∶100 的 HCl 溶液稀释至刻度，摇匀备用。

### 4. 实验内容与步骤

（1）黄酒试样的消化：量取 200 mL 黄酒试样于 500 mL 高型烧杯中，加热蒸发至浆液状，缓慢加入 20 mL 浓硫酸，搅拌，加热消化，若消化不完全，可再加入 20 mL 浓硫酸继续消化，然后加入 10 mL 浓硝酸，加热，若溶液成黑色，则再加入 5 mL 浓硝酸，继续加热，如此反复直至溶液呈淡黄色（有机物全部被消化完），将消化液转移到 100 mL 容量瓶中，并用去离子水稀释至刻度，摇匀备用。

（2）标准溶液系列的配制。

① 铜标准溶液系列：取 5 个 50 mL 容量瓶，各加入 1.00 mL 上述黄酒消化液，再分别

加入 0.0、1.00、2.00、3.00、4.00 mL 上述铜标准使用液，用水稀释至刻度，摇匀，该标准溶液系列加入的铜的浓度分别为 0.00、1.00、2.00、3.00、4.00 μg/mL。

② 镉标准溶液系列：取 5 个 50 mL 容量瓶，各加入 1.00 mL 上述黄酒消化液，再分别加入 0.0、1.00、2.00、3.00、4.00 mL 上述镉标准使用液，用水稀释至刻度，摇匀，该标准溶液系列加入的镉的浓度分别为 0.00、0.20、0.40、0.60、0.80 μg/mL。

③ 根据实验条件（表6-8），按仪器的操作步骤调节原子吸收分光光度计，待仪器稳定后，即可进样，分别测定铜、镉标准溶液系列的吸光度。

表 6-8　实验条件

| 元素 | 吸收线波长 $\lambda$/nm | 空心阴极灯电流 $I$/mA | 狭缝宽度 $d$/mm | 燃烧器高度 $h$/mm | 乙炔流量 $Q_1$/(mL·min$^{-1}$) | 空气流量 $Q_2$/(mL·min$^{-1}$) |
|---|---|---|---|---|---|---|
| 铜 | 324.75 | 3.0 | 0.4 | 6.0 | 2 000 | 5 000 |
| 镉 | 228.8 | 3.0 | 0.4 | 6.0 | 2 000 | 5 000 |

**5. 注意事项**

（1）若乙炔气瓶有发热现象，表明乙炔已发生分解，应立即关闭气阀，并用水冷却瓶体，同时最好将气瓶移至远离人员的安全处加以妥善处理。发生乙炔燃烧时，严禁用四氯化碳灭火。

（2）不可将钢瓶内的气体全部用完，一定要保留 0.2~0.3 MPa 的残留压力。

**6. 数据处理**

（1）记录实验条件。

（2）列表记录测定的铜、镉标准溶液系列的吸光度，如表6-9所示。然后以吸光度为纵坐标，铜、镉标准溶液系列加入的铜、镉的浓度为横坐标，绘制铜、镉的工作曲线。

表 6-9　铜、镉标准溶液系列的吸光度

| | 编号 | 1 | 2 | 3 | 4 | 5 |
|---|---|---|---|---|---|---|
| 铜 | $c_{Cu^{2+}}$/(μg·mL$^{-1}$) | | 1.00 | 2.00 | 3.00 | 4.00 |
| | 吸光度 $A$ | | | | | |
| 镉 | $c_{Cd^{2+}}$/(μg·mL$^{-1}$) | | 0.20 | 0.40 | 0.60 | 0.80 |
| | 吸光度 $A$ | | | | | |

（3）延长铜、镉工作曲线与浓度轴相交（交点为 $c_x$），根据求得的 $c_x$ 分别换算为黄酒消化液中铜、镉的浓度（μg/mL）。

（4）根据黄酒试样的稀释情况，计算黄酒中铜、镉的含量。

**7. 思考题**

（1）采用标准加入法定量时应注意哪些问题？

（2）采用标准加入法进行定量分析有什么优点？

（3）为什么标准加入法中工作曲线外推与浓度轴相交的点就是试样中待测元素的浓度？

## 6.5.4 石墨炉原子吸收光谱法直接测定试样中的痕量铅

**1. 实验目的与要求**

（1）理解石墨炉原子吸收光谱法的方法原理。

（2）熟悉石墨炉原子吸收光谱法的操作技术。

（3）了解石墨炉原子吸收光谱法的应用。

**2. 实验原理**

石墨炉原子吸收光谱法是一种非火焰原子吸收光谱法。石墨炉使石墨管升至 2 000 ℃ 以上的高温，使管内试样中的待测元素分解形成气态基态原子，气态基态原子吸收其共振线，且吸收强度与含量成正比，故可进行定量分析。

石墨炉原子吸收光谱法具有试样用量小、灵敏度高的特点，该方法的绝对灵敏度较火焰原子吸收光谱法高几个数量级，可达 $10^{-14}$ g，且可直接测定固体试样。但其仪器较复杂，背景吸收干扰较大，需扣除。石墨炉中的工作步骤可分为干燥、灰化、原子化和除残 4 个阶段。

通常使用偏振塞曼石墨炉原子吸收分光光度计，它具有利用塞曼效应扣除背景的功能。采用的吸收线调制法是将磁场加在原子化器两侧，使吸收线分裂成 $\pi$ 和 $\sigma^+$、$\sigma^-$ 线，其中 $\pi$ 线的方向与磁场平行，其波长与光源发出的分析线的波长一致；而测定时，首先旋转检偏器，使光源发射的谱线中与磁场平行的光通过原子化器，测得原子吸收和背景吸收的总吸光度 $A$。再将检偏器置于使光源发射的分析线中与磁场垂直的部分光通过原子化器时，测得的吸光度为背景吸光度，即可将背景扣除。此类仪器可扣除吸光度小于 1.5 的背景值。使测定灵敏度大大提高。

**3. 仪器与试剂**

仪器：AA6800 型原子吸收分光光度计、石墨管、25 mL 容量瓶。

试剂：铅标准溶液 A（1.00 mg/mL）、铅标准溶液 B（0.25 μg/mL）、水样。

**4. 实验内容与步骤**

（1）按表 6-10 所示的实验参数，设置测量条件。

表 6-10 实验参数

| 参数 | 值 | 参数 | 值 |
| --- | --- | --- | --- |
| 分析线波长/nm | 283.3 | 灯电流/mA | 5 |
| 狭缝宽度/nm | 0.7 | 氩气流量/(100 mL · min$^{-1}$) | 100 |
| 干燥温度/℃ | 120 | 干燥时间/s | 30 |
| 灰化温度/℃ | 200 | 灰化时间/s | 30 |
| 原子化温度/℃ | 1 800 | 原子化时间/s | 5 |
| 清洗温度/℃ | 2 100 | 清洗时间/s | 5 |

（2）取铅标准溶液 B，用二次蒸馏水稀释至刻度，摇匀，配制成 1.00、10.00、25.00、50.00 ng/mL 的铅标准溶液，备用。

（3）用微量注射器分别吸取试液、标准溶液 20 μL 注入石墨管中，并测定其吸光度。

### 5. 注意事项

（1）选择合适的温度保证原子化完全，提高分析的准确度。

（2）石墨炉开启时，一定要打开冷却循环水。

### 6. 数据处理

（1）实验数据记录在表 6-11 中以吸光度为纵坐标，铅含量为横坐标，绘制标准曲线。

表 6-11 实验数据

| 编号 | 1 | 2 | 3 | 4 | 样品 |
|---|---|---|---|---|---|
| $c_{Pb^{2+}}/(ng \cdot mL^{-1})$ | 1.00 | 10.00 | 25.00 | 50.00 | |
| 吸光度 $A$ | | | | | |

（2）从标准曲线中，用水样的吸光度查出相应的铅含量。

（3）计算水样中铅的质量浓度（μg/mL）。

### 7. 思考题

（1）非火焰原子吸收光谱法有哪些主要特点？

（2）偏振塞曼石墨炉原子吸收分光光度计具有什么特点？

（3）说明石墨炉原子吸收光谱法的应用。

（4）如果样品中存在一个干扰物能在较宽的浓度范围内产生吸收，则读数会如何？

## 6.5.5 原子荧光光谱法检验药物中的铅和砷

### 1. 实验目的与要求

（1）了解原子荧光光谱法的基本原理、特点及应用。

（2）熟悉原子荧光光谱仪的基本结构及操作方法。

### 2. 实验原理

在一定条件下，气态原子吸收辐射光后被激发成激发态，处于激发态的原子不稳定，跃迁到基态或较低能级时，会以光子的形式释放出多余的能量，根据发光的强度即可进行物质的测定。该方法称为原子荧光光谱法。

物质的基态原子受到光的激发后，会释放出具有特征波长的荧光，据此可对物质进行定性分析。物质的定量分析可通过测定原子荧光的强度来实现。当仪器条件和测定条件固定时，待测样品的浓度 $c$ 与 $N_0$ 成正比。如果各种参数都恒定，则原子荧光的强度 $I_f$ 仅与待测样品中某元素的浓度成简单的线性关系：

$$I_f = kc \tag{6-6}$$

式中，$k$ 在固定条件下是一个常数。

### 3. 仪器与试剂

仪器：原子荧光光谱仪、玛瑙研钵、不锈钢药匙。

试剂：中药粉末。

**4. 实验内容与步骤**

1) 样品预处理

将中药粉末放入玛瑙研钵中充分研细。在样品盘表面贴上双面胶（1 cm×1 cm 左右），用药匙取少量研细的中药粉末在双面胶上覆上薄而均匀的一层。盖上石英片，夹在固体样品架上。

2) 样品检测

(1) 将原子荧光光谱仪主机和计算机连好，检查后接通电源。

(2) 先开主机和光源，再开计算机和软件。

(3) 将准备好的样品放入样品检测室中，待仪器自检完毕后，设定好相应的参数即可进行检测。

(4) 检测完成后，保存数据。从检测室中取出样品，关闭光源、仪器，然后关闭软件和计算机。

**5. 注意事项**

(1) 空心阴极灯的预热必须是在进行测量时点灯的情况下，才能达到预热稳定的作用。只打开主机，空心阴极灯虽然也亮，但起不到预热稳定的作用。Hg 灯、Sb 灯，特别是双阴极灯和新灯，预热时间要长些。

(2) 原子化器应该在点火状态下预热一段时间再进行测量，以提高稳定性。

**6. 数据处理**

将保存的数据复制到作图软件中作出谱图。根据峰的位置确定样品中是否含有铅和砷。

**7. 思考题**

(1) 试从仪器结构上比较原子荧光光谱仪与原子吸收光谱仪，并说明其理由。

(2) 从方法原理上对原子发射光谱法、原子吸收光谱法、原子荧光光谱法的相同点、不同点进行比较。

# 第7章 紫外-可见分光光度法

## 7.1 概　述

紫外-可见分光光度法，一般是指利用物质对 200~800 nm 光谱内电磁辐射的选择性吸收现象而对物质进行定性和定量分析的方法。根据吸收波长区域的不同，紫外-可见分光光度法可分为紫外分光光度法与可见分光光度法。由于该方法具有准确度好、灵敏度高、仪器简单、价格低廉且通用性强等特点，已成为仪器分析检测的主要方法之一，广泛应用于化工、轻工、材料、医药、农业、冶金、食品、环境保护等领域。

## 7.2 方法原理

### 7.2.1 紫外-可见吸收光谱的产生

紫外-可见吸收光谱是由分子价电子跃迁产生的，起源于分子内电子能级的变化。分子中价电子吸收一定波长范围的紫外-可见光，即可产生分子吸收光谱。紫外-可见吸收光谱取决于分子的组成结构与价电子的分布，因此可以反映出物质本身的分子结构特征性质。在紫外-可见吸收光谱分析中，有机化合物的吸收光谱主要由 $\sigma \to \sigma^*$、$n \to \sigma^*$、$n \to \pi^*$、$\pi \to \pi^*$ 及电荷转移跃迁产生，而无机化合物的吸收光谱主要由电荷转移跃迁与配位场跃迁产生。

由于有机化合物大多能在紫外-可见光谱区域呈现特征吸收，因而可利用紫外-可见吸收光谱对有机化合物进行结构分析、纯度检测、定性和定量分析。

紫外-可见吸收光谱呈现带状吸收，即带状光谱，吸收带的位置使用吸收强度最大处的波长（$\lambda_{max}$）表示，吸收带的强度则可用该波长处的摩尔吸光系数（$\varepsilon$）表示。分子中有些吸收带已被确认，如 K 带、R 带、B 带、$E_1$ 带与 $E_2$ 带等。

K 带是指在多个双键共轭时，$\pi$ 电子向 $\pi^*$ 反键轨道跃迁的结果，可用 $\pi \to \pi^*$ 跃迁表示。

R 带则是指与双键相连接的杂原子（如 C=O、C=N、S=O 等）上未成键的孤对电子向 $\pi^*$ 反键轨道跃迁的结果，可使用 $n \to \pi^*$ 跃迁表示。

在芳香化合物中，环状共轭体系的 $\pi \to \pi^*$ 跃迁产生 $E_1$、$E_2$ 和 B 三个吸收带。其中，$E_1$

带的最大吸收波长 $\lambda_{max}$ 为 185 nm（$\varepsilon = 47\,000$ L·mol$^{-1}$·cm$^{-1}$），$E_2$ 带的最大吸收波长 $\lambda_{max}$ 为 204 nm（$\varepsilon = 7\,900$ L·mol$^{-1}$·cm$^{-1}$），两者都属于强吸收带。B 带也是苯环上三个双键共轭体系中的 $\pi \rightarrow \pi^*$ 和苯环的振动相重叠引起的，其 $\lambda_{max}$ 为 230~270 nm（$\varepsilon = 220$ L·mol$^{-1}$·cm$^{-1}$），是一较弱的吸收带。其中，$E_2$ 和 B 带的最大吸收波长大于 200 nm，能被仪器检测到。

## 7.2.2 朗伯-比尔定律

朗伯-比尔定律是描述物质对单色光的吸收与吸光物质的浓度及其液层厚度之间关系的定律。该定律是光吸收的基本定律，是分光光度法定量分析的理论基础。

当有一束平行的单色光照射到溶液时，光的一部分被吸收，另一部分透过溶液，还有一部分被器皿的表面反射。若入射光的强度为 $I_o$，被吸收光的强度为 $I_a$，而透过光与反射光的强度分别为 $I_t$ 与 $I_r$，则它们存在的关系是

$$I_o = I_a + I_t + I_r \tag{7-1}$$

在分光光度法中，因测定过程中都采用同样质量的比色皿，故反射光的强度基本相同，其影响可以抵消，可通过空白调零。此时

$$I_o = I_a + I_t \tag{7-2}$$

而透过光与入射光强度的比值称为透光度或透光率，用 $T$ 表示，即

$$T = \frac{I_t}{I_o} \tag{7-3}$$

透光度通常以百分数表示，溶液的透光度越大，表示其对该单色光的吸收能力越弱；反之，溶液的透光度越小，则表示其对单色光的吸收能力越强。采用吸光度 $A$ 表示该物质对单色光的吸收程度，定义为

$$A = \lg \frac{I_o}{I_t} = \lg \frac{1}{T} \tag{7-4}$$

吸光度 $A$ 越大，表明物质对单色光的吸收能力越强。若此时溶液的浓度为 $c$，液层厚度为 $b$，则其关系为

$$A = \lg \frac{1}{T} = \varepsilon bc \tag{7-5}$$

式（7-5）是朗伯-比尔定律的数学表达式（$\varepsilon$ 为摩尔吸光系数）。

若溶液中同时含有 $n$ 种吸光物质，只要各组分之间没有相互作用（不因共存或反应而改变其本身的吸光性能），则该溶液的吸光度等于溶液内各个吸光物质的吸光度之和，即吸光度具有加和性：

$$A = A_1 + A_2 + \cdots + A_n \tag{7-6}$$

吸光度的加和性是分光光度法多组分分析的理论基础。

## 7.2.3 吸光系数

吸光系数的物理意义是某吸光物质在单位浓度和使用单位厚度比色皿时对某单色光的吸光度。在给定特定的单色光、溶剂和温度等条件下，吸光系数是物质的特性常数，表明物质对某一特定波长光的吸收能力。吸光系数越大，表明物质在该条件下的吸收能力越强，使用

该条件测定的灵敏度就越高,吸光系数是定性分析的重要依据。吸光系数通常有如下两种表达方式。

(1) 摩尔吸光系数:在某一特定波长下,当溶液的浓度为 1 mol·L$^{-1}$,比色皿厚度为 1 cm 时的吸光度,用 $\varepsilon$ 表示。

(2) 百分吸光系数或比吸光系数:在一定波长下,当溶液的浓度为 1 g/100 mL (1%),比色皿厚度为 1 cm 时溶液的吸光度,通常用 $E_{1\,cm}^{1\%}$ 表示,即

$$\varepsilon = M E_{1\,cm}^{1\%}/10 \tag{7-7}$$

式中,$M$ 为吸光物质的摩尔质量。

当摩尔吸光系数 $\varepsilon = 10^4 \sim 10^5$ L·mol$^{-1}$·cm$^{-1}$时,称为强吸收;当 $\varepsilon < 10^2$ L·mol$^{-1}$·cm$^{-1}$ 时,称为弱吸收;介于两者之间的为中强吸收。$\varepsilon$ 和 $E_{1\,cm}^{1\%}$ 无法直接测得,需要通过测量已知准确浓度的稀溶液的吸光度再进行换算而得到,也可利用求取标准曲线斜率的方法求得。

## 7.2.4 偏离朗伯-比尔定律的因素

根据朗伯-比尔定律,在液层厚度一定时,所测吸光度与溶液的浓度应是通过原点的线性关系,但在实际工作中吸光度与浓度之间的关系常常偏离线性,产生线性偏离的原因主要有以下两点。

(1) 样品因素:朗伯-比尔定律只有在溶液为稀溶液时才成立,随着溶液的浓度增大,吸光质点间距离缩小,彼此相互影响与作用加强,从而破坏吸光度与浓度之间的线性关系。

(2) 仪器因素:朗伯-比尔定律只适用于单色光,但经仪器狭缝投射到被测溶液的光,无法保证理论要求的单色光,因而会造成线性偏离。

## 7.2.5 影响紫外-可见吸收光谱的因素

紫外-可见吸收光谱主要由分子中价电子的能级跃迁产生,因此分子的内部结构和外部环境均可对紫外-可见吸收光谱产生影响。

**1. 共轭效应**

共轭效应是指通过共轭体系形成大 π 键,导致各能级间的能量差减小,从而使跃迁所需能量也相应减小。因此,共轭效应使物质吸收波长产生红移。共轭的不饱和键越多,红移越明显,吸收强度也越大。

**2. 溶剂效应**

当有机化合物处于气体状态时,它的吸收光谱由孤立的分子给出,因而其振动光谱和转动光谱等精细结构也能更为详尽地表现出来。而当有机化合物溶解于某种溶剂时,该化合物分子被溶剂分子包围,因限制了其分子的自由转动,从而使转动光谱表现不出来。若溶剂的极性很大,则该分子的振动光谱也会消失。

此外,当溶剂的极性变化时,也会使吸光物质的吸收光谱位置发生迁移。极性较大的溶剂,一般会使 π→π$^*$ 跃迁吸收谱带向长波方向移动(红移);而使 n→π$^*$ 跃迁吸收谱带向短波方向移动(蓝移)。某些有机化合物在引入含有孤电子的基团后,吸收光谱也将发生红移或蓝移。

## 7.3 仪器部分

### 7.3.1 紫外-可见分光光度计的结构

目前，商品化的紫外-可见分光光度计品类众多，根据其光学系统可分为单光束和双光束分光光度计、单波长和双波长分光光度计。就其结构而言，均是由光源、单色器、吸收池、检测器和显示系统等部件构成。

**1. 光源**

紫外-可见分光光度计对光源的要求是能发射出强度大、稳定性好、辐射能量随波长无明显变化的连续光谱。紫外-可见分光光度计上通常使用的光源有钨灯和氘灯。

钨灯提供的波长范围为 300～2 500 nm。氘灯作为近紫外区的光源，其在 160～375 nm 之间产生连续光谱，氘灯的辐射强度比氢灯大约 4 倍，是紫外区使用最为广泛的一种光源。此外，为了获得稳定且具有一定强度的光信号，仪器上还配备有稳压电源与稳流电源等设备，而且仪器在使用前，通常须先将光源提前预热 15 min。

**2. 单色器**

单色器是紫外-可见分光光度计的主要部件之一，包含入射狭缝、准直镜、色散元件（光栅或棱镜）、物镜、出射狭缝等，其作用是输出测定所需的特定波长的单色光。图 7-1 为两种类型的单色器示意图。棱镜的色散原理是利用不同波长的复合光经过棱镜时折射率不同而被分开成单色光；而光栅光谱的产生是多狭缝干涉和单狭缝衍射二者联合作用的结果，二者分光原理不同。与棱镜相比，光栅在长波与短波方向都具有相同的倒线色散率，因此，在固定狭缝后，所获得的单色光均具有相同宽度的谱带，并且受温度影响较小，因而波长具有较高的精确度。而棱镜则不同，在短波方向倒线色散率小，而在长波方向倒线色散率大，因而在固定狭缝后，所获得的不同波长单色光的谱带宽度不同。

狭缝由边缘锐利的两片金属薄片构成，是紫外-可见分光光度计上一个精密的部件。狭缝宽度连续可调，且狭缝宽度会直接影响单色光的纯度。狭缝越窄，通带越窄，单色光越纯。

**3. 吸收池**

吸收池的形状有长方形、方形和圆筒形，光程为 0.1～10 cm，最常用的是 1 cm 长方形吸收池（容积为 3 mL），其材料为石英或玻璃。玻璃吸收池仅适用于可见光区与近红外光区，而石英吸收池不仅适用于可见光区与近红外光区，还适用于紫外区。吸收池应配对使用（透光度相差应小于 0.5%）。

**4. 检测器**

检测器是依据光电效应，把光信号转换为电信号的元器件，分为硒光电池、光电管、光电倍增管等。

光电管有蓝敏光电管（适用于 200～650 nm 波段的锑铯光电管）和红敏光电管（适用于 625～1 000 nm 波段的氧化铯光电管），基结构如图 7-2 所示。光电管是一种真空二极管，阴

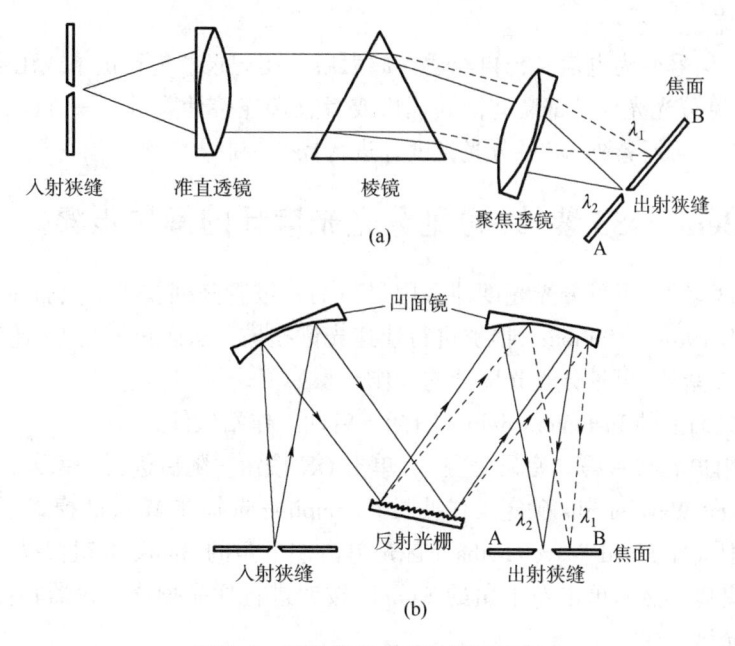

图 7-1 两种类型的单色器示意图

(a) 棱镜单色器；(b) 光栅单色器

极表面涂有光敏材料，成半筒形，当受光照后便发射电子，阳极为镍棒，收集阴极发射的电子。光电管的工作电源为 90 V 的直流电，若工作电压过高，可能导致暗电流增大。

光电倍增管是检测较弱光信号的灵敏且最常用的光电元件，其灵敏度比光电管高出 200 多倍。它主要是由光阴极、阳极和在它们之间的多个打拿级（倍增阴极）构成的，可将透射光线照射到光阴极上产生的光电子在到达阳极前放大，每个光电子最后可产生 $10^6 \sim 10^7$ 个电子，因此总放大倍数可达 $10^6 \sim 10^7$ 倍。光电倍增管的响应时间很短，能检测 $10^{-9} \sim 10^{-8}$ s 级的脉冲光。其灵敏度与光电管一样也受到暗电流的限制，暗电流主要来自光阴极发射的热电子和电极间的漏电。光电倍增管的光阴极面的组成与光电管相似，并且其直接决定了光电倍增管的工作波长范围。光电倍增管的原理示意图如图 7-3 所示。

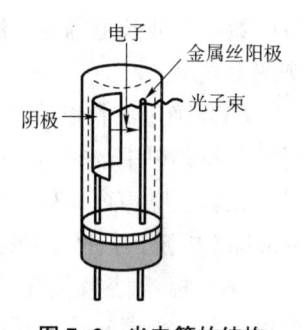

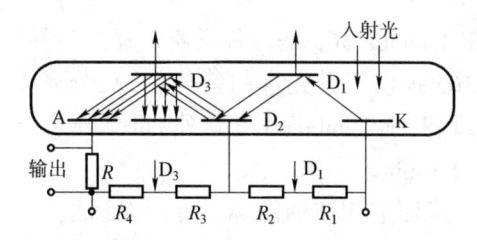

图 7-2 光电管的结构

K—光阴极；$D_1$、$D_2$、$D_3$—次极电子发射极；A—阳极；$R$、$R_1$、$R_2$、$R_3$、$R_4$—电阻。

图 7-3 光电倍增管的原理示意图

**5. 显示系统**

检测器将光信号变为电信号，再经适当放大后，用记录器进行记录或用数字显示。现在大多数紫外-可见分光光度计都装有微处理机或者直接连接计算机，一方面，将信号记录和处理；另一方面，可对紫外-可见分光光度计进行操作控制。

## 7.3.2 Agilent 8453 紫外-可见分光光度计的操作步骤

Agilent 8453 紫外-可见分光光度计采用最新的二极管阵列技术，具备氘、钨双灯设计，扫描波长范围为190~1 100 mm，能够进行快速光谱扫描，从而获得全光谱信息。

Agilent 8453 紫外-可见分光光度计的操作步骤如下。

（1）双击桌面上的 Instument online 图标，启动工作站软件。

（2）输入用户名与密码（密码为空），单击 OK 按钮。随后进行一系列初始化工作。

（3）以 Fixed Wavelengths 确定工作波长。Sampling 选择在 Manual 模式下。在 Task 工具栏的下拉菜单中选择 Fixed Wavelengths，首先单击左下角的 Blank 按钮扫描溶液背景，随后关闭背景噪声窗口。然后单击左下角的 Sample 按钮进行样品扫描，仪器扫描完成以后，会给出紫外吸收光谱。

（4）以 Spectrum/Peaks 确定工作波长：这种方法是自动搜寻波峰和波谷。在 Task 工具栏的下拉菜单中选择 Spectrum/Peaks，这时系统会弹出一个对话框，输入要搜寻的波峰和波谷的数量、波长范围等，然后单击 OK 按钮。系统便会自动搜寻出波峰和波谷，并在吸收光谱图上显示。

（5）确定波长以后，可以在此波长下，建立工作曲线。在确定波长以后，在 Task 工具栏的下拉菜单中选择 Quantificantion paramenters，单击左下角的 Blank 按钮扫描背景信号值。最小化背景噪声窗口后，单击左下角的 Standard 按钮，开始扫描 1 号标准样品，然后单击 Standard 按钮，扫描 2 号标准样品以及余下标准溶液，测定标准溶液。

（6）标准溶液测定完成后，可绘制工作曲线，单击 Task 工具栏的 Setup 按钮，在 Calibration curve type 选项的下拉菜单中选择 Linear，绘制工作曲线。

（7）测试待测样品，在绘制工作曲线以后，开始测试待测样品，单击 Sample 按钮，系统会自动扫描，并给出分析结果。

## 7.3.3 PE Lambda 365 紫外-可见分光光度计的操作步骤

PerkinElmer 公司的 PE Lambda 365 是一种紧凑、通用、易学易用的双光束紫外-可见分光光度计。PE Lambda 365 提供了最先进的紫外-可见分光光度计的性能，可以满足制药、分析工作者的需要。现将 PE Lambda 365 紫外-可见分光光度计的操作步骤介绍如下。

（1）打开仪器稳定大约 5 min。

（2）打开计算机，双击桌面上相应的图标，弹出对话框，在确保样品室内无样品且样品室盖关闭的情况下，单击 OK 按钮，仪器开始自检。待自检完成后，新建实验，准备设定参数，开始实验测定。

（3）单击页面左侧的 Scan Setup 按钮，开始设置实验参数。在 Scan Setup 中，主要有如下参数需要设置。

X Start（nm）：扫描起始波长，一般扫描由长波开始，短波结束。
X End（nm）：扫描结束波长。
Y Unit：Y 轴坐标，一般选择吸收，即 Absorbance。
SBW（nm）：光谱带宽，一般选择 1.0 nm 即可。
Data Interval（nm）：扫描间隔，可选 0.05、0.1、0.5、1.0 及 2.0 nm。
Scan Rate（nm/min）：扫描速度。

(4) 在设置好参数后，开始测定。

① 在样品室内无样品的情况下，单击页面上部的 Zero 按钮，进行调零。

② 在样品室两个样品架上放入参比溶液，单击页面上部的 Baseline 按钮进行基线校准。

③ 在进行基线校准后，操作者可将靠近自己样品架上的样品调换为待测溶液，单击页面上部的 Sample 按钮，对样品在设定区间内的紫外-可见吸收光谱进行扫描。

④ 待扫描结束后，单击页面左侧的 Find Peak/Valley 按钮，软件即可自动分析所扫描的紫外-可见吸收光谱，并给出吸收峰/谷的位置及吸光度，若吸收峰太弱无法自动识别，操作者可将 Thresholds 值调低后，再进行分析。

⑤ 如需测量下个样品，取出离操作者较近的比色皿，更换为待测样品，单击 Sample 按钮，即可扫描其紫外-可见吸收光谱。

(5) 测量完成后进行数据记录。确保所有比色皿已从样品池中取出，清洗干净以便下次使用。退出软件后，再关闭仪器及计算机。

## 7.3.4 TU-1901/1900 系列紫外-可见分光光度计的操作步骤

TU-1901/1900 系列紫外-可见分光光度计的操作步骤如下。

(1) 开机：打开计算机，Windows 系统完全启动后，打开仪器。

(2) 仪器初始化：双击桌面上相应的图标，仪器进行自检（大约需要 4 min）。待自检各项都通过，预热 0.5 h 后，便可进行以下操作。

(3) 光度测量。

① 参数设置：单击"光度测量"，进入光度测量。单击"参数设置"，设置光度测量参数：波长数；相应波长值（从长波到短波）；测光方式（一般为 T%或 Abs）；重复测量次数，是否取平均值。单击"确认"退出参数设置。

② 校零：将两个样品池中都放入参比溶液，进行校零。校零完毕后，取出外池参比溶液。

③ 测量：将比色皿放入样品溶液，单击"开始"，即可测出样品的吸光度。

(4) 光谱扫描。

① 参数设置：单击"光谱扫描"，进入光谱扫描。单击"参数设置"，设置光谱扫描参数：波长范围（扫描波长，先输长波再输短波）；测光方式（一般为 T%或 Abs）；扫描速度（一般设定为中速）；采样间隔（一般设定为 1 nm 或 0.5 nm）；记录范围（一般为 0~1）。单击"确认"退出参数设置。

② 基线校正：单击"基线"，将两个样品池中都放入参比溶液，进行基线校正，校正完毕后，存入基线并取出参比溶液。

③ 扫描：倒掉取出的参比溶液，放入样品，单击"开始"进行扫描，待扫描完毕后，

单击"标峰"检出图谱的吸收峰、谷及吸光度。

（5）定量测量。

① 参数设置：单击"样品测量"，进入定量测量。单击"参数设置"，设置具体参数：测量模式（一般设定为单波长）；输入测量波长；选择曲线方式（一般为 $C = K_0 A + K_1 + \cdots$）。单击"确认"退出参数设置。

② 校零：将两个样品池中都放入参比溶液，进行校零。校零完毕后，取出外池参比溶液。

③ 测量标准样品：倒掉参比溶液，放入一号标准溶液，输入相应的标准溶液浓度，单击"开始"。随后，将所配标准样品测完并检查标准曲线相关系数以及 $K$ 值的情况。

④ 样品测定：放入待测样品，单击"开始"，测出样品浓度。

（6）退出软件后，依次关闭仪器、计算机、打印机。

## 7.3.5　722型光栅分光光度计的操作步骤

722型光栅分光光度计采用光栅单色器，具有波长精度高、单色性好等优点；采用LED数字显示，操作简便，能在可见光谱区域内对物质进行定性、定量分析，适用波长范围为330~800 nm。722型光栅分光光度计的光学系统如图7-4所示。现将722型光栅分光光度计的操作步骤介绍如下（722型光栅分光光度计的使用方法见视频7-1）。

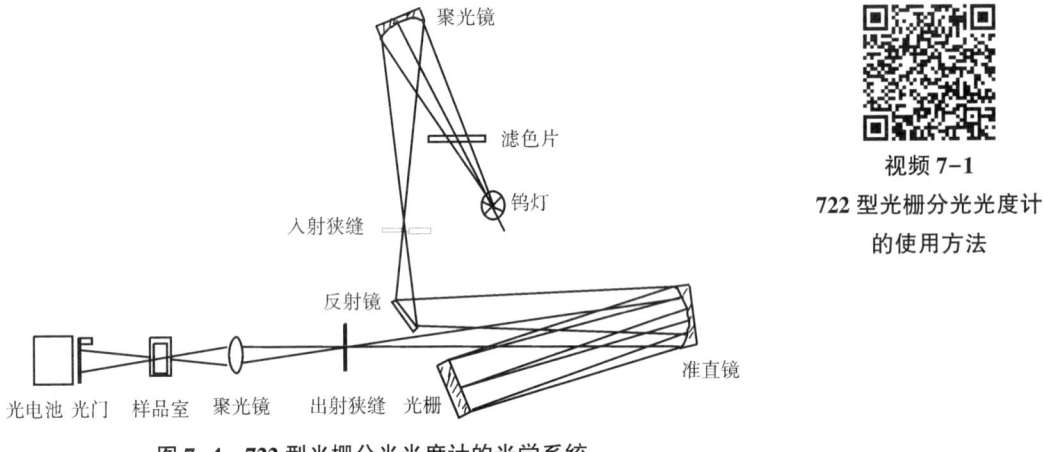

视频7-1
722型光栅分光光度计的使用方法

图7-4　722型光栅分光光度计的光学系统

（1）开启电源，待指示灯亮后，将模式选择开关置于"T"，波长调至所需波长，预热20 min。

（2）预热后，打开试样室盖子，将盛放参比溶液的比色皿置于光路中，调节"0"旋钮，使数字显示为"0.00"。盖上试样室盖子，使光电管受电，调节"100%"旋钮，使数字显示为"100.0"。经过多次调整"0"和"100%"旋钮，仪器即可进行测定工作。

（3）吸光度 $A$ 的测量：将模式选择开关置于"A"，使数字显示为"0.000"，然后将待测溶液移入光路，显示值即为待测溶液的吸光度。

（4）如果改变测试波长，在调整"0"和"100%"旋钮后稍等片刻。稳定后，重新调整"0"和"100%"旋钮即可工作。

（5）每台仪器上配套的比色皿不能与其他比色皿单个调换。

## 7.4 实验技术

### 7.4.1 溶剂的选择

紫外-可见吸收光谱法通常在溶液中进行测定，固体样品需要转变成溶液，无机样品用合适的酸溶解或用碱熔融，有机样品用有机溶剂溶解或提取。有时需先消化，再转变成溶液。

在选择测定溶剂时，应注意以下3点：（1）尽可能选用低极性或非极性溶剂；（2）溶剂能溶解被测物，且形成的溶液具有化学和光化学稳定性；（3）溶剂在吸收光谱测量区内无明显吸收。

### 7.4.2 测定波长的选择

根据待测组分的吸收光谱，一般选择最大吸收波长 $\lambda_{max}$ 为测定波长，这样灵敏度最高，同时吸光度随波长的变化最小，可以得到较好的测定精度。但是，在实际工作中并不一定选择 $\lambda_{max}$，如待测组分的 $\lambda_{max}$ 受到共存杂质干扰，或待测组分的浓度过高，可以选用其他吸收峰进行测定。选择入射光的原则是使其"吸收最大、干扰最小"。

### 7.4.3 反应条件的选择

在光度分析中，将待测物质转化为有色物质的反应称为显色反应，与待测物质形成有色物质的试剂称为显色剂。显色反应应满足生成的有色化合物应该有较大的摩尔吸光系数，有良好的选择性，有色化合物组成恒定、性质稳定，显色反应条件易于控制，有色化合物和显色剂之间的颜色差别大等要求。要求有色化合物和显色剂的 $\lambda_{max}$ 的差值一般要大于 60 nm。在实际工作中，同时满足上述条件的显色反应并不多，因此须重视反应条件的选择。

**1. 显色剂用量**

根据溶液平衡理论，有色配合物的稳定常数越大，显色剂用量越多，越有利于待测组分形成有色配合物。但是显色剂过量加入，也会引起空白增大或副反应发生等不利因素。因此，显色剂一般应适当过量，且加入量通常由实验来确定。具体方法是将待测组分的浓度及其他条件固定，随后加入不同量的显色剂，测定溶液吸光度随显色剂用量的变化，根据变化曲线，选择适宜的显色剂用量。

**2. 溶液酸度**

溶液酸度对测定有显著影响。它直接影响待测组分的吸收光谱、显色剂的形态、待测组分的化合状态及显色化合物的组成。选择适宜酸度的一般方法：固定其他实验条件不变，分别测定不同 pH 值下显色溶液的吸光度，通常可以绘制出吸光度与酸度的关系曲线，适宜酸度可在吸光度较大且恒定的平坦区域中选择。控制溶液酸度的方法：加入相应的缓冲溶液，但同时应考虑由此可能引起的干扰。

**3. 温度的影响**

在紫外-可见吸收光谱的测定中，通常选用室温显色反应。但是，当温度对显色反应的速度可能有较大影响时，需要考虑温度的影响。合适的温度可用单因素实验确定。

**4. 显色时间**

时间对显色反应的影响主要表现在两个方面：其一，它反映了显色反应速度的快慢；其二，它反映了显色化合物的稳定性。因此，测定时间的选择必须综合考虑以上两个方面。适宜的测定时间必须通过单一变量法实验来确定。

**5. 共存离子干扰的消除方法**

试样中若存在干扰物质，则会直接影响待测组分的测定。例如，干扰物本身有颜色或与显色剂发生反应，在测量条件下有吸收，造成正干扰，使结果偏高；干扰物质与待测组分反应或与显色剂反应，使显色反应不完全；干扰物质也可能在测定条件下析出，使溶液变浑浊，无法测定溶液的吸光度；等等。

为了消除以上干扰，可采取如下方法：（1）控制酸度；（2）加入掩蔽剂；（3）利用氧化还原反应，改变干扰离子的价态；（4）使用校正系数校正扣除；（5）使用参比溶液消除显色剂和某些共存有色离子的干扰；（6）选择适当的波长。

若上述方法均不能使用，也可采用预分离的方法，如萃取分离、色谱分离、沉淀分离、离子交换、蒸馏等方法，将干扰组分与待测组分分开，随后进行分光光度测定。

## 7.4.4 吸光度的实际测量

吸光度的测量在光度计中进行。通常使用一对同一厚度的比色皿，一只盛放待测溶液，另一只盛放参比溶液，使用同一波长/强度的单色光，同时或先后通过这两个溶液，通过测量其透射光的强度，便可计算出吸光度，即

$$A = \lg(I_0/I) \approx \lg(I_{参比}/I_{待测}) \tag{7-8}$$

吸光度的测量步骤如下。

（1）调节检测器的零点，即仪器的机械零点。

（2）以参比溶液调节吸光度的零点。

（3）测量待测组分的吸光度。

在测量溶液的吸光度时，一般应将其控制在 0.2~0.8 范围内，从而减小测量的光度误差。可通过调节溶液的浓度或改变比色皿厚度来达到目的。

## 7.4.5 参比溶液的选择

在进行光度测量时，利用参比溶液来调节仪器的机械零点，可以消除吸收池壁及溶剂对入射光的反射和吸收造成的误差，并扣除干扰的影响。参比溶液可根据下列情况来选择。

**1. 溶剂参比溶液**

当待测组分溶液的组成较为简单，共存的组分在测定波长时的吸光度很小时，可用溶剂

作为参比溶液,这样可以消除溶剂、吸收池等因素的影响。

**2. 试剂空白参比溶液**

如果显色剂或其他试剂在测定波长时有吸收,可用按显色反应相同的条件,但不加入被测试样的溶液作为参比溶液,这种参比溶液可以消除试剂中其他组分产生吸收的影响。

**3. 试样空白参比溶液**

如果被测试样有吸收,而显色剂无色,可用不加显色剂的试样溶液作为参比溶液。

**4. 褪色空白参比溶液**

如果均为有色溶液,可用向被测试样加入掩蔽剂,褪色后再加显色剂的试样溶液作为参比溶液。

其中,溶剂参比溶液和试剂空白参比溶液应用比较多。

## 7.4.6 比色皿(吸收池)使用注意事项

比色皿的使用见视频7-2,注意事项如下。

(1) 比色皿必须洗干净后才能使用。

(2) 比色皿要配对使用,即使相同规格的比色皿仍有差异,会影响透射光的强度从而产生误差。

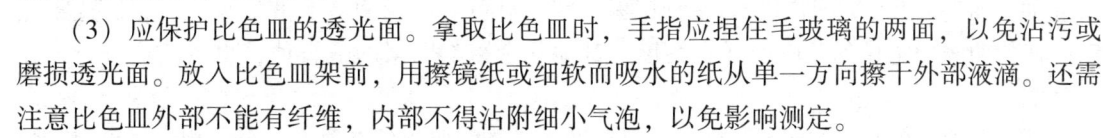

(3) 应保护比色皿的透光面。拿取比色皿时,手指应捏住毛玻璃的两面,以免沾污或磨损透光面。放入比色皿架前,用擦镜纸或细软而吸水的纸从单一方向擦干外部液滴。还需注意比色皿外部不能有纤维,内部不得沾附细小气泡,以免影响测定。

(4) 比色皿放入比色皿架时透光面正对光路。

(5) 若试液是易挥发的有机溶剂,则应加比色皿盖。

(6) 倒入溶液前,应先用该溶液润洗比色皿内壁。

(7) 使用完毕后,应用蒸馏水仔细淋洗,并用吸水性好的软纸吸干外壁水珠,随后放回比色皿盒内。

(8) 不能用强碱或强氧化剂浸洗比色皿,一般应先用稀盐酸或有机溶剂洗涤,再用自来水洗涤,最后用蒸馏水淋洗3次。

视频7-2 比色皿的使用

## 7.4.7 标准曲线法定量分析

朗伯-比尔定律(吸光度与吸光物质的浓度成正比)是分光光度法定量分析的基础,标准曲线法也是基于这一定律的。具体方法:在选择的实验条件下分别测量一系列不同含量标准溶液的吸光度,以标准溶液中待测组分的含量为横坐标,吸光度为纵坐标,绘制一条通过原点的直线,称为标准曲线(或工作曲线)。此时测量待测溶液的吸光度,在标准曲线上就可以查到与之对应的待测物质的含量。

在实际工作中,标准曲线有时不通过原点。造成该情况的原因比较复杂,可能是参比溶液选择不恰当、吸收池位置不妥、吸收池透光面不干净等。实际操作过程中应针对具体情况进行分析,找出原因,加以避免。

## 7.5 实　　验

### 7.5.1 邻二氮菲分光光度法测定微量铁的条件

**1. 实验目的与要求**

（1）通过本实验学习实验条件的优化方法。

（2）了解学习 722 型光栅分光光度计的使用方法。

**2. 实验原理**

在可见分光光度法的测量中，若待测组分本身有颜色，则可使用分光光度计直接测量；若待测组分无色或颜色很浅，则可先使用显色剂与其反应（即显色反应），生成有色化合物，然后测量有色化合物的吸光度，进而求得待测组分的含量。因此，显色反应的完全程度和吸光度的测量条件都直接影响测定结果的准确性。

显色反应的完全程度受到酸度、显色剂用量、反应温度和时间等多方面因素的影响。在建立分析方法时，需要通过实验条件优化过程确定最佳反应条件。为此，可改变其中一个因素（如介质的 pH 值），暂时固定其他因素不变，显色后测量相应溶液的吸光度，通过吸光度-pH 值曲线确定显色反应的适宜酸度，其他几个影响因素的适宜值，也可按这一方式分别确定。

铁有多种显色剂，如硫氰酸铵、巯基乙酸等。本实验以邻二氮菲为显色剂，找出测定微量铁的适宜条件。

**3. 仪器与试剂**

仪器：722 型光栅分光光度计、容量瓶、吸量管、广泛 pH 试纸和不同范围的精密 pH 试纸。

试剂：铁标准溶液（0.010 0 mg/mL）、邻二氮菲水溶液（1%）、盐酸羟胺水溶液（1%）、HAc-NaAc 缓冲溶液（pH=4.6）、NaOH 溶液（0.1 mol·L$^{-1}$）、HCl 溶液（0.1 mol·L$^{-1}$）。

**4. 实验内容与步骤**

1）酸度的影响

在 12 个 50 mL 容量瓶中，使用吸量管分别加入 2.00 mL 0.010 0 mg/mL 铁标准溶液、2.5 mL 盐酸羟胺水溶液与 5 mL 邻二氮菲水溶液，随后按表 7-1 分别加入 HCl 和 NaOH 溶液。

表 7-1　HCl、NaOH 溶液的加入

| 编号 | 1 | 2 | 3 | 4 | 5 | 6 | 7 | 8 | 9 | 10 | 11 | 12 |
|---|---|---|---|---|---|---|---|---|---|---|---|---|
| $V_{HCl}$/mL | 5.0 | 2.0 | 0.5 | | | | | | | | | |
| $V_{NaOH}$/mL | | | | 0.0 | 0.5 | 1.0 | 2.0 | 5.0 | 10.0 | 15.0 | 20.0 | 30.0 |

再使用蒸馏水稀释至刻度，摇匀后放置 10 min，使用 1 cm 比色皿，并以不含铁的各自相应的试剂空白溶液作参比溶液，在波长 510 nm 处测定各溶液的吸光度。先用广泛 pH 试

纸粗略测定所配制溶液的 pH 值，再使用精密 pH 试纸准确测定各溶液的 pH 值。

2) 显色剂用量的影响

用吸量管分别加入 2.00 mL 0.010 0 mg/mL 铁标准溶液于 8 个 50 mL 容量瓶中，随后依次加入 2.5 mL 盐酸羟胺水溶液，5 mL HAc-NaAc 缓冲溶液以及不同体积（0.1、0.3、0.5、0.8、1.0、2.0、5.0 和 8.0 mL）的邻二氮菲水溶液，使用蒸馏水稀释至刻度，摇匀后放置 10 min，以试剂空白溶液作参比溶液，在波长 510 nm 处测量各溶液的吸光度。

3) 显色反应时间的影响及有色溶液的稳定性

取出上述加入 5 mL 邻二氮菲水溶液的有色溶液，记下容量瓶稀释至刻度后的时刻（$t=0$），立即以不含 $Fe^{3+}$，但其余试剂用量完全相同的试剂空白溶液作参比溶液，在波长 510 nm 处测量溶液的吸光度。然后，依次测量放置 5、10、30、60、90、120 和 150 min 的溶液的吸光度，每次都取原容量瓶中的溶液测量。

### 5. 注意事项

（1）由于仪器的检测器（光电管）均有一定的寿命，应当尽量减少对光电管的照射，所以在预热的过程中应打开样品室盖，切断光路。

（2）在考察同一因素对显色反应的影响时，应保持仪器的测定条件不变。

### 6. 数据处理

（1）将测量结果填入表 7-2~表 7-4 中。

表 7-2 酸度的影响

| 编号 | 1 | 2 | 3 | 4 | 5 | 6 | 7 | 8 | 9 | 10 | 11 | 12 |
|---|---|---|---|---|---|---|---|---|---|---|---|---|
| pH 值 | | | | | | | | | | | | |
| 吸光度 A | | | | | | | | | | | | |

表 7-3 显色剂用量的影响

| 编号 | 1 | 2 | 3 | 4 | 5 | 6 | 7 | 8 |
|---|---|---|---|---|---|---|---|---|
| $V_显$/mL | | | | | | | | |
| 吸光度 A | | | | | | | | |

表 7-4 显色反应时间的影响

| 编号 | 1 | 2 | 3 | 4 | 5 | 6 | 7 | 8 |
|---|---|---|---|---|---|---|---|---|
| $t$/min | 0 | 5 | 10 | 30 | 60 | 90 | 120 | 150 |
| 吸光度 A | | | | | | | | |

（2）根据上述 3 组数据分别绘制吸光度（A）-pH 值/显色剂用量/显色反应时间曲线（A 为纵坐标）。

（3）从所绘制的 3 条曲线上确定显色反应合适的 pH 值、显色剂用量以及显色反应时间范围。

**7. 思考题**

（1）如何确定显色反应适宜的 pH 值范围？如果选择不当，其后果会怎样？

（2）在由吸光度-显色反应时间曲线确定适宜的显色反应时间时，选择原则是什么？如果时间选择过短或过长对测定有何影响？

## 7.5.2 邻二氮菲分光光度法测定微量铁

**1. 实验目的与要求**

（1）学习分光光度计的使用方法。

（2）学习吸收曲线的测绘方法。

（3）掌握使用标准曲线进行微量成分分光光度法测定的基本方法和相关计算。

**2. 实验原理**

邻二氮菲又称邻菲咯啉（简写作 phen），在 pH = 2~9 的溶液中，$Fe^{2+} + 3phen = [Fe-(phen)_3]^{2+}$，生成非常稳定的橙红色络合物 [$\lg K_稳 = 21.3(20\ ℃)$]，该溶液在 510 nm 处有最大吸收峰，摩尔吸光系数 $\varepsilon_{510} = 1.1×10^4\ L·mol^{-1}·cm^{-1}$，利用上述反应可实现微量铁的定量分析。

该显色反应适宜的 pH 值范围很宽（2~9），若酸度过高（pH<2），则反应进行较慢；若酸度过低，$Fe^{2+}$ 将水解，因此通常在 pH≈5 的 HAc-NaAc 缓冲介质中测定。本实验以盐酸羟胺为还原剂，也可使用其他还原剂，如抗坏血酸将 $Fe^{3+}$ 还原为 $Fe^{2+}$。

采用分光光度法进行定量分析时，一般选择待测物质（或经显色反应后产生的新物质）最大吸收峰的波长为测量波长。显然，该波长下的摩尔吸光系数最大，测定的灵敏度也最高。为了找出物质的最大吸收峰所处的波长，需绘制有关物质在不同波长单色光照射下的吸光度曲线，即吸收曲线（又称吸收光谱）。

测定未知样品时，通常采用标准曲线法进行定量测定，即先配制一系列不同浓度的标准溶液，在选定的反应条件下使待测物质显色，测得相应的吸光度，以浓度为横坐标，吸光度为纵坐标，绘制标准曲线。另取样品溶液经适当处理后，在与上述相同的条件下显色，由测得的吸光度从标准曲线上求得待测物质的含量。

邻二氮菲与 $Fe^{2+}$ 反应具有很高的选择性，相当于铁含量 40 倍的 $Sn^{2+}$、$Al^{3+}$、$Ca^{2+}$、$Mg^{2+}$、$Zn^{2+}$、$SiO_3^{2-}$，20 倍的 $Cr^{3+}$、$Mn^{2+}$、$VO_3^-$、$PO_4^{3-}$，5 倍的 $Co^{2+}$、$Cu^{2+}$ 都不干扰测定。正因为该反应的选择性高，且该显色反应生成的有色络合物稳定性好，重现性也好，因此在我国国家标准中，测定钢铁，锡、铅焊料，铅锭等冶金产品和工业硫酸、工业碳酸钠等化工产品中的铁含量，都采用邻二氮菲分光光度法。

**3. 仪器与试剂**

仪器：722 型光栅分光光度计、容量瓶、吸量管。

试剂：铁标准溶液（0.010 0 mg/mL）、邻二氮菲水溶液（1%）、盐酸羟胺水溶液（1%）、HAc-NaAc 缓冲溶液（pH=4.6）、HCl 溶液（3 mol·L$^{-1}$）。

**4. 实验内容与步骤**

1）绘制吸收曲线并选择测量波长

用吸量管吸取 0.010 0 mg/mL 铁标准溶液 0.00、2.00 和 4.00 mL 分别注入 3 个 50 mL

容量瓶中，各加入 2.5 mL 盐酸羟胺水溶液，摇匀，再加入 5 mL HAc-NaAc 缓冲溶液和 5 mL 邻二氮菲水溶液，用蒸馏水稀释至刻度，摇匀。放置 10 min 后，用 1 cm 比色皿，以试剂空白溶液（即不加铁标准溶液）为参比溶液，在分光光度计上，在 420~600 nm 波长区间测定溶液的吸光度随波长的变化，在 510 nm 附近测量点须取得密一些。

2）绘制标准曲线

使用吸量管分别吸取 0.010 0 mg/mL 的铁标准溶液 0、1.00、2.00、3.00、4.00、5.00、6.00 和 7.00 mL 于 8 个 50 mL 容量瓶内，依次加入 2.5 mL 盐酸羟胺水溶液、5 mL NaAc-HAc 缓冲溶液、5 mL 邻二氮菲水溶液，用蒸馏水稀释至刻度，摇匀。放置 10 min 后，用 1 cm 比色皿，以不加铁的试剂空白溶液为参比溶液，在步骤 1）所得到的最大吸收波长下，分别测定各溶液的吸光度。

3）试样分析

（1）水样分析：取 3 个 50 mL 容量瓶，分别加入 5.00 mL（或 10.00 mL，铁含量以在标准曲线范围内为合适）未知水样溶液，按步骤 2）的方法显色后，在步骤 1）所得到的最大吸收波长下，用 1 cm 比色皿，以试剂空白溶液为参比溶液，平行测定吸光度 $A$，求其平均值。

（2）未知样品中微量铁的测定：取 3 个 50 mL 容量瓶，分别加入 3.00 mL 未知样品溶液，按步骤 2）的方法显色后，在步骤 1）所得到的最大吸收波长下，以试剂空白溶液为参比溶液，平行测定吸光度 $A$，求其平均值并计算出微量铁的含量。

（3）石灰石中微量铁的测定：准确称取试样 0.4~0.5 g 于小烧杯中，加少量蒸馏水润湿后，盖上表面皿，滴加 3 mol·L$^{-1}$ HCl 溶液至试样溶解，转移试样于 50 mL 容量瓶中，用少量蒸馏水淋洗烧杯，一并转移至容量瓶中，然后依次加入 2.5 mL 盐酸羟胺水溶液、5 mL HAc-NaAc 缓冲溶液、5 mL 邻二氮菲水溶液，用蒸馏水稀释至刻度，摇匀。放置 10 min 后，以试剂空白溶液作参比溶液，在步骤 1）所得到的最大吸收波长下，测定吸光度 $A$。

**5. 注意事项**

（1）为使盐酸羟胺将 $Fe^{3+}\rightarrow Fe^{2+}$ 的反应进行完全，放置时间应不小于 2 min。

（2）取拿比色皿时，手指只能接触比色皿的毛玻璃面。

**6. 数据处理**

（1）将测量结果填入表 7-5、表 7-6 中。

表 7-5 吸收曲线

| 波长 $\lambda$/nm | | 420 | 440 | 460 | 480 | 500 | 510 | 520 | 540 | 560 | 580 | 600 |
|---|---|---|---|---|---|---|---|---|---|---|---|---|
| 吸光度 $A$ | 2.00 mL 铁标准溶液 | | | | | | | | | | | |
| | 4.00 mL 铁标准溶液 | | | | | | | | | | | |

表 7-6 标准曲线

| $V_{Fe^{2+}}$/mL | 1.00 | 2.00 | 3.00 | 4.00 | 5.00 | 6.00 | 7.00 |
|---|---|---|---|---|---|---|---|
| $c_{Fe^{2+}}$/(mg·mL$^{-1}$) | | | | | | | |
| 吸光度 A | | | | | | | |

试样编号：_____。

测得的吸光度：_____。

试样浓度：_____。

（2）绘图及计算。

① 以波长为横坐标，吸光度为纵坐标，绘制吸收曲线，并根据吸收曲线求出最大吸收峰的波长 $\lambda_{max}$。一般选用 $\lambda_{max}$ 作为分光光度法的测量波长。

② 以溶液中的铁浓度为横坐标，吸光度为纵坐标，绘制标准曲线。

③ 根据未知样品的吸光度，从标准曲线上查出铁浓度，计算试样中铁的含量。

**7. 思考题**

（1）邻二氮菲分光光度法测定微量铁的基本原理是什么？该法测出的铁含量是否为试样中的亚铁含量？

（2）标准曲线与吸收曲线有何区别？在实际应用中有何意义？

（3）试拟出邻二氮菲分光光度法测定微量 $Fe^{2+}$、$Fe^{3+}$ 含量的分析方案。

## 7.5.3 磺基水杨酸合铁（Ⅲ）配合物的组成及稳定常数的测定

**1. 实验目的与要求**

（1）学习使用分光光度法测定配合物的组成及稳定常数，掌握其原理。

（2）进一步熟悉分光光度计的使用。

**2. 实验原理**

磺基水杨酸（可简写为 $H_3R$）与 $Fe^{3+}$ 可以形成稳定的配合物。配合物的组成因溶液 pH 值的改变而改变。本实验选用 pH = 2~3，测定在该 pH 值时形成的紫红色磺基水杨酸合铁（Ⅲ）配离子的组成及其稳定常数。实验使用 $HClO_4$ 来控制溶液的 pH 值。磺基水杨酸与 $Fe^{3+}$ 的反应为

由于磺基水杨酸是无色的，当 $Fe^{3+}$ 的浓度很小时，也可认为是无色的，只有磺基水杨酸合铁（Ⅲ）配离子（$MR_n$）是有色的（配合物的 $\lambda_{max}$ = 500 nm）。根据朗伯-比尔定律 $A = \varepsilon bc$ 可知，当波长、温度及比色皿的厚度 $b$ 均一定时，溶液的吸光度 $A$ 与配离子的浓度 $c$

成正比。通过对溶液吸光度的测定，可求得配离子的组成。

本实验采用等摩尔系列法，即在保持溶液中金属的浓度（$c_M$）和配体 R 的浓度（$c_R$）之和不变（$c_M+c_R=$ 定值）的前提下，改变 $c_M$ 和 $c_R$ 的相对量，配制成一系列溶液，并测定相应的吸光度。显然，在这些溶液中，有一些是金属离子过量，还有一些是配体过量，这两部分溶液中配离子的浓度都不可能达到最大值。只有当金属离子与配体的物质的量之比与配位比一致时，配离子的浓度才是最大的，此时吸光度也最大。若以吸光度 $A$ 为纵坐标，以 $c_R$ 在总浓度中所占百分数为横坐标作图，得到等摩尔系列法曲线（图 7-5）。将曲线两边的直线延长相交于点 $B'$，点 $B'$ 的吸光度 $A'$ 最大，根据点 $B'$ 的横坐标值 $F$ 可计算出金属与配体的配位比，即可求出配离子 $MR_n$ 中配体的数目 $n$。

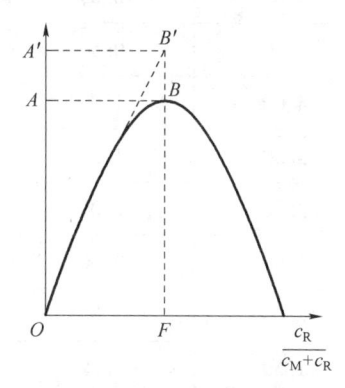

图 7-5 等摩尔系列法曲线

由图 7-5 可以看出，最大吸光度 $A'$ 可认为是 M 与 R 全部形成配合物的吸光度。但是，由于配离子平衡时有部分解离，其浓度要稍小一些，因此，实验所测得的最大吸光度在点 $B$，其值为 $A$。配离子的解离度 $\alpha=(A'-A)/A'$。

配离子的条件稳定常数 $K'$ 可由以下平衡关系导出：

平衡浓度：
$$\begin{array}{ccc} M & + & nR & \rightleftharpoons & MR_n \\ c\alpha & & nc\alpha & & c(1-\alpha) \end{array}$$

$$K'=\frac{[MR_n]}{[M][R]}=\frac{c(1-\alpha)}{c\alpha\cdot(nc\alpha)^n}=\frac{1-\alpha}{n^n c^n\cdot\alpha^{n+1}}$$

式中，$c$ 为点 $B$ 处 M 的总浓度。$n=1$ 时，$K'=\dfrac{1-\alpha}{c\alpha^2}$。

**3. 仪器与试剂**

仪器：分光光度计、吸量管、容量瓶。

试剂：$HClO_4$ 溶液（$0.1\ mol\cdot L^{-1}$）、$Fe^{3+}$ 溶液（$0.010\ 0\ mol\cdot L^{-1}$）、磺基水杨酸溶液（$0.010\ 0\ mol\cdot L^{-1}$）。

**4. 实验内容与步骤**

1）配制系列溶液

选取 12 个 50 mL 容量瓶，用 3 支 5 mL 吸量管按表 7-7 列出的体积，分别吸取相应体积的 $0.1\ mol\cdot L^{-1}$ $HClO_4$ 溶液、$0.010\ 0\ mol\cdot L^{-1}$ $Fe^{3+}$ 溶液和 $0.010\ 0\ mol\cdot L^{-1}$ 磺基水杨酸溶液，

依次注入1#~12#容量瓶中,用去离子水稀释至刻度,摇匀。

2)测定系列溶液的吸光度

选定吸收波长λ=500 nm,以1#溶液为参比溶液,在分光光度计上测定2#~12#系列溶液的吸光度,并将测定结果记入表7-7中。

表7-7 实验数据

| 序号 | $V_{HClO_4}$/mL | $V_{Fe^{3+}}$/mL | $V_{H_3R}$/mL | $\dfrac{c_R}{c_M+c_R}$ | 吸光度 A |
|---|---|---|---|---|---|
| 1 | 5.00 | 0.00 | 0.00 | | |
| 2 | 5.00 | 5.00 | 0.00 | | |
| 3 | 5.00 | 4.50 | 0.50 | | |
| 4 | 5.00 | 4.00 | 1.00 | | |
| 5 | 5.00 | 3.50 | 1.50 | | |
| 6 | 5.00 | 3.00 | 2.00 | | |
| 7 | 5.00 | 2.50 | 2.50 | | |
| 8 | 5.00 | 2.00 | 3.00 | | |
| 9 | 5.00 | 1.50 | 3.50 | | |
| 10 | 5.00 | 1.00 | 4.00 | | |
| 11 | 5.00 | 0.50 | 4.50 | | |
| 12 | 5.00 | 0.00 | 5.00 | | |

以吸光度 A 为纵坐标,$\dfrac{c_R}{c_M+c_R}$为横坐标作图,求磺基水杨酸合铁(Ⅲ)配离子的组成,并计算相应的条件稳定常数 $K'$。

注释:酸度对配位有较大的影响,如果考虑弱酸的解离平衡,则对条件稳定常数要加以校正,校正后即可得 $K_稳$。校正公式为

$$\lg K_稳 = \lg K' + \lg \alpha \tag{7-9}$$

式中,$K_稳$为绝对稳定常数;$K'$为条件稳定常数;$\alpha$为酸效应系数,当 pH=2 时,$\lg \alpha$=10.3。

**5. 注意事项**

(1)比色皿要配对使用,不可使用多个比色皿同时进行测定。

(2)在已配对的比色皿上,于毛玻璃面上做好记号,使其中一只专门放置参比溶液,另一只专门放置待测试液,同时还应注意比色皿的透光面正对光路。

**6. 思考题**

(1)实验中每种溶液的 pH 值是否一样?

(2)用等摩尔系列法测定配离子的组成时,为什么说当金属离子的物质的量与配体的物质的量之比正好与配离子的组成相同时,配离子的浓度最大?

## 7.5.4 钢中铬和锰的同时测定

**1. 实验目的与要求**

（1）掌握纯物质溶液吸光系数的测定方法。

（2）学习利用吸光度加和性原理，测定光谱重叠的二元混合物。

**2. 实验原理**

在两种组分 $x$ 与 $y$ 组成的混合溶液中，若 $x$ 与 $y$ 的最大吸收波长相互不重叠，可分别测定；若两种组分的吸收光谱有重叠，则可根据吸光度加和性原理，在 $x$ 与 $y$ 的最大吸收波长 $\lambda_1$ 和 $\lambda_2$ 处测定总吸光度 $A_{\lambda_1}^{x+y}$ 和 $A_{\lambda_2}^{x+y}$，并列出方程组，采用解方程的方法进行定量测定：

$$A_{\lambda_1}^{x+y} = A_{\lambda_1}^{x} + A_{\lambda_1}^{y} = \varepsilon_{\lambda_1}^{x} b c_x + \varepsilon_{\lambda_1}^{y} b c_y$$

$$A_{\lambda_2}^{x+y} = A_{\lambda_2}^{x} + A_{\lambda_2}^{y} = \varepsilon_{\lambda_2}^{x} b c_x + \varepsilon_{\lambda_2}^{y} b c_y$$

式中，$\varepsilon_{\lambda_1}^{x}$、$\varepsilon_{\lambda_1}^{y}$、$\varepsilon_{\lambda_2}^{x}$、$\varepsilon_{\lambda_2}^{y}$ 分别代表组分 $x$ 和 $y$ 在 $\lambda_1$ 和 $\lambda_2$ 处的摩尔吸光系数。

配制 $x$、$y$ 两种纯物质的一系列标准溶液，分别在 $\lambda_1$ 与 $\lambda_2$ 处测定其吸光度 $A$，绘制标准曲线。4 条标准曲线的斜率即为 $x$、$y$ 的 4 个 $\varepsilon$，代入联立方程组可求得 $c_x$ 和 $c_y$。或者，配制 $x$ 和 $y$ 两种纯物质具有一定浓度的标准溶液，分别在 $\lambda_1$ 和 $\lambda_2$ 处测定其吸光度 $A$，根据朗伯-比尔定律，可求得 $x$、$y$ 的 4 个 $\varepsilon$。

铬和锰都是钢中常见的元素，铬和锰在钢中除了以金属状态存在于固液体，还以硅化物（$Cr_3Si$、$MnSi$、$FeMnSi$）、碳化物（$CrC_2$、$Cr_3C_2$、$Mn_3C$）、硫化物（$MnS$）、氧化物（$CrO_2$、$MnO_2$）、氮化物（$CrN$、$Cr_2N$）等形式存在。试样在经酸溶解生成 $Mn^{2+}$ 和 $Cr^{3+}$ 后，加入 $H_3PO_4$ 掩蔽 $Fe^{3+}$。在酸性条件下，用 $AgNO_3$ 作催化剂，加入过量的氧化剂 $(NH_4)_2S_2O_8$，将 $Cr^{3+}$、$Mn^{2+}$ 分别氧化成 $Cr_2O_7^{2-}$、$MnO_4^{-}$ 的反应如下：

$$2Cr^{3+} + 3S_2O_8^{2-} + 7H_2O \Longrightarrow Cr_2O_7^{2-} + 6SO_4^{2-} + 14H^+$$

$$2Mn^{2+} + 5S_2O_8^{2-} + 8H_2O \Longrightarrow 2MnO_4^{-} + 10SO_4^{2-} + 16H^+$$

在波长 440 nm 和 530 nm 处测定其吸光度，解联立方程组，即可计算出 Cr、Mn 的含量。

**3. 仪器与试剂**

仪器：紫外-可见分光光度计。

试剂：铬标准溶液（1.0 mg/mL）、锰标准溶液（1.0 mg/mL）、$H_3PO_4$-$H_2SO_4$ 混合酸（$H_3PO_4 : H_2SO_4 : H_2O = 15 : 15 : 70$）、$AgNO_3$ 溶液（0.5 mol·L$^{-1}$）、$(NH_4)_2S_2O_8$ 固体、$KIO_3$ 固体。

**4. 实验内容与步骤**

1）吸光系数的测定

（1）移取 5.0 mL 铬标准溶液，置于 100 mL 容量瓶中，加入 2.5 mL 浓 $H_2SO_4$ 与 2.5 mL 浓 $H_3PO_4$，用水稀释至刻度，摇匀，制得 $Cr_2O_7^{2-}$ 溶液。

（2）移取 0.5 mL 锰标准溶液，置于 250 mL 锥形瓶中，加入 2.5 mL 浓 $H_2SO_4$ 和 2.5 mL 浓 $H_3PO_4$，随后加入 4 滴 0.5 mol·L$^{-1}$ $AgNO_3$ 溶液，加入 40 mL 水与 5 g $(NH_4)_2S_2O_8$ 固体，加热摇动使 $(NH_4)_2S_2O_8$ 溶解，保持微沸 5 min，稍冷后，加入 0.5 g $KIO_3$ 固体，再微沸 5 min，冷却，移入 100 mL 容量瓶中，用水稀释至刻度，摇匀，制得 $MnO_4^{-}$ 溶液。

(3) 用 1 cm 的比色皿在 420~700 nm 范围内分别测量 $Cr_2O_7^{2-}$ 溶液和 $MnO_4^-$ 溶液的吸收曲线。分别找出 $Cr_2O_7^{2-}$ 溶液和 $MnO_4^-$ 溶液的最大吸收波长，并测量两个最大吸收波长处 $Cr_2O_7^{2-}$ 溶液和 $MnO_4^-$ 溶液的吸光度，即 $A_{\lambda_1}^{Mn}$、$A_{\lambda_1}^{Cr}$、$A_{\lambda_2}^{Mn}$、$A_{\lambda_2}^{Cr}$。

2) Cr 和 Mn 的测定

(1) 准确称取钢样 0.5 g，置于 250 mL 锥形瓶中，加入 40 mL $H_3PO_4$-$H_2SO_4$ 混合酸，加热分解试样，若有黑色不溶物，须小心加入 5 mL 浓 $HNO_3$ 加热至有 $SO_3$ 白烟产生。冷却后，将溶液稀释至 50 mL 左右（小心溶液溅出），如有沉淀，应加热溶解，冷却后移至 100 mL 容量瓶中，用水稀释至刻度，摇匀。

(2) 用移液管移取 25 mL 试样溶液（如溶液浑浊，可用滤纸过滤后再取用），置于 250 mL 锥形瓶中，加入 2.5 mL 浓 $H_2SO_4$ 以及 2.5 mL 浓 $H_3PO_4$，再加入 4 滴 0.5 mol·L$^{-1}$ $AgNO_3$ 溶液，加入 50 mL 水，加入 5 g $(NH_4)_2S_2O_8$ 固体，加热至沸腾，摇动使其溶解，并保持微沸 5 min。冷却后，加入 0.5 g $KIO_3$ 固体，继续加热并保持微沸 5 min。冷却后，移入 100 mL 容量瓶中，用水稀释至刻度，摇匀。另取一份不加氧化剂的溶液作为空白溶液。

(3) 以空白溶液为参比溶液，分别在波长 440 nm 和 530 nm 处测定试样溶液的吸光度，即 $A_{\lambda_1}^{Mn+Cr}$ 和 $A_{\lambda_2}^{Mn+Cr}$。

**5. 注意事项**

Cr(Ⅵ)的毒性很大，不能直接排入下水道中。可以向含铬废液中加入还原剂，如硫酸亚铁、亚硫酸氢钠、二氧化硫、水合肼或者废铁屑，在酸性条件下还原为 $Cr^{3+}$，然后加碱如 NaOH、$Na_2CO_3$ 等调节 pH 值，使 $Cr^{3+}$ 形成低毒的 $Cr(OH)_3$ 沉淀，进而按照化学实验室的废液处理方法进行处置。

**6. 数据处理**

从两条吸收曲线上查出在波长 440 nm 和 530 nm 处的 $A_{440}^{Cr}$、$A_{530}^{Cr}$、$A_{440}^{Mn}$、$A_{530}^{Mn}$，根据标准溶液的浓度，由关系式 $A = \varepsilon bc$，计算出 $\varepsilon_{440}^{Cr}$、$\varepsilon_{530}^{Cr}$ 和 $\varepsilon_{440}^{Mn}$、$\varepsilon_{530}^{Mn}$。

将各 $\varepsilon$ 和测定的 $A_{440}^{Mn+Cr}$、$A_{530}^{Mn+Cr}$，依据吸光度具有加和性的原理，设联立方程组并解之，求出试液中 Cr 和 Mn 的质量分数。

**7. 思考题**

(1) 在分光光度法中如何选择参比溶液？
(2) 利用分光光度法测定溶液中多组分的含量时，如何选择测定波长？
(3) 本实验影响结果准确性的因素有哪些？

## 7.5.5 紫外吸收光谱法测定蒽醌粗品中蒽醌的含量和 $\varepsilon$ 值

**1. 实验目的与要求**

(1) 学习用紫外吸收光谱法进行定量分析及 $\varepsilon$ 值的测定方法。
(2) 掌握测定蒽醌粗品时波长的选择方法。

**2. 实验原理**

用紫外吸收光谱法进行定量分析时同样使用朗伯-比尔定律，选择合适的测定波长是进行紫外吸收光谱定量分析的重要环节。在蒽醌粗品中通常含有邻苯二甲酸酐，其紫外吸收光谱如图 7-6 所示，蒽醌在 251 nm 处有一强烈吸收峰（$\varepsilon = 4.6 \times 10^4$ L·mol$^{-1}$·cm$^{-1}$），在 323 nm 处有一中等强度的吸收峰（$\varepsilon = 4.7\times10^3$ L·mol$^{-1}$·cm$^{-1}$）。

若考虑灵敏度，拟选择 251 nm 作为测定蒽醌的波长，但由于 251 nm 波长附近有一邻苯二甲酸酐的强烈吸收峰 $\lambda_{max}$ = 224 nm（$\varepsilon = 3.3\times10^4$ L·mol$^{-1}$·cm$^{-1}$），测定受到严重干扰。而在 323 nm 处邻苯二甲酸酐却无吸收，因此选用 323 nm 作为蒽醌定量分析的测定波长更为合适。

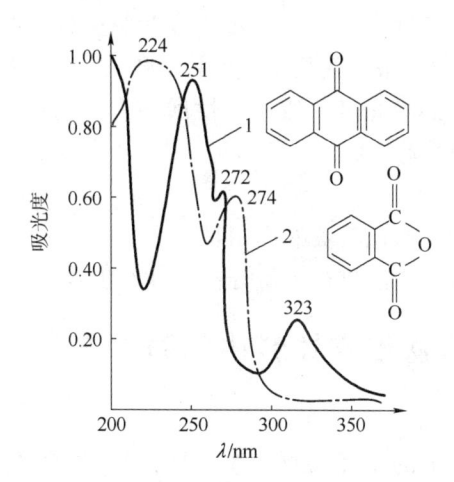

1—蒽醌；2—邻苯二甲酸酐。

图 7-6　蒽醌和邻苯二甲酸酐在甲醇中的紫外吸收光谱

摩尔吸光系数 $\varepsilon$ 是吸收光度分析中的一个重要参数，最大吸收峰处的 $\varepsilon$，既可用于定性鉴定，也可用于衡量物质对光的吸收能力，是评价分光光度法灵敏度的重要指标，其值通常利用求标准曲线斜率的方法求得。

### 3. 仪器与试剂

仪器：紫外-可见分光光度计。

试剂：蒽醌使用液（0.040 0 mg/mL），蒽醌、乙醇、邻苯二甲酸酐均为分析纯。蒽醌粗品由生产厂提供。

### 4. 实验内容与步骤

（1）配制蒽醌标准溶液系列，用吸量管分别吸取 0.00、2.00、4.00、6.00、8.00、10.00 mL 蒽醌使用液于 6 个 10 mL 容量瓶中，然后用乙醇稀释至刻度，摇匀备用。

（2）取 0.050 0 g 蒽醌粗品于 50 mL 烧杯中，用乙醇溶解，随后转移至 25 mL 容量瓶内并定容。取定容后的溶液 2.50 mL 于 10 mL 容量瓶中，用乙醇稀释至刻度，摇匀备用。

（3）取蒽醌标准溶液系列中的一份溶液，以乙醇为参比溶液，用紫外-可见分光光度计测量蒽醌的紫外吸收光谱。

（4）配制浓度为 0.1 mg/mL 的邻苯二甲酸酐的乙醇溶液 10 mL，并测绘其紫外吸收光谱（以乙醇为参比溶液）。

（5）以乙醇为参比溶液，在波长 323 nm 处测定蒽醌标准溶液系列和蒽醌粗品试液的吸光度。

### 5. 注意事项

（1）绘制紫外吸收光谱或紫外-可见吸收光谱时，应使用石英吸收池。绘制可见吸收光谱时，既可使用石英吸收池，也可使用玻璃吸收池。

（2）对于易挥发试样，应在吸收池上盖玻璃片。

**6. 数据处理**

（1）比较测绘得到的蒽醌、邻苯二甲酸酐的紫外吸收光谱并与图7-6进行对照，说明测定波长选择的依据。

（2）以蒽醌标准溶液的浓度为横坐标，吸光度为纵坐标，绘制标准曲线并计算线性回归方程，求蒽醌标准曲线的斜率$a$、截距$b$和相关系数$r$，并计算蒽醌的$\varepsilon$值。

（3）根据蒽醌粗品试液的吸光度，通过线性回归方程求出其浓度，并根据试样配制情况，计算蒽醌粗品中蒽醌的质量分数。

**7. 思考题**

（1）在分光光度分析中，参比溶液的作用是什么？

（2）简述利用紫外吸收光谱法进行定量分析的基本步骤。

## 7.5.6 紫外吸收光谱法测定饮料中的防腐剂

**1. 实验目的与要求**

（1）了解两种食品防腐剂的紫外吸收光谱特性，并利用该特性对食品中所含的防腐剂进行定性鉴定。

（2）掌握最小二乘法及计算机处理分光光度分析数据的方法，并对食品中防腐剂的含量进行定量测定。

**2. 实验原理**

为了防止食品在储存过程中可能发生的变质与腐败，通常在食品中添加防腐剂，防腐剂使用的品种与用量都有严格的规定。苯甲酸和山梨酸以及它们的钠盐、钾盐是食品卫生标准允许使用的两种主要防腐剂。苯甲酸具有芳香结构，其在波长228 nm和272 nm处有K吸收带和B吸收带；山梨酸具有α，β-不饱和羰基结构，其在波长255 nm处有π→π*跃迁的K吸收带，因此根据其紫外吸收光谱特征可以对它们进行定性鉴定和定量测定。

由于食品中防腐剂的用量很少，一般在0.1%左右，而且食品中其他成分也可能产生干扰，因此一般需要预先将防腐剂进行分离，并经提纯浓缩后测定。常用的从食品中分离防腐剂的方法有蒸馏法和溶剂萃取法等。本实验采用溶剂萃取法，使用乙醚将防腐剂从样品中提取出来，再经碱性水溶液处理及乙醚提取以达到分离、提纯的目的。

采用最小二乘法处理标准溶液的浓度和吸光度数据，从而求得浓度与吸光度之间的线性回归方程，并根据该线性回归方程计算样品中防腐剂的含量。

**3. 仪器与试剂**

仪器：Agilent 8453紫外-可见分光光度计、吸量管、分液漏斗（150 mL、250 mL）、容量瓶、分析天平。

试剂：HCl溶液（0.05 mol·L$^{-1}$、0.1 mol·L$^{-1}$、2 mol·L$^{-1}$）、苯甲酸、山梨酸、乙醚（$C_2H_5OC_2H_5$）、NaCl、1% NaHCO$_3$水溶液。

**4. 实验内容与步骤**

1）样品中防腐剂的分离

称取2.0 g待测样品用40 mL蒸馏水溶解，将其移入150 mL分液漏斗中，加入适量的粉状 NaCl，待溶解后滴加 0.1 mol·L$^{-1}$ HCl 溶液，使溶液的 pH<4。依次用 30、20 和 20 mL 乙醚分三次萃取样品溶液，合并乙醚并弃去水相。用 2 份 30 mL 0.05 mol·L$^{-1}$ HCl 溶液洗涤乙醚萃取液，弃去水相。然后用 3 份 20 mL 1% NaHCO$_3$ 水溶液依次萃取乙醚溶液，合并 NaHCO$_3$ 溶液，随后使用 2 mol·L$^{-1}$ HCl 溶液酸化 NaHCO$_3$ 溶液并多加 1 mL HCl 溶液，将该溶液移入 250 mL 分液漏斗中。依次用 25、25、20 mL 乙醚分 3 次萃取已酸化的 NaHCO$_3$ 溶液，合并乙醚并将其移入 100 mL 容量瓶中，用乙醚定容后，吸取 2 mL 溶液于 10 mL 容量瓶中，定容后测定紫外吸收光谱。

如测定试样中无干扰组分，则可直接测定，以雪碧为例，吸取 1 mL 雪碧试样在 50 mL 容量瓶中，用蒸馏水稀释定容即可测定紫外吸收光谱。

2）防腐剂的定性鉴定

取经提纯稀释后的乙醚萃取（或水）溶液，使用 1 cm 吸收池，以乙醚（或水）为参比溶液，在波长 210~310 nm 范围内测定紫外吸收光谱，根据其吸收峰、吸收强度以及其与苯甲酸/山梨酸标准样品紫外吸收光谱的对照，确定防腐剂的种类。

3）防腐剂的定量测定

（1）配制苯甲酸（或山梨酸）标准溶液。准确称取 0.10 g（准确至 0.1 mg）标准样品，用乙醚（或水）溶解后，移入 25 mL 容量瓶中定容，吸取 1 mL 溶液，用乙醚（或水）定容至 25 mL，此时此溶液含标准样品的浓度为 0.16 mg/mL，作为储备液。吸取 5.00 mL 储备液于 25 mL 容量瓶中，定容后，得到浓度为 32 μg/mL 的标准溶液。

分别吸取标准溶液 0.50、1.00、1.50、2.00 和 2.50 mL 于 5 个 10 mL 容量瓶中，使用乙醚（或水）定容。

（2）以乙醚（或水）为参比溶液，在苯甲酸或山梨酸最大吸收波长处分别测定上述 5 个标准溶液的吸光度。

（3）用步骤 2）中进行定性鉴定后的样品的乙醚萃取液（或稀释液），按上述测定标准溶液的方法测定其吸光度。

**5. 注意事项**

（1）将混合溶液充分振荡后萃取分离，以取得较理想的萃取效果。

（2）用 1 cm 有盖石英比色皿，以防止溶剂挥发、浓度发生变化。

**6. 数据处理**

1）记录数据

将实验测定的标准溶液浓度和吸光度数据填入表 7-8 中。

表 7-8　实验数据

| $N$ | 1 | 2 | 3 | 4 | 5 |
|---|---|---|---|---|---|
| $\rho/(\mu g \cdot mL^{-1})$ | | | | | |
| 吸光度 $A$ | | | | | |

2）线性回归计算法

（1）用最小二乘法计算浓度 $\rho$ 与吸光度 $A$ 间关系的直线方程 $A=k\rho+b$ 的系数 $k$ 及常数 $b$。

（2）绘制标准曲线。将各标准溶液的浓度 $\rho$ 代入线性回归方程中，求得相应的吸光度 $A'$。以 $\rho$ 为横坐标，$A'$ 为纵坐标绘制回归直线，同时将实验测得的吸光度 $A$ 也标在图上，以资比较。

（3）计算样品中防腐剂的含量。将测得的样品溶液吸光度 $A$ 代入线性回归方程，求得样品的乙醚萃取液中苯甲酸的浓度 $\rho_x$，随后计算样品中防腐剂的含量。

**7. 思考题**

（1）是否可以用苯甲酸的 B 吸收带进行分析？此时标准溶液的浓度范围应该是多少？

（2）萃取过程若出现乳化或不易分层现象，应如何处理？

## 7.5.7 紫外-可见分光光度法测定废水中的微量苯酚

**1. 实验目的与要求**

（1）掌握紫外-可见分光光度计的使用方法。

（2）掌握紫外-可见分光光度法测定苯酚的方法与原理。

**2. 实验原理**

苯酚是一种剧毒物质，可致癌，目前已经被列入有机污染物黑名单。但是，一些药品食品添加剂、消毒液中均含有一定量的苯酚，如果其含量超标，将产生较大的毒害作用。对苯酚中性溶液进行扫描时，发现其在波长 269.30 nm 处有最大吸收峰。通过对在波长 269.30 nm 处不同浓度苯酚标准溶液吸光度的测定，即可绘制标准曲线并求出未知样品中苯酚的质量分数。

**3. 仪器与试剂**

仪器：紫外-可见分光光度计、容量瓶、移液管。

试剂：苯酚储备液（0.3 g·L$^{-1}$）、废水、蒸馏水。

**4. 实验内容与步骤**

1）标准溶液和样品溶液的制备

分别取 4.00、5.00、6.00、7.00、8.00 mL 0.3 g·L$^{-1}$ 苯酚储备液于 50 mL 容量瓶中，用蒸馏水定容，即为标准溶液系列。取一定体积的废水，经过滤后作为样品溶液。

2）最大吸收波长的选择

在标准溶液系列中任取一瓶，以水为参比溶液，分别在波长 200~300 nm 之间以 10 nm 为间隔测定吸光度，在吸光度最大值附近以 2 nm 为间隔进行测定，直至找到最大吸收波长。

3）标准曲线的绘制和样品的测定

以蒸馏水为参比溶液，在最大吸收波长处测定上述标准溶液和样品溶液，利用标准溶液的吸光度绘制标准曲线，并根据标准曲线求出废水中苯酚的质量分数。

**5. 注意事项**

（1）紫外区用石英比色皿，注意配对使用。

（2）切勿将样品或溶液溅于仪器上或样品室内，应保持样品室清洁与干燥。

**6. 数据处理**

（1）吸收曲线的绘制：在波长 200~300 nm 的范围内，以波长为横坐标，吸光度为纵坐标绘制吸收曲线，找出最大吸收波长。

（2）标准曲线的绘制：输入标准溶液的浓度，测定标准溶液的吸光度，绘制 $A$-$c$ 标准曲线。

（3）根据废水测得的吸光度，利用标准曲线计算废水样品中苯酚的质量分数。

**7. 思考题**

（1）紫外-可见分光光度法测定过程中定性与定量分析的依据是什么？

（2）紫外-可见分光光度计主要由哪些部件组成？

（3）描述紫外-可见分光光度法的特点及适用范围。

# 第 8 章　红外吸收光谱法

## 8.1　概　　述

红外吸收光谱法是根据分子对红外辐射的吸收特性而构建起来的一种定性（包括结构分析）、定量分析方法。依据物质分子与光的作用关系，红外吸收光谱与紫外-可见吸收光谱都属于分子吸收光谱，但产生的机理不同，红外吸收光谱为振动-转动光谱，而紫外-可见吸收光谱为电子光谱。一般红外光的波长包括 0.78~500 μm 范围，由于实验技术和应用不同，常把红外区分为 3 个区域：近红外区（泛音区），波长 0.78~2.5 μm（12 800~4 000 cm$^{-1}$）；中红外区（振动-转动区），波长 2.5~25 μm（4 000~400 cm$^{-1}$）；远红外区（骨架振动区），波长 25~500 μm（400~10 cm$^{-1}$）。一般所说的红外光谱即指中红外光谱。中红外光谱主要用于研究物质分子的振动-转动光谱。

一般用透光度-波数曲线或透光度-波长曲线描述红外吸收光谱。两种方法不同，所得到的两张光谱的外貌有差异，即峰位置、峰的强度和形状往往不同。

红外吸收光谱法定性与定量分析的依据与紫外-可见吸收光谱法相似。特征吸收峰的波长或波数、峰数目以及峰强度是对分析物进行定性分析及结构分析的依据；而特征吸收峰强度是分析物浓度的函数，符合朗伯-比尔定律。

第一代红外光谱仪以棱镜为色散元件，第二代红外光谱仪以光栅为色散元件，而第三代红外光谱仪则引入了傅里叶变换，称为傅里叶变换红外光谱仪（Fourier Transform Infrared Spectrometer，FTIR）。不同于第一、第二代红外光谱仪，傅里叶变换红外光谱仪无分光系统，一次扫描可得到全谱。其特点是扫描速度快，可在 1 s 内测得多张红外光谱；光通量大，可以检测透光度比较低的样品，便于利用漫反射、镜面反射、衰减全反射等各种附件；能检测多种类型的样品（如气体、固体、液体、薄膜和金属镀层等）；分辨率高，便于观察气态分子的精细结构；测定光谱范围宽，只要相应地改变光源、分束器和检测器的配置，就可以得到整个红外区的光谱。这在很大程度上扩展了红外光谱法的应用领域。

## 8.2　方法原理

红外吸收光谱法主要依据分子内部原子间的相对振动与转动等信息进行测定。

## 8.2.1 双原子分子的红外吸收频率

分子振动可以近似地看作分子中的原子以平衡点为中心，进行周期性振动。双原子分子的振动模型可以用经典方法来模拟，如图 8-1 所示。把它看成用一个弹簧连接的两个小球，$m_1$ 和 $m_2$ 分别代表两个小球的质量，即两个原子的质量，弹簧的长度代表分子化学键的长度。这个体系的振动频率取决于弹簧的强度，即化学键的强度和原子的质量。而振动是在两个小球的键轴方向发生的。

**图 8-1 双原子分子的振动模型**

按照经典力学，可以得到如下计算公式：

$$v = \frac{1}{2\pi}\sqrt{\frac{k}{\mu}} \tag{8-1}$$

或

$$\bar{v} = \frac{1}{2\pi c}\sqrt{\frac{k}{\mu}} \tag{8-2}$$

可简化为

$$\bar{v} \approx 1\,304\sqrt{\frac{k}{\mu}} \tag{8-3}$$

式中，$v$ 是振动频率，Hz；$\bar{v}$ 是波数，$cm^{-1}$；$k$ 是化学键的力常数，N/cm；$c$ 是光速（$3\times10^{10}$ cm/s）；$\mu$ 是原子的折合质量 $\left(\mu = \dfrac{m_1 \cdot m_2}{m_1 + m_2}\right)$。

由分子振动方程式（8-2）或式（8-3）可见，影响振动频率的直接因素为原子质量以及化学键的力常数。由于分子结构不同，其内部原子质量和化学键的力常数就不同，因此出现不同的吸收频率，形成特征的红外吸收光谱。这个与一定的结构单位相联系的振动频率称为基团频率。现将一些常见有机基团的吸收区域及吸收频率总结于附表 14 中。

## 8.2.2 多原子分子的吸收频率

双原子分子振动只能发生在连接两原子的直线上，且只有一种振动方式，而多原子分子则有多种振动方式。假设分子由 $n$ 个原子组成，每一个原子在空间都有 3 个自由度，则分子具有 $3n$ 个自由度。非线性分子有 3 个转动自由度，线性分子则只有 2 个转动自由度，因此非线性分子有 $3n-6$ 个振动自由度，而线性分子有 $3n-5$ 个振动自由度。以水分子为例，其振动方式如图 8-2 所示。水分子由 3 个原子组成，且各原子不在一条直线上，其振动方式应有 $3\times3-6=3$ 种，分别为对称伸缩振动、非对称伸缩振动及弯曲振动。O—H 键长度改变的振动称为伸缩振动，水分子 H—O—H 夹角改变的振动称为弯曲振动。通常，键长的改变比键角的改变需要更大的能量，因此伸缩振动出现在高波数区，弯曲振动出现在低波数区。

$\bar{v}_1 = 3\ 652\ cm^{-1}$
对称伸缩振动

$\bar{v}_2 = 3\ 756\ cm^{-1}$
非对称伸缩振动

$\bar{v}_3 = 1\ 595\ cm^{-1}$
弯曲振动

图 8-2 水分子的振动及红外吸收

## 8.2.3 红外谱带强度

红外吸收峰的强度与偶极矩的变化有关，与振动时偶极矩变化的平方成正比。通常，永久偶极矩大的，振动时偶极矩的变化也较大，如 C═O（或 C—O）的强度比 C═C 或 C—C 要大得多。若偶极矩的变化为零，则无红外活性，即无红外吸收。

## 8.2.4 红外吸收光谱及其表示方法

红外吸收光谱法研究的是分子中原子的相对振动，也可归为化学键的振动。不同的化学键或官能团的振动能级从基态跃迁到激发态所需能量是不同的，因此吸收的红外光也是不同的。物质吸收不同的红外光，将在不同波长处出现吸收峰，从而形成红外吸收光谱。把一定厚度的聚苯乙烯薄膜放在红外光谱仪上可以记录到如图 8-3 所示的光谱，光谱的横坐标是红外光的波数；纵坐标是透光度，表示红外光照射到聚苯乙烯薄膜上，光能透过的程度。

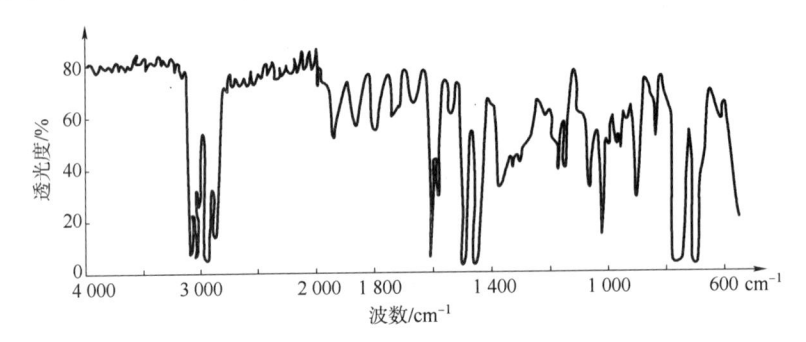

图 8-3 聚苯乙烯薄膜的红外吸收光谱

# 8.3 仪器部分

## 8.3.1 傅里叶变换红外光谱仪的工作原理

傅里叶变换红外光谱仪（图 8-4）的工作原理如图 8-5 所示。固定平面镜、分光器和可调凹面镜（动镜）组成了傅里叶变换红外光谱仪的核心部件——迈克耳孙干涉仪。从光源发射的红外光由分光器分为两束，其中 50%的光透射到动镜，另外 50%的光反射到固定平面镜。由动镜移动至两束光光程差为半波长的偶数倍时，这两束光发生相长干涉，干涉图由红外检测器获得，结果经傅里叶变换处理得到红外吸收光谱。

图 8-4　IRPrestige-21 型傅里叶变换红外光谱仪　　图 8-5　傅里叶变换红外光谱仪的工作原理

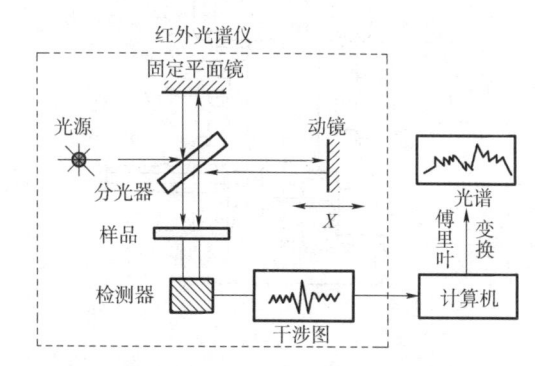

## 8.3.2　傅里叶变换红外光谱仪的主要部件

**1. 光源**

光源能发射出稳定、连续且具有高强度的红外光，通常使用 Nernst 灯、碳化硅或者涂有稀土化合物的镍铬旋状灯丝。

**2. 干涉仪**

干涉仪的作用是将复色光变为干涉光。中红外干涉仪中的分光器主要由溴化钾材料制成；近红外干涉仪中的分光器一般由石英和 $CaF_2$ 材料制成；远红外干涉仪中的分光器一般由 Mylar 膜和网格固体材料制成。

**3. 检测器**

检测器一般分为热检测器和光检测器两类。热检测器是把某些热电材料的晶体放在两块金属板中，当光照射晶体后，晶体表面的电荷分布发生变化，因此可以测量红外辐射的功率。热检测器有氘代硫酸三甘肽、钽酸锂等类型。而光检测器则是利用材料受光照射后，由于导电性能发生改变而产生信号，最常用的光检测器有锑化铟、汞镉碲等类型。

**4. 计算机**

计算机的主要作用：控制仪器；从检测器截取干涉谱数据；累加平均扫描信号；对干涉谱进行相位校正和傅里叶变换计算；处理光谱数据等。

# 8.4　实验技术

## 8.4.1　固体样品制样

**1. 压模的构造**

压模的构造如图 8-6 所示，它由模压杆与压舌组成。压舌的直径为 13 mm，两个压舌的表面光洁度很高，可以保证压出的薄片表面光滑。使用时应注意样品的粒度、湿度和硬度，以免损伤压舌表面的光洁度。

(a)　　　　　　　　　　　　(b)

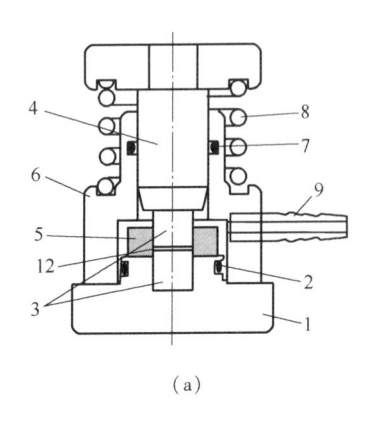

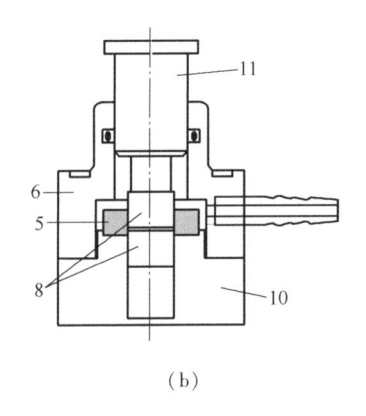

1—压片底座；2—O 形橡胶圈垫圈；3—压舌；4—模压杆；5—压片套圈；6—压片套筒；7—O 形橡胶圈垫圈；
8—弹簧；9—气体出口；10—模压底座；11—模压冲杆；12—溴化钾样品片。

图 8-6　压模的构造

（a）压片模具组装；（b）压片冲压组装

**2. 压模的组装**

将其中一个压舌放在底座上，光洁面朝上，并装上压片套圈，研磨后的样品放在这一压舌上，将另一压舌光洁面向下轻轻转动以保证样品平面平整，按顺序放压片套筒、弹簧和模压杆，加压 80 kN 并持续 5~8 min。

拆模时，将底座转换为取样模压底座，将上、下压舌及其中间的样品片和压片套圈一起移到取样模压底座，再分别装上压片套筒及压杆，稍加压后便可取出压好的薄片。

## 8.4.2　液体样品制样

**1. 液体池的构造**

如图 8-7 所示，液体池由后框架、窗片框架、窗片、间隔片和前框架等部分组成。一般而言，后框架和前框架由金属材料制成，窗片为氯化钠、溴化钾、KRS-5 或 ZnSe 等晶体薄片，间隔片常由铝箔或聚四氟乙烯等材料制成，起着固定液体样品的作用，厚度为 0.01~2 mm。

**2. 装样和清洗方法**

液体池应倾斜 30°，用注射器（不带针头）吸取待测的样品，由下孔注入直到上孔看到样品溢出为止，用聚四氟乙烯塞子塞住上、下注射孔，用高质量的纸巾擦去溢出的液体后，便可测试。测试完毕后，取出塞子，用注射器吸出样品，由下孔注入溶剂，冲洗 2~3 次。冲洗后，用吸球吸取红外灯附近的干燥空气吹入液体池内以除去残留的溶剂，然后放在红外灯下，烘烤至干，最后将液体池存放在干燥器中。

**3. 液体池厚度的测定**

根据均匀的干涉条纹的数目可测定液体池的厚度。测定的方法是将空的液体池作为样品进行扫描，由于两盐片间的空气对光的折射率不同而产生干涉。根据干涉条纹的数目（图 8-8）计算液体池的厚度。一般选定 1 500~600 cm$^{-1}$ 的范围较好，计算公式如下：

$$b = \frac{n}{2}\left(\frac{1}{\bar{v}_1 - \bar{v}_2}\right) \qquad (8-4)$$

式中，$b$ 为液体池的厚度，cm；$n$ 为在两波数间所夹的完整波形个数；$\bar{v}_1$、$\bar{v}_2$ 分别为起始、终止的波数，$cm^{-1}$。

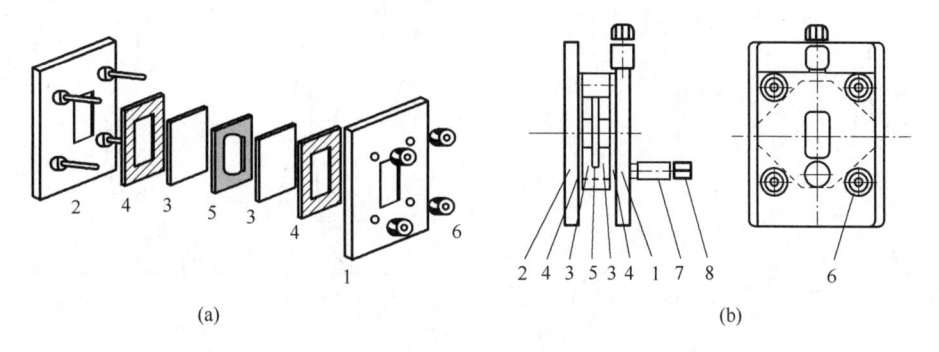

1—前框架；2—后框架；3—窗片；4—窗片框架；5—间隔片；6—压母；7—注液嘴；8—塞子。

图 8-7　液体池组成的示意图

（a）可拆式液体吸收池；（b）固定式液体吸收池

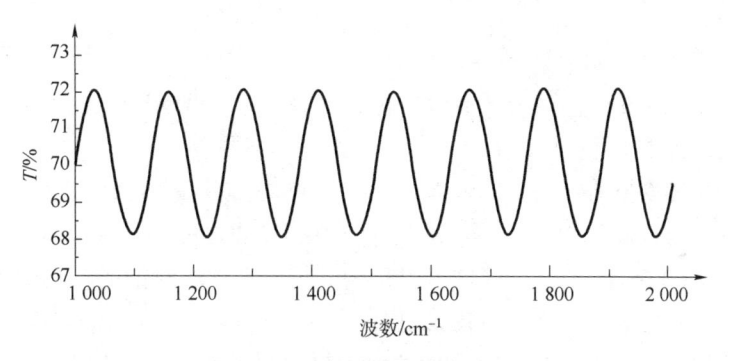

图 8-8　液体池的干涉条纹图

## 8.4.3　载样材料的选择

目前中红外区（$4\,000 \sim 400\ cm^{-1}$）的应用是最广泛的，一般选择的光学材料为氯化钠（$4\,000 \sim 600\ cm^{-1}$）与溴化钾（$4\,000 \sim 400\ cm^{-1}$），这些晶体很容易吸水使表面"发乌"，影响红外光的透过。因此，所用的窗片应放在干燥器内，要在湿度较小的环境中操作。另外，晶体片质地脆，而且价格较贵，使用时要特别小心。对含水样品的测试应采用 KRS-5（$4\,000 \sim 250\ cm^{-1}$）、ZnSe（$4\,000 \sim 650\ cm^{-1}$）和 $CaF_2$（$4\,000 \sim 1\,000\ cm^{-1}$）等材料。近红外区用石英和玻璃材料，远红外区用聚乙烯材料。

## 8.4.4　定量分析方法

红外吸收光谱的定量分析方法一般采用峰高法或峰面积法。

红外定量分析中一般采用基线法，即采用新基线代替零吸收线进行补偿。选谱带两侧吸光度最小的 A 和 B 点，连成直线 AB 作为新的基线求峰高（即峰高法），如图 8-9 所示。

峰面积法与峰高法一样采用基线法，用新基线代替零吸收线进行补偿，如图 8-10 所示，大基线选择 AB，峰面积从点 a 积分到点 b。

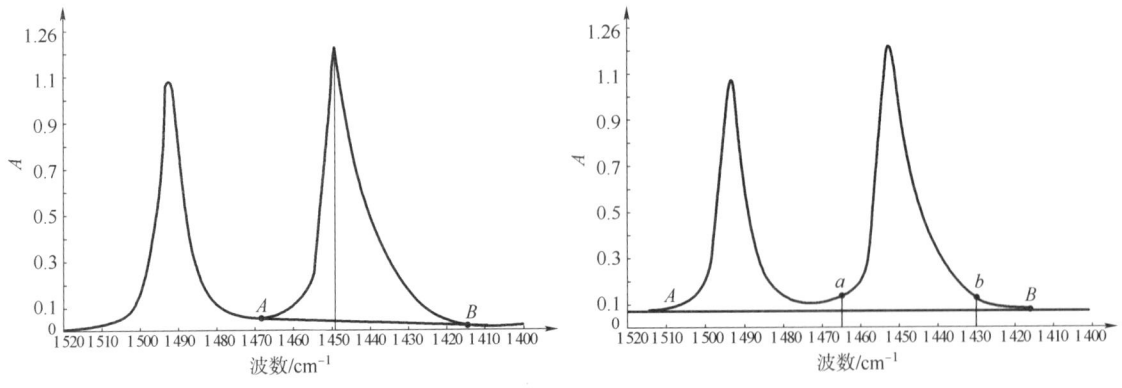

图 8-9　峰高法示意图

图 8-10　峰面积法示意图

## 8.4.5　红外吸收光谱解析

红外吸收光谱区域的划分如下。

（1）4 000~2 500 cm$^{-1}$：这个区域可以称为 X—H 伸缩振动区，X 可以是 O、N、C 和 S 原子，它们出现的范围如下。

O—H：3 650~3 200 cm$^{-1}$　　　　N—H：3 500~3 000 cm$^{-1}$
C—H：3 100~2 800 cm$^{-1}$　　　　S—H：2 600~2 500 cm$^{-1}$

（2）2 500~2 000 cm$^{-1}$：这个区域可以称为三键区和累积双键区，其中主要包括—C≡C—、—C≡N 等三键的伸缩振动和累积双键—C=C=C—、—C=C=O、—N=C=O 等的反对称伸缩振动。累积双键的对称伸缩振动出现在 1 100 cm$^{-1}$ 的指纹区里。

（3）2 000~1 500 cm$^{-1}$：这个区域可以称为双键伸缩振动区，其中主要包括 C=C、C=O、C=N、—NO$_2$ 等的伸缩振动，以及—NH$_2$ 的剪切振动、芳环的骨架振动等。

（4）1 500~600 cm$^{-1}$：这个区域可以称为部分单键振动和指纹区，这个区域的光谱比较复杂，其中主要包括 C—H、O—H 的变角振动，C—O、C—N、C—X（卤素）、N—O 等的伸缩振动，以及与 C—C、C—O 有关的骨架振动等。

## 8.4.6　镜面反射光谱技术

镜面反射光谱技术用于收集平整、光洁的固体表面的光谱信息，适用于金属表面薄膜、金属表面处理膜、食品包装材料和饮料罐表面涂层、厚的绝缘材料、油层表面、矿物摩擦面、树脂和聚合物涂层、铸模塑料表面等。

在镜面反射测量中，由于不同波长处的折射指数有所区别，因而在强吸收谱带范围内，经常会出现类似于导数光谱的特征，这样测得的光谱难以解释，使用 K-K（Kramers-Kronig）转换后，可解决解析上的困难，如图 8-11 所示。

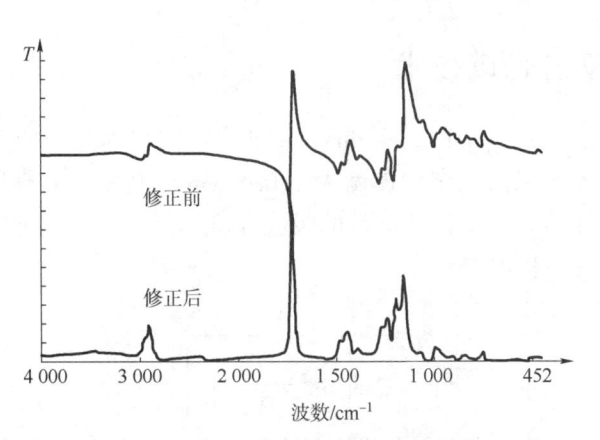

图 8-11 K-K 转换前后的示意图

## 8.4.7 漫反射光谱技术

漫反射光谱技术用于收集高散射样品的光谱信息，适用于粉末样品。漫反射红外光谱测定法是一种半定量技术，将 DR（漫反射）谱经过 K-M（Kubelka-Munk）方程修正，即

$$f(R_\infty) = \frac{(1-R_\infty)^2}{2R_\infty} = \frac{K}{S} \tag{8-5}$$

式中，$f(R_\infty)$ 为修正后的光谱信号强度；$R_\infty$ 为试样在无限深度下（大于 3 cm）与无红外吸收的参照物（如 KBr）的漫反射之比；$K$ 为分子吸收系数（常数）；$S$ 为试样散射系数（常数）。

DR 原谱的横坐标是波数，纵坐标是漫反射之比 $R_\infty$，经 K-M 方程修正，最终得到的漫反射光谱与红外吸收光谱相似，如图 8-12 所示。进行 DR 测量时，无须 KBr 压片，直接将粉末样品放入试样池，用 KBr 粉末稀释后，测其 DR 谱。用优质的金刚砂纸轻轻磨去表面进行固体制样，可大大简化样品准备过程，并且在砂纸上测量已被磨过的样品，可以得到高质量的光谱。由于金刚石的高散射性，用金刚石的粉末磨料可得到很好的结果。

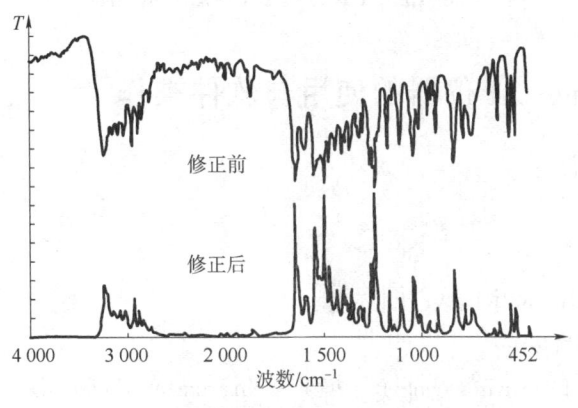

图 8-12 经 K-M 方程修正前后的示意图

## 8.4.8 衰减全反射光谱技术

衰减全反射（Attenuated Total Refcection，ATR）光谱技术用于收集材料表面的光谱信息，适用于普通红外光谱无法测定的厚度大于 0.1 mm 的塑料、高聚物、橡胶和纸张等样品。ATR 附件应用于样品的测量，各谱带的吸收强度不但与试样的吸收性质有关，还与光线的入射深度有关，其关系式如下：

$$dp = \frac{\lambda_1}{2\pi\left[\sin^2\alpha - \left(\frac{n_2}{n_1}\right)^2\right]^{\frac{1}{2}}} \tag{8-6}$$

式中，$dp$ 为入射深度；$\alpha$ 为入射角；$\lambda_1$ 为入射光在光密介质即多重反射晶体中的波长；$n_1$ 为反射晶体的折射率；$n_2$ 为样品的折射率。式（8-6）表明：入射深度是入射光波长 $\lambda_1$ 的函数，当入射角 $\alpha$ 和反射晶体的折射率 $n_1$ 选定后，样品的折射率是固定的，那么，$dp$ 与 $\lambda_1$ 成正比。长波（低波数）区入射深度大、吸收强，短波区则相反。这样，所获得的 ATR 红外光谱就需要经过多元线性回归（Multivariate Lincar Regresson，MIR）方程修正，如图 8-13 所示。

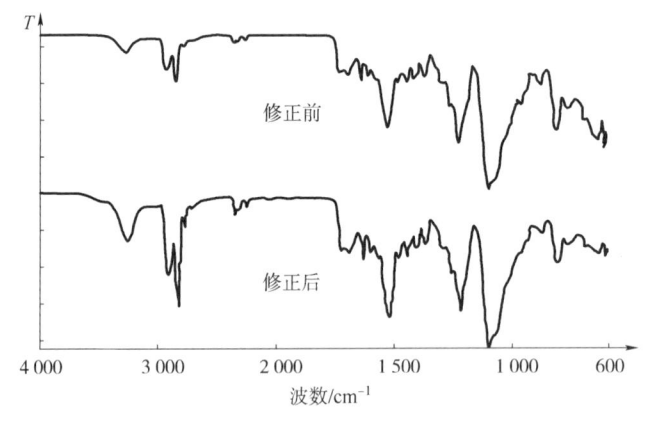

图 8-13 MIR 方程修正前后的示意图

## 8.4.9 IRPrestige-21 仪器的使用与软件操作

**1. 开机并启动软件**

（1）打开仪器。

（2）打开计算机。

（3）双击桌面的 IRsolution 软件图标。

**2. 选择仪器及初始化**

（1）单击菜单上的 Environment（环境）→Instrument Preferences（仪器参数选择）→Instruments（仪器），选择 IRPrestige-21。

（2）单击菜单上的 Measurement（测量）→Initialize（初始化），初始化完成后，即可开始进行测量。

**3. 光谱测定及参数设定**

（1）单击功能栏中的 Measure，在 Data 页面中，设置 Measuring Mode，选择% Transmittance（透光度）；Apodization（变迹函数）选择 Happ-Genzel（哈-根函数）；No. of Scans（扫描次数）通常设置为"40"；Resolution（分辨率）通常设置为"4 cm$^{-1}$"；Range（波数范围）通常设置为"4 000~400 cm$^{-1}$"。

（2）在 Instrument 页面中，含有如下设置：Beam（光束）选择 Internal（内部）；Detector（检测器）选择 standard（标准）；Mirror Speed（动镜速度）通常选择"2.8 mm/sec"。

（3）在 More 页面中，按具体样品设置相应参数。

（4）在 Files 页面中，输入文件名，保存为 Parameter files（参数文件.ftir）。

（5）在 Data file 框中，输入文件名，选择合适的保存路径。

**4. 光谱测定**

（1）单击此窗口的 [BKG]，进行背景扫描。

（2）放入样品，单击 [Sample]，进行样品扫描。

（3）最后将所得数据自动保存或换名保存为 smf 文件（*.smf）。

**5. 显示**

（1）波数范围以及纵轴范围的变更：变更图谱范围十分简单，只需单击图像上的 X 轴、Y 轴，在对话框中输入适当的数字即可。

（2）放大谱图：按住左键并拖动鼠标产生一个方框，到合适的大小后放开左键，放大的谱图范围就定义好了。按住左键拖动方框到需要放大的部位，松开左键，方框内的部分就被放大成整张谱图大小。

（3）范围列表：选择 Graph（谱图）→Range（范围）→Range List（范围列表），在对话框中输入 X 轴、Y 轴的范围，单击 Add to List，添加到表中。也可单击 Save As 将其保存为范围文件（*.rng）。

（4）显示全谱：在已放大的谱图的任意位置右击，选择 Full view，谱图恢复原状。

（5）显示或隐藏谱图：右击文件树中的文件名，在对话框中单击 [Display]，选择是否显示。[Clear All] 用于隐藏所有谱图。

（6）打开/关闭谱图：①打开谱图，选择主菜单 File→Open，双击要打开的文件，或通过工具条中的 [图标] 打开；②关闭谱图，选择主菜单 File→Close，关闭激活的谱图，选择主菜单 File→Close All，关闭所有打开的谱图。

（7）透过谱（%T）-吸收谱（Abs）的转换：选择 Graph（谱图）→Y-Axis Mode（Y 轴模式），选择 Tra（透光度）或 Abs（吸光度）；或通过选择工具条中的 [图标]。

（8）显示叠图：选择 Window（窗口）→Join Visible（重叠显示），将所有谱图显示于一个窗口中。选择 Window→Split（拆分），将重叠图拆开分别显示。

**6. 数据处理**

（1）峰值检测：选择 Manipulation 1（操作 1）→Peaktable（峰表），设置参数 Noise（噪声）、Threshold（阈值）、Min Area（最小峰面积）；单击 [Calc] 可将各峰的波数显示于峰的旁边，选取峰数的多少，可通过改变各参数值来完成，如果满意则单击 OK。峰的相关信息表格显示于 View 页面。

（2）基线校正：选择 Manipulation 1（操作 1）→Baseline（基线校正）→Zero（零基线），基线校正可选择 0 点、3 点或多点。

0 点，将基线调整到最大透光度为 100%；3 点，选择 3 处波数，调整到预定透光度；多点，选择多处波数，调整到最大透光度为 100%。单击 Add，可使用光标在需要成为基线的波数上单击，选择多点，完毕后单击 Calc，再单击 OK 确认。

**7. 谱图运算**

（1）与常数之间的四则运算：激活谱图，选择 Manipulation 1（谱图操作 1）→Arithmetic（四则运算），选择一种运算（+、−、×、÷），输入与之计算的常数值，单击 Calc ，结果显示在下面的窗口，如对结果满意，单击 OK。

（2）与图之间的运算：以差谱为例，激活被减谱图（Source），选择 Manipulation 2（谱图操作 2）→Dataset（谱图间运算），从文件树中选择待减去的谱图（Reference），在 Factor 框中输入因子，单击 Calc ，结果显示在下面的窗口，如对结果满意，单击 OK。

**8. 定量分析**

傅里叶变换红外光谱仪根据公式 $A=\varepsilon bc$ 进行定量分析，共有几种定量方法：Multipoint Calibration Curve Method（多点校正曲线法）、Multiple Linear Regression（多元线性回归）、Partial Least Square Method（偏最小二乘法）。

单击工具条上的 Quant ，选择 Analyze Method（分析方法）→Multi Point（多点校正）。

（1）填充 Calibration（校正）表：在 Name 栏输入组分名称，在 Unit 栏输入单位名称；选择文件树中标准谱图，双击或拖动谱图至 Spectrum 栏中，谱图显示于下部窗口中；在 Concentration 栏输入各标准谱图的浓度值。

（2）选择定量方式：Single wavenumber（单波数）、Peak area（峰面积）或 Peak height（峰高）。选择单波数法，在 Wavenumber 中输入定量波数，或单击 >> ，在谱图中选择。

（3）设置校正曲线：Order（曲线次数）选择 Linear（一次曲线）、Square（二次曲线）或 Cubic（三次曲线）；Origin（原点）选择 Ignore（忽略）、Fit（应用）和 Force（强制）。

（4）以上参数设置好后，单击 Calibrate ，校正曲线即显示在右下方窗口中，单击窗口中的 MP Result ，显示校正曲线方程式。

（5）测量未知样品：单击窗口中的 MP Analyze ，选择文件树中未知样品的谱图，双击或拖动谱图至表中，即显示出测量结果。

以上方法用于分析单组分样品，进行多组分样品的分析采用多元线性回归。

**9. 谱图检索**

IRsolution 软件中有 IRs ATR Reagent、IRs Polymer 与 IRs Reagent 三个数据库，包含 430 多张谱图以供检索。具体检索方法如下。

（1）激活未知谱图。

（2）单击功能栏中的 Search：在 Libraries 页面中定义使用的谱库；在 Parameters 页面中输入相关的检索参数，在 Maximum hits 中输入显示命中谱图的数量，在 Minimum quality 中输入最小的匹配度（HQI 分值为 0~1 000）；在 Algorithm（运算法则）中选择 Pearson（皮尔森）或 Euclidean（欧几里得）；在 Skip Points（跳读点）中通常选择"4"。

（3）单击 Search ，显示检索结果。上半部分为未知谱图，中间内容是与之相匹配的谱图，下半部分则是检索报告。

**10. 打印报告**

软件中有常用报告模版，也可自己创建。

（1）激活所需要打印的谱图。

（2）选择 File→Print，在窗口中选择模版报告，单击打开。

（3）打印前可通过选择 File→Print Preview，预览打印报告。

### 8.4.10　FTIR-650 傅里叶变换红外光谱仪的简易操作流程

（1）开机。打开电源预热 5~10 min 后打开软件。

（2）设置参数。单击"采集"→"采集设置"[实验设置、工作台（max 5.6~9.5 之间）；采集起点、终点（默认为 400~4 000，极限为 380~7 800）；采集次数、分辨率（一般默认）；背景光谱管理（先采背景再采样）；纵坐标格式（默认为透光度）；光谱修正（空气修正）]，激光准直（重装软件需要做）。

（3）样品测定。

① 制样：取干燥样品 2 mg 与光谱纯 KBr 0.2 g 置于玛瑙研钵中充分研磨（粒径小于 2 μm），转入压片模具底座（凹槽向上，加入样品粉末适量），用上模具压平，放入压片机压片 [托住模具底座，松开油池螺钉，置于底座中央，关闭放压阀，加压（15~20 MPa）1 min 左右]，打开放压阀，取出样品片。

② 样品测定：在软件中单击采样品，提示准备采背景，放入纯 KBr 片或空着，单击"确定"，提示准备采样品，放入样品片（一般在右侧插槽），单击"确定"（一定要先放入样品再单击"确定"），完成谱图采集（判断谱图：基线 60%以上，纵坐标低值 0%~10%，不要有毛刺），保存谱图（单击"文件"→"另存为"，导出数据一般以 .csv 格式）。

（4）数据后处理。根据需要选择基线校正、平滑、Y 轴归一化等。

## 8.5　实　　验

### 8.5.1　KBr 固体压片法测定维生素 $B_2$ 的透射光谱

**1. 实验目的与要求**

（1）掌握常规固体样品的制样方法。

（2）了解红外光谱仪的工作原理（红外光谱仪的操作流程见视频 8-1）。

（3）学习红外光谱的解析方法，掌握使用标准谱库进行化合物鉴定的方法。

视频 8-1
红外光谱仪的
操作流程

**2. 实验原理**

不同状态的样品（固体、液体、气体以及黏稠样品）需要相应的制样方法。固体样品一般采用压片法，即将研细的粉末分散于固体介质中，一般是金属卤化物（如 KBr），使用时要将其充分研细，粒径最好小于 2 μm。随后用压片装置将样品压成透明的薄片后进行测定。

在相同的条件下，若被分析样品与标准纯化合物的红外光谱的吸收峰位置、吸收峰数目以及峰的相对强度完全一致，则认为这两者是同一种化合物。

**3. 仪器与试剂**

仪器：FTIR-650 型傅里叶变换红外光谱仪、DF-4B 型手压机、玛瑙研钵、红外灯、钢铲、镊子、模具及样品架。

试剂：光谱纯 KBr 粉末、维生素 $B_2$ 样品。

**4. 实验内容与步骤**

取 2~3 mg 维生素 $B_2$ 样品，随后将其与 200~300 mg 干燥的 KBr 粉末在玛瑙研钵中充分研磨并混匀，随后使用钢铲取出 70~90 mg 样品进行压片（背景采用纯 KBr 片）。测试红外光谱并进行光谱处理，包括基线校正、平滑、ABEX 扩张、归一化、光谱检索等，从而验证其化学结构。

**5. 注意事项**

（1）压片法可能造成光谱的倾斜，使用的样品量也会影响光谱，所以得到的光谱应先进行处理后再进行检索。常采用的处理功能包括基线校正、吸光度扩张与轻微平滑（平滑参数不宜过高，否则影响光谱的分辨率）等。

（2）制样须在红外灯下操作，以防样品吸水产生干扰峰。

**6. 数据处理**

（1）对于基线倾斜的光谱，可进行校正，噪声大时采用平滑功能，然后绘制出标有吸收峰的红外光谱。

（2）列出主要吸收峰并指认归属。

**7. 思考题**

（1）在使用压片法制样时，为什么要研磨到样品粒径为 2 μm 左右？研磨时若不在红外灯下，光谱上可能会出现什么情况？

（2）含羰基化合物光谱的主要特征是什么？

## 8.5.2 正丁醇-环己烷溶液中正丁醇含量的测定

**1. 实验目的与要求**

（1）掌握用标准曲线法进行定量分析。

（2）了解红外吸收光谱法纯组分定量的全过程。

（3）巩固不同浓度溶液的配制、样品含量的计算等技巧。

**2. 实验原理**

红外吸收光谱法定量分析的依据是朗伯-比尔定律。但是，由于杂散光和散射光的存在，糊状法制备的样品并不适用于定量分析，即便是液池法与压片法，也会由于盐片的不平整、颗粒的不均匀等问题造成吸光度与浓度之间的非线性关系。因此，在定量分析中，吸光度要用标准曲线法来获取。此外，还须采用基线法求得试样的吸光度，才能保证相对误差小于 3%。

**3. 仪器与试剂**

仪器：红外分光光度计、一对液体池、注射器、样品架。

试剂：正丁醇、环己烷、未知样品。

**4. 实验内容与步骤**

（1）测试样品池的厚度，厚度较小的作为参比池，而厚度较大的作为样品池。

（2）绘制标准曲线：分别取标准溶液（浓度20%）1.00、2.00、3.00、4.00、5.00 mL 转移到 10 mL 容量瓶中，用溶剂稀释至刻度线，随后测定每一个样品的红外吸收光谱，并用仪器自带的定量分析软件绘制标准曲线。

（3）测定未知样品的红外吸收光谱。

**5. 注意事项**

配制一系列不同浓度的标准样品时，应注意最高浓度与最低浓度的样品的特征吸收峰的吸光度应控制在 0~1.5 之间。测定每一个样品前都需要清洗液体池，以确保液体池干净，否则会造成较大误差。标准曲线的相关系数一般应大于 0.999 5。

**6. 数据处理**

用软件读取相应的峰高并计算未知样品的含量，最后输出结果报告。

**7. 思考题**

在绘制标准曲线的过程中，标准曲线的相关系数与哪些因素有关？

## 8.5.3 高散射粉末样品漫反射光谱的测定

**1. 实验目的与要求**

（1）掌握漫反射附件的测试方法。

（2）了解漫反射附件的工作原理。

**2. 实验原理**

把粉末样品分散在红外区没有吸收的 KBr 介质中。由于物质的晶形取向是随机的，当红外光照射于样品上时，样品的晶形取向会从各个方向散射入射的红外光，光散向空间各个方向，该现象称为漫反射。因漫反射光是由于入射光与样品发生了作用，所以收集漫反射的光信号值就可以获得样品的漫反射光谱。

**3. 仪器与试剂**

仪器：红外分光光度计、玛瑙研钵、漫反射附件。

试剂：光谱纯 KBr 粉末、蔗糖。

**4. 实验内容与步骤**

（1）将光谱纯 KBr 粉末装入样品杯，测定背景光谱。

（2）取 3 mg 蔗糖放在研钵中，加入一定量的光谱纯 KBr 粉末混匀后，再增加 KBr 粉末的量，不断混匀直到装满样品杯，测试粗颗粒蔗糖样品的漫反射光谱。

（3）取 3 mg 蔗糖放在研钵中研磨后，加入一定量的光谱纯 KBr 粉末混匀后，再增加 KBr 粉末的量，不断混匀直到装满样品杯，测试细颗粒蔗糖样品的漫反射光谱。

（4）比较粗颗粒与细颗粒蔗糖的两张漫反射光谱的差异。

**5. 注意事项**

（1）保证 KBr 粉末干燥。

（2）测量时间不宜过长，避免 KBr 粉末吸水受潮。

**6. 数据处理**

将获得的粗/细颗粒蔗糖的漫反射光谱进行 K-M 方程修正，并打印结果。

**7. 思考题**

（1）样品颗粒的粗细对漫反射光谱的测定有何影响？

（2）漫反射光谱法与压片法的区别是什么？

### 8.5.4 固体表面内反射光谱的测定

**1. 实验目的与要求**

（1）掌握 ATR 附件的使用方法。

（2）了解 ATR 附件的工作原理。

**2. 实验原理**

ATR 附件也称为内反射附件，其原理是先将来自红外光源的红外光聚焦反射于 KRS-5（或 Ge、ZnSe）晶体上，然后入射到样品表面。由于样品的折射率小于晶体，入射角比临界角大，光线完全被反射，从而产生全反射现象。事实上光线并不是在样品表面直接进行反射，而是进入样品一定的深度（一般为几微米）后再返回表面，因此收集 ATR 光就可以获得样品的 ATR 光谱。

**3. 仪器与试剂**

仪器：红外分光光度计、ATR 附件。

试剂：蔗糖溶液、蒸馏水。

**4. 实验内容与步骤**

（1）把 ATR 附件装在样品室架上，测定本底光谱。

（2）随后将蒸馏水加入 ATR 附件的样品槽中，测定水的 ATR 光谱。

（3）再把 ATR 附件的样品槽清洗干净，用蔗糖溶液加满样品槽，测定蔗糖的 ATR 光谱。

**5. 注意事项**

（1）加样时液体中不能夹带气泡。

（2）清洗样品槽时注意不要划伤晶体。

**6. 数据处理**

将获得的水和蔗糖的 ATR 光谱进行 ATR 修正和差谱，并打印结果进行比较。

**7. 思考题**

（1）ATR 附件有什么特点？

（2）ATR 附件为什么可以检测含水的样品？

# 第 9 章 分子发光分析法

## 9.1 概述

分子吸收外来能量,其分子的外层电子可能被激发从而跃迁至更高的电子能级。但是,这种处于激发态的分子并不是稳定的,它可以经由多种途径回到基态。这些衰变的途径包括辐射跃迁与非辐射跃迁两种。辐射跃迁过程伴随发光现象,称为分子发光。

分子发光包括荧光、磷光与化学发光等。荧光和磷光同属光致发光,但依旧有区分。对荧光来说,电子能量的转移不涉及电子自旋的改变,因此荧光的发光寿命往往较短。然而对磷光来说,伴随电子自旋的改变,因此磷光往往具有较长的发光寿命,即在辐射停止几秒或更长一段时间后,仍能检测到磷光。在多数情况下,光致发光所发射光的波长都长于激发它们的辐射波波长。

化学发光是基于化学反应过程中生成的化学能将物质由基态激发至激发态,而由激发态回到基态所发射的光。在一些情况下,这些能发射光谱的物质是分析物与适宜的试剂(通常是强氧化剂如臭氧或过氧化氢)反应产生的。化学发光测定的结果是分析物(或试剂)氧化产物的光谱特征,不是分析物本身的光谱特征。而在另一些情况下,分析物并不直接参与化学发光反应,而是分析物的抑制或催化作用作为化学发光反应的分析参数。

分子发光往往具有较高的灵敏度,测定光致发光或化学发光的强度可以定量测定许多痕量的无机物和有机物。相较于磷光与化学发光,荧光目前的应用较多。分子发光分析法最重要的特征是固有灵敏度高,检测限往往比吸收光谱法低 1~3 个数量级,可达 ng/mL,此外,光致发光的线性范围也常常大于吸收光谱。由于发光检测的高灵敏度,以及发光光谱、发光强度、发光寿命等各种发光特性对所研究体系的局部环境因素的敏感性,分子发光分析法在光学分子传感器、生物医学、药学和环境科学等众多领域的分析应用中展现了其优越性。

## 9.2 方法原理

### 9.2.1 荧光和磷光光谱法

**1. 荧光和磷光的产生**

基态分子在吸收光能后,其价电子从成键轨道或非键轨道跃迁至能量较高的反键轨道,产生激发态分子。然而，激发态分子并不稳定，通常会失去能量回到基态。如果激发态分子在返回基态时以光辐射的形式将能量释放出来，则这种光辐射就称为光致发光。图 9-1 为分子内部发生的激发过程以及辐射跃迁与非辐射跃迁衰变过程的示意图。

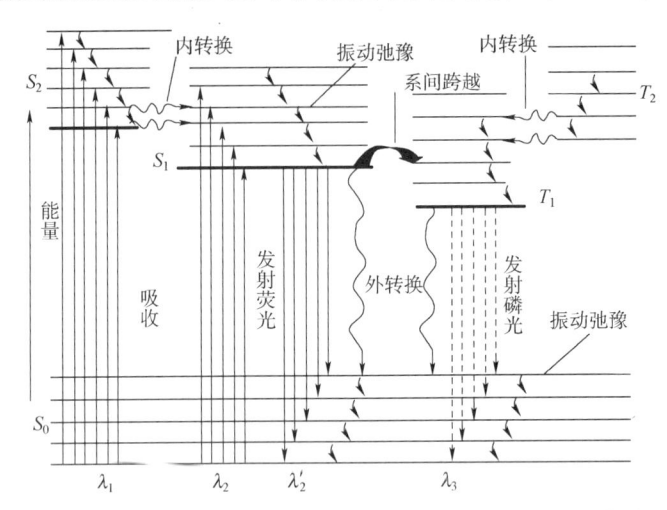

**图 9-1　分子部内部发生的激发过程以及辐射跃迁与非辐射跃迁衰变过程的示意图**

基态分子在吸收波长为 $\lambda_1$ 与 $\lambda_2$ 的光辐射之后，分别激发至第二电子激发单重态 $S_2$ 及第一电子激发单重态 $S_1$。通过振动弛豫以及内转换失去部分能量回到 $S_1$ 的最低振动能级。从 $S_1$ 的最低振动能级伴随光子的发射回到基态 $S_0$ 的过程，即 $S_1 \rightarrow S_0$ 跃迁产生的发光现象称为荧光。$S_1$ 与 $S_0$ 能级间的能量差对应的波长就是荧光的发射波长。荧光过程是单重态-单重态跃迁，受激电子的自旋状态并未发生改变。若处于 $S_1$ 的电子基于自旋-轨道耦合作用，通过系间跨越，由单重态 $S_1$ 转入三重态 $T_1$，再通过光辐射失去能量回到基态 $S_0$，此光辐射过程所发射出的光就称为磷光。显然，磷光波长比荧光波长要长，而且由于 $S_1 \rightarrow T_1$ 跃迁涉及电子自旋状态的改变，属于禁阻跃迁，因此磷光的发光寿命（$10^{-4} \sim 10\,\text{s}$）显著长于荧光的发光寿命（$10^{-11} \sim 10^{-7}\,\text{s}$）。处于三重态 $T_1$ 的电子更容易通过碰撞等非辐射失活途径回到基态，因此常温溶液的磷光不容易观测到，往往需要在低温环境下进行检测。

**2. 荧（磷）光量子效率**

荧光量子效率（$\phi_F$）也叫荧光量子产率，即发射荧光的分子数与总的激发态分子数之比，表示物质发射荧光的能力。磷光量子效率（$\phi_P$）还与系间跨跃效率有关。

$$\phi_F = \frac{发射荧光的分子数}{总的激发态分子数},\quad \phi_P = \frac{发射磷光的分子数}{总的激发态分子数}$$

$$\phi_F = \frac{k_F}{k_F + \sum_{i=1}^{n} k_i},\quad \phi_P = \phi_{st}\frac{k_P}{k_P + \sum_{i=1}^{n} k_i} \tag{9-1}$$

式中，$k_F$、$k_P$ 主要取决于荧光物质的分子结构；$\phi_{st}$ 为系间跨跃效率；$\sum_{i=1}^{n} k_i$ 主要取决于化学环境，也与荧光物质的结构有关。多数荧光物质的量子效率在 0.1~1 之间。

**3. 荧光与分子结构的关系**

虽然许多物质能够吸收紫外光和可见光，但只有一部分物质能发射荧光或磷光。分子能否发射荧光或磷光，在很大程度上取决于其内部的分子结构。具有强荧光性的物质往往具有如下特征：(1) 具有大的共轭 π 键体系；(2) 具有刚性的平面结构；(3) 环上的取代基为给电子基团；(4) 其最低的电子激发单重态为 ($\pi$, $\pi^*$) 型。

## 9.2.2 化学发光分析法

某些物质在进行化学反应的过程中，由于吸收了反应所产生的化学能而被激发，从激发态返回基态时，发射出一定波长的光，这种因吸收化学能使分子发光的过程称为化学发光。化学发光光谱与对应物质的荧光光谱和磷光光谱十分相似。化学发光分析法具有灵敏度高、分析速度快、线性范围宽等特点。

**1. 化学发光反应的条件**

在化学反应过程中，某些反应产物接受化学能而被激发，从激发态返回基态时，发射出一定波长的光。这一过程可表示为

$$A+B \Longrightarrow C+D^*$$
$$D^* \longrightarrow D+h\nu$$

能够产生化学发光的反应须具备如下条件。

(1) 能快速地释放出足够的能量，其多为氧化还原反应，激发能与反应能相当，$\Delta E = 170 \sim 300$ kJ/mol，且发光位于可见区。

(2) 反应历程有利于激发态产物的形成。

(3) 激发态分子能以辐射跃迁的形式返回基态，或可以将能量转移给可以产生辐射跃迁的其他分子。

**2. 化学发光效率和发光强度**

化学发光效率的计算式为

$$\varphi_{cl} = \frac{\text{发射光子的分子数}}{\text{参加反应的分子数}} = \varphi_r \cdot \varphi_f \tag{9-2}$$

式中，$\varphi_r$ 为化学效率，主要取决于发光所依赖的化学反应本身；$\varphi_f$ 为发光效率，取决于发光体本身的结构和性质，也受环境的影响。

在化学发光分析中，常用总的发光强度与分析物浓度成正比来进行定量分析，即

$$\int_0^t I_{cl}(t) dt = \varphi_{cl} \int_0^t \frac{dc}{dt} dt = \varphi_{cl} \cdot c \tag{9-3}$$

# 9.3 仪器部分

## 9.3.1 荧光分光光度计

荧光分光光度计由光源、单色器、样品池、检测器和显示器等部分组成。相较于紫外-可见分光光度计，荧光分光光度计中有两个单色器，包括激发单色器和发射单色器。为了消除入射光及散光的影响，荧光的测量在与激发光成直角的方向。荧光分光光度计的结构框图

如图 9-2 所示。

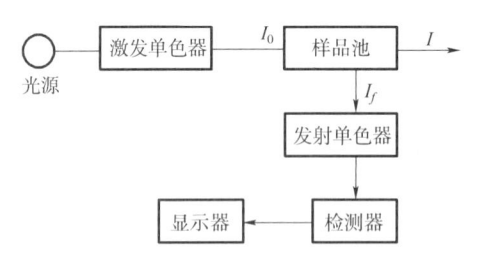

**图 9-2 荧光分光光度计的结构框图**

（1）光源。光源要求发射强度大、波长范围宽。常用的光源包括高压汞灯和氙弧灯。高压汞灯发射的 365、405、436 nm 三条谱线是荧光分析中常用的；氙弧灯可发射 200~700 nm 的连续光谱。

激光也可作为激发光源。激光具有诸多优势，如单色性好、强度大，而且光照时间短，可避免荧光物质的分解，是一种近年来应用日益普遍的新型荧光光源。

（2）单色器。荧光分光光度计有两个单色器：激发单色器位于光源和样品池之间，用于选择激发波长；发射单色器位于样品池和检测器之间，用于选择最大的荧光发射波长。荧光分光光度计中常用光栅作为色散元件，且两个单色器均带有可调狭缝，从而可以选择合适的通带。

（3）样品池。荧光分析用样品池需使用低荧光材料且不吸收紫外光的石英池。其形状为长方形，且样品池四面均为透光面，从而使荧光光谱仪可从直角方向进行检测。

（4）检测器。因荧光的强度一般比较弱，所以要求检测器具有较高的灵敏度，一般较精密的荧光分光光度计均采用光电倍增管作为检测器。

常用的荧光分光光度计有手控自动扫描式荧光分光光度计（国产 YF-2 型、日立 650-10S 型等）和微机化荧光分光光度计（国产 960MC 型、日立 F-4500 型、岛津 RF-5000 型等）。前一类可通过手控方便地调节扫描波长、测量灵敏度、狭缝宽度等实验参数，以获得理想的荧光光谱；后一类则视微机功能的强弱，通过键盘指令，自动进行扫描并输出谱图，也可进行各种方式的数据处理。

## 9.3.2　磷光分光光度计

磷光分光光度计与荧光分光光度计的结构相似。但是，磷光分析还须配备装有液氮的石英杜瓦瓶以及可转动的斩波片或圆柱形筒。

## 9.3.3　化学发光分析仪

目前市售的化学发光分析仪大致可分为液相分析仪、气相分析仪与专用分析仪三种类型。根据进样方式的不同，液相反应可采用静态注射或流动注射的方式。

静态注射方式：使用注射器将试剂加入反应器中，测定最大发光强度或总发光强度。该方式的缺点是试样量小，重复性差。

流动注射方式：用蠕动泵分别将试剂连续送入混合器，反应试剂和分析物定时通过测量室，且在载流推动下向前移动，被检测的光信号只是整个发光动力学曲线的一部分，而以峰高进行定量测量。

## 9.3.4 国产960MC型荧光分光光度计的简易操作方法

### 1. 主机

主机各部分示意图如图9-3所示。

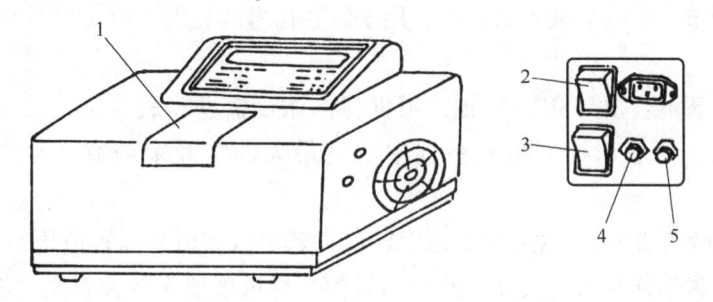

1—样品室；2—主机电源开关；3—汞灯电源开关；4—主机电源熔断器；5—汞灯电源熔断器。

图9-3 主机各部分示意图

（1）样品室。样品室盖是掀开式的。
（2）主机电源开关。开关处于"ON"时，电源接通。
（3）汞灯电源开关。开关处于"ON"时，汞灯亮。
（4）电源开关操作程序。
开机程序：汞灯电源开关→主机电源开关→打印机开关。
关机程序：打印机开关→主机电源开关→汞灯电源开关。

### 2. 键盘

键盘（图9-4）分为以下三部分。
（1）数字键：0~9，〈ENTER〉（输入）。
（2）参数键：〈$\lambda_1$〉（波长1），〈$\lambda_2$〉（波长2），〈Y SCALE〉（纵轴），〈X SCALE〉（横轴），〈BLANK〉（空白），〈AUTO〉（自动量程），〈SENS〉（灵敏度），〈CONC〉（浓度）。
（3）控制键：〈DATA〉（数值），〈SHUT〉（光门），〈PRINT〉（打印），〈SCAN〉（扫描），〈GOTO〉（定波长），〈STOP〉（停止），〈FUNCTION〉（功能）。

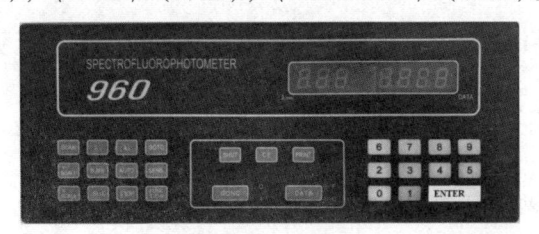

图9-4 键盘

### 3. 简易操作方法

（1）开机预热：接通电源，先打开汞灯电源开关，再打开主机电源开关，屏幕显示

"960"为正常。预热 30 min 后,屏幕自动显示为初始位置 280 nm 波长处。

(2) 打开光门:按〈SHUT〉键一次,指示灯亮,光门打开。

(3) 显示数值选择:按〈DATA〉键一次,C(浓度)指示灯亮,显示当前测量的浓度。再按一次,F(荧光强度值)指示灯亮,显示当前测量的荧光强度值。

(4) 波长选择:按〈GOTO〉键,则指示灯亮,按数字键输入指定波长后,按〈ENTER〉键,屏幕显示所选波长,待指示灯暗,操作结束。

(5) 纵轴调节:按〈Y SCALE〉键,用于纵轴信号的放大,输入范围为 1~9 999,建议小于 20。

(6) 灵敏度调节:按〈SENS〉键,根据样品浓度需获得较佳数而设定,输入范围为 1~8 之间的整数。一般用标准溶液系列中浓度最大的溶液来调节,荧光强度值不能高于 99.9。

注意:若灵敏度值为 8,说明样品浓度较低;若灵敏度值与纵轴值均为 1,样品荧光强度值大于 90.0,说明样品浓度太高,此时纵轴值、灵敏度值无较大意义,需将样品进行适当处理,再重复以上操作。

(7) 测定标准溶液:将标准溶液转移至荧光比色皿中,放入样品池,轻合上盖子,屏幕显示荧光强度值。注意:从低浓度向高浓度测定。

(8) 测定样品溶液:将样品溶液转移至荧光比色皿中,放入样品池,轻合上盖子,屏幕显示荧光强度值。

(9) 关机:取出比色皿并清洗干净,放入比色盒中。然后,按〈STOP〉键,仪器停止当前操作并复位至初始 280 nm 波长处。最后,先关闭主机电源开关,再关闭汞灯电源开关。

注意事项如下。

(1) 请一定在打开汞灯电源开关数分钟,点亮汞灯后再打开主机电源开关(初次使用时,可通过风扇口判断汞灯是否点亮)。

(2) 汞灯点亮稳定需要一定的时间,故进行精密测试应在 30 min 后。

(3) 当操作错误引起微机出错时,应立即关闭主机电源开关,重新启动,但无须关闭汞灯电源开关。

(4) 停止工作后,应先关闭主机电源开关,再关闭汞灯电源开关。

(5) 在操作过程中,请勿用手直接接触荧光皿,同时注意样品不要污染荧光皿外表。

## 9.3.5 日立 F-4500 型荧光分光光度计的简易操作方法

日立 F-4500 型荧光分光光度计的外形如图 9-5 所示。

**1. 开机顺序**

(1) 开机前先确认两个开关:POWER/MAIN 都处于关闭状态。

(2) 打开电源开关 POWER,5 s 后按下氙灯的点灯按钮。点燃氙灯后,再打开主开关 MAIN。此时,主开关上方绿色指示灯连续闪动三下。

(3) 打开计算机及打印机,随后自动进入操作界面。

(4) 按相关提示选择操作方式。

图 9-5 日立 F-4500 型荧光分光光度计的外形

**2. 关机顺序**

（1）逆开机顺序操作。

（2）当电源开关关闭 5 s 后，再次打开 10 min（目的是仅让风扇工作，使灯室散热），最后关闭电源开关。

**3. 波长扫描的简易操作**

单击快捷栏中的 Method，显示 Analysis Method（分析方法）的五个重叠界面，分别为 General（常规），Instrument（仪器条件），Monitor（模拟画面），Processing（处理），Report（报告）。以下简要介绍其中四个。

1) General（常规）

（1）Measurement（测量方式）：选择 Wavelength（波长扫描）。

（2）Load（装载）：调用已存入的条件。

（3）Save（存入）：存储现有的条件。

（4）Save As（另存）：另存现有的条件。

2) Instrument（仪器条件）

（1）Scan Mode（扫描方式）：Excitation（激发波长扫描）、Emission（发射波长扫描）、Synchronous（同步扫描）。

（2）Data Mode（数据方式）：Fluorescence（荧光采集）、Luminescence（发光采集）、Phosphorescence（磷光采集）。

（3）EM WL（发射波长）：输入范围为 200～900 nm。

（4）EX Start WL（激发起始波长）：输入范围为 200～890 nm。

（5）EX End WL（激发终止波长）：输入范围为 210～900 nm。

（6）EX WL（激发波长）：输入范围为 200～900 nm。

（7）EM Start WL（发射起始波长）：输入范围为 200～890 nm。

（8）EM End WL（发射终止波长）：输入范围为 210～900 nm。

（9）Scan Speed（扫描速度）：15、60、300、1 200、2 400、12 000、30 000 nm/min，七挡可选。

（10）EX Slit（激发单元狭缝）：1.0、2.5、5.0、10.0、20.0，五挡可选。

（11）EM Slit（发射单元狭缝）：1.0、2.5、5.0、10.0、20.0，五挡可选。

（12）PMT Voltage（光电管负高压）：400、700、950 V，三挡可选。

（13）Response（响应速度）：0.000 4、0.01、0.05、0.1、0.5、2.0、8.0 s，Auto，八挡可选。响应速度快，峰形分辨率高，但噪声大。响应速度慢则反之。

（14）Corrected Spectra（光谱校正）：选定后则可使用已校正的光谱函数。

（15）Shutter Control（光闸控制）：选择控制状态，样品待测或重复扫描时激发光不能照射到样品上，避免产生化学变化。

3）Processing（处理方法）

此界面主要是对已测得的光谱进行选择处理。

（1）CAT（平均化）：如选定则对重复测定的光谱进行平均处理。

（2）Peak Finding（峰检出）。

4）Report（报告格式）

（1）Output（输出）：有如下三种格式可选。

① Print Report：打印报告（常用格式）。

② Use Microsoft Excel：将数据变换为微软的 Excel 格式。

③ Use Print Generator Sheet：利用变换器（附选件）打印图表。

（2）Pintable Items（打印选项）：有如下五种项目可选。

① Include Data（打印数据）。

② Include Method（打印方法）。

③ Include Graph（打印图谱）。

④ Include Data Listing（打印数据表）。

⑤ Include Peak Table（打印峰值表）。

## 9.3.6　FLS 920 型稳态/瞬态荧光光谱仪的简易操作方法

FLS 920 型稳态/瞬态荧光光谱仪的简易操作方法如下。

（1）打开 CO1 总电源开关以及 FLS 920 主机电源开关。

（2）打开 Xe900 氙灯电源开关，待其稳定，稳定后电压为 16~17 V，电流为 25 A。

（3）打开计算机，双击 F900 图标，进入软件。

（4）单击窗口左上角的 ▣ ，进入 Signal Rate 设定窗口，先将 Ex Wavelength 和 Em Wavelength 处的狭缝均设置为"0.01 nm"，按〈Enter〉键或者单击 Apply 确认，再将光源设置为"Xe900"，Em Detector 设置为"R928"，然后单击 Apply。

（5）打开样品室盖，放入待测样品，然后盖好样品室盖子。

（6）在 Signal Rate 设置窗口内输入相应的 Ex Wavelength 与 Em Wavelength 值，逐渐加大狭缝，使 Em 获得一个合适的 Signal Rate（注意：Ref 的 Signal Rate 不要超过 $10^7$，Em 的 Signal Rate 不要超过 $10^6$）。

（7）单击 ▣ ，选择 Excitation Scan，进入设置窗口，在 Emission 栏内设置检测波长，随后在 Excitation Scan Parameters 内设置波长扫描范围、Step（扫描间隔）、Dwell Time（停留时间）和 Number of Scans（扫描次数）等，设置完毕后单击 Start 即可开始测量。

（8）单击 ▣ ，选择 Emission Scan，进入设置窗口，在 Excitation 标签内，设置合适的激发波长，然后在 Emission Scan Parameters 内设置波长扫描范围、Step（扫描间隔）、Dwell

Time（停留时间）和 Number of Scans（扫描次数）等，设置完毕后单击 Start 即可开始测量，测得荧光的发射光谱。

（9）进行时间扫描、三维扫描。

## 9.3.7 BPCL 微弱发光分析仪的简易操作方法

**1. 主机与探测器的连接线路**

BPCL 主机与探测器的连接线路示意图如图 9-6 所示。

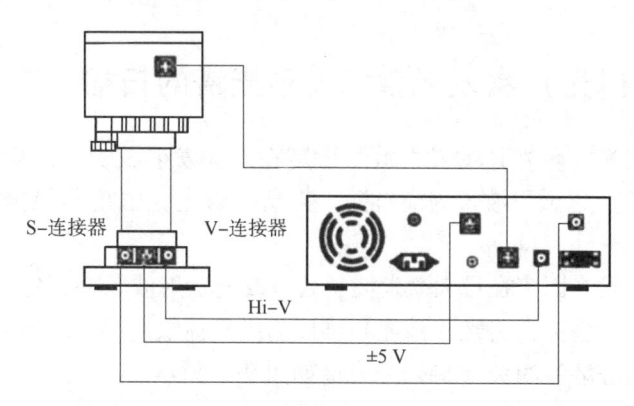

**图 9-6  BPCL 主机与探测器的连接线路示意图**

**2. 开机（启动程序）和 C-14 光源刻度**

（1）首先打开计算机，启动 Windows 系统，随后打开 BPCL 主机电源开关，按〈Hi-V〉和〈Heater〉键（相应指示灯亮）。调节温度到设计温度并使仪器预热至少 30 min。

（2）仪器预热之后进行测量。

① 启动 BPCL 测量程序并设定参数：单击"文件"→"测量参数设定"。

② 测量 C-14 光源：将 C-14 光源放于测量室底部中心玻璃窗的中心，盖好上盖开始测量。其过程为：单击"测量"→"数据获取"，随后调节主机前面板的〈Hi-V Adj〉旋钮直至计数维持到希望的水平。

③ 测量噪声：关闭探测器样品室快门之后开始测量。其过程为：单击"测量"→"数据获取"。如果计数在一段时间内维持在比较恒定的水平上，仪器即准备好。检查噪声每次是否稳定。仪器预热完成之后，即可开始测量。如果没有关闭电源开关，上述过程无须重复。

**3. 样品测量程序**

（1）完成预热和 C-14 调整过程。

（2）设定参数：单击"文件→测量参数设定"，从"数据类型"对话框中选择所需数据类型（对照值、光谱、实验样品），再设定其他参数。

（3）放置样品在样品杯中，充分混合，放入探测器里，盖好上盖，打开样品室快门。

（4）开始数据获取：单击"测量"→"数据获取"，程序将自动开始数据获取。采用流动注射技术进样时,可获得连续的测量信号。

(5) 保存文件和打印报告:当数据获取过程完成后,或是过程被手动停止,程序将自动提问用户是否保存文件。文件存盘后,这个过程就完成了。此文件可以打印,只需单击"文件"→"打印"。

## 9.4 实验技术

### 9.4.1 荧光(磷光)激发光谱和发射光谱的扫描

激发光谱:将荧光(磷光)的发射波长设定在最大发射波长,改变激发波长测定相应的荧光(磷光)强度,以激发波长为横坐标,荧光(磷光)强度为纵坐标绘制的曲线即为激发光谱。

发射光谱:将激发光固定在最大激发波长处,改变发射波长并测定相应的荧光(磷光)强度,以发射波长为横坐标,荧光(磷光)强度为纵坐标绘制的曲线即为发射光谱。

室温下测得的乙醇溶液的荧(磷)光光谱如图9-7所示。

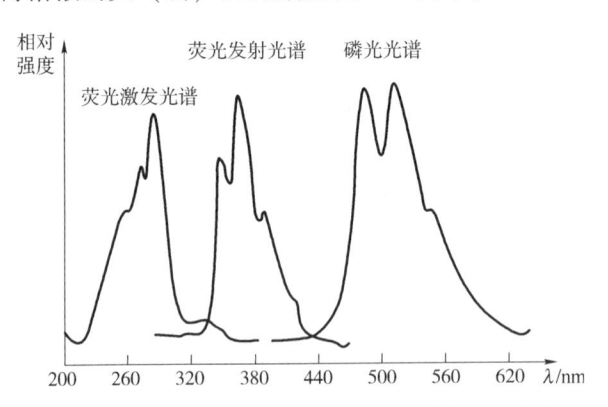

图 9-7 室温下测得的乙醇溶液的荧(磷)光光谱

荧光光谱的基本特征如下。

(1) Stokes 位移:发射光谱与激发光谱的波长差值。因振动弛豫消耗能量,故发射光谱的波长比激发光谱的波长长。

(2) 发射光谱的形状与激发波长无关:价电子吸收不同波长的能量,跃迁到不同激发态能级,产生了不同吸收带,但在荧光发射前,价电子均回到第一电子激发单重态的最低振动能级再跃迁回到基态,从而产生荧光,故荧光发射光谱的形状与激发波长无关。

(3) 镜像规则:荧光发射光谱与其激发光谱通常成镜像对称关系。

### 9.4.2 荧光强度与浓度的正比关系

对于稀溶液,当荧光的 $\varepsilon bc < 0.05$(磷光的 $\varepsilon bc < 0.01$)时:

$$I_F = 2.3k\varphi_F I_0 \varepsilon bc \tag{9-4}$$

$$I_P = 2.3k\varphi_P I_0 \varepsilon bc \tag{9-5}$$

在稀溶液中,荧(磷)光强度与荧(磷)光物质的浓度成正比,这是荧(磷)光分析的定量基础。上式还表明,荧光强度与入射光强度成正比,测定浓度较低的溶液时,可采用激光为光源从而提高测定灵敏度。

在条件一定时,$\varphi$、$I_0$、$\varepsilon$、$b$ 均为常数,所以上式可写成:

$$I_F = Kc \tag{9-6}$$

$$I_p = Kc \tag{9-7}$$

荧光强度和荧(磷)光物质的浓度成线性关系,只限于极稀的溶液。

## 9.4.3 环境因素对荧光光谱和荧光强度的影响

**1. 溶剂的影响**

许多共轭芳香族化合物的荧光强度都随着溶剂极性的增加而增强,且发射波长向长波方向移动。

**2. 温度的影响**

随着温度的降低,荧光物质的荧光量子效率与荧光强度一般来说将会增大。例如,荧光素钠的乙醇溶液,当温度在 0 ℃以下每降低 10 ℃时,荧光量子效率增加约 3%,当温度降至 −80 ℃时,荧光量子效率接近 100%。

**3. pH 值的影响**

若荧光物质为弱酸或弱碱,溶液 pH 值的改变将直接对荧光强度产生较大影响,因此,在实验过程中应注意控制溶液的 pH 值。

**4. 荧光猝灭的影响**

荧光猝灭是指荧光物质分子与溶剂或其他分子相互作用引起荧光强度降低的现象。这些能引起荧光强度降低的物质称为猝灭剂。

引起溶液中荧光猝灭的原因很多且猝灭机理复杂。荧光猝灭的主要类型有碰撞猝灭、静态猝灭、内滤作用、自猝灭等。

## 9.4.4 荧光的常规测定方法

**1. 直接测定法**

本身发荧光的分析物,可通过测量其荧光强度来测定其浓度。荧光强度的测量一般采用工作曲线法。为使每次绘制的工作曲线尽量保持一致,绘制工作曲线时最好保持相同的条件。

**2. 间接测定法**

1) 荧光衍生法

采用化学反应、电化学反应、光化学反应等反应,使不发荧光的分析物转化为适合测定的荧光产物。其中,化学衍生法和光化学衍生法用得较多。

某些不发光的有机化合物,也可以通过降解反应、偶联反应、酶催化反应、氧化还原反应、缩合反应或光化学反应等办法,将其转化为荧光物质。

2) 荧光猝灭法

有些分析物虽然本身不发荧光,但能使荧光试剂的荧光信号发生猝灭,且猝灭程度与分析物的浓度具有定量关系，因此可通过测量该荧光试剂荧光强度的下降程度，间接地测定该分析物。

3）敏化荧光法

若分析物本身并不发荧光，但可通过选择合适的荧光试剂作为能量受体，在分析物受激发后，通过能量转移过程，将能量传递给能量受体，使能量受体被激发，再通过受体所发射的荧光强度，对分析物进行间接测定。

**3. 多组分混合物的荧光分析**

多组分混合物的测定可通过选择合适的激发波长或发射波长进行，从而达到选择性地测定混合物中某种组分的目的，也可采用同步荧光测定、时间分辨荧光测定、导数荧光测定、相分辨荧光测定等方法来达到同时测定或分别测定的目的。

## 9.4.5 同步扫描技术

根据激发和发射单色器在扫描过程中彼此间所保持的关系，同步扫描技术可分为恒波长同步扫描、恒能量同步扫描、可变角（可变波长）同步扫描和恒基体扫描。同步扫描技术具有简化光谱、窄化谱带、提高分辨率、减少光谱重叠、提高选择性、减少散射光影响等诸多优点。

将常规荧光法中两个单色器的扫描速度设置为相等，激发和发射波长之间保持波长差 $\Delta\lambda$ 为常数，这时称为恒波长同步荧光法。图 9-8 是并四苯溶液的荧光光谱和其固定波长差同步扫描荧光光谱，从图中可见，荧光光谱得到明显简化。这种光谱简化，虽然损失了其他光谱带所包含的信息，但可以避免其他光谱带引起的干扰，提高测量的选择性。固定波长差同步扫描中，波长差的选择直接影响同步光谱的形状、带宽和信号强度，从而提供了一种提高选择性的途径。例如，酪氨酸和色氨酸的荧光激发光谱很相似，发射光谱又重叠严重，但是 $\Delta\lambda<15$ nm 的同步光谱只显示酪氨酸的光谱特征，$\Delta\lambda>60$ nm 的同步光谱则只显示色氨酸的光谱特征，从而可实现分别测定。在可能的条件下，选择等于 Stokes 位移的 $\Delta\lambda$ 值是有利的，有可能获得荧光信号最强、半峰宽最小的同步荧光光谱。

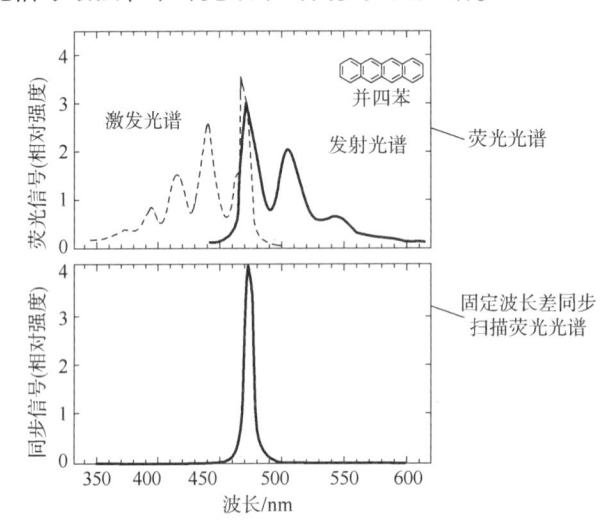

图 9-8 并四苯溶液的荧光光谱和其固定波长差同步扫描荧光光谱（$\Delta\lambda=3$ nm）

与恒波长同步荧光法相比，恒能量同步荧光法是以能量代替波长关系，保持激发单色器、发射单色器以相等的能量差进行同时扫描，当选择的能量差等于振动能量差，激发能量与发射能量刚好匹配特定的吸收-发射跃迁条件时，该跃迁处于最佳条件，从而产生较强的同步荧光峰。在恒能量同步扫描时，维持固定的激发和发射能量差与拉曼跃迁能量差保持一定的差值，这样可消除拉曼散射的干扰，这是其他同步荧光法所不能比拟的。另外，恒能量同步荧光法与导数技术的联用可进一步提高同步荧光光谱的分辨率与选择性。

可变角同步扫描时，使两单色器分别以不同速度进行扫描，即扫描过程中激发波长和发射波长的波长差是不固定的。可变角同步扫描技术可进一步提高测量的选择性。

### 9.4.6　三维荧光光谱

三维荧光光谱（也称总发光光谱或激发-发射矩阵图）技术与常规荧光分析的主要区别是前者能获得激发波长和发射波长同时变化时的荧光强度信息。

三维光谱技术能获得完整的光谱信息，是一种很有价值的光谱指纹技术。在石油勘采中可用于油气显示和矿源判定，在环境监测和法庭判证中可用于类似可疑物的鉴别，在临床医学中可用于癌细胞的辅助诊断及不同细菌的表征和鉴别。另外，作为一种快速检测技术，三维光谱技术对化学反应的多组分动力学研究具有独特的优势。

### 9.4.7　室温磷光分析技术

在一般情况下，室温磷光的信号太弱，无法用于分析。当溶液中加入表面活性剂时，磷光体进入胶束，微环境和定向约束力发生改变，从而减小内转化与碰撞能量损失等非辐射失活过程的概率，显著增强了三重态的稳定性，使磷光强度明显增大。利用胶束稳定因素，在胶束溶液中，加入重原子微扰剂并通氮除氧，检测溶液的室温磷光，称此为胶束增稳室温磷光。

环糊精是一种常用于发光分析的有序介质。在有机的重原子微扰剂的存在下，可能形成环糊精-磷光体-重原子微扰剂三元包合物，产生很强的室温磷光。这种方法称为环糊精诱导的室温磷光分析，它具有一定的非流动性特点，对氧的敏感性差。

当磷光物质吸附于固体表面时，分子的结构刚性增加，三重态碰撞去活化概率减小，也可在室温下产生较强的磷光。

可用的固体基质（载体）的种类颇多，其中最方便和应用最广泛的应属滤纸，它能吸附多种化合物使之诱发室温磷光。不同型号的滤纸，其吸附能力和背景的发光程度不同，需经实验加以选择。为了减小滤纸的背景发光，限制磷光分析物在基质上的移动，以及减小氧与湿气的渗透，有时滤纸应预先处理，在实际工作时可参考有关的文献资料。

### 9.4.8　流动注射化学发光分析技术

在化学发光分析中，当样品与相关试剂混合后，化学发光反应立即发生，且发光信号瞬间即消失。因此，若不在混合过程中立即测定，就可能造成光信号的损失。基于化学发光的这一特点，试样与试剂混合方式的重复性与测定时间的控制就成为影响分析结果精密度的主要因素。而流动注射技术能很好地解决这一矛盾。

流动注射系统一般由蠕动泵、进样阀、反应盘管（混合反应器）、检测器、记录仪等组成，其流路结构如图9-9所示。在封闭的管道中，向连续流动的载液中间断地注入一定体积的试样,或由进样阀自动注入一定体积的试样,所用试样的体积一般为 10~500 μL,管道半径为 0.5~1.5 mm,长度为 10~300 cm,流量为 0.5~5 mL·min$^{-1}$,试剂由另一管路输入,也可作为载流。试剂和试样在反应盘管中混合反应。反应产生的信号由光电倍增管检测,最后输入读数装置。被检测的光信号只是整个发光动力学曲线的一部分,以峰高进行定量分析。在这个系统中,管路长度和内径一定,以准确控制泵速、注入试样,以及控制试剂组成来获得最佳的重现性。

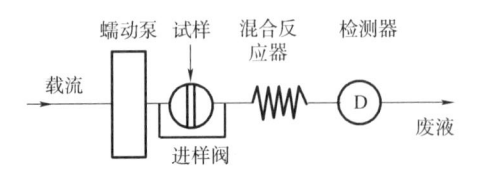

图 9-9 流动注射系统的流路结构

## 9.5 实 验

### 9.5.1 奎宁的荧光特性和含量测定

**1. 实验目的与要求**

(1) 学习测绘奎宁激发光谱和荧光光谱的方法和测定奎宁含量的荧光法。
(2) 了解 pH 值及卤化物对奎宁荧光的影响。
(3) 学习荧光分光光度计的结构、性能与操作。

**2. 实验原理**

奎宁的结构式为

在稀酸溶液中,奎宁是强荧光物质。它有两个激发波长 250 nm 和 350 nm,荧光发射峰在 450 nm 处。在低浓度时,荧光强度与奎宁的浓度成正比,因此可使用荧光分光光度法测定奎宁。

采用标准曲线法,即以已知量的标准物质,经过和试样同样的处理后,配置一系列标准溶液,测定这些溶液的荧光,用荧光强度对标准溶液的浓度绘制标准曲线,再根据试样溶液的荧光强度,在标准曲线上求出试样中荧光物质的含量。

**3. 仪器与试剂**

仪器:国产 960MC 型/日立 F-4500 型荧光分光光度计、容量瓶、石英皿、吸量管。
试剂:奎宁储备液(10.00 μg/mL)、NaBr 溶液(0.050 mol·L$^{-1}$)、H$_2$SO$_4$ 溶液

（0.05 mol·L$^{-1}$）、奎宁药片（样品）、缓冲溶液（pH = 1.00、2.00、3.00、4.00、5.00 和 6.00）。

**4. 实验内容与步骤**

（1）标准溶液的配制：取 6 个 50 mL 容量瓶，加入 10.00 μg/mL 奎宁储备液 0.00、2.00、4.00、6.00、8.00、10.00 mL，随后使用 0.05 mol·L$^{-1}$ H$_2$SO$_4$ 溶液稀释至刻度，摇匀。

（2）绘制奎宁的荧光激发光谱与发射光谱：固定发射波长 $\lambda_{em}$ 为 450 nm，在 200~400 nm 范围内扫描激发光谱；随后固定激发波长 $\lambda_{ex}$ 为 250 nm 和 350 nm，在 400~600 nm 范围内扫描荧光光谱。

（3）绘制标准曲线：将激发波长固定在 350（或 250）nm，发射波长为 450 nm，测定标准溶液系列的荧光强度。

（4）未知试样奎宁含量的测定：取 4~5 片奎宁药片，称重，在研钵中研磨。准确称取药品约 0.1 g，用 0.05 mol·L$^{-1}$ H$_2$SO$_4$ 溶液溶解，转移至 1 L 容量瓶中，用 0.05 mol·L$^{-1}$ H$_2$SO$_4$ 溶液稀释至刻度，摇匀。在与标准溶液系列同样的条件下，测定试样溶液的荧光强度。

（5）pH 值与奎宁荧光强度的关系：在 6 个 50 mL 容量瓶中，各加入 10.00 μg/mL 奎宁储备液 4.00 mL，并分别依次用 pH = 1.00、2.00、3.00、4.00、5.00、6.00 的缓冲溶液稀释至刻度，摇匀。在与标准溶液系列同样的条件下，分别测定其荧光强度。

（6）卤化物猝灭奎宁荧光实验：分别吸取 10.00 μg/mL 奎宁储备液 4.00 mL 于 5 个 50 mL 容量瓶中，依次加入 0.05 mol·L$^{-1}$ NaBr 溶液 1.00、2.00、4.00、8.00、16.00 mL，用 0.05 mol·L$^{-1}$ H$_2$SO$_4$ 溶液稀释至刻度，摇匀。在与标准溶液系列同样的条件下，分别测定其荧光强度。

**5. 注意事项**

奎宁溶液必须当天配制并避光保存。

**6. 数据处理**

（1）从奎宁的荧光激发光谱和发射光谱中找出最大激发波长和最大发射波长。

（2）以荧光强度对 pH 值作图，并得出奎宁荧光强度与 pH 值的关系。

（3）以荧光强度对溴离子浓度作图，并解释实验结果。

（4）绘制荧光强度对奎宁标准溶液浓度的标准曲线，并由标准曲线确定未知试样的浓度，计算药片中奎宁的含量。

**7. 思考题**

（1）荧光测量为什么要与激发光的方向成直角？

（2）如何选择荧光的激发波长和发射波长？

（3）奎宁溶液为什么必须当天配制并且避光保存？

## 9.5.2 荧光分光光度法测定多维葡萄糖粉中维生素 B$_2$ 的含量

**1. 实验目的与要求**

（1）学习用荧光分光光度法测定多维葡萄糖粉中维生素 B$_2$ 的含量。

（2）掌握荧光分光光度计的操作技术。

## 2. 实验原理

常温下，处于基态的分子可吸收一定的紫外-可见光的辐射成为激发态分子，激发态分子通过非辐射跃迁至第一电子激发单重态的最低振动能级，再以辐射跃迁的形式回到基态，从而产生荧光。

任何荧光分子都具有激发光谱和发射光谱。荧光激发光谱反映了在某一固定的发射波长下，不同激发波长激发荧光的相对能力。而荧光发射光谱反映了在相同的激发条件下，不同波长处分子的相对发射强度。

在稀溶液中，荧光强度 $I_F$ 与物质的浓度 $c$ 有以下关系：$I_F = 2.3 k\varphi_F I_0 \varepsilon b c$。当实验条件一定时，荧光强度与荧光物质的浓度成线性关系，这是荧光定量分析的基本理论依据。

维生素 $B_2$ 是橘黄色无臭的针状结晶，其结构式为

维生素 $B_2$ 易溶于水但不溶于乙醚等有机溶剂，在中性或酸性溶液中能稳定存在，光照后易分解，对热相对稳定。维生素 $B_2$ 溶液在波长为 430～440 nm 的蓝光或紫光照射下，发出绿色荧光，最大发射波长为 535 nm。维生素 $B_2$ 的荧光在 pH=6～7 时最强，在 pH=11 时消失。维生素 $B_2$ 在碱性溶液中经光照会发生分解从而转化为光黄素，光黄素的荧光比维生素 $B_2$ 的荧光强很多，故检测维生素 $B_2$ 的荧光时需要控制溶液在酸性范围内，且在避光条件下进行。维生素 $B_2$ 的荧光激发（吸收）光谱与发射光谱如图 9-10 所示。

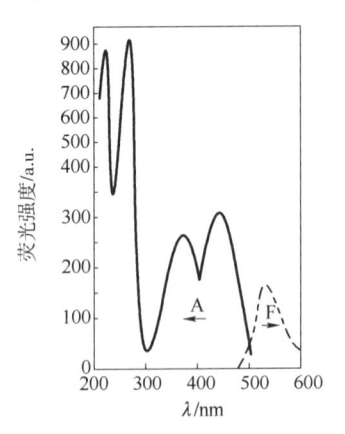

A—激发光谱；F—发射光谱。

**图 9-10 维生素 $B_2$ 的荧光激发（吸收）光谱与发射光谱**

多维葡萄糖中含有维生素 $B_1$、$B_2$、C、$D_2$ 及葡萄糖，其中维生素 C 和葡萄糖在水溶液中

并不产生荧光；维生素 $B_1$ 本身无荧光，在碱性溶液中使用铁氰化钾氧化后才能产生荧光；维生素 $D_2$ 用二氯乙酸处理后才有荧光现象，因此它们都不干扰维生素 $B_2$ 的测定。

**3. 仪器与试剂**

仪器：国产 960MC 型/日立 F-4500 型荧光分光光度计、吸量管、容量瓶。

试剂：维生素 $B_2$ 标准溶液（10.0 μg/mL）、冰乙酸（A.R）、多维葡萄糖粉、维生素 $B_2$ 片。

**4. 实验内容与步骤**

（1）打开氙灯，再打开主机，然后打开计算机启动工作站并进行初始化。

（2）待初始化完毕后，在界面上选择项目并设置仪器参数：$\lambda_{ex}$ = 440 nm，$\lambda_{em}$ = 535 nm。

（3）样品测定。

① 标准溶液系列的配制及标准溶液荧光强度的测定。

在 6 个干净的 50 mL 容量瓶中，分别吸取 0.50、1.00、1.50、2.00、2.50 和 3.00 mL 维生素 $B_2$ 标准溶液，各加入 2.00 mL 冰乙酸，稀释至刻度，摇匀。从稀到浓测定荧光强度。

② 维生素 $B_2$ 片中维生素 $B_2$ 含量的测定。

取维生素 $B_2$ 片 3 片，于天平上称量，记录其质量（g），在研钵中研细成粉末，称取相当于一片重的粉末于 100 mL 烧杯中，加水搅拌溶解，定容于 100 mL 容量瓶中，过滤，弃去初滤液。量取后续过滤的溶液 0.30 mL 于 50 mL 容量瓶中，加入 2.00 mL 冰乙酸，稀释至刻度，摇匀。用测定标准溶液系列时相同的条件，测定其荧光强度。平行测定 3 次，计算维生素 $B_2$ 的含量。

③ 多维葡萄糖粉中维生素 $B_2$ 含量的测定。

称取 0.20~0.30 g 多维葡萄糖粉，用少量水溶解后转入 50 mL 容量瓶中，加 2.00 mL 冰乙酸，稀释至刻度，摇匀。用测定标准溶液系列时相同的条件，测定其荧光强度。平行测定 3 次，计算维生素 $B_2$ 的含量。

（4）退出主程序，先关闭计算机，再关闭主机，最后关闭氙灯。

**5. 注意事项**

（1）在测定荧光强度时，最好用同一个荧光皿，以避免由荧光皿之间的差异引起的测量误差。

（2）取荧光皿时，手指拿住棱角处，切不可碰光面，以免污染荧光皿，影响测量。

（3）测不测空白试样对实验结果没有影响，如不测只是在标准曲线中多了截距。

**6. 数据处理**

根据标准溶液测得的数据，以 50 mL 溶液中含有的维生素 $B_2$ 的质量（μg）为横坐标，相对应的荧光强度为纵坐标绘制标准曲线。从标准曲线上查出待测试液中维生素 $B_2$ 的质量，并计算多维葡萄糖粉试样中维生素 $B_2$ 的质量分数。

（1）标准曲线的数据记录在表 9-1 中。

表 9-1 标准曲线的数据

| $V_{维生素B_2}$/mL | 0.50 | 1.00 | 1.50 | 2.00 | 2.50 | 3.00 |
|---|---|---|---|---|---|---|
| $c_{维生素B_2}$/(μg·mL$^{-1}$) | | | | | | |
| $I_{535}$ | | | | | | |

（2）根据试样的质量（或体积）以及测得的荧光强度，计算多维葡萄糖粉中维生素 $B_2$ 的质量分数。

### 7. 思考题
（1）试解释荧光分光光度法比分子分光光度法灵敏度高的原因。
（2）维生素 $B_2$ 在 pH＝6~7 时荧光最强，为什么本实验在酸性溶液中测定？

## 9.5.3　荧光分光光度法直接测定水中的痕量可溶性铝

### 1. 实验目的与要求
（1）学习荧光分光光度法的基本原理与定量分析技术。
（2）学习荧光激发波长与荧光测量波长的选择。

### 2. 实验原理
铝离子能与多种有机试剂形成可产生荧光的配合物。在弱酸性介质中，铝离子与荧光镓试剂可形成 1∶1 的荧光配合物，该溶液在波长为 352 nm 和 485 nm 的光照射下会产生发射波长为 576 nm 的荧光信号，由此可建立分析铝的荧光分析方法。

在 70~80 ℃下加热 20 min 可使荧光强度达到最大值，加热后在室温下放置 60 min 内荧光强度基本不发生变化。

### 3. 仪器与试剂
仪器：荧光分光光度计、恒温水浴锅、聚乙烯塑料瓶。

试剂：NaAc-HAc 缓冲溶液（配成 $c_{Ac^-}$＝4 mol·$L^{-1}$，pH＝5.0）、铝标准溶液（0.5 μg/mL）、荧光镓水溶液（0.02%）、$NH_2OH \cdot HCl$ 溶液（5%）、邻菲罗啉溶液（0.5%）。

### 4. 实验内容与步骤
在 8 个 80 mL 聚乙烯塑料瓶中，分别加入 0.00、0.40、0.80、1.20、1.60、2.00 mL 的 0.50 μg/mL 铝标准溶液，随后加水至总体积为 25.00 mL，第 7、8 号瓶分别加入水样 25.00 mL。然后，分别加入 0.3 mL NaAc-HAc 缓冲溶液、0.2 mL 5% $NH_2OH \cdot HCl$ 溶液，摇匀，静置片刻。接着，各加入 0.50 mL 0.5%邻菲罗啉溶液和 0.20 mL 0.02%荧光镓水溶液，摇匀。最后，置于 70~80 ℃水浴中加热 20 min，取出冷却至室温。

在荧光分光光度计上，设定激发波长为 352 nm，在 576 nm 处测量各瓶溶液的荧光强度。

### 5. 注意事项
（1）熟悉所用荧光分光光度计的操作规程，严格按照操作步骤进行。
（2）溶液配制应按照操作步骤进行，切忌省略稀释步骤，否则会造成较大的实验误差。
（3）测定时应遵循溶液由稀至浓的顺序，测定前需用少量待测溶液润洗荧光池 3 次。

### 6. 数据处理
（1）将各瓶溶液测得的荧光强度对标准溶液的浓度或体积作图，绘制标准曲线，数据记录在表 9-2 中。

表 9-2　数据

| $V_{Al^{3+}}$/mL | 0.00 | 0.40 | 0.80 | 1.20 | 1.60 | 2.00 |
|---|---|---|---|---|---|---|
| $c_{Al^{3+}}$/(μg·$L^{-1}$) | | | | | | |
| $I_{576}$ | | | | | | |

(2) 利用标准曲线找出未知溶液中铝的浓度,并用水中可溶性铝的含量进行表示($\mu g \cdot L^{-1}$)。

**7. 思考题**

(1) 荧光强度与哪些因素有关?

(2) 荧光分光光度计与紫外-可见分光光度计有什么异同点?

## 9.5.4 3-羧基香豆素的固体基质室温磷光测定

**1. 实验目的与要求**

(1) 了解固体基质室温磷光法的基本原理和优缺点。

(2) 学习固体基质室温磷光法的基本操作。

**2. 实验原理**

以 1 $mol \cdot L^{-1}$ $Pb(Ac)_2$ 作重原子微扰剂,3-羧基香豆素在滤纸基质上,经适当干燥后能发射很强的室温磷光信号。

**3. 仪器与试剂**

仪器:日立 M850 型荧光分光光度计、0.5 $\mu L$ 微量注射器。

(1) 磷光附件(由实验室人员负责安装)的参数设置。

Data Mode(数据模式):Phosphorescence(磷光)。

Chopping Speed(斩光器速度):High(高)。

Shutter(光闸):Open(开)。

Gate Width(门宽):5。

Sensitivity(灵敏度):High(高)。

(2) 主机的参数设置。

Bandpass(带通):EX=EM=20 nm。

Response(响应):6 s。

Scan Speed(扫描速度):60 nm/min。

PM Gain(增益):低(Low)。

EM Filter(发射滤光片):开(Open)。

试剂:3-羧基香豆素溶液($1.0 \times 10^{-3}$ $mol \cdot L^{-1}$)、$Pb(Ac)_2$ 溶液(1 $mol \cdot L^{-1}$,含 2 $mol \cdot L^{-1}$ HAc)。

**4. 实验内容与步骤**

将剪切成 6 mm×15 mm 的滤纸条放在 1 $mol \cdot L^{-1}$ $Pb(Ac)_2$ 溶液中浸泡 10 s,然后放在红外恒温箱中的洁净平台上,在 84~89 ℃下烘烤 1 min,取出。用压痕器在滤纸中部轻压一 $\phi$3 mm 的圆痕,小心夹住滤纸角,用 0.5 $\mu L$ 微量注射器悬空在圆痕中心滴加 0.2 $\mu L$ $1.0 \times 10^{-3}$ $mol \cdot L^{-1}$ 3-羧基香豆素溶液,先自然晾干 1 min,再放入红外恒温箱中烘烤 1 min,然后立即装入固体样品架。在激发波长 $\lambda_{ex}$=314.5 nm 处,以校正方式扫描发射光谱,即可得到 3-羧基香豆素在滤纸基质上的室温磷光校正发射光谱,再测定其激发光谱。

使用另一种基质(如另一种滤纸,或其他薄层层析用基质)和另一种重原子微扰剂(如 KI、$AgNO_3$ 溶液)进行类似试验,比较其室温磷光光谱的异同。

**5. 注意事项**

（1）湿气会严重猝灭磷光信号，滴加试样后的基质，必须认真干燥。

（2）向基质上滴加试样时，采用截去尖头的微量注射器，并悬空稍稍离开，不直接接触基质滴加样品。

（3）校正光谱和非校正光谱的峰形和峰位有所不同。

**6. 数据处理**

比较使用不同基质和不同重原子微扰剂的情况下，3-羧基香豆素的RTP光谱特性。

**7. 思考题**

（1）根据实验结果总结影响固体基质室温磷光法的有关因素和固体基质室温磷光法的优缺点。

（2）如何区分发光物质的荧光、延迟荧光和磷光？

## 9.5.5 流动注射化学发光法测定环境水样中的Cr(Ⅵ)

**1. 实验目的与要求**

(1) 学习化学发光法测定Cr(Ⅵ)的原理，了解流动注射化学发光仪的基本结构。

(2) 掌握流动注射化学发光法。

**2. 实验原理**

鲁米诺（Luminol）是一种化学发光试剂。在碱性条件下，如$Cr^{3+}$、$Co^{2+}$、$Cu^{2+}$、$Fe^{2+}$等许多金属离子都能催化$H_2O_2$氧化鲁米诺，产生化学发光（$\lambda_{max}=425$ nm），其反应式为

$$Luminol+H_2O_2 \longrightarrow h\nu$$

在酸性介质中，Cr(Ⅵ)可以被$H_2O_2$还原为$Cr^{3+}$，反应产生的$Cr^{3+}$能在碱性环境中催化$H_2O_2$氧化鲁米诺，产生化学发光。在一定的浓度范围内，化学发光的发光强度与Cr(Ⅵ)的浓度成线性关系，因此可利用化学发光法测定Cr(Ⅵ)。

用此化学发光法测定Cr(Ⅵ)时，$Cu^{2+}$、$Co^{2+}$、$Fe^{2+}$等阳离子均会产生干扰。因此，本实验在样品的流路设计中须加入阳离子交换柱，以便消除阳离子产生的干扰。又因为$Cr^{3+}$和EDTA的配位反应速度比$Cu^{2+}$、$Co^{2+}$、$Fe^{2+}$等阳离子慢得多，所以在鲁米诺和$H_2O_2$反应试剂中加入EDTA来消除这些阳离子的干扰。

**3. 仪器与试剂**

仪器：流动注射化学发光仪、阳离子交换柱（用5 mm×50 mm的玻璃管内装40~50目国产732#强酸型离子树脂制得，所有的流通管为内径0.25 mm、外径0.8 mm的蠕动泵管）。

流动注射化学发光法测定Cr(Ⅵ)的流路装置示意图如图9-11所示。

试剂：鲁米诺储备液（$2.5\times10^{-2}$ mol·L$^{-1}$）、鲁米诺工作液（$2.5\times10^{-4}$ mol·L$^{-1}$）、$H_2O_2$工作液（$8\times10^{-2}$ mol·L$^{-1}$，其中含HCl溶液$2.0\times10^{-2}$ mol·L$^{-1}$、EDTA $2.0\times10^{-3}$ mol·L$^{-1}$）、Cr(Ⅵ)标准溶液（$1.00\times10^{-6}$ g/mL）、水样（地表水，如河水）。

**4. 实验内容与步骤**

（1）按图9-11组装流动注射化学发光仪。打开负高压及记录仪，预热10 min。随后将负高压旋钮及记录仪量程调至适当位置，将流通管a插入$2.5\times10^{-4}$ mol·L$^{-1}$鲁米诺工作液中，流通管b插入$H_2O_2$工作液中，流通管c插入Cr(Ⅵ)标准溶液或待测水样中。转动注射

阀至采样位置，开启蠕动泵。待记录仪基线稳定后转动注射阀，使鲁米诺加入 $H_2O_2$ 和 $Cr^{3+}$ 的混合溶液中，产生化学发光。当记录仪上的信号达到最大值后，将注射阀转至采样位置，完成 1 次测定。等待 20 s 后即可进行下次测定。

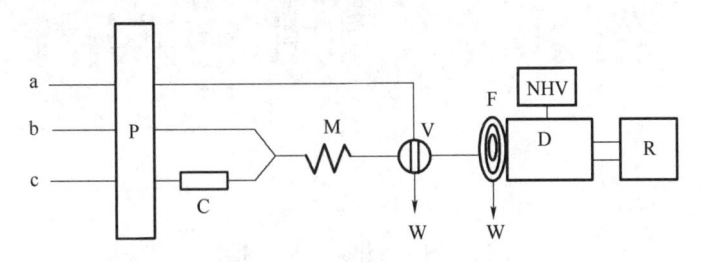

a、b、c—流通管；P—蠕动泵；C—阳离子交换柱；M—混合反应管（50 cm）；V—注射阀；F—化学发光流通池；NHV—负高压；D—R456 光电倍增管；R—记录仪；W—废液。

**图 9-11　流动注射化学发光法测定 Cr(Ⅵ) 的流路装置示意图**

（2）标准曲线的绘制。分别移取 $1.00×10^{-6}$ g/mL Cr(Ⅵ) 标准溶液 0.00、1.00、2.00、3.00、4.00、5.00 mL 于 6 个 50 mL 容量瓶中，加入去离子水稀释至刻度，摇匀。每瓶溶液按上述方法，在流动注射化学发光仪上分别测定 3 次。

（3）样品分析。将流通管 c 插入待测水样中，按上述方法，连续测定 3 次。

（4）精密度实验。将流通管 c 插入一瓶 Cr(Ⅵ) 标准溶液中，按上述方法连续测定 11 次。

（5）回收率实验。吸取 25.00 mL 水样于 50 mL 容量瓶中，加入 $1.00×10^{-6}$ g/mL Cr(Ⅵ) 标准溶液 2.00 mL，随后加入去离子水稀释至刻度，摇匀。按上述方法连续测定 3 次，计算回收率。

**5. 注意事项**

（1）必须依据反应速度调整流速以及注射阀至检测器之间的管道长度，从而控制留存时间使得发光信号的峰值恰好被检测，从而获得最大灵敏度。

（2）一定要等记录仪的基线稳定后，再转动进样阀至进样位置。

（3）Cr(Ⅵ) 有毒，废液不能直接排入下水道。

**6. 数据处理**

（1）以 Cr(Ⅵ) 标准溶液的浓度为横坐标，3 次平行测定结果的相对发光强度为纵坐标，绘制标准曲线。

（2）用标准曲线法计算水样中 Cr(Ⅵ) 的浓度（μg/mL），并计算相对平均偏差。

（3）由实验结果的精密度，计算相对标准偏差。

（4）计算回收率。

**7. 思考题**

（1）流动注射化学发光法的优点有哪些？

（2）本实验为什么要使用 EDTA 和阳离子交换柱？

（3）为什么要进行回收率实验？回收率实验中加入标准物质的量如何确定？

# 第 10 章 气相色谱法

## 10.1 概　　述

气相色谱法（Gas Chromatography，GC）是英国生物学家 Martin 和 James 创建的，是色谱分析中重要的组成部分。它以惰性气体作为流动相，固定相则是固体或液体，因此气相色谱法可分为气固色谱法（Gas-Sdid Chromatography，GSC）和气液色谱法（Gas-Liquid Chromatography，GLC）。

气相色谱分析具备以下显著特性。

（1）优秀的分离能力：其色谱柱通常包含数千块理论塔板，而毛细管柱的理论塔板更是可高达 $10^5 \sim 10^6$ 块，足以应对复杂的多组分混合物分析。

（2）出色的选择性：固定相对于性质相似的组分，如同位素、烃类的异构体等有较强的分离能力。

（3）极高的灵敏度：能够检测出含量低至 $10^{-13} \sim 10^{-11}$ g 的组分，适用于痕量分析。

（4）很快的分析速度：单次分析通常仅需几分钟至十几分钟，在某些快速分析场景中，甚至能在 1 s 内分析多个样品。

（5）广泛的应用范围：可分析气体、易挥发的液体和固体，以及可转化为易挥发形态的物质，涵盖了无机物、高分子和生物大分子等。

气相色谱分析凭借以上优势，已被广泛地应用在复杂多组分混合物的分离分析中。

气相色谱分析当然也有其局限性：如在没有标准样品的前提下，对试样中的未知物进行定性和定量分析会相对困难，这通常需要与红外光谱仪、质谱仪等其他仪器联合使用。对于沸点较高、热稳定性差、具有腐蚀性或较强反应活性的样品，气相色谱分析则会面临较大的挑战。

二维码 10-1
卢佩章院士简介

在我国，卢佩章院士开创了中国色谱科学，使之从无到有，为色谱发展奠定了坚实的基础（卢佩章院士简介见二维码 10-1）。

## 10.2 方法原理

气相色谱分析是一种物理分离技术，它基于待测物质各组分在两相间分配系数（即溶解度）的微小差异进行工作，当流动相携带样品经过固定相时，两者发生相对运动，导致物质在两相间进行多次分配，这一过程使得原本性质差异微小的各组分被明显分离开来。相邻两组分的分离程度与色谱过程的热力学和动力学因素有关。各组分在色谱柱分离后，经检测器检测将各组分转化成电信号记录下来便得到色谱图，根据各组分在色谱图上的出峰时间（即保留时间）可以进行定性分析，而峰面积或峰高则用于定量分析。

### 10.2.1　气相色谱分析的基本原理

气相色谱分析的基本原理如下。

(1) 气-固色谱：固定相为具有多孔及较大表面积的吸附剂颗粒。当试样由载气携带进入色谱柱时，立即被吸附剂吸附。载气不断流过吸附剂，吸附着的待测组分又被洗脱下来，这种现象称为脱附。脱附的组分随载气继续前进，又可被前面的吸附剂吸附。随着载气流动，待测组分在吸附剂表面经历反复的物理吸附、脱附过程。由于待测物质中各组分性质不同，它们在吸附剂上的吸附能力各异，导致分离效果不同，较难被吸附的组分容易脱附，移动较快；而容易被吸附的组分则移动较慢。经过一定时间，试样中的各个组分彼此分离，先后流出色谱柱。

(2) 气-液色谱：固定相是在化学惰性的固体微粒（即担体）表面涂上一层高沸点有机化合物的液膜，称为固定液。气-液色谱中实现分离是基于各组分在固定液中溶解度的不同。载气携带待测物质进入色谱柱与固定液接触后，气相中的待测组分溶解到固定液中，载气连续进入，溶解在固定液中的待测组分会从固定液挥发到气相中，挥发到气相中的待测组分又会溶解在前面的固定液中，这样反复溶解、挥发。由于各组分在固定液中的溶解能力不同，因此溶解度大的组分停留时间长，移动慢；而溶解度小的组分停留时间短，移动快。经过一定时间，各组分彼此分离。

### 10.2.2　色谱分离基本理论

**1. 塔板理论**

1941 年马丁和辛格建立的"塔板理论"模型，将色谱柱比作分馏塔，可以把组分在色谱柱内的分离过程看作在分馏塔中的分馏过程，即组分在塔板间隔内的分配平衡过程。塔板理论的基本假设如下：设想色谱柱由许多小段组成，在每一小段内，空间被固定相和流动相占据，当组分随流动相进入色谱柱后，会在两相间进行分配。该理论还假定：组分在塔板间隔内完全服从分配定律，并能迅速达到分配平衡；样品被加在第 0 号塔板上，且样品沿色谱柱轴方向的扩散可忽略不计；流动相在色谱柱内以间歇式流动，每次进入一个塔板体积；所有塔板上的分配系数相等，且与组分的量无关。

尽管这些假设与实际色谱过程存在不符（例如，色谱过程是一个动态过程，很难达到分配平衡；组分沿色谱柱轴方向的扩散是不可避免的），但塔板理论仍然成功地导出了色谱流出曲线方程，解释了流出曲线的形状和浓度极大点的位置，并能够评价色谱柱柱效。

色谱柱长 ($L$)、塔板高度 ($H$) 和理论塔板数 ($n$)，三者的关系为 $n=L/H$。

理论塔板数与色谱参数之间的关系为

$$n = 5.54 \left(\frac{t_R}{W_{1/2}}\right) = 16 \left(\frac{t_R}{W_b}\right)^2 \tag{10-1}$$

式中，$t_R$ 为保留时间；$W_{1/2}$ 为半峰宽；$W_b$ 为峰底宽。

保留时间包含死时间（$t_M$），组分在死时间内不参与分配，需引入有效塔板数和有效塔板高度：

$$n_{eff} = 5.54\left(\frac{t'_R}{W_{1/2}}\right)^2 = 16\left(\frac{t'_R}{W_b}\right)^2 \quad (10\text{-}2)$$

$$H_{eff} = L/n_{eff} \quad (10\text{-}3)$$

式中，$n_{eff}$ 为有效塔板数；$t'_R$ 为调整保留时间（$t'_R = t_R - t_M$）；$H_{eff}$ 为有效塔板高度。

**2. 速度理论**

1956年，Van Deemter（荷兰籍）及其团队吸取了塔板理论的核心概念，创新性地将影响塔板效率的动力学因素融入其中，构建了色谱过程的动力学基础——速度理论。这一理论将色谱过程视作一个动态且非平衡过程，深入探究了动力学因素对峰展宽（柱效）的影响，确立了塔板高度 $H$ 与载气线速度 $\mu$ 的关系，即

$$H = A + B/\mu + C\mu$$

式中，$A$ 为涡流扩散项；$B$ 为分子扩散系数；$C$ 为传质阻力系数。各项的意义如下。

1）涡流扩散项 $A$

当气体流经色谱柱内的填充物时，其流动方向频繁改变，使试样组分形成类似"涡流"的复杂流态，导致试样组分在气相中扩散加剧，以及色谱峰的扩张。$A = 2\lambda d_p$，$A$ 值的大小直接与填充物的粒度分布（$d_p$，平均颗粒直径）及其填充的不均匀性（$\lambda$）有关，而与载气的性质、流速及组分特性无关。因此，使用粒度适当和颗粒均匀的担体填料，并尽量填充均匀，是减小涡流扩散、提高色谱柱效的有效途径。

2）分子扩散系数 $B$

试样组分进入色谱柱后是以"塞子"形态存在于柱中的有限空间内的，其前后端（纵向）形成的浓度梯度驱动了分子的纵向扩散。$B = 2\gamma D_g$，$B$ 项由组分在气相中的扩散系数 $D_g$ 与柱内填充物的几何特性（弯曲因子 $\gamma$）共同决定。$D_g$ 的大小与组分及载气性质有关，若载气的相对分子质量较大（如采用氮气），可使 $B$ 值降低，有助于减小分子扩散的影响。此外，柱温升高会增大 $D_g$，但 $D_g$ 与柱压成反比关系。弯曲因子 $\gamma$ 为与填充物有关的因素。

3）传质阻力系数 $C$

该系数涵盖了气相传质阻力系数（$C_g$）和液相传质阻力系数（$C_l$）两项。气相传质过程是指试样组分从气相向固定相表面迁移的过程，期间伴随着试样组分在两相间进行浓度分配。若此过程进行缓慢，则表示气相传质阻力大，会导致色谱峰展宽。对于填充柱，气相传质阻力系数为

$$C_g = \frac{0.01k^2}{(1+k)^2} \cdot \frac{d_f^2}{D_g} \quad (10\text{-}4)$$

液相传质过程涉及试样组分在固定相和流动相之间的一系列复杂交互，具体来说，是指试样组分从固定相的气液界面渗入液相内部，随后发生质量交换，实现分配平衡，然后返回气液界面的传质过程。这个过程需要一定时间，在这段时间内，组分的其他分子会继续随载气不断向柱口移动，进而造成色谱峰展宽。对于填充柱，气相传质阻力系数小，可以忽略，液相传质阻力系数为

$$C_l = \frac{2}{3} \cdot \frac{k}{(1+k)^2} \cdot \frac{d_f^2}{D_l} \quad (10\text{-}5)$$

Van Deemter 方程在优化色谱分离条件方面具有指导意义，它深入说明了包括填充均匀程度、担体粒度、载气种类、载气流速、柱温、固定相液膜厚度等在内的多种参数对柱效、

峰扩张等的影响。

### 3. 分离度

塔板理论和速度理论在阐释复杂体系中难分离物质的实际分离程度方面存在一定的局限性，无法直接界定出确切的柱效阈值，即柱效为多大时，相邻两组分能够被完全分离。难分离物质对的分离效果受色谱分析过程中两大核心维度的综合制约：一是热力学因素，具体表现为组分间保留时间之差；二是动力学因素，主要体现为色谱峰的区域宽度。

分离度（R，resolution），用来量度两个相邻色谱峰的分离程度，用两个组分保留值之差与其平均峰宽值之比来表示。

分离度的表达式：

$$R=\frac{2(t_{R(2)}-t_{R(1)})}{W_{b(2)}+W_{b(1)}} \tag{10-6}$$

令 $W_{b(1)}=W_{b(2)}=W_b$（相邻两峰的峰底宽相等），引入相对保留时间和塔板数，可导出：

$$R=\frac{2(t_{R(2)}-t_{R(1)})}{W_{b(2)}+W_{b(1)}}=\frac{t'_{R(2)}-t'_{R(1)}}{W_b}=\frac{r_{2,1}-1}{r_{2,1}}\sqrt{\frac{n_{\text{eff}}}{16}} \tag{10-7}$$

$R=0.8$，两峰分离度大于89%；$R=1.0$，两峰分离度大于98%；$R=1.5$，两峰分离度大于99.7%（相邻两峰完全分离的标准）。

## 10.3 仪器部分

### 10.3.1 气相色谱仪的组成

气相色谱仪的型号繁多、性能各有优势，但其组成部分通常都包括载气系统、进样系统、分离系统、检测系统、记录系统和温度控制系统等（图10-1）。

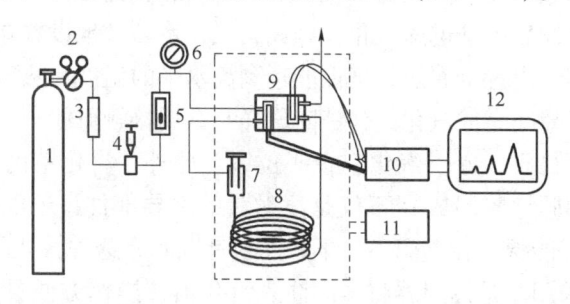

1—载气钢瓶；2—减压阀；3—净化干燥管；4—针形阀；5—流量计；6—压力表；7—进样器；
8—色谱柱；9—检测器；10—放大器；11—温度控制器；12—记录仪。

**图10-1 气相色谱仪的结构**

### 1. 载气系统

载气系统作为气相色谱仪的核心组件，用于确保流动相的压力稳定、流速准确和纯度高。该系统架构完善，涵盖气源、减压阀、净化器、稳压阀等设备。在设计上，载气系统灵活多样，既有单柱单气路结构，也有满足复杂分析所需的双柱双气路结构。常用的载气有 $N_2$、$H_2$、He 和 Ar 等，对于氢火焰离子化检测器，还需辅助气体 $H_2$ 和压缩空气。

1）气源

值得注意的是，不同检测器对于载气的要求也各不相同。例如，热导池检测器常用 $H_2$ 或 He 作载气，以优化其检测性能；氢火焰离子化检测器则常选用 $N_2$ 作载气。这些气体通常由高压气体钢瓶供应，钢瓶表面按规定漆有表示所储存气体种类的标记颜色和字样，便于识别和管理。气体钢瓶内的压力最高可达 15 MPa，当压力小于 1.5 MPa 左右时停止使用。使用钢瓶时应远离热源。

2）减压阀

减压阀主要负责将钢瓶内的高压气体安全、稳定地减压至色谱分析所需的压力范围。这一减压过程不仅能够确保气体流动的平稳性，还能够在气体压力或流量波动时，维持输出压力的相对稳定，为色谱分析提供可靠的气源保障。一般地，减压阀进口压力控制在 15 MPa 以下，出口压力控制在 0.6 MPa 以下，氢气减压阀出口压力控制在 0.25 MPa 以下。

3）净化器

净化器用于除去载气和辅助气体中干扰色谱分析的气态、液态和固态杂质。杂质存在会使噪声增大，影响检测器的灵敏度。常用的气体净化方法是吸附法，让气体流经净化剂层即可达到除去杂质的目的。

4）稳压阀

在气相色谱分析过程中，维持载气流量的高稳定性是十分重要的。因此，常使用稳压阀以确保流量稳定，并灵活调节系统的压力水平，压力的具体数值用压力表直观显示。为了进一步细化流速的调控，气相色谱仪常配备稳流阀或针型阀以调节载气流速，用压力表或转子流量计指示流速大小。为确保流速测量的准确性，常在检测器出口处采用皂膜流量计进行校验。

载气系统还要求所有接头均严格密封，气路密封性良好，不漏气。因此，在连接好气路系统后，要检查所有气路的密封性（在 0.25 MPa 气压下，30 min 压降小于 8 kPa）。

**2. 进样系统**

进样系统主要包括进样器和汽化器（图 10-2）。气相色谱分析要求载气携带气体样品进入色谱柱，液体试样进样后必须迅速汽化，因此，汽化室巧妙地设置在色谱柱的入口处。汽化室通过电加热器作用于内置金属块，确保能达到高水平的温度和热容量，旨在使液体试样一旦进入汽化管，便可瞬间完成汽化。为消除试样与金属接触可能产生的催化分解效应，选用石英玻璃作为汽化管材质，置于汽化室中心位置。此外，汽化室的堵头（注射垫，由耐高温且密封性能优异的硅橡胶制成）不仅是注射针的引导部件，还能确保系统整体的密封性，更能保证在高温条件下，注射针顺利穿透并将样品输送至系统。

采用微量注射器将样品注入汽化器，操作方便灵活（进样器的操作见视频 10-1），但重现性差。自动进样器不但操作简单、重现性好，也易实现自动化。

视频 10-1
进样器的操作

**3. 分离系统**

色谱柱是气相色谱仪的重要部分，所有样品的分离和分析都是依靠色谱柱进行的。色谱柱的分类依据多样，涵盖了色谱柱的填充材料、几何形态、内径尺寸与长度、固定液的化学性质等多个维度。根据色谱柱的内径尺寸与长度，色谱柱分为填充柱和毛细管柱两大类。

图 10-2 进样系统

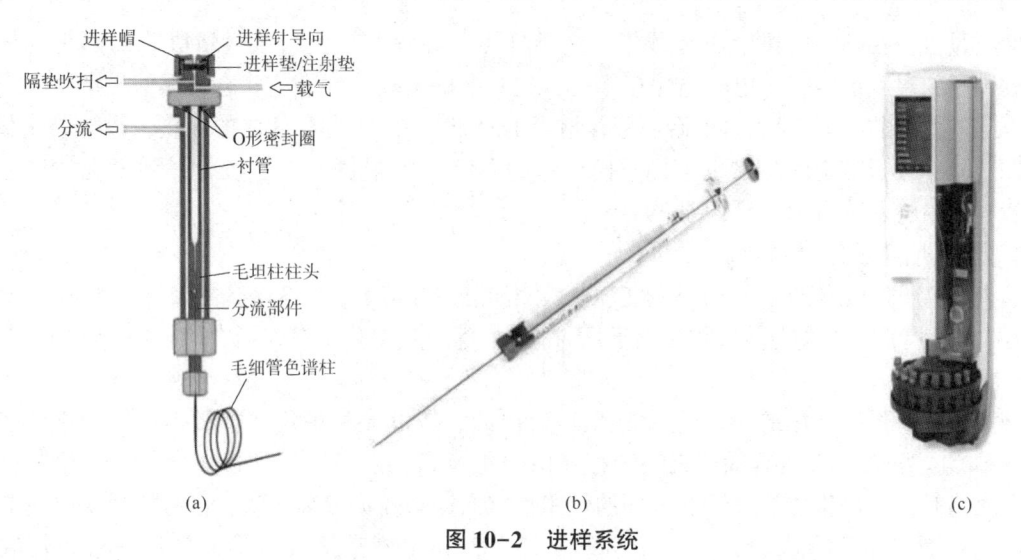

(a) 进样系统示意图；(b) 微量进样针；(c) 自动进样器

填充柱主要由柱管和固定相构成，柱管常选用不锈钢或玻璃材质，其直径范围为 2~4 mm，柱长一般为 0.5~6 m，内部填充有固定相，固定相进一步细分为固体与液体两种形态。毛细管柱，也称空心柱，直径一般为 0.1~0.5 mm，柱长为 15~100 m。毛细管柱多采用不锈钢、玻璃或石英等材质，这些材质赋予色谱柱优异的渗透性和较小的传质阻力。相较于填充柱，毛细管柱展现出更高的分离效率、更快的分析速度及更少的样品用量，然而，其样品负荷量很小，实际应用中常需要结合分流技术来应对这一局限。

**4. 检测系统**

在气相色谱仪系统中，检测器紧跟色谱柱之后，负责将经色谱柱高效分离出的化学组分转化为电信号形式，进而实现信号输出，便于测量和记录。鉴于将化学组分转化为电信号的方式各异，所对应的检测器类型及工作原理亦呈现出多样性。对气相色谱仪检测器总的要求：灵敏度高、检测限低、稳定性好、线性范围宽、定量准确、响应时间快、死体积小。

当前，已发展出多种主流检测器，如热导池检测器、氢火焰离子化检测器、电子捕获检测器和火焰光度检测器等。

1) 热导池检测器

热导池检测器的结构如图 10-3 所示，它利用以下 3 个条件达到检测目的：①样品气体与载气有不同的导热系数；②热敏元件（钨丝）的电阻值随温度的变化而改变；③惠斯通电桥测量（图 10-4）。

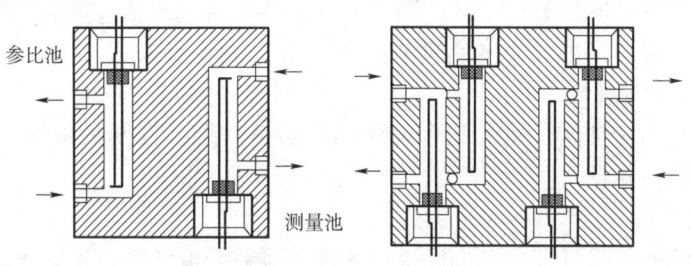

图 10-3 热导池检测器的结构

检测过程：在稳定的桥电流和载气流量条件下，钨丝发热量与载气所吸收的热量均恒定，故钨丝的温度恒定，其电阻值保持不变，这时电桥系统达到平衡状态，无信号产生。当待测样品气体与载气混合后共同流经热导池的测量臂时，由于混合气体的导热系数与单一载气存在差异，故所带走的热量也不同，使钨丝的温度（电阻值）发生变化，致使电桥产生不平衡电位，将此信号输出至记录仪记录。

2）氢火焰离子化检测器

氢火焰离子化检测器（图10-5）实现其检测功能主要基于以下3个核心要素：①$O_2$和$H_2$燃烧的火焰为待测有机物分子提供了离子化的能量；②有机物分子在火焰中离子化；③用一对电极检测火焰离子流。

检测过程：供燃烧用的$H_2$与色谱柱出口流出的气体混合后燃烧，空气挡板使助燃的空气（$O_2$）均匀分布于火焰周围，火焰旁存在由收集极和发射极造成的静态电场，当样品分子进入火焰时，燃烧生成的离子在电场的作用下定向运动而形成离子流，信号通过微电流放大器放大后输出至记录仪记录。使用时，载气、$H_2$和压缩空气三者的流量比一般控制在1∶1.5∶10~15。

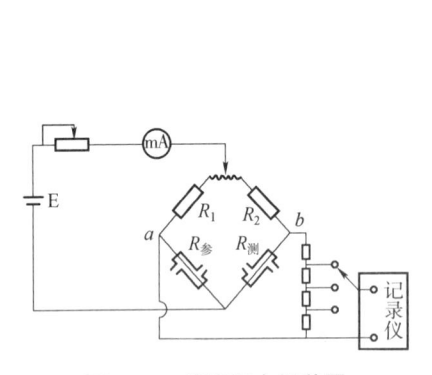

图10-4　惠斯通电桥装置

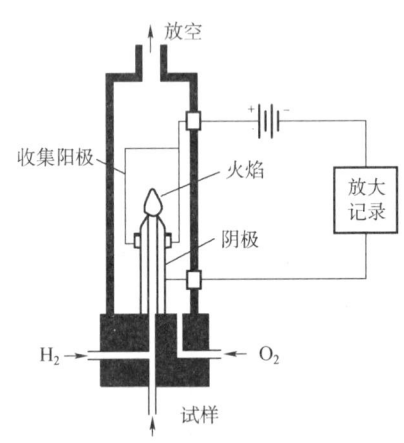

图10-5　氢火焰离子化检测器的结构

3）电子捕获检测器

电子捕获检测器是放射性离子化检测器，其检测的基本原理是基于内置的放射源（$^{63}$Ni）所释放的β射线使惰性气体（如$N_2$）电离成带正电的离子和自由电子，在特定条件下构成检测的基流。当环境中存在对电子具有强亲和力的电负性组分进入检测器时，这些组分会捕获这些自由电子，进而降低检测器的原有基流，检测器电信号的变化量正比于待测组分的浓度，实现高灵敏度的检测。因此，电子捕获检测器适用于分析含有卤素、磷、硫等电负性强的化合物，而对于多数烃类化合物无响应。

4）火焰光度检测器

火焰光度检测器对含磷、硫的化合物展现出卓越的选择性和灵敏度，是分析痕量的含磷、硫物质的首选检测器。

**5. 记录系统**

检测器产生的电信号要记录下来以进行处理，得到分析结果。其早期依赖记录仪记录色谱图，手工测量峰面积，后来引入积分仪实现自动化处理，如今则借助计算机技术实现了全

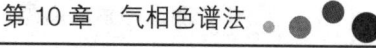

程自动化控制和数据处理。在此只简要介绍色谱工作站。

色谱工作站，作为色谱仪的智能化配套系统，深度融合了信号处理技术和计算机技术，通过软件平台实现色谱数据的智能化采集和高效处理。它不仅限于数据处理，部分工作站还集成了仪器控制与维护检查功能，极大地提升了操作便捷性与分析效率。

色谱工作站的显著优势包括：智能化的数据采集和处理，确保数据的准确性；用户友好的菜单管理与图形操作界面，操作简便；支持多通道数据采集，并可同时显示多个采样谱图窗口，提高分析效率；提供数据及分析结果永久储存方案，保障数据安全；网络互联功能，实现实验室间的数据共享与协作。

**6. 温度控制系统**

除前述五个核心组成部分外，气相色谱仪还集成了一套温度控制系统，用于对进样系统（汽化室）、分离系统（色谱柱）和检测系统（检测器）的环境温度进行控制。具体而言，汽化室需达到特定温度才能确保液体样品迅速转化为气态，随后由载气携带输送至色谱柱进行分离；色谱柱的分离效能、稳定性等与温度关系密切，因此必须严格控制色谱柱的温度；同时，为防止样品在检测阶段因冷凝而影响分析精度，检测器亦需维持在适宜的温度条件下，并严格控制温度，以保证其灵敏度和稳定性。

综上所述，从样品汽化（汽化室），到柱内分离（色谱柱），再到最终检测（检测器），整个分析过程都需要进行温度控制，这是确保气相色谱仪高效、准确运行的关键。根据分离的需要，色谱柱控温有恒温和程序升温两种方式，色谱柱恒温箱用电炉丝加热、风扇强制通风，因此升温速度特别快。

## 10.3.2 气相色谱-质谱联用仪简介

气相色谱-质谱法是近年来的一种创新的分析技术，它巧妙融合了气相色谱法对混合物的卓越分离能力与质谱技术对纯化合物的准确鉴定能力，简称 GC-MS（Gas Chromatography-Mass Spectrometry）法，实现这种联用法的仪器称为气相色谱-质谱联用仪（GC-MS 联用仪），其结构如图 10-6 所示。在 GC-MS 联用仪中，气相色谱仪负责高效地将复杂混合物中的各组分进行分离，还作为质谱分析的前端，精准地将分离后的纯组分引入质谱仪，而质谱仪则扮演着气相色谱仪"检测器"的角色，它能够对这些纯组分进行深入的分子结构鉴定，确保分析结果的准确无误。通过这种协同作用，GC-MS 法为化学分析领域提供了前所未有的精确度和灵敏度。

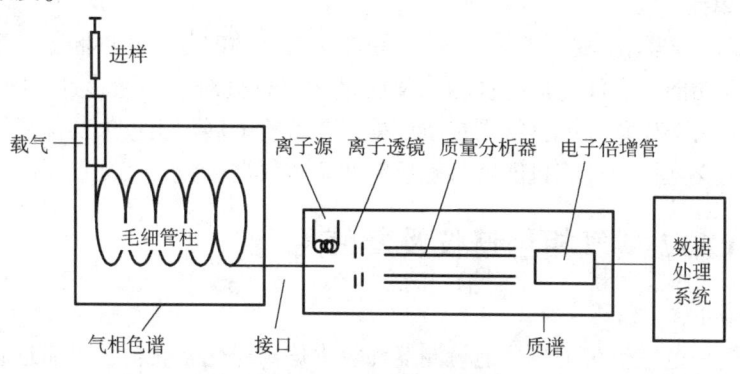

图 10-6 GC-MS 联用仪的结构

GC-MS 联用仪通过合适的接口巧妙地将气相色谱分析与质谱分析这两种独立的分析技术融为一体，由一台计算机控制。其构成主要包含四大核心单元：气相色谱单元、质谱单元、接口单元和计算机单元。在系统中，气相色谱单元是混合样品的分离器；质谱单元是样品组分的鉴定器；接口单元则作为桥梁，确保样品组分高效、稳定地从气相色谱单元传递至质谱单元，同时协调两者间的工作流量与气压平衡；而计算机单元既是整个系统的"指挥官"，调控着各单元的协同工作，又是数据处理与分析的"智囊"，最终将分析结果以直观的形式呈现给用户。

**1. 气相色谱单元**

GC-MS 联用仪的气相色谱部分与标准气相色谱仪基本相似，也涵盖了载气系统、进样系统及分离系统，并配备了分流/不分流进样，程序升温，以及压力、流量自动化控制等功能。然而，其主要差异在于 GC-MS 联用仪中气相色谱单元摒弃了独立检测器，转而将质谱单元作为其检测器。

**2. 质谱单元**

质谱单元的结构精巧，主要由离子源、质量分析器及检测器三大部分构成。离子源的作用是将试样离子化，常用的离子化技术有两种：电子轰击离子化和化学离子化。在电子轰击离子源中，加热至 2 000 ℃ 的钨丝或铼丝发射出高能电子束，当气态试样由漏孔进入电离室时，高能电子束冲击碰撞进入电离室的气态试样分子，引发电离反应产生正离子：

$$M + e^- \longrightarrow M^+ + 2e^-$$

式中，M 为试样分子；$M^+$ 为分子离子或母体离子。这些离子随后进入质量分析器，依据其质荷比（$m/z$）的不同对离子进行精确分离。台式 GC-MS 联用仪常采用磁式、四极杆式、离子阱式和飞行时间式质量分析器。

离子源产生的离子经质量分析器分离后到达检测器，常见的检测器有电子倍增器、闪烁检测器和微通道板，其中电子倍增器因其高灵敏度而最为常用。

**3. 接口单元**

GC-MS 联用仪的关键在于如何实现气相色谱仪的大气出口与质谱仪高真空入口的无缝对接 [色谱柱出口压力约为 $10^5$ Pa，而质谱仪必须在高真空度（$10^{-6} \sim 10^{-5}$ Pa）的条件下工作，离子源的适宜真空度约为 $10^{-3}$ Pa]，这高达 8 个数量级的压力差是联用时必须考虑的问题。接口设计不仅需调节压力以适应质谱仪的真空需求，还需提升样品/载气比，常用接口包括分子分离接口、开口分离接口及直接连接接口。

**4. 计算机单元**

计算机单元，又称化学工作站，集成了硬件与软件两部分。软件涵盖了系统操作、谱库管理和其他辅助功能。它能完成峰位和峰强测量、零点校对、扣除背景、图谱显示和打印、数据分析及制表等多样化任务，特别在质谱检索和解析上展示出极大的优越性。通过键盘和显示器实现人机交互，使计算机能够智能控制和调整仪器参数，实现仪器的自动化。

## 10.3.3 GC112 型气相色谱仪及其使用

**1. 仪器结构**

GC112 型气相色谱仪可配热导池检测器和氢火焰离子化检测器，可通过彩色触控屏设定各个组件的控制、使用参数，可实现 PC 端反控和主机触控同步双向控制。GC112 型气相色

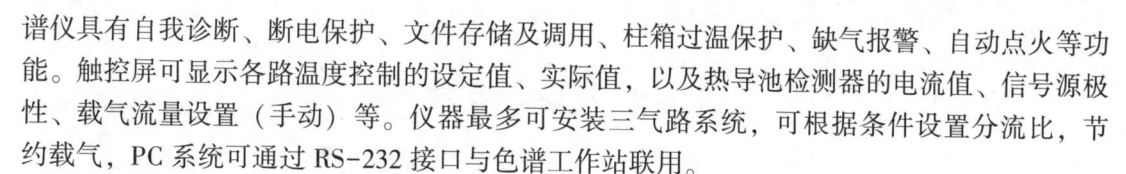

谱仪具有自我诊断、断电保护、文件存储及调用、柱箱过温保护、缺气报警、自动点火等功能。触控屏可显示各路温度控制的设定值、实际值，以及热导池检测器的电流值、信号源极性、载气流量设置（手动）等。仪器最多可安装三气路系统，可根据条件设置分流比，节约载气，PC 系统可通过 RS-232 接口与色谱工作站联用。

仪器由进样器、色谱柱箱、流量控制部件、温控及检测器电路部件等部分组成。

**2. 基本操作**

安装全部就绪后就可进行仪器的运行和分析工作，基本步骤如下。

（1）连接载气气路并检漏。

（2）安装好已活化过的色谱柱。

（3）打开载气，旋转低压调节杆，直至低压表指示为 0.4~0.6 MPa，调节气路面板上的载气稳流阀旋钮，将气流量调至适当值。

（4）打开主机电源，待仪器自检完成后，分别设置柱箱、检测器和进样器的温度，启动温度控制系统。

（5）设定实验数据记录路径，打开工作站，然后观察基线。

（6）样品分析。待基线稳定后（至少 30 min）即可进行样品分析。

（7）实验结束后打印报告，按开机时的倒序步骤关机（仪器降温、关闭主机电源、关闭载气）。

## 10.3.4 岛津 GC2014 型气相色谱仪及其使用

**1. 仪器结构**

岛津 GC2014 型气相色谱仪由日本岛津公司生产，采用新一代电子流量控制技术，可改善保留时间和峰面积的重现性，实现更高精度的分析。载气控制采用载气恒线速度控制方式，主机可选择 4 种进样单元、5 种检测器，最多可同时安装 3 个进样单元和 4 个检测器，能满足一般的实验室分析要求。

**2. 基本操作**

（1）开机：打开载气钢瓶总阀，缓慢调节减压阀压力到 0.5 MPa，打开空气发生器，打开主机电源。

（2）启动 GC-solution：单击 "GC-solution 实时分析"，运行软件。

（3）系统配置：在 GC-solution 实时分析窗口中单击 "系统配置"，在系统配置中分别对分析流路的最高温度、初始压力、毛细管柱的型号、载气及尾吹气名称进行设置。

（4）仪器设置：单击 "仪器设置"，对进样系统、毛细管柱、检测器进行设置并保存方法文件。

（5）样品分析：单击 "下载参数"，用保存的方法文件的参数进行样品分析，单击 "开启系统"，打开氢气钢瓶总阀并缓慢调节减压阀压力到 0.2 MPa，待所有参数达到设定值后，单击 "打开检测器"，程序进入准备就绪状态，待基线稳定后（至少 30 min），进样分析。

（6）关机：结束后，首先关闭氢气钢瓶的总阀，然后关闭减压阀，待系统温度（柱温）降低到 50 ℃以下后关闭 GC-solution 软件，最后关闭主机电源、载气钢瓶及空气发生器。

实验开始前安装毛细管柱时应注意：避免扭曲和弯折毛细管柱；避免毛细管柱两端碰到柱箱内壁；应先用手拧紧开口螺钉，再用扳手旋 1/2 圈。

## 10.4 实验技术

### 10.4.1 色谱柱的活化

为了确保填充物中的残留溶剂及某些挥发性杂质被彻底清除，并促进固定液均匀且稳固地附着在担体表面，新色谱柱或长时间不用的色谱柱在使用前需要进行活化。

根据使用条件和固定液膜厚、极性等设置恒温活化或程序升温活化。一般来讲，固定液膜厚越厚、极性越强，需要的活化时间越长。具体活化方法：在常温下使用的色谱柱，可直接装在色谱仪上，接通载气，先不接检测器冲洗一段时间，再接检测器，待基线平稳即可使用；如果色谱柱在高温操作条件下应用，活化温度要大于实际使用温度而低于色谱柱的使用温度上限约 20 ℃，持续通入载气数小时至数十小时，期间不接检测器，专注于通过气流将固定液中易挥发的物质彻底排出，之后，再接检测器直到基线平稳，此时才可正式投入使用。

如果用 $N_2$ 作载气，无论是活化色谱柱还是分析实验中，$N_2$ 都可排放到空气中。但是，如果使用的检测器是热导池检测器，用 $H_2$ 作载气进行活化时应特别注意，须及时将载气排至室外，否则将会在柱温箱内集聚 $H_2$ 而发生危险。

### 10.4.2 操作条件的选择

**1. 载气及其流速的选择**

在气相色谱分析中，载气选择一般依据两个方面：一是考虑检测器的适应性，如热导池检测器常用 $H_2$、He 作载气，氢火焰离子化检测器、电子捕获检测器、火焰光度检测器则常用 $N_2$ 作载气；二是考虑流速大小，依据 Van Deemter 方程（$H = A + B/\mu + C\mu$），低流速下分子扩散项（$B/\mu$）成为色谱峰展宽的主导因素，故宜选用相对分子质量较大的载气，如 $N_2$、Ar 等；反之，高载气流速时传质阻力项（$C\mu$）起主要作用，相对分子质量较小的载气（$H_2$、He）更为适宜。

载气流速不仅关乎分离效率，更直接影响分析时长。当色谱柱和组分一定时，由 Van Deemter 方程可以计算出最佳流速，此时虽柱效最高但耗时较长，故实际操作中常采用稍高于最佳流速的载气流速，以加快分析。

**2. 柱温的选择**

柱温作为另一关键参数，直接影响着柱效、分离选择性和系统稳定性。同时，柱温的改变会影响分配系数、分配比及组分在固定相和流动相中的扩散系数，从而影响分离效率和分析速度。提高柱温虽能改善传质阻力，提高柱效并缩短分析时间，但可能削弱分配比和选择性，对分离不利。因此，从分离优化角度出发，倾向于采用较低柱温，然而此举又可能导致分析时间延长，峰形变宽，柱效下降。

设定柱温时，要确保其在固定液适宜温度范围内，否则不利于分配或造成固定液流失。原则上，在确保最难分离的组分有效分离的前提下，尽可能采用较低柱温，但仍需兼顾保留时间的合理性和峰形的规范性。在实际工作中，常通过实验来选择最佳柱温，一般选择各组分沸点的平均温度或更低温度，对宽沸程样品宜采用程序升温。

**3. 载体、固定液及柱长的选择**

1）载体的选择

从分离效果来看，应选择直径适中（一般填充柱要求载体直径是柱直径的1/10）、颗粒均匀、表面多孔且孔径均匀的载体。

2）固定液及柱长的选择

色谱柱固定液的选择，应遵循"相似相溶"原理，即非极性组分匹配非极性固定液，极性组分则倾向于匹配极性固定液，若分离极性和非极性组分的混合物，一般选择极性固定液。增加柱长对提高分离度有利，但会增加组分的保留时间，且色谱柱阻力增大，对分离不利。柱长的选择核心在于平衡，即在能满足分离效果的前提下，倾向于选择较短的色谱柱，以缩短分析时间。

**4. 进样条件的选择**

进样操作强调迅速，确保样品能即刻汽化并被带入色谱柱中。长时间的进样会导致样品原始宽度扩张，直接使得色谱峰展宽。汽化温度的设定需要确保在选定温度下样品能迅速汽化而不分解，对于高沸点或易分解组分尤为重要。鉴于色谱进样量为微升级，接近于无限稀释状态（相当于减压），汽化温度可比样品中最难汽化组分的沸点略低些，一般汽化室温度比柱温高 30~70 ℃。

## 10.4.3　气相色谱分析中的样品

气相色谱分析是载气携带气体样品在色谱柱中实现分离。在仪器适用温度范围内、具有 20~1 300 Pa 蒸气压或沸点在 500 ℃ 以下、热稳定性好、相对分子质量小于 400 的物质，原则上均可采用气相色谱法进行分离分析。对于一些高沸点、不易挥发的液体或固体试样，可通过衍生化或裂解将其转换成适用于气相色谱分析的样品形式。

## 10.4.4　GC-MS 联用技术

想要获得好的 GC-MS 分析结果，需要充分考虑以下问题：样品信息、仪器设备所需条件、数据处理。

**1. 样品信息**

并不是任何样品都适宜采用 GC-MS 分析。因此，深入了解样品的来源、物理化学性质（如相对分子质量、挥发性、极性、热稳定性等）成为选择色谱柱、分析方法和仪器参数设置的关键。面对沸点跨度宽、化合物性质差别特别大的复杂样品，预处理就显得尤为重要，如通过分馏技术细化馏分或依据化学特性分类提取，样品越单一，对定性鉴定越有利。对于挥发性差、热敏感或含极性基团的化合物，可采用衍生化技术加以处理。

缺少样品信息时，若有条件，最好先用气相色谱分析，以利于确定 GC-MS 分析方法和条件，同时避免仪器的污染。

**2. 仪器设备所需条件**

1）色谱技术

气相色谱分离效率是影响 GC-MS 分析成败的关键。在气相色谱分离阶段，载气的选择需兼顾化学惰性、质谱图和总离子流检测的无干扰性，同时需具备在载气气流中的样品富集特性。鉴于 $N_2$ 在 GC-MS 应用中的局限性，故常用 He 作载气（纯度不低于 99.999%）。

色谱柱流失给 GC-MS 分析带来的影响较 GC 分析更严重，固定相流失可能会进入离子源，导致质谱背景噪声增加，抬高基线，信噪比下降，严重干扰定性、定量分析的准确性，还会污染仪器。GC-MS 联用仪多使用窄口径毛细管柱，尽可能使用带有"MS"标识的专用色谱柱，以规避大口径、厚液膜的毛细管柱可能带来的不利影响。

2）质谱技术

质谱技术，作为分子水平的重要分析技术，涵盖了从样品离子化到实现离子质量分离和检测的全过程，涉及复杂且多元的参数调控，如样品导入、离子化条件、离子透镜聚焦参数、质量分离的扫描方式、质量分辨能力、灵敏度、数据采集、谱图处理及分析结果获得等。

在进行样品分析前，要对质谱仪进行调谐，这涉及对离子源、质量分析器及检测器的综合调整，旨在确保仪器能够获得优异的分辨率、灵敏度，以及准确的质量测量和正确的离子丰度比。调谐必须在仪器稳定条件下进行，否则调谐结果将不可靠。

3）真空技术

质谱检测要求高真空度，在高压条件下，气体分子的密集分布会增加离子与之发生碰撞的概率，从而干扰离子的正常轨迹，导致其无法顺利到达检测器。因此，质谱的正常工作压强一般低于 $10^{-6}$ Pa，真空泄露将无法进行正常分析。

对于真空系统密封性的评估，最直接的方法是通过真空计监测是否达到预设的压强阈值。在缺乏直接指示工具时，可借助经验法进行判断：对于两极真空系统，低真空度系统若存在明显漏气，往往伴随发出类似水泡的"咕嘟"声，而轻微漏气不易觉察，只能采用分段排查法来定位；对于高真空度系统，除依赖真空计指示外，还可通过分析空气峰的比例来间接判断系统是否存在漏气。

**3. 数据处理**

定性分析：打开仪器自带的分析软件，对峰图进行背景扣除等处理后，对峰质谱图进行提取，而后进行谱库检索（在线或离线），通过比较其得分、化学结构式、相对分子质量等，对物质进行定性分析。

定量分析：在相同的测试条件下，用不同浓度的已知标准品等体积准确进样，测量其对应的峰面积或峰高，绘制响应信号与浓度之间的关系曲线；之后，等体积准确进样待测样品，根据所得峰面积或峰高在关系曲线上查出其对应浓度。

# 10.5 实　　验

## 10.5.1 热导池检测器灵敏度的测定

**1. 实验目的与要求**

（1）掌握气相色谱仪的操作流程和进样技术。

(2) 了解热导池检测器的内部基本构造及其工作原理。

(3) 掌握热导池检测器灵敏度的测定方法。

**2. 实验原理**

热导池检测器的工作原理基于不同物质与载气间导热系数不同。当气体流经热导池孔道时，其组成与浓度的变化会影响孔道内热敏元件（如钨丝）的热量，进而引发其电阻值的变化。此变化可通过惠斯通电桥进行测量。热导池检测器因其结构简单、性能稳定，适用于无机及有机气体样品，且无损于样品，是气相色谱分析中应用范围最广的浓度型检测器。然而，其高敏感性也要求载气必须维持稳定的压力、流速及温度，以确保检测结果的准确性。

热导池检测器的灵敏度公式为

$$S = \frac{F_c \cdot A}{m} \tag{10-8}$$

式中，$F_c$ 为载气流速，mL/min；$A$ 为色谱峰面积，mV·min；$m$ 为进样量，mg。

**3. 仪器与试剂**

仪器：GC102A 型气相色谱仪（配热导池检测器）、色谱工作站、氮气钢瓶、1 μL 微量注射器、色谱柱［固定液为邻苯二甲酸二壬酯（DNP），柱长为 2 m，内径为 3 mm］。

试剂：苯（A.R）。

**4. 实验内容与步骤**

(1) 开载气及载气流速的测量。

将载气（氮气）钢瓶上减压阀的手柄逆时针旋松，开启钢瓶；顺时针旋转分压表手柄至输出压力在 0.5 MPa 左右。将皂膜流量计接到热导池检测器出口，测定载气流速（单位：mL/min）。

(2) 开机、参数设定及恒温。

打开 GC102A 型气相色谱仪电源，进行仪器自检；自检完成后设置柱箱、热导池检测器及进样器的温度，按下起始键启动温度控制，开始加热；待加热完成后设置桥电流，打开仪器的恒流电源。打开色谱工作站记录基线信号，基线稳定后便可进样分析。

(3) 实验条件：柱温为 60~100 ℃；汽化器温度为 120 ℃；热导池温度为 120 ℃；载气流速为 20~40 mL/min；桥路电流为 100~150 mA。

(4) 热导池检测器灵敏度的测定。

① 控制柱温为 60 ℃，桥路电流为 100 mA，分别改变载气流速为 20、30、40 mL/min，吸取 1 μL 苯进样，记录各自完整的谱图。

② 控制柱温为 60 ℃，载气流速为 20 mL/min，分别改变桥路电流为 100、120、150 mA，吸取 1 μL 苯进样，记录各自完整的谱图。

③ 控制载气流速为 20 mL/min，桥路电流为 100 mA，分别改变柱温为 60、80、100 ℃，每次待温度恒定后，吸取 1 μL 苯进样，记录各自完整的谱图。

(5) 关机。实验结束后，将桥路电流设为"0"，按下停止加热键停止加热，待各部分温度降至室温后关闭仪器电源，最后关闭载气。

**5. 注意事项**

(1) 热导池检测器的灵敏度与峰面积成正比，因此准确的进样量和进样操作是关键。

(2) 使用热导池检测器时，加桥路电流之前应确保载气畅通，否则，由于电热丝发出的热量无法带走，使电热丝温度过高而将电热丝烧断。

**6. 数据处理**

(1) 实验数据记录在表 10-1 中。

表 10-1　实验数据

| 次数 | 保留时间 $t_R$/min | 峰面积 $A$/(mV·min) | 备注 |
|---|---|---|---|
| 1 | | | |
| 2 | | | |
| 3 | | | |
| 4 | | | |
| 5 | | | |
| 6 | | | |

(2) 根据表 10-2 中的数据，计算柱后载气真实流速：

$$F_c = F(p_o - p_w)/p_o$$

式中，$F$ 为皂膜流量计测出的柱后载气流速；$p_o$ 为室内大气压；$p_w$ 为测量时水的饱和蒸气压。

表 10-2　不同温度下水的饱和蒸气压

| 温度/℃ | 饱和蒸气压/mmHg | 温度/℃ | 饱和蒸气压/mmHg |
|---|---|---|---|
| 14 | 11.987 | 25 | 23.756 |
| 15 | 12.788 | 26 | 25.209 |
| 16 | 13.634 | 27 | 26.739 |
| 17 | 14.530 | 28 | 28.349 |
| 18 | 15.477 | 29 | 30.043 |
| 19 | 16.477 | 30 | 31.824 |
| 20 | 17.535 | 31 | 33.695 |
| 21 | 18.650 | 32 | 35.663 |
| 22 | 19.827 | 33 | 37.729 |
| 23 | 21.068 | 34 | 39.898 |
| 24 | 22.377 | 35 | 42.175 |

注：1 mmHg = 1.333 22×10² Pa。

(3) 进样量 $m$ 的计算：

$$m = 1.0 \times 10^{-3} \times d \times 10^3 = d, \quad d = d_0 - 1.063\ 6 \times t$$

式中，$d$ 为室温（$t$ ℃）时苯的相对密度；$d_0$ 为 0 ℃时苯的相对密度（$d_0 = 0.900\ 1$ g/mL）。

(4) 由实验所得的色谱峰面积计算出各种实验条件下的热导池检测器对苯的灵敏度。

(5) 分别讨论改变柱温、桥路电流和载气流速三个实验条件对热导池检测器灵敏度的影响。

**7. 思考题**

（1）热导池检测器的灵敏度与所用载气的性质有关吗？用氢气作载气与用氮气作载气哪一个灵敏度高？

（2）热导池检测器的灵敏度与桥路电流（或桥温）有什么关系？桥路电流（或桥温）是否越高越好？

## 10.5.2 氢火焰离子化检测器灵敏度和检测限的测定

**1. 实验目的与要求**

（1）熟练掌握气相色谱仪的使用方法和进样操作技术。

（2）掌握氢火焰离子化检测器灵敏度和检测限的测定方法。

（3）了解氢火焰离子化检测器的基本构造和工作原理。

**2. 实验原理**

氢火焰离子化检测器以 $H_2$ 和空气燃烧的火焰为能源，当有机物进入火焰区域时，会由于离子化反应而生成许多离子对。为捕捉这一变化，氢火焰离子化检测器在火焰的上、下端设置了一对电极，并施加电压，以此检测燃烧过程中所产生的离子流，进而实现有机物的定性和定量分析。

氢火焰离子化检测器具有结构简单、灵敏度高、死体积小、响应速度快、线性范围宽和稳定性好等优点。但值得注意的是，其检测范围仅局限于有机物，对于惰性气体、$H_2O$、$O_2$、$N_2$、$CO$、$CO_2$、$SO_2$ 和氮的氧化物等在火焰中难电离或不电离的物质，其信号很弱或不产生信号。此外，氢火焰离子化检测器在分析过程中会对样品造成一定程度的破坏，是一种质量型检测器。

氢火焰离子化检测器灵敏度的计算公式为

$$S = \frac{60 \cdot A}{m} \quad (\text{mV} \cdot \text{s} \cdot \text{g}^{-1}) \tag{10-9}$$

式中，$m$ 为进样量，g；$A$ 为色谱峰面积，mV·min。

氢火焰离子化检测器检测限的计算公式为

$$D = \frac{3R_N}{S} \quad (\text{g} \cdot \text{s}^{-1}) \tag{10-10}$$

式中，$R_N$ 为基线信号值。

**3. 仪器与试剂**

仪器：GC112N 型气相色谱仪（配氢火焰离子化检测器）、色谱工作站、空气压缩机、氢气发生器、1 μL 微量注射器、色谱柱（固定相 PEG-20M，柱长为 30 m，内径为 0.32 mm）。

试剂：苯（A.R）、氮气。

**4. 实验内容与步骤**

（1）按实验 10.5.1 的方法打开载气钢瓶、仪器电源，设置参数。

(2) 实验条件：柱箱、氢火焰离子化检测器及进样器的温度分别为 100 ℃、250 ℃ 及 250 ℃；灵敏度挡为 $10^8$；载气（$N_2$）流量为 20~30 mL/min；氢气流量为 20~40 mL/min；空气流量为 200~400 mL/min。

(3) 待加热完成后，按点火键点火以开启检测器（听到噗声即点火成功），然后打开色谱工作站记录基线信号，至基线稳定（约 30 min）后便可进样分析。

(4) 氢火焰离子化检测器灵敏度和检测限的测定：吸取 0.2 μL 苯进样，记录完整的谱图，重复 1~2 次，在稳定的实验条件下记录一段时间的基线，观察噪声情况。

(5) 关机。实验结束后，关闭氢气发生器，按下加热关闭键停止加热，待各部分温度降至室温后关闭仪器电源，最后关闭空气压缩机和载气。

**5. 注意事项**

(1) 为提高灵敏度，可在一定范围内适当增大 $H_2$ 和空气流量。

(2) 使用不同的灵敏度挡，在计算中应纳入考量范畴。

**6. 数据处理**

(1) 实验数据记录在表 10-3 中。

表 10-3　实验数据

| 次数 | 进样量/μL | 保留时间 $t_R$/min | 峰面积 $A$/(mV·min) | 备注 |
| --- | --- | --- | --- | --- |
| 1 | | | | |
| 2 | | | | |
| 3 | | | | |
| 4 | | | | |
| 5 | | | | |
| 6 | | | | |

(2) 依据多次进样所得色谱峰面积的平均值与准确进样量来计算氢火焰离子化检测器对苯的灵敏度。

(3) 计算氢火焰离子化检测器对苯的检测限时，应充分考量噪声水平的影响。

**7. 思考题**

(1) 影响氢火焰离子化检测器灵敏度和检测限的因素主要有哪些？

(2) 氢火焰离子化检测器产生噪声的主要原因是什么？

## 10.5.3　归一化法测定混合芳烃中各组分的含量

**1. 实验目的与要求**

(1) 熟练掌握气相色谱仪的使用方法。

(2) 掌握利用保留时间定性和相对质量校正因子的测定方法。

(3) 掌握气相色谱分析的归一化定量分析方法。

## 2. 实验原理

在气相色谱分析中，归一化法是一种常见的相对定量手段，即把所有出峰组分的含量之和视为百分之百，以此为基础计算各组分的相对含量。此法的使用前提：样品中所有组分均能在一定时间内通过色谱柱，且在检测器上产生信号；或者，样品中存在不产生信号的组分，但已知其质量分数。该方法的优势：不需精确进样，特别是液体样品进样量少、不易测准时尤为方便；对于实验条件的微小变动有较高容忍度，对测定结果的影响较小；与内标法相比，归一化法的操作更为方便，无须每次称重。

相对质量校正因子：

$$f_{is} = \frac{m_i/A_i}{m_s/A_s} = \frac{A_s \cdot m_i}{A_i \cdot m_s} \tag{10-11}$$

式中，$A_s$、$A_i$ 为基准组分、其他组分的色谱峰面积；$m_s$、$m_i$ 为基准组分、其他组分的质量。

样品中各组分的质量分数为

$$w_i = \frac{f_{is} \cdot A_i}{\sum_{i=1}^{n}(f_{is} \cdot A_i)} \times 100\% \tag{10-12}$$

## 3. 仪器与试剂

仪器：GC102A 型气相色谱仪（配热导池检测器）、色谱工作站、氮气钢瓶、1 μL 微量注射器、色谱柱（固定相为 DNP，柱长为 2 m，内径为 3 mm）。

试剂：苯、甲苯、乙苯（A.R）。

## 4. 实验内容与步骤

（1）按 GC102A 型气相色谱仪的使用方法开机，并使之运行正常。

（2）实验条件：载气（$N_2$）流速为 40 mL/min；柱温为 100 ℃；汽化器温度为 120 ℃；热导池温度为 120 ℃；桥电流为 50 mA。

（3）$t_R$ 的测定：分别吸取 0.5 μL 的苯、甲苯、乙苯进样，记录各自完整的谱图。

（4）$f_{is}$ 的测定：分别移取 1.0 mL 的苯、甲苯、乙苯于具塞试管中混匀，准确吸取 1.0 μL 的标准混合溶液进样，记录完整谱图，重复 1 次。

（5）待测样品分析：吸取 1.0 μL 的未知试样进样，记录谱图，重复 1 次。

（6）关机：实验结束后，按 GC102A 型气相色谱仪的使用方法关机。

## 5. 注意事项

对于峰面积的归一化法定量分析，进样量不太准确不影响结果的准确性，但进样量不能相差太多，以免影响色谱峰的分离度。

## 6. 数据处理

（1）记录各实验条件和进样量。

（2）记录标准物质的 $t_R$ 值，以便对未知试样中的各组分进行定性分析。

（3）以苯为基准物质，计算各物质的 $f_{is}$。

（4）计算未知试样中各组分的质量分数。

实验数据记录在表 10-4 中。

表 10-4　实验数据

| 分析对象 | | 保留时间 $t_R$/min | 峰面积 $A$/(mV·min) | 备注 |
|---|---|---|---|---|
| 定性 | 苯 | | | |
| | 甲苯 | | | |
| | 乙苯 | | | |
| 标准混合溶液 | | | | |
| | | | | |
| | | | | |
| 定量 | 未知试样溶液 | | | |

**7. 思考题**

（1）归一化法的要求条件有哪些？
（2）为什么归一化法对进样量的要求不太严格？
（3）使用归一化法定量分析时为什么要用校正因子？

## 10.5.4　气相色谱标准曲线法测定乙醇中的微量水

**1. 实验目的与要求**

（1）掌握用标准曲线法测定样品含量的方法。
（2）学习乙醇中水分含量的测定技术。

**2. 实验原理**

标准曲线法，也称外标法或直接比较法，是一种简便的绝对定量方法。该方法通过制备一系列不同浓度的标准溶液，在与待测组分相同的色谱条件下，逐一准确进入等体积溶液，记录每次进样的峰面积（或峰高）。以峰面积（或峰高）为纵坐标，标准溶液的浓度为横坐标，绘制标准曲线，标准曲线的斜率即为绝对校正因子。在相同的色谱条件下，等体积进入待测样品溶液，根据其峰面积（或峰高）在标准曲线上直接读取或计算出样品溶液的组分浓度。

**3. 仪器与试剂**

仪器：GC102A 型气相色谱仪（配热导池检测器）、色谱工作站、氮气钢瓶、10 μL 微量注射器、色谱柱［固定液为聚乙二醇（PEG），柱长为 2 m，内径为 4 mm］。

试剂：无水乙醇、普通乙醇（A.R）、蒸馏水。

**4. 实验内容与步骤**

（1）按 GC102A 型气相色谱仪的使用方法开机。
（2）色谱条件：柱温为 90 ℃；汽化器温度为 120 ℃；热导池温度为 120 ℃；载气流速为 30 mL/min；桥电流为 150 mA。
（3）标准溶液系列的配制：准确称取一定质量的纯水于 50 mL 容量瓶中，用无水乙醇稀释。吸取 2.0 μL 标准样品进样，记录完整谱图。实验数据记录在表 10-5 中。

表 10-5　实验数据

| 编号 | 1 | 2 | 3 | 4 | 5 |
|---|---|---|---|---|---|
| 浓度/(mg·mL$^{-1}$) | 5.0 | 10.0 | 15.0 | 20.0 | 25.0 |
| 峰面积 $A$/(mV·min) | | | | | |

（4）样品的测定：准确吸取 2.0 μL 待测乙醇样品进样，记录谱图。

（5）关机：实验结束后，按 GC102A 型气相色谱仪的使用方法关机。

**5. 注意事项**

标准曲线法严格要求实验条件相同和进样量相等。

**6. 数据处理**

（1）根据标准溶液的浓度与相应的峰面积绘制标准曲线。

（2）根据试样中水的峰面积在标准曲线上查出乙醇样品中水的浓度（mg/mL）。

**7. 思考题**

（1）标准曲线法有什么缺点？

（2）标准曲线法是否需要用校正因子？为什么？

## 10.5.5　GC-MS 联用仪分离分析苯系物

**1. 实验目的与要求**

（1）了解 GC-MS 联用仪的基本构造，熟悉工作站软件的使用。

（2）了解运用 GC-MS 联用仪分析简单样品的基本过程。

**2. 实验原理**

混合物样品经 GC 分离后，以单一组分的形式依次进入 MS 的离子源被电离成各种离子，离子经过质量分析器分离后到达检测器，经处理后可得到样品的色谱图、质谱图等。质谱图经谱库检索后可以得到化合物的定性结果，由色谱图进行各组分的定量分析。与 GC 相比，GC-MS 的定性能力更高，摆脱了对组分纯样品的依赖，它可以给出化合物的相对分子质量、元素组成、分子式和分子结构信息，具有定性专属性、灵敏度高、检测快速等特点。

**3. 仪器与试剂**

仪器：GC-MS 联用仪（岛津，QP2010 型或其他型号）、色谱柱（HP-5 MS，或相同性质的其他 GC-MS 专用柱，30 m×0.25 μm×0.25 mm）、移液器、0.45 μm 的有机相微孔膜过滤器、容量瓶。

试剂：苯、甲苯、二甲苯（A.R）、甲醇（色谱纯）。

**4. 实验内容与步骤**

1）有机混合物的配制及稀释

分别准确移取 1 mL 苯、甲苯、二甲苯混合后，用甲醇稀释 1 000 倍；再移取 2 mL 稀释液，经 0.45 μm 的有机相微孔膜过滤器过滤后，转移至标准样品瓶中待测。

2）开机

开启 GC-MS 联用仪，抽真空、检漏、调谐。

3）实验条件

GC 条件：进样口温度为 250 ℃；柱温初始为 60 ℃，保持 2 min；然后以 20 ℃/min 的速度升温至 100 ℃ 后，再以 5 ℃/min 的速度升温至 120 ℃，保持 3 min；分流进样，分流比为 20∶1，柱流量为 1.0 mL/min；进样量为 1.0 μL。

MS 条件：离子化方式，电子轰击离子源；离子源温度为 200 ℃；离子化能量为 70 eV；色质传输线温度为 250 ℃；扫描范围为 45～550 amu；扫描速度为 0.5 scan/s。

4）样品分析

设定 GC-MS 联用仪的操作参数、样品信息及数据文件保存路径后，按下〈Sample Login〉键，系统提示进样时，用进样针准确吸取 1 μL 样品溶液，插入进样口，快速注射并拔出进样针，同步按下色谱仪操作面板上的〈Start〉键，开始分析。

5）关机

实验结束后，关闭检测器灯丝，停止抽真空，降温，最后关闭仪器电源及载气。

**5. 注意事项**

（1）清洗容量瓶、标准样品瓶时不要使用清洁剂，防止残留清洁剂，污染仪器。

（2）待测样品一定要经过有机相微孔膜过滤器过滤且进样时不能有气泡。

**6. 数据处理**

（1）得到总离子流色谱图后对谱图积分，双击目标峰得到相应质谱图，扣除本底后，单击 Similarity Search 进行谱库检索，得到检索结果。

（2）列出所有的物质，并结合其他相关资料，确定各峰对应的具体物质的名称。

**7. 思考题**

GC-MS 联用仪是如何得到总离子流色谱图的？除此之外，使用 GC-MS 联用仪还能获得哪些谱图？它们各有什么特点？

# 第 11 章 高效液相色谱法

## 11.1 概 述

高效液相色谱法（High Performance Liquid Chromatography，HPLC），是 20 世纪 60 年代末 70 年代初发展起来的一项分离分析技术。HPLC 以液体为流动相，通过精密的高压输液系统，将多种溶剂组合（包括单一溶剂、不同比例的混合溶剂及缓冲溶液）以高压形式泵入装有固定相的色谱柱内，在此过程中，样品中各组分依据其性质差异在柱内被有效分离，随后进入检测器进行精确测定。HPLC 具有分析速度快、分离效率及灵敏度高等优点，已广泛应用于化学、医学、工业、农学、海关检验和法律鉴定等领域中。

与气相色谱法相比，HPLC 显著的优势在于其对样品形式的包容性更强，无须考虑样品挥发性、热稳定性或相对分子质量的限制，仅需将样品制成溶液即可分析，尤其适用于生物大分子、离子型化合物、易分解的天然产物及其他各种高分子化合物等。此外，HPLC 的流动相不仅承载着样品的运输作用，还参与和固定相及样品之间的相互作用，并可为控制和改善分离条件提供一个额外的可变因素。由于色谱法的基本理论相通，因此气相色谱法中有关色谱流出曲线和色谱参数等术语和定义及定性定量方法也适用于 HPLC。

## 11.2 方法原理

### 11.2.1 液相色谱法的主要类型

从液相色谱技术诞生以来，为适应不同化合物的分析需求，已演化出多元化的分离模式。依据分离机理不同，液相色谱法可细化为四大类别：吸附色谱法、分配色谱法、尺寸排阻色谱法和离子交换色谱法。

**1. 吸附色谱法（Adsorption Chromatography）**

吸附色谱法也称为液固色谱法或正相色谱法，是利用固定相（如硅胶、氧化铝、分子筛等）对不同物质分子吸附能力的差异，从而实现混合物的有效分离。在此过程中，非水有机溶剂常作为流动相。

**2. 分配色谱法（Partition Chromatography）**

分配色谱法依赖固定相与流动相之间对目标组分的溶解度差异来实现分离。当前，化学键合固定相及硅胶微球是使用最多的固定相，而水-有机溶剂的混合液则是最常用的流动相。分配色谱法的核心在于，目标组分分子在固定相和流动相之间持续达到溶解平衡的动态过程。

**3. 尺寸排阻色谱法（Size Exclusion Chromatography）**

尺寸排阻色谱法也称空间排阻色谱法或凝胶渗透色谱法，是基于分子尺寸大小的差异而进行分离的。不同尺寸的分子扩散进入固定相孔中的程度不同，使保留时间不同。尺寸排阻色谱法广泛应用于大分子的分离，即用来分析大分子物质的相对分子质量及其分布。

**4. 离子交换色谱法（Ion Exchange Chromatography）**

离子交换色谱法利用固定相上的可交换离子与流动相各种带电荷离子间的电荷作用力不同，经过交换平衡达到分离目的，适用于分析离子型或能够形成离子的化合物。

此外，利用待测化合物与离子形成离子对而进行分离的离子对色谱法、利用具有特异亲和力的色谱固定相进行分离的亲和色谱法、利用手性固定相进行分离的手性色谱法等也成为常用的液相色谱法。

## 11.2.2 反相色谱法和正相色谱法

在液相色谱中，当流动相的极性超越固定相时，非极性固定相（如 $C_{18}$、$C_8$）成为第一选择，此时流动相多由水或缓冲溶液构成，并辅以甲醇、乙腈等与水互溶的有机溶剂来调节保留时间，适用于非极性及弱极性化合物的分离，这种方法称为反相色谱法。反之，若采用极性固定相（如聚乙二醇、氨基与腈基键合相），流动相则选用相对非极性的疏水性溶剂（如正己烷、环己烷），并可能加入乙醇、四氢呋喃等以调节组分的保留时间，对于中等极性和极性较强的化合物（如酚类、胺类、羰基类及氨基酸类等）的分离更为有效，这种方法称为正相色谱法。

反相色谱法在现代液相色谱法中占据主导地位，约占 HPLC 应用的 80%。

## 11.2.3 液相色谱的定性和定量方法

与气相色谱一样，在液相色谱分析中可以通过标准化合物保留时间的对照或液相色谱-质谱联用进行定性分析，利用色谱峰面积（或峰高）与样品浓度的线性关系进行定量分析。其方法主要有面积归一化法、内标法和外标法等。

# 11.3 仪器部分

## 11.3.1 高效液相色谱仪的组成

当前，高效液相色谱仪的种类众多，且性能和质量都已达到技术相当成熟的程度。一般来说，高效液相色谱仪由以下五个部分组成：高压输液系统、进样系统、分离系统、检测系统和数据处理系统。图 11-1 为高效液相色谱仪的结构示意图。

**1. 高压输液系统**

高压输液系统作为高效液相色谱仪的核心组件之一，集成了储液器、高压泵和梯度洗脱装置。

储液器用于存储流动相，其前端通常设有溶剂过滤器，旨在阻挡流动相中的固体微粒进入输液管路。高效液相色谱仪的流动相在使用前要进行：溶剂过滤，防止溶剂中的固体颗粒进入仪器；超声脱气，防止在实验过程中形成气泡，干扰测定。

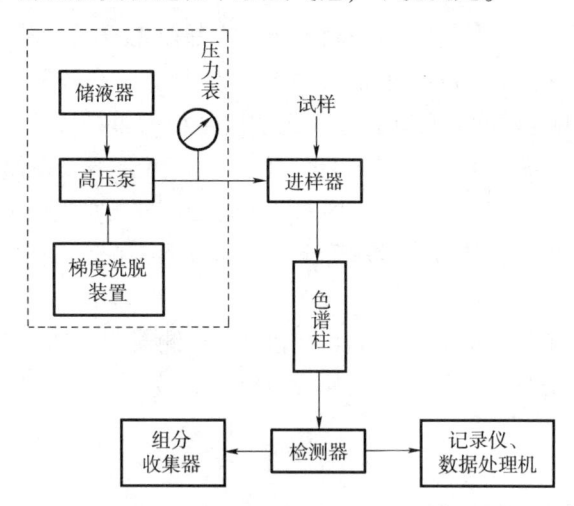

**图 11-1　高效液相色谱仪的结构示意图**

鉴于高效液相色谱仪色谱柱中固定相的粒度细、填装紧实，流动相流动受阻明显，故需借助高压泵提供动力，才能使流动相以较快、稳定的速度流经色谱柱。高压泵用于完成流动相的输液，它是高效液相色谱仪的关键部件，需满足流量稳定、无脉冲输出、高压耐受、流速可调及耐腐蚀等要求。当前多采用高性能的恒流式机械柱塞泵来实现。

梯度洗脱技术，则是一种能够优化分离效果的方法，它是按照一定程序将两种或两种以上极性不同的溶剂连续改变其组成比例，使之流经色谱柱，旨在提升分离效能、缩短分析时间。与气相色谱中的程序升温类似，梯度洗脱装置分为外梯度装置（常压下，依靠单一高压泵控制）和内梯度装置（高压下，采用两台或多台高压泵控制）。

**2. 进样系统**

进样器中，高压六通阀尤为常见，其进样过程如图 11-2 所示。首先，试样在常压下通过注射器注入样品环，随后，切换到进样位置，高压泵驱动流动相迅速将试样载入色谱柱。高压六通阀样品环的容积固定，且操作简便、重现性好。

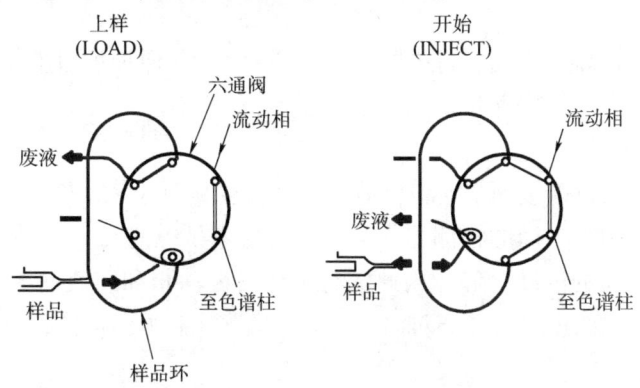

**图 11-2　高压六通阀的进样过程**

另一种进样是可变进样量方式，即利用常压微量注射器准确吸取不同体积的试液，进样，然后由流路上的转换装置将试液载入高压色谱柱，如 U6K 进样阀。高效液相色谱仪进样系统的核心要求是进样准确、重现性好及操作简便。

**3. 分离系统**

色谱柱是色谱仪的核心部件，通常由耐高压且内部抛光的不锈钢管或其他材料制成。分析型色谱柱的柱长多为 10~30 cm，内径为 2~5 mm。目前，高效液相色谱仪的色谱柱广泛采用粒度为 5~10 μm 的高性能多孔硅胶及其化学键合相为填料，填料颗粒细极大地提高了分离效率。为优化柱效，常采用湿式装柱法。为保护分离柱不被强保留组分污染并延长寿命，可在分离柱前接保护柱（3~5 cm），内部装填与分离柱类似的粗粒表面多孔填料，并需定期更换。虽然采用保护柱会使分离效率降低，但这种影响在实际工作中是可以忽略的。

**4. 检测系统**

常用的检测器包括紫外检测器、光电二极管阵列检测器、荧光检测器、示差折光检测器和电化学检测器等多种类型。为了降低柱外效应对分离效率的影响，检测池体积应尽量小，一般不大于 10 μL。

1）紫外检测器

紫外检测器的作用原理基于朗伯-比尔定律，利用待测试样组分的浓度对特定波长光的吸光度进行分析，是高效液相色谱仪中最常用的检测器。该检测器分为单波长（如 254nm）和可变波长（如 190~600 nm）两种，对大部分有机化合物有响应。

该检测器的主要特点：高灵敏度，可检测对紫外光吸收很弱的物质，甚至可检测至 ng 级浓度；线性范围宽，覆盖 4~5 个数量级；小型流通池设计（1 mm×10 mm，容积为 1~8 μL），以减少干扰；对流速和温度变化不敏感，支持梯度洗脱；波长可调，操作灵活；应用范围广，80%的试样可使用这种检测方式。

然而，该检测器不适用于对紫外光无吸收的物质，且溶剂的选择受限。

2）光电二极管阵列检测器

光电二极管阵列检测器集成了数百乃至上千个微小光电二极管，每个光电二极管各检测一窄特点波段的光。光源发出的紫外光或可见光通过液相色谱流通池，各个组分进行特征吸收，通过精细分光后可得到各个组分的吸收信号，经快速处理得到三维立体谱图，并提供详尽的样品信息。

3）荧光检测器

荧光检测器是一种高灵敏度、高选择性检测器，其工作原理类似于荧光光度计，适用于检测多环芳烃、维生素 B、黄曲霉素、卟啉类化合物等物质。

4）示差折光检测器

示差折光检测器通过连续测定液相色谱流通池中溶液折射率的变化来反应试样浓度，是除紫外检测器之外应用最广泛的检测器。溶液的折射率是纯溶剂（流动相）和纯溶质（试样）的折射率乘各物质的浓度之和，因此溶有试样的流动相和纯流动相之间的折射率之差表示试样在流动相中的浓度。折光率对温度和流速敏感，需恒温操作，不适用于梯度洗脱。

5）电化学检测器

电化学检测器基于物质的电化学性质进行检测，对含硝基、氨基等的有机化合物及无机离子尤为敏感，适用于检测具有电化学氧化还原性及电导性的化合物，广泛应用于生物、医药学及环境分析中。该检测器具有结构简单、死体积小、灵敏度高、最低检出限达 $10^{-9}$ g 等特点，使用的流动相必须具有电导性。

6）蒸发光散射检测器

蒸发光散射检测器属于通用型检测器，对不含发色基团的化合物都有响应，特别适用于不易挥发的组分。该检测器的特点：任何挥发性低于流动相的样品均能被检测；灵敏度比示差折光检测器高；温度影响小，基线稳定；可用于梯度洗脱。

**5. 数据处理系统**

高效液相色谱仪的检测信号可由记录仪或通过色谱工作站记录谱图。目前的仪器多采用色谱工作站来完成数据的采集、储存、打印和处理等工作。

## 11.3.2　Agilent 1200 型高效液相色谱仪

### 1. 仪器结构

Agilent 1200 型高效液相色谱仪由美国安捷伦公司生产，主要由溶剂架、真空脱气单元、泵、进样器、柱温箱、检测器、计算机、工作站和检测与分析软件组成，其中泵（二元、三元、四元梯度系统）、进样器、检测器（紫外检测器、光电二极管阵列检测器、荧光检测器、示差折光检测器等）可根据需要进行选配。

### 2. 基本操作

（1）将待测样品按要求进行预处理，准备流动相。

（2）打开计算机，进入 Bootp，打开主机各模块电源，待各模块就绪后，打开工作站。

（3）调用或建立分析方法。新建方法时，在方法菜单中单击"新建方法"，弹出"编辑方法"对话框后编辑完整方法并保存。

（4）打开泵上的排气阀，在工作站中打开泵，分别对各泵进行排气，然后设置流动相配比，关闭排气阀，检查柱前压力，压力稳定后，打开检测器。

（5）编辑数据采集方法。进入样品信息，设定操作者姓名、样品数据文件名等。

（6）运行方法，进行样品分析。

（7）数据处理。在软件中打开待处理数据，记录保留时间、峰面积等色谱数据，处理完成后，通过数据导出或报告打印导出谱图。

（8）关机。关机前，用 100% 有机溶剂冲洗 30 min 左右（适用于反相色谱柱），关闭泵，退出工作站，关闭主机各模块电源。

## 11.3.3　P230 Ⅱ 型高效液相色谱仪

### 1. 仪器结构

P230 Ⅱ 型高效液相色谱仪由中国大连依利特分析仪器有限公司生产，主要由溶剂架、短行程并具流量补偿的高精密输液泵和高灵敏度、高稳定性的检测器等组成，采用积木式设计，可搭载多种检测器及其他部件，实现从采样到数据处理、输出全部自动化的功能，可满足各应用领域的需要。

**2. 基本操作**
(1) 将待测样品按要求进行预处理,准备流动相。
(2) 开机。

打开电源,依次打开仪器各部件的开关,待仪器自检结束显示正常后,打开计算机。手动按柱温箱上的〈运行〉键、高压恒流泵上的〈运行〉键和梯度混合器上的〈外控〉键。

(3) 打开色谱工作站。

① 单击启动图标,进入系统主界面。

② 单击仪器控制菜单下的"系统配置"(左上方),将仪器列表中的仪器选项添加到系统配置选项中,单击"验证系统配置",如显示结果与系统配置中的选项一致,证明系统连接正常,计算机可对仪器进行反控。

③ 单击"仪器控制",设置仪器参数。设置流速、检测器波长,在低压梯度界面的"梯度"选项下单击"添加",设置甲醇、水的比例,单击"确定",再单击"发送仪器参数",此时可观察仪器上低压梯度混合器的显示值是否和设置相同。

④ 单击"启动泵",选择立即启动。

⑤ 单击"启动基线检测"(小红瓶),待基线检测平稳后(大约需要 30 min),单击"结束当前数据采集"。

⑥ 单击"启动数据采集"(小绿瓶),工作站界面出现数据采集等待图标。

⑦ 进样(手动进样)。进样前,进样阀处于 INJECT 位置,在 INJECT 状态把进样针插到进样阀内,之后搬动进样阀到 LOAD 状态,在 LOAD 下,把进样针内的样品匀速注入进样阀,注入完毕后,把进样阀扳回 INJECT 状态,把注射器从进样阀内拔出,软件上进样等待图标消失,自动进入数据采集状态。这样就完成一次进样。

待样品图分析完毕后,单击"结束当前数据采集",再单击"保存",把谱图保存在自己设定的文件夹内即可。如需继续进样,重复步骤⑥和步骤⑦。

⑧ 清洗色谱柱。待测定完成后,先用甲醇:水 = 1:1 冲洗 30 min,再用纯甲醇冲洗 30 min。

(4) 关机。

系统清洗完毕后,先将泵停止运行,待泵压力显示为 0 时,从上往下依次关闭泵、检测器、柱温箱等部件的开关,再关闭电源。

数据处理完成后,关闭工作站所有窗口,在主界面下退出系统软件,关闭计算机。

## 11.4 实验技术

### 11.4.1 高效液相色谱法的建立

在进行样品分析前,首先,要了解样品信息,包括样品的大概组成、被分析化合物的性质、浓度范围。其次,要根据样品性质进行预处理,多数样品在分析前要进行富集或稀释等预处理,常用的富集方法有萃取、蒸馏等;当样品需要稀释时,一般应使用与流动相性质接近的溶剂或流动相作为稀释剂。最后，根据样品性质、分析要求选择合适的分离模式和检测器，一般中性或非离子型化合物的分离选择反相高效液相色谱仪，离子或可离子化的化合物选择离子或离子对高效液相色谱仪，紫外检测器广泛应用于各类检测，是最常用的检测器；若待测化合物不具备紫外光吸收特性，则可考虑示差折光检测器、荧光检测器或电化学检测器等。

## 11.4.2 高效液相色谱法中的流动相

**1. 流动相的性质**

理想的液相色谱流动相溶剂应具有以下特点：低黏度，以确保流动顺畅；良好的检测器兼容性，以避免信号干扰；易于获得高纯度产品，保证分析结果的准确性；低毒性，保障人员安全。

在选择流动相时，需综合考虑以下因素：流动相应保持填料的稳定性；纯度要高，常使用色谱纯；必须与检测器匹配；黏度要低（<2 cP·s）；对样品的溶解度要适宜；易于回收。

**2. 流动相的 pH 值**

在反相色谱法中，分离弱酸（$3 \leqslant pK_a \leqslant 7$）或弱碱（$7 \leqslant pK_a \leqslant 8$）样品时，可通过精准调控流动相的 pH 值，以抑制样品组分解离，增强组分在固定相上的吸附力，并优化色谱峰形，称为反相离子抑制技术。分析弱酸样品时，常向流动相中添加少量弱酸，如 50 mmol·L$^{-1}$ 磷酸盐缓冲溶液和 1% 醋酸溶液；分析弱碱样品时，常添加少量 50 mmol·L$^{-1}$ 磷酸盐缓冲溶液和 30 mmol·L$^{-1}$ 三乙胺溶液。

**3. 流动相的脱气**

为保证高效液相色谱仪系统稳定运行，流动相在使用前必须进行脱气处理。未脱气的流动相易在系统内逸出气泡，影响泵的工作，还会降低色谱柱的分离效率，影响检测器的灵敏度和基线稳定性，有时甚至会导致无法正常检测（噪声增大、基线不稳、突然跳动）。此外，溶解在流动相中的气体还可能与样品、流动相、固定相等发生反应，有些还会引起溶剂 pH 值的变化，对分离或分析结果带来误差。常用的脱气方法有离线（系统外）脱气法和在线（系统内）脱气法。

**4. 流动相的过滤**

所有流动相在使用前都需通过 0.45 μm（或 0.22 μm）的滤膜过滤，以彻底除去杂质微粒，色谱纯试剂也不例外。

**5. 流动相的储存**

流动相应储存在适宜的容器中，如玻璃、聚四氟乙烯或不锈钢材质容器中。储存容器应确保密封性良好，防止溶剂挥发或外界气体（如氧和二氧化碳）溶入，以保持流动相组成的稳定性。

## 11.4.3 梯度洗脱

在液相色谱分析中，流动相的处理策略多样。液相色谱操作中的流动相组成和比例恒定，此即为等度洗脱。然而，为了优化分析结果，有些分析过程需要引入梯度洗脱，梯度洗脱通过连续改变流动相的组成，如溶剂的极性、离子强度和 pH 值等，使每个分析组分都有合适的容量因子 $k$，以适应不同组分的洗脱需求，使得所有组分可在最短时间内实现分离。梯度洗脱的优点为缩短分析时间、提高分离度、改善色谱峰形、提高检测灵敏度等，但缺点在于易引起基线漂移和降低重现性。

**1. 梯度洗脱的特点**

提高柱效，改善检测器的灵敏度。当样品中一个峰的 $k$ 值和最后一个峰的 $k$ 值相差几十倍至几百倍时，使用梯度洗脱的效果特别好。梯度洗脱中为保证流速的稳定，必须使用恒流泵，否则难以获得重复结果。梯度洗脱常用一个弱极性的溶剂 A 和一个强极性的溶剂 B。

**2. 梯度洗脱应满足的条件**

洗脱液体积应充足，通常需超出柱体积的几十倍，以避免色谱峰重叠与拥挤；梯度上限需足够高，以确保强吸附的物质也能被有效洗脱；梯度变化速度要适宜，既不过快导致目标组分过早解吸以引起区带扩散，也不过慢导致峰形展开，理想状态是恰好使移动的区带在快到柱末端时达到解吸状态。

**3. 梯度洗脱的分类**

梯度洗脱主要分为低压梯度（又称为外梯度）和高压梯度（又称为内梯度）。低压梯度装置通过比例调节阀，在常压下预先将不同溶剂按预设程序混合，再由泵输入色谱柱，这一过程发生在泵前，故称为泵前混合。而高压梯度装置则较为复杂，由两台（或多台）高压泵、梯度程序控制器（或计算机及接口板控制）、混合器等部件组成。这些泵各自独立地将两种（或多种）极性不同的溶剂输入混合器，经充分混合后进入色谱柱系统。

**4. 梯度洗脱的应用**

梯度洗脱在以下情形中发挥着重要作用：在等度下具有较宽 $k$ 值的多种样品分析；分子样品分析；样品含有强保留的干扰物，在目标化合物出峰后设置梯度洗脱，将干扰物洗脱出来以免影响下一次分析；建立单组分化合物方法时，不知道其洗脱情况，使用梯度洗脱找出其较佳洗脱条件。

# 11.5 实　　验

## 11.5.1 反相色谱法分离混合芳香烃

**1. 实验目的与要求**

（1）理解反相色谱法的分离原理。

（2）掌握 HPLC 的定性、定量分析。

（3）了解流动相组成对样品组分保留时间的影响。

**2. 实验原理**

反相色谱法是一种最常见的 HPLC，其保留机理主要是疏水效应起主导作用，这种方法适用于同系物、苯系物等的分离。十八烷基键合相（ODS 或 $C_{18}$）是一种最常用的非极性化学键合固定相，甲醇-水或乙腈-水体系则是最常见的极性流动相。

苯、甲苯、乙苯和正丙苯等脂肪苯同系物或苯、甲苯、邻二甲苯和异丙苯等混合芳香烃，由于它们的烷基链长或分子表面积有明显的差异，故在$C_{18}$柱上可得到良好分离。本实验根据物质的保留时间进行定性分析，根据峰面积标准工作曲线法进行定量分析。

**3. 仪器与试剂**

仪器：高效液相色谱仪（配紫外检测器）、25 μL HPLC 微量注射器、全玻璃微孔滤膜过滤器、超声波清洗器及玻璃器皿一套。

试剂：标准混合溶液（50 mg/mL 苯的甲醇溶液，50 mg/mL 甲苯的甲醇溶液）、流动相（色谱纯甲醇和去离子水）。

**4. 实验内容与步骤**

（1）实验条件：色谱柱为 Nova-Pak $C_{18}$，5 μm，3.9 mm×150 mm（或相同性质色谱柱）；流动相为 $CH_3OH+H_2O$（85+15），流速为 1 mL/min；紫外检测器的检测波长为 254 nm；进样体积为 20 μL。

（2）按仪器的操作步骤启动仪器，并使之正常运行。

（3）标准溶液的制备：准确移取 1.00 mL 标准混合物溶液于 10 mL 容量瓶中，用甲醇稀释至刻度，即组分的浓度为 5.0 mg/mL。再另取 5 个 10 mL 容量瓶，分别移取 0.50、1.00、1.50、2.00 和 2.50 mL 上述稀释过的标准混合物溶液，用甲醇稀释至刻度，各组分的浓度分别为 0.25、0.50、0.75、1.00、1.25 mg/mL。

（4）保留时间的测定：分别吸取 5.0 μL 苯和甲苯进样，记录各自的保留时间 $t_R$。

（5）标准工作曲线：分别吸取 20.0 μL 不同浓度的标准溶液进样，记录色谱图。

（6）试液的测定：吸取 20.0 μL 待测试样进样，记录色谱图。

（7）实验结束后，用甲醇清洗色谱系统和注射器，按仪器的操作步骤关机。

**5. 注意事项**

（1）为了获得良好的分析结果，微量注射器的进样量务必要准确，进样时应排出气泡，针头的残液要用干净滤纸吸干。

（2）微量注射器使用不当容易引起试样污染。吸取不同试液或试样含量相差较大的溶液时，应事先用溶剂将微量注射器内部彻底清洗干净，并用试液润洗 3 次。

**6. 数据处理**

（1）以峰面积对样品各组分的浓度绘制标准工作曲线，实验数据记录在表 11-1 中。

表 11-1　实验数据

| 名称 | 浓度/(mg·mL$^{-1}$) | 保留时间 $t_R$/min | 峰面积 $A$/(mV·min) | 备注 |
| --- | --- | --- | --- | --- |
| 苯 | | | | |
| 甲苯 | | | | |
| 标准混合溶液 | 0.25 | | | |
| | 0.50 | | | |

续表

| 名称 | 浓度/(mg·mL$^{-1}$) | 保留时间 $t_R$/min | 峰面积 $A$/(mV·min) | 备注 |
|---|---|---|---|---|
| 标准混合溶液 | 0.75 | | | |
| | 1.00 | | | |
| | 1.25 | | | |
| 待测样品 | | | | |

(2) 根据试液的保留时间和峰面积大小进行定性、定量分析。

**7. 思考题**

(1) 试从原理角度解释色谱图上观察到的出峰次序。

(2) 在反相柱上分离三个相邻同系物，如何实现完全分离？

(3) 用标准工作曲线法进行定量分析的优、缺点是什么？本实验能否采用峰高标准工作曲线法进行定量分析？为什么？

## 11.5.2 反相色谱法测定饮料中的咖啡因

**1. 实验目的与要求**

(1) 理解反相色谱法的原理与应用。

(2) 掌握 HPLC 在食品样品分析中的应用。

**2. 实验原理**

咖啡因，又称为咖啡碱，学名为 1,3,7-三甲基黄嘌呤，属于黄嘌呤衍生物，是一种生物碱，能增强大脑皮质的兴奋程度、减少疲乏感，广泛应用于食品工业，是众多功能性饮料的核心成分之一。鉴于咖啡因在饮料中普遍存在，对其进行有效分离与准确测定有助于监控饮料的生产工艺和产品质量。

传统测定咖啡因的方法是先萃取后运用分光光度法测定。然而，有些具有紫外光吸收性质的杂质会影响检测结果，且操作流程烦琐。相比之下，采用反相色谱法测定咖啡因是先分离后检测，有效剔除了杂质干扰，从而确保检测结果的准确性。

**3. 仪器与试剂**

仪器：高效液相色谱仪（配紫外检测器）、ODS 色谱柱（4.6 mm×15 cm）、25 μL HPLC 微量注射器、全玻璃微孔滤膜过滤器、超声波清洗器、容量瓶（10 mL、100 mL）。

试剂：磷酸（A.R）、磷酸二氢钾（A.R）、咖啡因对照品、可乐饮料、稀氨水（1∶1，体积比）、甲醇（色谱纯）、二次蒸馏水。

**4. 实验内容与步骤**

(1) 标准溶液的制备：称取咖啡因对照品 0.100 0 g，用甲醇溶解，转移至 100 mL 容量瓶中，定容，得 1.0 mg/mL 咖啡因储备液，冷藏保存。用移液管准确移取 0.00、0.25、0.50、1.00、1.25 和 1.50 mL 的咖啡因标准储备液，分别置于 6 个 10 mL 容量瓶中，用甲醇稀释至刻度，其浓度分别为 0、25、50、100、125、150 μg/mL。将配好的标准溶液超声脱气，用 0.45 μm 有机相滤膜过滤。

(2) 样品的制备：取 30 mL 市售可乐饮料于小烧杯中，超声脱气 15 min，用稀氨水调至 pH≈7，先用普通漏斗干过滤，再经 0.45 μm 有机相滤膜过滤，备用。

(3) 实验条件：流动相为甲醇-水（体积比为 30∶70，10 mmol·L$^{-1}$ 磷酸缓冲溶液），经 0.45 μm 有机相滤膜过滤、超声脱气，流速为 0.8 mL/min；柱温为室温；紫外检测波长为 260 nm；进样量为 10 μL。

(4) 仪器操作：依次打开高压泵、在线脱气装置、检测器、色谱工作站电源，在工作站软件中按实验条件设置好参数。将仪器调节至进样状态，待仪器工作稳定、色谱工作站记录基线平稳后，即可进样分析。

(5) 样品分析：依次吸取 10 μL 标准溶液和待测试液进样，记录色谱图。

(6) 实验结束后，用甲醇清洗色谱系统和微量注射器，按仪器的操作步骤关机。

**5. 注意事项**

(1) 若样品和标准溶液要保存，应置于冰箱中。

(2) 为获得良好的实验结果，标准溶液和未知溶液的进样量及进样条件应严格一致。

**6. 数据处理**

(1) 记录色谱图，将标准溶液与可乐试样中咖啡因色谱峰的保留时间及峰面积记录在表 11-2 中。

表 11-2　实验数据

| 试样名称 | 浓度/(μg·mL$^{-1}$) | 保留时间 $t_R$/min | 峰面积 $A$/(mV·min) | 备注 |
|---|---|---|---|---|
| 标准溶液 1 | 0 | | | |
| 标准溶液 2 | 25 | | | |
| 标准溶液 3 | 50 | | | |
| 标准溶液 4 | 100 | | | |
| 标准溶液 5 | 125 | | | |
| 标准溶液 6 | 150 | | | |
| 可乐试样 | | | | |

(2) 绘制咖啡因色谱峰面积-浓度的回归曲线，并计算回归方程和相关系数。

(3) 根据可乐试样中咖啡因色谱的峰面积计算其咖啡因浓度（mg/mL）。

**7. 思考题**

(1) 外标法定量分析的优缺点是什么？采用咖啡因色谱峰高与浓度作回归曲线，能给出准确的测试结果吗？为什么？

(2) 样品过滤时为什么要干过滤？

## 11.5.3　反相色谱法分离测定食品添加剂苯甲酸和山梨酸

**1. 实验目的与要求**

(1) 掌握反相色谱法分离食品添加剂的方法。

（2）了解流动相的 pH 值对酸性化合物保留时间的影响。

**2. 实验原理**

食品添加剂是在食品生产加工中加入的用于防腐或调节味道、颜色的化合物。防腐剂可以抑制食品中微生物的繁殖或将其杀灭，食品中的防腐剂主要以苯甲酸及其钠盐、山梨酸及其钾盐为主。过量使用防腐剂不仅会导致维生素 $B_1$ 降解，还会促使钙转化为不溶性物质，妨碍人体对钙的正常吸收，进而刺激人的胃肠道，长期过量食用甚至可能诱发癌症。此外，苯甲酸的毒性远大于山梨酸，但因苯甲酸在酸性条件下展现出广泛的抑菌能力，且价格低廉，故仍广泛用作食品中的主要防腐剂。为了保证食品的食用安全，必须对添加剂的种类和加入量进行控制，反相色谱法是分析和检测食品添加剂的有效手段。

**3. 仪器与试剂**

仪器：高效液相色谱仪（配紫外检测器）、$C_{18}$ 色谱柱（4.6 mm×150 mm）、25 μL HPLC 微量注射器、全玻璃微孔滤膜过滤器、超声波清洗器、容量瓶（10 mL、100 mL）。

试剂：磷酸（A.R），磷酸二氢钾（A.R），苯甲酸、山梨酸对照品，饮料，稀氨水（体积比为 1∶1），甲醇（色谱纯），二次蒸馏水，醋酸铵溶液（0.02 mol·$L^{-1}$），碳酸氢钠溶液（20 g·$L^{-1}$）。

（1）苯甲酸储备液的制备：称取苯甲酸对照品 0.100 0 g，加碳酸氢钠溶液（20 g·$L^{-1}$）5 mL 加热溶解，移入 100 mL 容量瓶中，加水定容，得 1.0 mg/mL 苯甲酸储备液。

（2）山梨酸储备液的制备：称取山梨酸对照品 0.100 0 g，加碳酸氢钠溶液（20 g·$L^{-1}$）5 mL 加热溶解，移入 100 mL 容量瓶中，加水定容，得 1.0 mg/mL 山梨酸储备液。

（3）混合储备液的制备：取上述苯甲酸、山梨酸储备液各 10.0 mL 于 100 mL 容量瓶中，加水稀释至刻度，得苯甲酸、山梨酸浓度为 0.1 mg/mL 的混合储备液。

**4. 实验内容与步骤**

（1）标准溶液的制备：用移液管准确移取 0.00、1.00、2.00、3.00、4.00、5.00 mL 混合储备液，分别置于 6 个 10 mL 容量瓶中，用水稀释至刻度，其浓度分别为 0、10.0、20.0、30.0、40.0、50.0 μg/mL。将配好的标准溶液超声脱气，用 0.45 μm 水相滤膜过滤。

视频 11-1
实际样品的
前处理

（2）样品的制备：取 30 mL 市售饮料于小烧杯中，超声脱气 15 min，用稀氨水调至 pH≈7，先用普通漏斗干过滤，再经 0.45 μm 水相滤膜过滤，备用（实际样品的前处理见视频 11-1）。

（3）实验条件：流动相为甲醇-醋酸铵溶液（体积比为 15∶85），经 0.45 μm 水相滤膜过滤、超声脱气，流速为 1.0 mL/min；柱温为室温，紫外检测波长为 230 nm；进样量为 10 μL。

（4）仪器操作：依次打开高压泵、在线脱气装置、检测器、色谱工作站电源，在工作站软件中按实验条件设置好参数。将仪器调节至进样状态，待仪器工作稳定、色谱工作站记录基线平稳后，即可进样分析。

（5）样品分析：分别吸取 20 μL 标准溶液和待测试液进样，记录数据。

（6）实验结束后，用甲醇清洗色谱系统和微量注射器，按仪器的操作步骤关机。

## 5. 注意事项

（1）如果是果汁类饮料，过滤前先离心处理除去不溶物；如果是含乳类饮料，应先用亚铁氰化钾和醋酸铅沉淀剂对蛋白质进行沉淀。

（2）如果色谱软件可以自动绘制校正曲线、计算回归方程及相关系数，则不必记录标准溶液的峰面积。

## 6. 数据处理

（1）将标准溶液与饮料试样中苯甲酸和山梨酸色谱的峰面积记录在表 11-3 中。

表 11-3 实验数据

| 试样名称 | 浓度/($\mu g \cdot mL^{-1}$) | 保留时间 $t_R$/min | 苯甲酸色谱的峰面积 $A_1$/（mV·min） | 山梨酸色谱的峰面积 $A_2$/（mV·min） | 备注 |
|---|---|---|---|---|---|
| 苯甲酸 | — | | | | |
| 山梨酸 | — | | | | |
| 标准溶液 1 | 0 | | | | |
| 标准溶液 2 | 10 | | | | |
| 标准溶液 3 | 20 | | | | |
| 标准溶液 4 | 30 | | | | |
| 标准溶液 5 | 40 | | | | |
| 标准溶液 6 | 50 | | | | |
| 饮料试样 | | | | | |

（2）绘制色谱峰面积-浓度的回归曲线，并计算回归方程和相关系数。

（3）计算饮料试样中苯甲酸及山梨酸的浓度。

## 7. 思考题

（1）为什么实验中选择甲醇-醋酸铵溶液作为流动相而不选择甲醇-水作为流动相？

（2）根据苯甲酸和山梨酸的色谱图，如果样品中含有苯，试估计苯的色谱峰位置在苯甲酸和山梨酸色谱峰之前还是之后？为什么？

# 第 12 章　毛细管电泳分析法

## 12.1　概　　述

高效毛细管电泳色谱法（High Performance Capillary Electrophoresis Chromatography，HPCEC），是采用毛细管作为分离通道、以高压直流电场为驱动力的新型液相分离技术。该技术融合了电泳、色谱及其交叉内容，成功地将分析化学推进至纳升级别，开启了单细胞乃至单分子分析的新纪元，生物大分子的分离分析也有了新转机。

毛细管电泳自20世纪80年代诞生以来，在理论和应用方面都得到了飞速的发展（详细内容见二维码12-1）。

二维码 12-1
毛细管电泳
发展简介

与 HPLC 相比，HPCEC 展现出独特的优势：分析时间短，HPCEC 用迁移时间替代 HPLC 中的保留时间，通常不超过 30 min；柱效高，HPCEC 特别适用于扩散系数小的生物大分子，其分离效率远高于 HPLC；样品用量小，HPCEC 所需样品量仅为纳升（$10^{-9}$ L），最低甚至可达 270 fL，流动相的消耗量也大幅降低。但是，HPCEC 仅能实现微量制备，而 HPLC 能实现常量制备。

与传统电泳相比，HPCEC 凭借其高电场实现更快的分离速度，同时保持了与 HPLC 相媲美的定量精度，自动化程度显著提升。此外，HPCEC 可兼容多种检测器，如紫外检测器、光电二极管阵列检测器、激光诱导荧光检测器、电化学检测器、质谱检测器等。

综上所述，HPCEC 以"三高二少"著称：高灵敏度、高分辨率、高速、样品用量少、成本低。这些优势加之在生物大分子分离领域的卓越表现，使 HPCEC 迅速成为分离分析领域的先进方法之一。

## 12.2　方法原理

HPCEC 的基本原理在于，以高压电场为驱动力，在毛细管分离通道内，依据样品中各组分的淌度和分配行为差异实现分离。在电解质溶液中，带电粒子在电场作用下向电荷相反方向迁移的现象叫作电泳。在毛细管电泳中，氧化硅层填充于柱内，于溶质界面上形成独特的双电层结构，当高电压通过有缓冲溶液的毛细管柱时，此双电层中的水合阳离子受到电场力作用，驱动流体整体向负极方向流动，此现象定义为电渗。针对 HPCEC 中广泛应用的石英毛细管柱，当柱内溶液的 pH>3 时，其内壁表面的硅醇基发生解离，表面带负电，随后，溶液中的阳离子会被吸引至液-固界面，进一步形成双电层。在外加高电压作用下，双电层的水合阳离子不断向负极方向移动，但由于毛细管极细的管径和溶液内毛细张力的共同作用，这一移动不仅限于水合阳离子本身，而是带动整个管内流体向负极方向流动，此现象即为电渗流。

在电解质溶液中，粒子的迁移速度是电泳迁移和电渗流迁移二者速度向量叠加的结果。当待测样品置于高压电场作用下的毛细管正极端时，阳离子因电泳与电渗流同向而加速迁移，率先流出；中性粒子因电泳速度为"零"，其迁移速度仅由电渗流决定；阴离子则因电泳方向与电渗流方向相反，尽管电渗流速度通常大于电泳速度，但仍使阴离子滞后于中性粒子流出。即基于不同粒子在毛细管内迁移速度的差异而实现有效分离。

电渗流作为 HPCEC 中的核心驱动力，促使流动相以类似于"塞子"的均匀速度向前移动，形成独特的近似扁平型的"塞式流"，能有效避免溶质区带在毛细管内迁移过程中的扩散。相反，在 HPLC 中，通过压力驱动流动相，会使流动相在柱内形成抛物线形，中心流速显著高于平均速度，进而引发溶质区带因径向流速不均而扩散，降低柱效。这就从根本上解释了为何 HPLC 在分离效率上不如 HPCEC。

由理论分析可知，加快组分的迁移速度是缩减谱带展宽、提高分离效率的重要途径之一。增加电场强度固然能提高分析速度，但高电场强度会引起通过毛细管的电流增加，进而诱发焦耳热（自热）效应。若散热机制不足，自热将引发流体在径向形成抛物线形的温度梯度，即管轴核心区域温度显著高于管壁处，且溶液的黏度会随温度升高而急剧下降，导致流动相的黏度在径向不均，进而影响流动相的迁移速度，使管轴中心溶质分子的迁移快于近管壁的分子，造成谱带展宽，柱效下降。

值得注意的是，温度每升高 1 ℃ 可促进离子淌度提升 2%，淌度作为衡量离子在特定条件下迁移速度的指标，其变化直接影响分离结果。此外，温度改变还会引起溶液的 pH 值、黏度等发生变化，进一步作用于电渗流、溶质电荷分布、蛋白质的二级结构、离子强度等，最终体现为重现性变差和柱效下降等。为改善此类问题，降低缓冲溶液的浓度可有效减小电流，从而减小温差变化。相反，采用高离子强度缓冲溶液能防止蛋白质吸附于管壁，并通过浓度聚焦效应改善峰形。减小管径虽能在一定程度上缓解高电场强度引起的热量累积，但也带来进样量减少的问题。因此，加快散热是减小自热影响的关键。鉴于液体的导热系数高于空气 100 倍，部分商品化毛细管电泳仪将分离用的毛细管直接浸于专用冷却液中，显著提高了毛细管的散热效能。

毛细管电泳按照电泳模式的不同，细分为毛细管区带电泳、毛细管凝胶电泳、胶束电动毛细管色谱法、毛细管等电聚焦、毛细管等速电泳和毛细管电色谱法等多种技术与方法。

## 12.3　仪器部分

毛细管电泳仪主要由高压电源、毛细管、检测器等组成。图 12-1 为毛细管电泳仪示意图。

毛细管电泳仪在结构设计上较为简洁，且自动化程度高。现代商品化毛细管电泳仪常配备多个溶液进、出口位置，支持预设程序的自动化清洗、平衡及连续样品自动分析，极大地提高了工作效率。

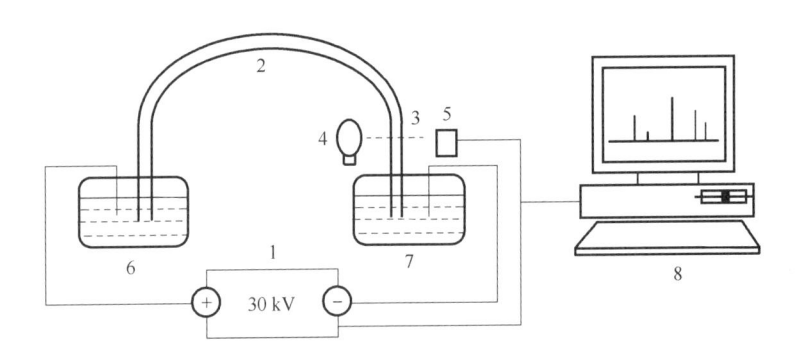

1—高压电源；2—毛细管；3—检测窗口；4—光源；5—光电倍增管；6—进口缓冲溶液，样品；
7—出口缓冲溶液；8—用于仪器控制和收集处理数据的计算机。

图 12-1 毛细管电泳仪示意图

## 12.3.1 高压电源

毛细管电泳仪通常采用 30 kV 高压电源，电流为 200～300 μA。为确保迁移时间的高度重现性，电压稳定性需控制在±0.1% 以内，优先选择双极性的高压电源。此外，高压电源提供恒压、恒流或恒功率等多种供电模式，其中恒压模式最为常见，而恒电流或恒功率模式则对等速电泳或对毛细管温度难以控制的实验尤为重要。

## 12.3.2 毛细管

毛细管是毛细管电泳仪的核心。细径管柱能有效减小电流及自热，促进散热，从而提高分离效率；然而，这也会带来进样、检测及清洗上的挑战，并对吸附抑制造成不利影响，故常采用 25～100 μm 内径的毛细管。长毛细管有助于减小电流，但会增加分析时间，而短毛细管则可能面临热过载，故一般用 20～70 cm 的长度。除传统的圆形毛细管外，矩形或扁方形毛细管也因独特的优势（如增加检测的光径、散热好、提高分离效率等）而备受关注，但其成本昂贵，不易推广。

材质方面，毛细管的常用材料有聚丙烯空心纤维、聚四氟乙烯、玻璃及石英等。石英毛细管因其优异的光学性质（能透过紫外光）及表面硅醇基团带来的吸附和电渗流控制能力，成为最常用的选择。电渗流在 HPCEC 中扮演着关键角色，需根据具体分离要求进行控制。毛细管的恒温控制分为空气浴和液体浴两种，液体浴能够提供更稳定的恒温环境，有助于进一步提升分离效果。

HPCEC 常采用电动进样和压差进样两种方式。

电动进样的进样量为

$$Q = \frac{(\mu_{eo} + \mu_{ef}) V_i \pi r^2 c t_i}{L} \tag{12-1}$$

式中，$\mu_{eo}$ 为电渗流淌度；$\mu_{ef}$ 为溶质的电泳淌度；$V_i$ 为进样电压；$r$ 为毛细管的内径；$c$ 为样品的浓度；$t_i$ 为进样时间；$L$ 为毛细管的总长度。

压差进样的进样量可以根据毛细管的内径、压差、进样时间及溶液的特性，按照流体力

学的基本原理进行计算，其进样量为

$$Q = \frac{\Delta p \pi r^4 c t_i}{128 \eta L} \quad (12-2)$$

式中，$\Delta p$ 为毛细管两端的压力差；$r$ 为毛细管的内径；$c$ 为样品的浓度；$t_i$ 为进样时间；$\eta$ 为溶液的黏度；$L$ 为毛细管的总长度。

### 12.3.3 检测器

检测器作为毛细管电泳仪的关键部件，对其灵敏度提出了严苛要求。然而，在 HPCEC 中，也存在提升检测效果的有利因素，例如，通过优化实验条件可使溶质区带在进入检测器时达到与进样前相当的浓度，并利用电堆积等技术实现样品的高效浓缩，使初始进样体积浓缩至原体积的 1%~10%，因此 HPCEC 具有较高的质量灵敏度。值得注意的是，尽管原子吸收光谱、电感耦合等离子体发射光谱及红外光谱尚未直接用于 HPCEC，但其他检测手段均已用于 HPCCE。

**1. 紫外检测器**

和 HPLC 类似，紫外检测器同样在 HPCEC 中应用最广泛，可分为固定波长检测器、可变波长检测器和二极管阵列检测器三种类型。鉴于 HPCEC 的检测器的光程受限于毛细管的内径（常小于 100 μm），紫外检测器的灵敏度受到毛细管小内径的制约。为提高检测灵敏度，可采用优化测定波长、减小检测噪声（如增大光源强度，采用聚焦、设置光路狭缝等手段减小背景光的影响）及设计良好的信号放大系统等方法。此外，通过扩大吸光光路长度的方法虽然会提高灵敏度，但常常会导致色谱峰变宽，分离效果变差。

**2. 荧光检测器**

荧光检测器也是 HPCEC 中常用的检测器，其检测限较紫外检测器低 3~4 个数量级，展现出高灵敏度和高选择性，已广泛应用于痕量分析、DNA 测序及蛋白质分析等领域，极大地拓展了 HPCEC 的应用潜力。其可分为普通荧光检测器和激光诱导荧光检测器。

(1) 普通荧光检测器：采用氘灯（低波长紫外区）、氙弧灯（紫外区到可见区）和钨灯（可见区）作为激发光源。

(2) 激光诱导荧光检测器：凭借激光的高光流量、高聚光性和优秀的单色性等，使之成为更优的检测器选择。常用氦-镉激光器（325 nm）和亚离子激光器（488 nm）。

**3. 质谱检测器**

由于 HPCEC 流动相的体积小，因此较 HPLC 更易实现与 MS 的连接，将质谱检测器用于 HPCEC 是分析技术的一大飞跃，实现了 HPCEC 高分离能力与 MS 高灵敏度和高分辨能力的结合，拓宽了 HPCEC 的应用范围。HPCEC-MS 联用系统不仅强化了分离与鉴定的综合能力，其接口系统的设计更是关键，既要保持 HPCEC 的高效性，又要满足 MS 的严苛要求。目前，快原子轰击和常压离子化（含电喷雾与离子喷雾）是 HPCEC-MS 联用的主要离子化技术。

**4. 化学发光检测器**

化学发光检测器以其结构简单、灵敏度高的特点，在 HPCEC 中展现出独特优势。它无须外部光源，仅通过光电转换装置接收化学反应过程产生的光子，并对发光强度进行测定后即可实现定量分析。然而，化学发光反应涉及添加多种试剂，与 HPCEC 的微小进样量及高电压环境相结合时，就对接口设计提出了更高要求，因此选择最佳接口方式对于仪器操作的安全性和提高分离效率、检测灵敏度都非常重要。

**5. 电化学检测器**

电化学检测器多为电导检测器和安培检测器，能有效规避光学检测器在 HPCEC 中遇到的光程过短的难题。柱上电导检测通过激光打孔，插入铂电极后再将孔封住即可；而柱尾电导检测则在分离毛细管后接入检测器。此外，还可以将柱尾电导检测器和安培检测器组合成一个检测器来进行测定。

## 12.4　实验技术

HPCEC 的基本操作涵盖了毛细管检测窗口的制作、毛细管内表面的清洗、平衡、进样及操作条件优化等。

### 12.4.1　毛细管检测窗口的制作

作为毛细管电泳仪的核心组件，毛细管的选择至关重要，理想的毛细管须为电绝缘、紫外光/可见光透明及富有弹性。市场上常见的材料有塑料、玻璃、石英等，弹性熔融石英毛细管因其商品化程度高而广泛使用。但是，这类毛细管很脆、易折断，可通过外层涂聚酰亚胺以增强其耐用性，且便于使用和保管，而聚酰亚胺层的不透明性限制了其光学检测，故需在检测窗口部位准确剥离涂层，其剥离长度常设定为 2~3 mm。针对 CE 分析填充柱，为确保填充过程无损且便于后续检测，通常在填充完毕后才剥离所需的检测窗口。涂层剥离手段多样，但核心是为避免毛细管柱内填充成分的受热分解，主要有灼烧法、硫酸腐蚀法和刮除法。

（1）灼烧法：利用小火焰直接碳化毛细管外涂层，随后用水或丙酮清洗。此法的缺点是灼烧宽度很难控制。可通过旋转毛细管于电热丝或烧红的铁丝上加以改善。但需注意，灼烧法不适用于已键合涂层或已填充的毛细管。

（2）硫酸腐蚀法：将外层与浓硫酸接触，再用水、甲醇或丙酮依次冲洗干净即可。此方法可实现涂层的溶解去除。

（3）刮除法：借助锋利的刀片、手术刀等工具，将外涂层刮除。为操作精细，建议在刮除前将目标部位涂黑，并在废毛细管上练习刮除技巧，待掌握要领后再熟练应用于目标毛细管。

### 12.4.2　毛细管内表面的清洗

在 HPCEC 分析过程中，电渗流作为流动相的主要驱动力，其稳定性直接关系到石英毛细管内壁上硅醇基的解离。为确保分析结果的重现性和准确性，首先要保证每次分析前毛细管内壁状态的一致性，这一般是通过数分钟至数十分钟的细致清洗步骤来实现，常用 0.1 mol·L$^{-1}$ NaOH 溶液、0.1 mol·L$^{-1}$ HCl 溶液或去离子水来清洗。清洗后，还需利用缓冲溶液平衡毛细管 2~5 min 才能进样。

## 12.4.3　实验条件的选择

HPCEC 的实验条件多样，涵盖实验操作参数、电泳电解质溶液配制比例及实验数据处理方法等，这些均需在实验开始前就有所了解。

特别是操作参数的优化，如电压和缓冲溶液（包括组成、浓度、pH 值等），当柱长一定时，增大操作电压，其迁移时间缩短，柱效也有所升高，但过极点后，柱效反而下降；缓冲溶液的组成、浓度和 pH 值对分离效果和选择性至关重要。当为电动进样时，进样电压和进样时间同样对柱效有一定影响。而在定量分析中，还需注意样品的制备、迁移时间的一致性及定量校正因子的准确性等。

石英毛细管内壁的硅醇基会引起溶质的吸附，生物大分子（如蛋白质等）的吸附情况尤为严重，可能引发基线波动、重复性降低及定量定性难题。因此，除调整缓冲溶液 pH 值和离子强度以抑制硅羟基的活性外，毛细管制备技术还包括内壁的动态修饰、涂层应用、填充技术及特殊处理等创新手段，均为提升毛细管电泳仪性能的关键途径。

# 12.5　实　　验

## 12.5.1　有机化合物的毛细管区带电泳分析

**1. 实验目的与要求**

（1）通过实验熟悉毛细管电泳仪的基本原理和操作。

（2）了解在毛细管区带电泳中分离电压对迁移时间的影响。

**2. 实验原理**

本实验旨在通过毛细管区带电泳技术，实现 3 种有机化合物的分离分析。在一定电场强度下，不同组分的迁移速度受电场强度、淌度及电渗流淌度的影响如下：

$$v=(\mu_{ep}+\mu_{eo})E \tag{12-3}$$

式中，$v$ 是待测组分的迁移速度，$m \cdot s^{-1}$；$\mu_{ep}$ 是待测组分的淌度，$m^2 \cdot (s \cdot V)^{-1}$；$\mu_{eo}$ 是电渗流淌度，$m^2 \cdot (s \cdot V)^{-1}$；$E$ 是外加电场强度，$V \cdot m^{-1}$，等于分离电压除以毛细管的总长度。

在一定实验条件下，待测组分的有效淌度不同，在给定电场强度下的迁移速度也不同，最终实现各待测组分的高效分离。

**3. 仪器与试剂**

仪器：Beackman P/ACE 2200 型毛细管电泳仪。

试剂：缓冲溶液（配制 20 mmol·L$^{-1}$ 磷酸盐缓冲溶液，pH=5.8）、样品溶液（吡啶、苯酚、苯甲酸钠储备液的浓度均为 1%，实验前用去离子水稀释 5 倍进样）。

**4. 实验内容与步骤**

（1）启动 Beackman P/ACE 2200 型毛细管电泳仪及计算机，进入 Gold 软件操作界面，设置参数如下：75 μm i.d.×40/47 cm 石英毛细管；分离电压为 20 kV（正极进样，负极检测）；分析时间为 20 min；进样时间为 5 s（压力进样）；温度为 30 ℃；紫外检测器（254 nm）。

(2) 每次实验前，分别用 0.1 mol·L⁻¹ NaOH 溶液和去离子水各清洗毛细管 1~2 min，接着用缓冲溶液平衡毛细管 3 min，以保证实验环境的一致性。

(3) 逐一对单组分样品进样，记录各组分的迁移时间。

(4) 配制 3 种组分浓度均为 2 g·L⁻¹ 的混合样品，并在相同的条件下进行分离分析，观察并记录结果。

(5) 通过调整分离电压为 15、25 和 30 kV，考察分离电压对不同组分迁移时间的影响，以及对混合样品分离效果的影响。

### 5. 注意事项

(1) 实验期间，须密切关注并适时补充清洗毛细管用的水、酸、碱和缓冲溶液，以确保一致性。

(2) 实验期间，务必保持单位长度毛细管的功率不超过 0.05 W/cm，以免损坏毛细管。

(3) 实验结束后，立即用去离子水清洗毛细管，防止残留物堵塞毛细管。

### 6. 数据处理

详细记录各组分在不同分离电压下的迁移时间，填入表 12-1 中。根据迁移速度关系式 (12-3) 讨论分离电压对迁移速度的影响，特别注意，在既定实验条件下，电渗流淌度和正离子淌度为正值，而负离子淌度为负值。

表 12-1 不同分离电压下各组分的迁移时间

| 电压/kV | 迁移时间/min |||
|---|---|---|---|
| | 吡啶 | 苯酚 | 苯甲酸钠 |
| 15 | | | |
| 25 | | | |
| 30 | | | |

### 7. 思考题

(1) 根据 3 种组分的酸碱解离常数，确定各自在分离条件下的形态及其极性，试解释 3 种组分的出峰次序。

(2) 讨论分离电压对各组分迁移时间的影响。

## 12.5.2 阴离子的毛细管电泳分析（间接紫外检测法）

### 1. 实验目的与要求

(1) 通过实验理解间接紫外检测法的应用原理。

(2) 考察缓冲溶液 pH 值变化对阴离子保留特性的影响规律。

### 2. 实验原理

鉴于待测阴离子（Cl⁻、Br⁻、I⁻）对紫外光无显著吸收，因此本实验需采用间接紫外检测法。选用对紫外光具有较强吸收能力的 $CrO_4^{2-}$ 作为缓冲剂，不仅因为 $CrO_4^{2-}$ 可提供强紫外光吸收背景，还因为其淌度与待测离子的淌度相近，可得到较为对称的电泳峰。此外，在缓冲溶液中还加有少量的十四烷基三甲基溴化铵（TTAB）作为电渗流改性剂，TTAB 属于季铵盐类化合物，是一种阳离子表面活性剂。通过 TTAB 在毛细管壁上的吸附，将原本由正极流向负极的电渗流方向逆转，变为由负极流向正极，可大幅提高分析速度和提供较好的峰形。

本实验聚焦于在排除其他变量的干扰下，考察缓冲溶液 pH 值的变化对阴离子迁移行为的影响。

### 3. 仪器与试剂

仪器：Beackman P/ACE 2200 型毛细管电泳仪。

试剂：缓冲溶液（用 0.5 mol·L$^{-1}$ Na$_2$CrO$_4$ 储备液、10 mmol·L$^{-1}$ TTAB 储备液配制含有 20 mmol·L$^{-1}$ CrO$_4^{2-}$、0.1 mmol·L$^{-1}$ TTAB 的缓冲溶液 100 mL，经 0.22 μm 微孔滤膜过滤后，超声脱气 5 min 备用）、样品溶液（用 1 g·L$^{-1}$ 的溴化钠、碘化钠和氯化钠储备液配制，制得的单组分标准样品和 3 种阴离子的混合标准样品中各种离子的浓度均为 50 mg·L$^{-1}$）。

### 4. 实验内容与步骤

（1）启动 Beackman P/ACE 2200 型毛细管电泳仪和计算机，进入 Gold 软件操作界面，设置参数如下：75 μm i.d.×50/57 cm 石英毛细管；分离电压为 30 kV（负极进样，正极检测）；分析时间为 20 min；进样时间为 10 s（压力进样）；温度为 20 ℃；紫外检测器（254 nm）。

（2）采用 0.1 mol·L$^{-1}$ NaOH 溶液和去离子水清洗毛细管，之后用缓冲溶液平衡毛细管 3 min。

（3）用 1 mol·L$^{-1}$ NaOH 溶液或 1 mol·L$^{-1}$ HCl 溶液将脱气后的缓冲溶液的 pH 值分别调节为 8、9、10、11、12。

（4）逐一选择不同 pH 值的缓冲溶液，分别进行单组分分析，测定各组分的迁移时间。

（5）根据测定的结果，选择最佳的 pH 值，并对混合样品进行分离。

### 5. 注意事项

（1）实验过程中，确保清洗用的水、酸、碱及缓冲溶液充足，若不足应及时补充。

（2）实验过程中，确保单位长度毛细管的功率在安全范围内，防止过热损坏。

（3）实验完毕后，应彻底清洗毛细管，预防堵塞。

### 6. 数据处理

记录不同 pH 值条件下各离子的迁移时间，填入表 12-2 中，根据迁移速度关系式（12-3）讨论缓冲溶液的 pH 值对组分迁移速度的影响。

**表 12-2　缓冲溶液的 pH 值对组分迁移速度的影响**

| pH 值 | 迁移时间/min | | |
|:---:|:---:|:---:|:---:|
| | Cl$^-$ | Br$^-$ | I$^-$ |
| 8 | | | |
| 9 | | | |
| 10 | | | |
| 11 | | | |
| 12 | | | |

## 7. 思考题

试解释 pH 值对各组分迁移速度的影响。

## 12.5.3 药物有效成分的胶束电动毛细管色谱分离和定量分析

### 1. 实验目的与要求

（1）通过实验掌握胶束电动毛细管色谱法的操作。

（2）掌握运用外标法测定药物有效成分含量的方法。

### 2. 实验原理

胶束电动毛细管色谱法是依赖中性物质在胶束相与水相中的分配系数不同而实现分离的，最常用的胶束为十二烷基磺酸钠（Sodium Dodecyl Sulfonate，SDS）阴离子表面活性剂。在电场作用下，溶质依据其在水相或胶束相中的位置，以电渗流速度迁移。对 SDS 胶束而言，电泳方向与电渗流方向相反，使溶质在水相和胶束相中的迁移速度分别为

$$v_{水} = \mu_{eo} E$$

$$v_{胶束} = (\mu_{eo} - \mu_{胶束}) E$$

式中，$E$ 是电场强度，$V \cdot m^{-1}$，即分离电压除以毛细管的总长度；$\mu_{胶束}$ 是胶束相的电泳淌度，$m^2 \cdot (s \cdot V)^{-1}$；$\mu_{eo}$ 是电渗流淌度，$m^2 \cdot (s \cdot V)^{-1}$。溶质的迁移速度 $v_{溶质}$ 为

$$v_{溶质} = \chi_W v_{水} + (1 - \chi_W) v_{胶束}$$

式中，$\chi_W$ 为溶质在水相中的摩尔分数。

由于不同溶质在水相中的摩尔分数不同，因此其迁移速度也各不相同，从而实现有效分离。

### 3. 仪器与试剂

仪器：Beackman P/ACE 2200 型毛细管电泳仪、分析天平。

试剂：缓冲溶液（含 80 mmol·L$^{-1}$ SDS，40 mmol·L$^{-1}$ 磷酸二氢钾，10 mmol·L$^{-1}$ 硼砂，pH=6.8）、标准溶液（分别含有咖啡因、苯巴比妥、氨基比林、非那西汀，储备液浓度均为 1.0 g·L$^{-1}$，实验前用去离子水稀释 10~100 倍备用）、样品溶液（在分析天平上称取去痛片一片，研细后用去离子水溶解，转入 100 mL 容量瓶，稀释至刻度备用）。

### 4. 实验内容与步骤

（1）启动 Beackmsn P/ACE 2200 型毛细管电泳仪和计算机，进入 Gold 软件操作界面，设置参数如下：50 μm i.d. ×40/47 cm 石英毛细管；分离电压为 15 kV（正极进样，负极检测）；进样时间为 15 s（压力进样）；温度为 30 ℃；紫外检测器（254 nm）。

（2）实验开始前，分别用 0.1 mol·L$^{-1}$ NaOH 溶液和去离子水清洗毛细管，随后用缓冲溶液平衡毛细管 3 min。

（3）在选定的条件下，逐一对单组分进行分析，记录各组分的迁移时间。

（4）进样标准样品以计算校正因子，每个样品重复 3 次后取平均值。

（5）进行去痛片实样分析，重复进样 3 次，计算平均值。

### 5. 注意事项

（1）实验过程中，应注意随时补充清洗毛细管用的水、酸、碱和缓冲溶液。

（2）实验过程中，单位长度毛细管的功率应低于 0.05 W/cm，以免损坏毛细管。

（3）实验完毕后，用去离子水彻底清洗毛细管，防止堵塞毛细管。

**6. 数据处理**

单点外标法的计算公式：

$$F = c_{标}/A_{标}, \quad c_{标} = FA_{标}$$

二点外标法的计算公式：

$$c_{样} = aA_{样} + b$$

$$a = \frac{c_{标1} - c_{标2}}{A_{标1} - A_{标2}} \quad b = \frac{c_{标2}A_{标1} - c_{标1}A_{标2}}{A_{标1} - A_{标2}}$$

$$样品质量分数 = \frac{c_{样} \times 样品溶液体积}{去痛片质量} \times 100\%$$

式中，$c$ 为浓度，g/L；$A$ 为峰面积，mV·min。

基于获得的实验数据，即可算出去痛片中 4 种有效成分的质量分数。

**7. 思考题**

对比本实验与实验 12.5.2，探讨表面活性剂在这两个实验中所起的作用，并考虑表面活性剂的使用浓度与其临界胶束浓度的关系。

# 第 13 章 核磁共振波谱法

## 13.1 概 述

核磁共振（Nuclear Magnetic Resonance，NMR）作为一种在强磁场环境下，电磁波与原子核自旋相互作用的物理现象，其核心在于具有核磁性质的原子核（即自旋核）在强磁场的作用下，吸收射频辐射使原子核自旋的能级跃迁，进而产生波谱，称为核磁共振波谱。将核磁共振现象应用于测定分子结构的谱学技术称为核磁共振波谱（NMR Spectroscopy 或 NMRS）。核磁共振波谱的研究主要聚焦于氢谱和碳谱两类原子核的波谱特征。

1945 年，NMR 现象由哈佛大学的 Purcel E. M. 和斯坦福大学的 Bloch F. 发现，他们将特定频率的射频场作用于含奇数个核子（质子和中子）的原子核，观察原子核吸收射频场能量的现象，这一重大发现不仅奠定了 NMR 研究的基础，还为他们赢得了 1952 年的诺贝尔物理学奖。

随着研究进一步深入，1991 年，瑞士科学家 Ernst R. R. 因其在二维 NMR 及傅里叶变换 NMR 技术上的卓越贡献荣获诺贝尔化学奖；Kurt Wüthrich 则在 2002 年因利用多维 NMR 技术解析溶液中蛋白质结构的三维构象而获得了诺贝尔化学奖；2003 年，磁共振成像（Magnetic Resonance Imaging，MRI）技术的突破性进展让 Paul Lauterbur（美国）和 Peter Mansfield（英国）共同摘得了诺贝尔生理学或医学奖。这些荣誉标志着 NMR 研究已从物理学领域扩展至化学、生命科学等多个前沿领域。

核磁共振波谱作为分子科学、材料科学和医学中不可或缺的研究工具，其无损检测的特性虽在灵敏度上有所局限，却能通过化学位移值、谱峰多重性、耦合常数值、谱峰相对强度及多维谱中的相关峰等复杂信息，精准揭示分子中原子的连接模式、空间排布等大量信息。其定量分析则建立在结构分析之上，先确认化合物的分子结构，再依据特定基团质子数与谱峰面积间的关联进行定量分析。其中，$^1$H-NMR 和 $^{13}$C-NMR 的 NMR 谱图应用最为普遍，$^{19}$F-NMR、$^{31}$P-NMR 和 $^{15}$N-NMR 等其他类型的 NMR 谱图在特定领域发挥着重要作用。

核磁共振波谱与紫外吸收光谱、红外吸收光谱、质谱称为"四谱"，是对各种有机物和无机物的成分、结构进行定性分析的强有力的工具，广泛应用于化学、食品、医学、生物学、药学及材料科学等领域，成为这些领域开展研究不可或缺的分析手段。

## 13.2 方法原理

### 13.2.1 原子核的自旋和磁矩

原子核具有自旋运动，不同原子核的自旋运动情况不同，自旋的原子核会产生自旋角动量 $p$，而原子核的自旋量子数用 $I$ 来表示，即

$$|p| = \frac{h}{2\pi}\sqrt{I(I+1)} = \hbar\sqrt{I(I+1)} \qquad (13-1)$$

式中，$I$ 为自旋量子数，其值可以为 0、1/2、1、3/2、…，由原子核的质子数和中子数决定，是原子核的自然属性；$h$ 为普朗克常数（$6.626 \times 10^{-34}$ J·s）；$\hbar = h/2\pi$，称为约化普朗克常数（狄拉克常数）。

自旋量子数 $I$ 不为零的原子核都具有磁矩，即

$$\mu = \gamma p = \frac{\gamma h}{2\pi}\sqrt{I+1} \qquad (13-2)$$

式中，$\mu$ 为磁矩，与自旋量子数 $I$ 相关；$\gamma$ 为磁旋比，是原子核的特征常数。

原子核的磁矩 $\mu$ 与自旋量子数 $I$ 密切相关，可分为以下三种情况。

（1）$I = 0$ 的原子核，如 $^{16}$O、$^{12}$C、$^{32}$S 等，无自旋，没有磁矩，不产生共振吸收，该类原子核不能利用 NMR 进行研究。

（2）$I = 1$ 或 $I > 1$ 的原子核，如 $^2$H、$^{14}$N（$I=1$）；$^{11}$B、$^{35}$Cl、$^{79}$Br、$^{81}$Br（$I=3/2$）；$^{17}$O、$^{127}$I（$I=5/2$）。针对这类原子核，其核电荷分布可看作独特的椭圆体形态，电荷分布不均匀，共振吸收复杂，进而限制了其在研究与应用领域的广泛探索。

（3）$I = 1/2$ 的原子核，如 $^1$H、$^{13}$C、$^{19}$F、$^{31}$P，其核电荷分布展现出高度的均匀性，此类原子核在自旋时，其运动模式类似旋转的陀螺，有磁矩产生，是 NMR 主要的研究对象。

### 13.2.2 核磁共振条件

依据量子力学的核心理念，NMR 现象是空间量子化的。置于外磁场环境中，核磁矩的排列、取向不是任意连续的，而是受限于量子规则，仅有 $2I+1$ 种取向，即自旋核在外磁场作用中分裂成 $2I+1$ 个能级，这些能级称为 Zeeman 能级。当自旋核吸收能量时，会发生能级间的跃迁，所吸收的能量等于其对应跃迁的能量差，即

$$\Delta E = \gamma \hbar B_0 \qquad (13-3)$$

式中，$B_0$ 为外加磁场强度。

核自旋能级的跃迁是吸收射频辐射的能量引起的，射频辐射的能量为

$$E_\nu = h\nu = \hbar\omega \qquad (13-4)$$

故 $\Delta E = E_\nu$，则 $\hbar\omega = \gamma\hbar B_0$，即进动角速度为

$$\omega = \gamma B_0 = 2\pi\nu \qquad (13-5)$$

上式称为 NMR 的基本方程，可以看出，产生核磁共振有三个不可缺少的条件：核自旋体系、静磁场、射频场。

## 13.2.3 化学位移

在分子内部，原子核被核外电子云所环绕，电子在外加磁场 $B_0$ 的作用下，会产生次级磁场，从而使该原子核受到屏蔽，即

$$B = B_0 - \sigma B_0 = (1-\sigma)B_0 \tag{13-6}$$

式中，$B$ 为原子核实际感受到的磁场；$\sigma$ 为电子云密度所决定的屏蔽常数。

$\sigma$ 与化学结构密切相关，由原子屏蔽 $\sigma_A$、分子内屏蔽 $\sigma_M$ 和分子间屏蔽 $\sigma'$ 三者共同构成，即 $\sigma = \sigma_A + \sigma_M + \sigma'$。

根据 NMR 条件 $\nu = \gamma B_0/(2\pi)$，质子的共振频率 $\nu$ 不仅取决于外加磁场 $B_0$ 的强度，还取决于原子核的固有属性——磁旋比 $\gamma$，而 $\gamma$ 值又受到质子在特定化合物中化学环境的影响。因此，即便分子含有相同的原子核，若它们所处的化学环境不同，其屏蔽常数各异，进而导致共振频率 $\nu$ 也不相同，即共振频率发生偏移。这种现象的根源在于不同化学环境中，原子核周围存在的电子云是有密度差异的，在外加磁场作用下，核外电子的运动会诱发感应磁场，对原子核产生屏蔽作用。由此，把分子中同类磁核，因化学环境不同而产生的共振频率的变化量，即在图谱上反映出谱峰位置的移动，称为化学位移（δ）。

化学位移的表示方法主要包括以下两种。

（1）用共振频率差 $\Delta\nu$ 表示，即

$$\Delta\nu = \nu_{试样} - \nu_{标准物} = [\gamma B_0/(2\pi)](\sigma_{标准物} - \sigma_{试样}) \tag{13-7}$$

（2）用 δ 值表示。

对于扫频法，化学位移 δ 定义为

$$\delta = \frac{\nu_S - \nu_R}{\nu_R} \times 10^6 = \frac{\sigma_R - \sigma_S}{1 - \sigma_R} \times 10^6 \tag{13-8}$$

对于扫场法，化学位移 δ 定义为

$$\delta = \frac{B_R - B_S}{B_R} \times 10^6 = \frac{\sigma_R - \sigma_S}{1 - \sigma_S} \times 10^6 \tag{13-9}$$

式中，下标 S 代表试样；下标 R 代表标准物。

最常用的标准物为四甲基硅烷（TMS），对试样来说，δ 值越大就越往低磁场强度方向（高频）移动。

## 13.2.4 自旋-自旋耦合和耦合常数

化学位移作为磁性核所处化学环境的表征，是 NMR 谱图中的重要参数。然而，即使化学位移相同的核，其共振峰也不总表现为单一尖峰。这一现象主要归因于分子内相邻氢核间的复杂自旋相互作用，这种自旋核与自旋核的相互作用称为自旋-自旋耦合。这种自旋间的相互作用，虽不改变化学位移，但会使共振峰的形态发生变化，导致峰形裂分，即所谓的自旋裂分，表现为谱线增多、谱图复杂化。自旋耦合作用，除直接导致谱线裂分外，还决定了

裂分的谱线强度比。因质子的自旋取向不同，相邻的质子之间相互干扰，从而使原有的谱线发生裂分，即产生自旋耦合，自旋耦合产生的裂分称为自旋-自旋裂分，其大小以耦合常数 $J$ 表示。

自旋耦合与裂分现象一般具有以下规律。

（1）裂分峰的数目是由相邻耦合氢核的数目 $n$ 直接决定的，遵循 $n+1$ 重峰规律。同时，裂分峰之间的峰面积（或强度）之比遵循二项式 $(a+b)^n$ 各项系数比的规律。一个（组）磁等价质子与相邻碳上的 $n$ 个磁等价质子耦合，将产生 $n+1$ 重峰。例如，二重峰表示相邻碳原子上有一个质子；三重峰表示有两个质子；四重峰则表示有三个质子。而裂分后各组多重峰的强度比为二重峰 1∶1；三重峰 1∶2∶1；四重峰 1∶3∶3∶1。

进一步地，若该组质子同时与相邻碳上的两组质子（分别为 $n$ 个和 $n'$ 个质子）耦合，且两组质子的性质相近，则裂分峰的数目为 $n+n'+1$，如 $CH_3CH_2CH_3$；若性质差异明显，则将产生 $(n+1)(n'+1)$ 重峰，如 $CH_3CH_2CH_2NO_2$。

（2）一组多重峰的中点，就是该质子的化学位移值。

（3）分子中化学位移相同的氢核称为化学等价核，化学位移相同且核磁性也相同的氢核称为磁等价核。尽管磁等价核之间可能存在耦合作用，但无裂分现象，如 $ClCH_2CH_2Cl$ 中的氢核皆是磁等价核，只有单重峰。只有磁不等价的氢核之间才能发生自旋耦合。

磁不等价的氢核主要包括：化学环境不同的氢核；与不对称碳原子相连的—$CH_2$ 中的氢核；固定在环上的—$CH_2$ 中的氢核；单键带有双键性质时会产生磁不等价氢核；单键不能自由旋转时也会产生磁不等价氢核。

耦合常数 $J$，是用于衡量自旋耦合作用下多重峰、裂分峰的间距的物理量，单位为 Hz，其大小直接反映了氢核间相互耦合作用的强度。$J$ 遵循以下规律。

（1）耦合常数 $J$ 或自旋分裂程度的大小与磁感应强度无直接关联。影响 $J$ 大小的决定性因素是原子核的固有磁性及分子构象，因此可根据 $J$ 的大小及其变化规律，推断分子的结构和构象。

（2）对于简单的自旋耦合体系，$J$ 就等于多重峰的间距；而对于复杂的自旋耦合体系，$J$ 需要通过复杂的计算求得。$J$ 与分子结构的关系：①同碳质子，相隔两个化学键，$J$ 最大，但由于各质子性质完全一致，所以只观察到一个单峰。②邻碳质子，相隔三个化学键，$J$ 较大，是立体分子结构分析最为重要的耦合分裂。不同位置上的核，相互之间的 $J$ 不同，其大小与它们各自所在平面的夹角有关。③远程耦合，核之间的作用较小，很少观察到分裂。

## 13.3 仪器部分

### 13.3.1 NMR 谱仪的分类、基本组成及技术指标

NMR 谱仪的型号和种类很多，按磁场产生的方式，可分为永久磁铁、电磁铁及超导磁

铁谱仪三类；按激发和接收的方式，可分为连续、分时、脉冲谱仪；按功能，则可细分为高分辨率液体、高分辨率固体、固体宽谱、微成像谱仪等多种类型。当前，主流分类是基于射频场的施加方式，分为连续波 NMR 谱仪和脉冲傅里叶变换 NMR 谱仪两大类。NMR 谱仪通常由以下几部分组成。

（1）磁铁：负责产生一个稳定的、均匀的磁场环境，是保障 NMR 谱仪灵敏度和测量准确度的基石，增大磁感应强度是提升仪器灵敏度的有效途径。

（2）射频振荡器：负责输出一个固定频率的电磁波，测定氢核时常用 60 MHz 或 100 MHz 的电磁波，与此相匹配的磁感应强度分别为 1.41 T 和 2.36 T。

（3）试样管：特制的玻璃试样管用于装载样品，分为常量和微量两种规格。管中试样需处于均匀磁场，以确保不同部位的核对各不相同的频率发生共振吸收，避免产生宽吸收带信号。

（4）扫描发生器：通过绕制在磁铁上的扫描线圈与直流电共同作用（电流由小到大可作线性调节），产生的附加磁场叠加到磁铁固有磁场上就可调节磁感应强度，根据磁感应强度改变的数值换算成相应的频率进行检测记录。

（5）检测器和记录器：检测器与射频振荡器频率须一致，当氢核的回旋频率与射频振荡器频率相匹配时，检测器就能检测到吸收信号。信号经放大处理后，送入记录器，记录下 NMR 谱图。

NMR 谱仪的三大技术指标：分辨率、稳定性、灵敏度。

## 13.3.2 两种典型的 NMR 谱仪

**1. 连续波 NMR 谱仪**

连续波是指射频的频率与外磁场的磁感应强度是连续变化的，即进行连续扫描，直到目标原子核依次被激发产生核磁共振。图 13-1 直观展示了连续波 NMR 谱仪的结构，其核心在于利用电磁铁与永久磁铁构建稳定且均匀的磁场 $B_0$，两磁极间装有特制探头，探头中央可插入试样管，试样管在压缩空气的辅助下，实现平稳匀速的回旋。特制探头中集成了射频振荡器线圈，可产生一定频率的射频辐射，以垂直于主磁场的方向作用于样品，以激发原子核。同时，另一组射频接收线圈也巧妙地安装在探头中，用于探测 NMR 过程中产生的吸收信号。为实现扫场操作，磁铁两极上还配备有扫描线圈。这一系统通过扫描发生器线圈，在原有磁场 $B_0$ 的方向上叠加一个小的扫描磁场 $B_0'$，通过调节 $B_0'$ 的大小，使总外磁场 $(B_0+B_0')$ 能够在有限范围内变动。当 $^1H$ 核产生的回旋频率与射频频率相匹配时，核将吸收射频能量，引发 NMR 效应。最终，NMR 信号和磁感应强度信号一同传输至记录仪，从而得到 NMR 波谱图，其中纵轴代表信号强度，横轴代表磁感应强度 $B$ 或化学位移 $\delta$。

连续波 NMR 谱仪有很多优点，适用于大磁矩、自旋量子数 $I=1/2$ 和高天然丰度的核的波谱测定。这些核称为灵敏核，如 $^1H$、$^{19}F$ 和 $^{31}P$，但 $^{13}C$ 和 $^{15}N$ 均不属于此类核。

**2. 脉冲傅里叶变换 NMR 谱仪**

连续波 NMR 谱仪利用扫频或扫场定位共振吸收，从而获得 NMR 谱图，但此过程效率低。为克服此局限，目前多采用脉冲傅里叶变换 NMR 谱仪作为高效替代方案，其工作过程如图 13-2 所示。在该系统中，核心在于采用稳定的磁场环境，并用具有宽频率的射频强脉冲辐射照射试样，激发全部待观测核，确保获得全部共振信号。当脉冲发射时，试样中每种核均会对脉冲中单个频率产生吸收，随后，接收器得到自由感应衰减（Free Induction Decay，FID）信号，这种信号是复杂的干涉波，产生于核激发态的弛豫过程。FID 信号随时间动态变化，首先经滤波处理以消除噪声，随后转换为数字信号供计算机处理，再由计算机执行傅里叶变换转变算法，最后经过数/模转换，得到通常的 NMR 谱图。

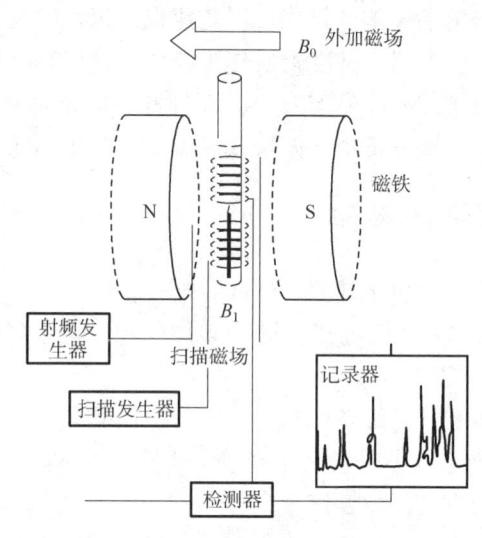

图 13-1　连续波 NMR 谱仪的结构

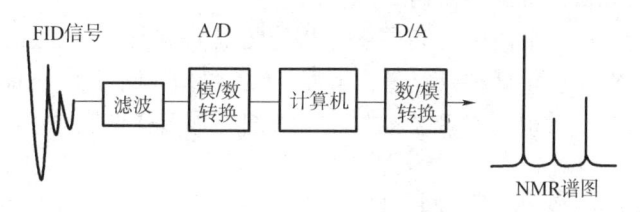

图 13-2　脉冲傅里叶变换 NMR 谱仪的工作过程

总而言之，NMR 谱仪采用了现代科学各方面的最新技术，由连续波 NMR 谱仪发展到脉冲傅里叶变换 NMR 谱仪，所得谱图也从一维发展到二维、三维甚至更高维度，最大限度地满足了各种结构分析的需要。

## 13.4　实验技术

### 13.4.1　样品制备

在样品测试准备阶段，选择合适的溶剂配制样品溶液，确保溶液具有较低的黏度，以维持谱峰的高分辨率。若出现溶液黏度偏大的情况，可通过减少样品用量或升高测试温度（常规操作是室温）来优化。若样品需进行变温测试，则选择溶剂时需基于测试温度范围：

低温测试宜选择凝固点低的溶剂，高温测试宜选择高沸点溶剂。

针对核磁共振氢谱分析，采用氘代试剂能有效避免干扰信号，同时氘核还具备锁场的功能。通过"内锁"方式，即以氘代试剂作为锁场信号进行图谱绘制，能提高谱图分辨率，尤其适用于微量样品长时间累加测量，期间可实时调节仪器的分辨率。

在溶剂选择方面，低、中极性的样品常优先使用氘代氯仿（$CDCl_3$）；而对于高极性化合物，则可采用氘代丙酮、重水等；针对一些特殊样品，如芳香化合物、难溶物质或特定酸碱性质的化合物，可分别选用氘代苯、氘代二甲基亚砜、氘代吡啶。

为精确测定化学位移值，需引入基准物质作为参照。根据其添加方式分为内标法和外标法。内标法是将基准物质直接加入样品溶液中，而外标法则是将基准物质封装于毛细管中，再置于样品管中。在碳谱和氢谱分析中，四甲基硅烷是最常用的基准物质。

## 13.4.2 记录常规氢谱的操作

在记录氢谱时，该过程基于单脉冲激发模式，即一个脉冲作用后立即开始采样。为提升信噪比，通常多次重复此脉冲-采样过程，进行累加处理。鉴于氢核的纵向弛豫时间较短，两次脉冲之间的间隔无需太长。

针对特定化合物，如羧酸、有缔合的酚、烯醇等，因其化学位移范围均可超过 10 ppm，设置足够的谱宽就显得尤为重要，若设置的谱宽不足，会导致如—OH、—COOH 等官能团的信号峰发生折叠，进而给出错误的 δ 值。

氢谱记录完成后，随即会对每个峰组进行积分，最后不仅赋予谱图各峰组以积分值，还为后续计算各类氢核数目比例提供依据。

针对样品中可能存在的活泼氢（杂原子上相连的氢），可在完成氢谱记录后，向样品中滴加少量重水，充分振荡后重新记录氢谱，若原活泼氢的谱峰消失，则证实其存在。

当谱线重叠复杂时，可引入少量磁各向异性溶剂（如氘代苯），也可考虑用同核去耦实验来简化谱图。

## 13.4.3 记录常规碳谱的操作

常规碳谱的分析依赖对氢信号的解耦，呈现各种级数的碳原子（如 $CH_3$、$CH_2$、CH、C）的单一未分裂谱线。鉴于碳原子纵向弛豫时间有显著差异及 Overhauser 效应，谱线高度（确切来说为谱线峰面积）和碳原子数不成正比，但仍可据此估算碳原子数。

记录常规碳谱涉及单脉冲，由于碳谱的灵敏度远低于氢谱，因此记录碳谱必须进行累加处理。同时，碳原子较长的纵向弛豫时间要求重复脉冲间保持适当间隔，以免影响出峰效率，特别是在检测季碳原子时，过短的时间间隔可能会导致信号遗漏。

为达成定量碳谱，即谱线峰面积和碳原子数成正比，需调整脉冲倾斜角并增加脉冲间隔，这一转变虽可通过简单调整实现，但高质量定量碳谱需特定脉冲序列的支持。

在碳谱记录过程中，需确保设置足够的谱宽，以防止峰的折叠现象。

鉴于常规碳谱揭示碳原子的级数的局限性，对复杂结构的解析是需要其他技术补充的。早期多采用偏共振去耦，现今更多采用如无畸变极化转移增强（Distortionless Enhancement by Polarization Transfer，DEPT）等先进的脉冲序列。DEPT 通过调整脉冲偏转角 θ（如 θ=90°时仅 CH 出峰；$\theta=135°$ 时 CH、$CH_3$ 出正峰，$CH_2$ 出负峰）来指认 CH、$CH_2$ 和 $CH_3$。对比全去耦谱图，则可知季碳，从而确定所有碳原子的级数。

## 13.4.4 谱图解析

NMR 波谱技术是解析有机化合物和生化分子结构的关键工具，其应用范围还包括定量测定。NMR 分析的核心参数包括化学位移、质子的裂分峰数、耦合常数及各组分的相对峰面积。类似于红外光谱，对于结构简单的分子，NMR 谱图本身即可作为直接鉴定的依据，但对于复杂化合物，则需结合额外的信息，如通过质谱或元素分析结果获得的化学式、红外光谱揭示的部分官能团信息，进行综合分析鉴定。

**1. 分析氢谱的一般步骤**

（1）细致区分出杂质峰、溶剂峰及旋转边带。利用杂质峰面积远小于样品峰面积且无固定整数比关系的特点进行识别。同时，注意到氘代溶剂中的微量氢残留，如 $CDCl_3$ 中可能存在的 $CHCl_3$ 会在特定 7.27 ppm 处出峰。

（2）计算不饱和度（即环加双键数）。当不饱和度达到或超过 4 时，应考虑化合物分子中可能存在一个苯环或类似结构。

（3）确定谱图中各峰组对应的氢原子数。利用积分曲线获取各峰组间氢原子数的简单整数比，并结合分子式中氢的数目，合理分配各峰组的氢原子数。

（4）深入分析每个峰的 $\delta$ 和 $J$。结合峰组的氢原子数及 $\delta$ 值推断可能的基团类型，并预估其可能的结构式。细致观察峰形，特别是寻找峰组中的等间距，这些间距反映了氢原子的耦合关系。

（5）对推导出的结构进行验证。确保每个官能团在谱图中都有相应的峰组，且峰组的 $\delta$ 值、峰形和 $J$ 值都应与结构式相符。如发现显著矛盾，则排除该结构式。经过全面指认和校核后，最终确定最合理的分子结构。对于结果复杂的未知物，可结合碳谱来推导其结构。

一般情况下，碳谱和氢谱的联合解析能提供更全面的结构信息。

**2. 分析碳谱的一般步骤**

（1）区分谱图中的真实谱峰，包括溶剂峰和杂质峰。溶剂峰，特别是氘代试剂中的碳原子峰，其与存在于氢谱中的溶剂峰不同，且其强度受弛豫时间的影响，即便试剂用量大也可能不显著。常用的氘代氯仿在 77.0 ppm 处呈现三重峰。杂质峰的识别可借鉴氢谱中的方法，同时需留意作图参数的选择，以防遗漏如季碳原子等关键信息。

（2）计算分子式的不饱和度。

（3）分析分子的对称性。谱线数与分子式中碳原子数相对应，若相等，说明分子无对称性。相同化学环境的碳原子在同一位置出峰。

（4）碳原子 $\delta$ 值的分区。碳谱大致分为三个区：羰基或叠烯区（$\delta>150$ ppm，一般大于 165 ppm）；不饱和碳原子区（炔碳除外，$\delta=90\sim160$ ppm）；脂肪链碳原子区（$\delta<100$ ppm）。炔碳原子 $\delta=70\sim100$ ppm，是不饱和碳原子的特例。

（5）利用偏共振去耦或脉冲序列（如 DEPT）确定碳原子级数。

（6）综合考量多个信息后，对碳谱进行指认，从而选出最合理的结构式。

同时，强调氢谱解析与碳谱解析的互补性，两者结合能更全面地揭示分子结构。特别地，在解析过程中，峰形分析往往比单纯的 δ 值分析更可靠，因此在处理矛盾信息时应优先考虑峰形分析的结果。

**3. NMR 定量分析**

在 NMR 波谱分析中，积分曲线的高度与引起该峰的氢核数成正比关系，这一特性不仅可用于结构解析，还可用于定量分析。相比于其他定量手段，NMR 定量分析最显著的优势在于无需引入任何校正因子，且能直接测定未经纯化样品的浓度，极大地简化实验流程。

为了精准标定仪器积分高度与质子浓度的关系，引入标准化合物作为参照极其重要。此类化合物需具备与待测样品峰不重叠的特性。进一步地，NMR 定量可采用内标法或外标法，内标法是通过准确称取样品与内标物，配制成适宜的浓度，实现高精度测定，其操作方便、结果可靠。而外标法则在复杂样品体系内较为常用，为难以选择合适内标物的使用场景提供了解决方案。

NMR 技术的应用领域广泛，涵盖了多组分混合物分析及元素分析等，然而其普及程度受限于高昂的设备成本。随着样品复杂度的提升，共振峰的重叠现象愈发频繁，加之饱和效应的干扰，NMR 技术在某些情况下并非首选。尽管如此，NMR 技术在分析化学中仍占据一席之地，其独特的分析能力往往与其他技术手段相辅相成，共同推动科学研究的深入发展。

### 13.4.5 应用领域

NMR 技术的应用领域如下：分子结构的测定；化学位移各向异性的研究；质子密度成像；金属离子同位素的应用；动力学核磁研究；原油的定性鉴定和结构分析；元素的定量分析；沥青的化学结构分析；有机化合物的结构解析；涂料分析；表面化学；农药鉴定；有机化合物中异构体的区分和确定；大分子的化学结构分析；药品鉴定。

## 13.5 实　　验

### 13.5.1 用 $^1$H-NMR 鉴定典型的氢质子

**1. 实验目的与要求**

（1）通过用 $^1$H-NMR 测定汽油及一系列卤代烷烃样本，深化理解在不同化学环境中氢质子的化学位移值。

（2）探究电负性元素对邻近氢质子化学位移值的影响。

**2. 实验原理**

利用 $^1$H-NMR 谱图的化学位移（δ 或 τ），能够区别汽油中至少 5 种以上在不同化学环境中的氢质子，包括芳香环氢，不饱和碳原子直接相连的氢，芳香环侧链—$CH_2$ 或—$CH_3$ 的氢，不饱和碳侧链—$CH_2$ 或—$CH_3$ 的氢，正构、支链及环烷烃的氢。

化学位移的根源在于电子云的屏蔽作用，凡能影响电子云密度的因素，均会影响化学位移。例如，电负性元素的邻近会因其诱导效应减少质子外的电子云密度，促使化学位移向低磁感应强度方向移动，且电负性越强，偏移越显著。

### 3. 仪器与试剂

仪器：60 MHz NMR 谱仪、5 mm 外径 NMR 管、移液管。

试剂：氘代氯仿，四甲基硅烷（TMS），两种优质汽油，7%一氯乙烷、一溴乙烷、一碘乙烷溶液（溶剂为氘代氯仿）。

### 4. 实验内容与步骤

（1）详细阅读 NMR 谱仪的操作指南。

（2）启动 NMR 谱仪。

（3）取 0.03 mL 两种优质汽油试样分别置于 NMR 管中，再各自加入 0.5 mL 氘代氯仿及 2 滴 TMS；类似地，准备卤代烷烃溶液样本，并加入少许 TMS。

（4）逐一记录上述 5 种溶液的 NMR 谱图，必要时可调整纵坐标比例以清晰呈现弱峰，再绘制 NMR 谱图。

### 5. 注意事项

（1）调节好磁场的均匀性对提高仪器的分辨率至关重要。需确保样品管旋转稳定，交替调节匀场旋钮，并校准相位，以确保峰形对称。

（2）需留意仪器示波器和记录仪灵敏度的差异，在示波器上观察到合适的谱图，在记录仪上幅度衰减至少 90%，才能记录到适中图形。

（3）监测 TMS 零点，以防止磁场漂移。

（4）NMR 谱仪是大型精密仪器，实验中应特别小心，以防损坏仪器。

### 6. 数据处理

（1）依据化学位移值及耦合情况，明确各峰对应的氢质子类型。

（2）记录 3 种卤代乙烷的化学位移 $\delta$ 和耦合常数 $J$，列成表格。

（3）利用卤代乙烷数据，绘制 $\delta_{CH_2}$ 和 $\delta_{CH_3}$ 对 4 种卤原子的 Pauling 电负性变化的曲线。其电负性数据分别为 $\chi_F=4$、$\chi_{Cl}=3.0$、$\chi_{Br}=2.8$、$\chi_I=2.5$。

### 7. 思考题

（1）根据实验结果，估计氟乙烷（$CH_3CH_2F$）中 $\delta_{CH_2}$、$\delta_{CH_3}$ 和 $J$ 的值，并绘制其 NMR 谱图。

（2）取代基的电负性对耦合常数 $J$ 有何影响？

（3）电负性元素对邻近氢质子化学位移的影响与其之间相隔的键数有何关系？

（4）影响化学位移的主要因素包括哪些？

## 13.5.2 苯佐卡因的 NMR 谱图分析

### 1. 实验目的与要求

学会苯佐卡因的 $^1$H-NMR 谱图测试及谱图分析。

### 2. 实验原理

具有磁性的原子核，在磁场中将产生能级裂分，若用射频场激发，原子核将吸收射频场的能量，产生从低能级向高能级的跃迁——NMR。

化学位移的产生是由于电子云的屏蔽作用，因此，凡能影响电子云密度的因素，均会影响化学位移。例如，质子与电负性元素相邻时，由于电负性元素对电子的诱导效应使质子外的电子云密度有不同程度的减少，其化学位移便向低磁感应强度方向移动。

**3. 仪器与试剂**

仪器：高分辨率 NMR 谱仪。

试剂：氘代氯仿、重水、四甲基硅烷（TMS）、苯佐卡因。

**4. 实验内容与步骤**

（1）将 10 mg 左右的苯佐卡因样品小心地装入核磁样品管中，然后加入 0.5 mL 氘代氯仿和 1 滴 TMS，盖好盖子，振荡使样品完全溶解。

（2）按操作说明调试好所用仪器，之后将样品管放入探头，记录苯佐卡因的 $^1$H-NMR 谱图和积分曲线。在谱图上标明样品名称、实验条件、日期、操作者姓名等。

（3）在上述样品中滴加 1 滴重水，剧烈振荡后，再记录一张 $^1$H-NMR 谱图。

**5. 注意事项**

（1）NMR 谱仪的细致调试（主要是均匀磁场）是测得高质量谱图的先决条件。

（2）测样完成后，需将样品溶液倒入废液瓶，随后，采用少量多次的乙醇清洗法彻底清除样品管内的残留物，然后依次用自来水、蒸馏水各洗 3 次，放入烘箱内烘干。样品管盖应集中收集于小烧杯内，用乙醇浸泡洗涤后，晾干。

（3）样品管易碎，务必轻柔、谨慎操作，配样、洗涤时应轻拿轻放。

**6. 数据处理**

（1）记录苯佐卡因的 $^1$H-NMR 谱图信息，如表 13-1 所示。

表 13-1　苯佐卡因的 $^1$H-NMR 谱图信息

| 峰号 | 化学位移 | 积分线高度 | 质子数 | 峰裂分状况 |
|---|---|---|---|---|
| 1 | | | | |
| 2 | | | | |
| 3 | | | | |
| 4 | | | | |
| 5 | | | | |

（2）根据苯佐卡因的结构，对上述吸收峰进行指认。查阅有关手册，将实验谱图与标准谱图进行比较分析。

（3）比较两张 $^1$H-NMR 实验谱图，说明产生变化的原因。

**7. 思考题**

（1）NMR 谱仪中磁铁起什么作用？

（2）自旋裂分是由什么原因引起的？它在结构解析中有什么作用？

（3）为什么用 TMS 作为基准试剂？

# 第 14 章 综合分析实验

在分析化学研究中,要面对的分析对象经常属于复杂体系,如环境分析、食品分析、生命分析等。这时,单一分析方法往往不能解决问题,需要多种分析方法配合使用才能完成。另外,前面所做的分析化学实验的目的在于掌握每种分析方法的基本原理及操作过程。学生在毕业前,应练习独立完成从样品的采集到给出分析结果的全过程。为此,我们编写了综合分析实验部分的内容。开设的综合分析实验主要涉及以下内容:天然水水质分析,主要有水硬度(钙镁含量)的测定、化学需氧量的测定、生化需氧量的测定、碱度和矿化度的测定等;煤质分析,主要有煤中硫分的测定等;大气污染物分析,主要有大气中 $SO_2$ 的测定、大气环境的综合分析等;食品和药品分析,主要有酱油中防腐剂含量的测定,麝香祛痛搽剂中樟脑、薄荷脑与冰片含量的测定等。

另外,与前面各章的基础实验的不同之处在于,综合分析实验部分不给出完整的实验方案,所有实验方案均需学生在给定的建议测定方案的基础上,结合实验室的实际情况,查阅文献后独立确定,并在教师的指导下独立完成实验操作,最后给出分析结果。这样做的目的主要在于:培养从各种文献资料中获取知识的能力;复习巩固所学过的化学分析和仪器分析的方法,进一步掌握基本的实验技能,培养良好的实验习惯及实事求是的科学作风,为以后参加实际工作打下坚实的基础;培养分析问题和解决实际问题的能力,练习实验方案的设计思路,为以后从事必要的科研工作奠定基础。

## 14.1 河水中碱度和矿化度的测定

**1. 实验目的**

(1) 学会设计测定水样碱度、矿化度的方法。
(2) 通过滴定分析法和质量分析法完成对实际样品的测定。
(3) 掌握不同化学反应类型滴定中指示剂的选择原则、变色原理及使用条件。
(4) 熟练掌握分析化学中标准溶液的配制方法。

**2. 实验原理**

(1) 碱度。水的碱度是指水中含有的能接受氢离子的物质的含量,或能被强酸中和的物质的含量,它反映了水中碱性物质的含量。水中的氢氧根、碳酸盐、碳酸氢盐、磷酸盐、磷酸氢盐和氨等,都是常见的碱性物质。对天然水和未被污染的地表水来说,其碱度主要指碳酸根、重碳酸根和氢氧根的含量。对废水、污水及其他组成复杂的水体来说,其碱度还包含其他碱性物质的含量。水的碱度是用 HCl 或 $H_2SO_4$ 标准溶液采用酸碱滴定法测定的。水的碱度常用单位体积的水所消耗的 $H^+$ 的物质的量来表示,单位为 $mmol \cdot L^{-1}$ 或 $\mu mol \cdot L^{-1}$。根据所用指示剂的不同，水的碱度可分为总碱度（JD）和酚酞碱度（JD$_P$）。总碱度是指以甲基橙为指示剂时测出的量，它反映了水中碱性物质的总量。酚酞碱度是指以酚酞为指示剂滴定时消耗的酸的量，它反映的是水中强碱性物质的量。除了可用指示剂法指示终点来测定水的碱度，也可采用电位滴定法测定水的碱度，电位滴定法不受水的浊度、色度的影响。但由于指示剂法简单、直观，所以常用指示剂法测定水的碱度。

（2）矿化度。矿化度（$M$）是用于评价水中总含盐量的重要指标，涉及钙、镁、铁、铝等金属的各种盐（如碳酸盐、氯化物、硫酸盐、硝酸盐等）的总含量，以 g/L 表示，该项指标一般只用于天然水。按矿化度（$M$）的大小一般分为淡水（$M < 1$ g·L$^{-1}$）、微咸水（$M = 1\sim3$ g·L$^{-1}$）、咸水（$M = 3\sim10$ g·L$^{-1}$）、盐水（$M = 10\sim50$ g·L$^{-1}$）、卤水（$M > 50$ g·L$^{-1}$）。

矿化度的测定方法主要是沉淀质量法。先过滤去除水样中的漂浮物及沉降性固体物，再将水样转移至恒重的蒸发皿内进行蒸干（全程需严格控制温度，使水样没有明显沸腾，以免发生迸溅，可用电热套加热或水浴加热），然后继续在 105~110 ℃ 下将蒸发皿烘干至恒重，称得的质量减去蒸发皿的初始质量即记作矿化度。

### 3. 仪器与试剂

1）碱度的测定

仪器：分析天平、酸式滴定管、锥形瓶、移液管。

试剂：酚酞指示剂（10 g·L$^{-1}$ 的乙醇溶液）、甲基橙指示剂（1 g·L$^{-1}$）、甲基红-亚甲基蓝混合指示剂、H$_2$SO$_4$ 标准溶液（$c_{1/2\,H_2SO_4} = 0.1000$ mol·L$^{-1}$、$c_{1/2\,H_2SO_4} = 0.0500$ mol·L$^{-1}$、$c_{1/2\,H_2SO_4} = 0.0100$ mol·L$^{-1}$）、基准无水碳酸钠。

2）矿化度的测定

仪器：分析天平、烘箱、蒸发皿、移液管、电热套、漏斗、烧杯等。

试剂：过氧化氢溶液（1∶1）、碳酸钠溶液（2%）。

### 4. 实验准备

1）碱度的测定

（1）水样的采集和预处理。

（2）H$_2$SO$_4$ 溶液的配制和标定。

2）矿化度的测定

（1）水样的采集和预处理。

（2）将洗干净的蒸发皿烘干至恒重（两次称重相差不超过 0.4 mg）。

（3）过滤好 100 mL 水样。

### 5. 实验步骤

1）碱度的测定

（1）准确移取 100 mL 透明水样转移至锥形瓶中。

（2）加入少量酚酞指示剂，若此时溶液呈红色，说明水样具有一定的酚酞碱度，则用 H$_2$SO$_4$ 标准溶液滴定水样至红色恰好消失，记录 H$_2$SO$_4$ 标准溶液消耗的体积 $V_1$。

（3）然后加入 2 滴甲基橙指示剂（甲基红-亚甲基蓝混合指示剂），继续滴至溶液呈橙色，记录 H$_2$SO$_4$ 标准溶液消耗的体积 $V_2$。

（4）若加入酚酞后溶液不显红色，即 $V_1 = 0$，说明无酚酞碱度，这时直接加入甲基橙指示剂滴定，计算总碱度。

2) 矿化度的测定

（1）准确移取过滤后的水样 50.00 mL，置于已称重的蒸发皿中，再加入 5 mL 2% $Na_2CO_3$ 溶液，于蒸发皿中蒸干（硫酸盐易含有结晶水，会使结果偏高，可采用加入 0.1 g $Na_2CO_3$、提高烘干温度的办法消除影响；$Na_2CO_3$ 要准确加入，其量应予以扣除）。蒸干全程需严格控制温度，不可使水样出现明显沸腾，以免发生迸溅而影响测定结果。

（2）如果得到的蒸干残渣有色，则待蒸发皿稍冷后滴加 1∶1 的过氧化氢溶液数滴，缓慢旋转蒸发皿至气泡消失，再进行蒸干，反复处理多次至残渣变白或颜色稳定不变为止。

（3）将蒸干后的蒸发皿放入 180 ℃ 的烘箱中烘干 2 h，之后置于干燥器中冷却至室温，称重，重复烘干称重，直至两次称重相差不超过 0.4 mg 时认为质量恒定。

**6. 实验结果记录及分析**

（1）碱度的测定，数据记录在表 14-1、表 14-2 中。

表 14-1　$H_2SO_4$ 标准溶液浓度的标定

| 编号 | I | II | III |
|---|---|---|---|
| $m_{Na_2CO_3}/g$ | | | |
| $V_{H_2SO_4}/mL$ | | | |
| $c_{1/2H_2SO_4}/(mol \cdot L^{-1})$ | | | |
| $\overline{c}_{1/2H_2SO_4}/(mol \cdot L^{-1})$ | | | |
| 相对平均偏差/% | | | |
| 稀释 10 倍后 $c_{1/2H_2SO_4}/(mol \cdot L^{-1})$ | | | |

表 14-2　碱度的测定

| 编号 | I | II | III |
|---|---|---|---|
| $V_水/mL$ | 100.0 | 100.0 | 100.0 |
| $V_1/mL$ | | | |
| $V_2/mL$ | | | |
| $JD_P/(mmol \cdot L^{-1})$ | | | |
| $\overline{JD}_P/(mmol \cdot L^{-1})$ | | | |
| 相对平均偏差/% | | | |
| $JD/(mmol \cdot L^{-1})$ | | | |
| $\overline{JD}/(mmol \cdot L^{-1})$ | | | |
| 相对平均偏差/% | | | |

碱度计算：

$$JD_P = \frac{c_{1/2H_2SO_4} \times V_1}{V_水} \times 10^3$$

$$JD = \frac{c_{1/2H_2SO_4} \times (V_1+V_2)}{V_水} \times 10^3$$

（2）矿化度的测定，数据记录在表 14-3 中。

表 14-3　矿化度的测定（质量法，$Na_2CO_3$，2%）

| 编号 | I | II |
| --- | --- | --- |
| 水样体积 $V_水$/mL |  |  |
| $V_{Na_2CO_3}$/mL |  |  |
| 加入 $Na_2CO_3$ 的质量 $m_{Na_2CO_3}$/g |  |  |
| 蒸发皿质量 $m_0$/g |  |  |
| 蒸发皿及残渣的总质量 $m_1$/g |  |  |
| 矿化度 $M$/(mg·L$^{-1}$) |  |  |

矿化度计算：

$$M = \frac{m_1 - m_0 - m_{Na_2CO_3}}{V_水} \times 10^6$$

① 计算水样的矿化度。
② 对待测水样的矿化度指标进行评价。

**7. 思考题**

（1）如何将水质碱度的测定结果转化为有意义的信息，为环境保护和水资源管理提供支持？
（2）常用的水质矿化度测定方法有哪些？请简述其原理。
（3）水质矿化度与水的用途和环境保护有什么关系？在哪些领域需要特别关注水质矿化度的变化？

# 14.2　生活污水中总氮含量的测定

**1. 实验目的**

（1）了解水体中氮元素的污染状况。
（2）掌握水质总氮含量测定的原理和方法。
（3）掌握水样的消解方法。

**2. 实验原理**

水体中的总氮含量是指水中溶解态氮及悬浮物中氮的总和，包括硝酸盐（$NO_3^-$）、亚硝酸盐（$NO_2^-$）、无机铵盐（$NH_4^+$）、溶解态氨及大部分有机含氮化合物中的氮，以每升水含氮的毫克数计算。总氮含量是衡量水体水质的重要指标之一，也是污水处理工艺运行的重要控制参数。

当前，主流的总氮含量测定技术涉及利用过硫酸钾作为氧化剂，将有机及无机氮化合物有效转化为硝酸盐形态。随后，这些硝酸盐可通过多种分析方法进行定量检测，包括紫外分光光度法、偶氮比色技术、离子色谱分析或气相分子吸收光谱法。其中，碱性过硫酸钾消解结合紫外分光光度法的组合方式，因其高效性和准确性，成为目前普遍采用的方法。

本实验采用的是变色酸分光光度法测定水中的总氮含量。在碱性环境中，首先采用过硫酸钾这一强氧化剂，它能够在较高温度（超过 60 ℃）的水溶液中分解，释放出原子态氧：

$$K_2S_2O_3 + H_2O \longrightarrow 2KHSO_4 + [O]$$

随后，在 120~140 ℃的高压水蒸气条件下，这些分解出的原子态氧具备强大的氧化能力，能够将多种形式的氮（包括有机氮化合物、氨及亚硝酸盐）有效地转化为硝酸盐。这一过程确保了氮元素以统一的硝酸盐形态存在，为后续的分析测定提供了便利。以 $CO(NH_2)_2$ 代表可溶有机氮化合物，各形态氧化反应式如下：

$$CO(NH_2)_2 + 2NaOH + 8[O] \longrightarrow 2NaNO_3 + 3H_2O + CO_2$$
$$(NH_4)_2SO_4 + 4NaOH + 8[O] \longrightarrow Na_2SO_4 + 6H_2O + 2NaNO_3$$
$$NaNO_2 + [O] \longrightarrow NaNO_3$$

消解结束后，加入偏亚硫酸氢钠除去卤素类氧化物质，然后硝酸盐与变色酸在强酸性条件下反应生成一种黄色配合物，在 410 nm 波长处进行比色，可直接得到水样中的总氮含量。

**3. 仪器与试剂**

仪器：RB-206 型多参数水质测定仪、消解仪、比色管、容量瓶、移液管、10 mm 比色皿。
试剂：TN1 试剂（过硫酸钾）、TN2 试剂（变色酸二钠）、TN3 试剂（浓磷酸）、浓硫酸、氢氧化钠。

**4. 实验准备**

（1）水样的采集和预处理。
（2）配制好 TN1 试剂溶液、TN2 试剂溶液和 TN3 试剂溶液。
（3）连接水质测定仪的线路。

**5. 实验步骤**

（1）打开消解仪，设置消解参数（125 ℃，30 min），启动升温。
（2）打开水质测定仪电源，设置测定指标为总氮，选择 0 号曲线，预热仪器 5~10 min。
（3）制作样品：准备 4 支干净的试管（1 支空白试管+3 支待测水样试管）置于试管架上。向第一支试管中准确加入 2.00 mL 蒸馏水作空白试样，分别准确吸取 2.00 mL 水样加入其他试管中，再向空白试管和各个水样试管中依次加入 1.00 mL TN1 试剂溶液，加盖混合均匀。
（4）消解样品：将各试管插入已经恒温的消解仪加热孔内，并盖上防护罩，启动倒计时，进行消解。消解完成后，关闭消解仪电源，将试管放在试管架上，冷却 2 min 后，再水冷或自然冷却至室温。
（5）依次向消解后的试管加入 0.50 mL TN2 试剂溶液，混合均匀，以上试管为消解液试管。另取与消解液试管相同数量的试管，每支分别加入 4.00 mL TN3 试剂溶液（注意强酸腐蚀），一一对应消解液试管。

（6）分别吸取 1.00 mL 消解液加入所对应的装有 TN3 试剂溶液的试管中，加盖拧紧，混合均匀（混合时温度较高，小心烫伤），静置 15 min。

（7）将含有 TN3 试剂溶液的试管中的试样分别倒入对应的比色皿至 2/3 高度处，将空白试样比色皿放入比色池，盖上比色池盖，按空白键，直至屏幕显示"T = 100%，A = 0"。

（8）取出空白试样比色皿，将待测水样比色皿放入该比色池，盖上比色盖，稳定 2 s 后读数，可对数据进行保存。剩余水样重复此步骤，记录数据。

**6. 实验结果记录及分析**

总氮含量测定的数据记录在表 14-4 中。

表 14-4　总氮含量测定的数据

| 编号 | 空白试样 | 水样 1 | 水样 2 | 水样 3 |
|---|---|---|---|---|
| 总氮含量/(mg·L$^{-1}$) |  |  |  |  |
| 平均值/(mg·L$^{-1}$) | — |  |  |  |
| 相对平均偏差/% | — |  |  |  |

**7. 思考题**

（1）在进行总氮含量测定时，哪些因素可能会影响测定的准确性？如何避免或减少这些因素的影响？

（2）如果实验得到的总氮含量超过了标准限值，应该如何进行进一步的分析和处理？

（3）紫外分光光度法与其他总氮含量测定方法相比，有哪些优缺点？在实际应用中应如何选择合适的测定方法？

## 14.3　河水中总磷含量的测定

**1. 实验目的**

（1）了解水中磷的来源及其对环境的影响。

（2）掌握水中总磷含量的测定原理和测定方法。

（3）学习使用便携式水质测定仪测定水中的总磷含量。

**2. 实验原理**

水体中的总磷含量，涵盖了溶解态与不溶解态的磷酸盐及含磷有机化合物的总和，它作为关键指标之一，直接映射了水体的污染程度和湖泊、水库等水体的富营养化状态。因此，精确测量水体中的总磷含量至关重要。

总磷含量的分析流程通常分解为以下两大步骤。

（1）通过添加氧化剂，如过硫酸钾、硝酸-硫酸、硝酸-高氯酸或过氧化氢等，以及加热消解、增压消解或紫外照射等方法，将水样中各种形态的磷转化为统一的正磷酸盐形式。

这一步骤确保了后续测量的准确性和一致性。

（2）针对转化后的正磷酸盐进行定量测定。常用的测定方法包括钼酸铵分光光度法、氯化亚锡还原钼蓝法及微波消解法等。

在本实验中，采用钼酸铵分光光度法来测定水样中的总磷含量。首先，在中性条件下，利用过硫酸钾作为氧化剂，对水样进行消解处理，确保所有含磷物质均被氧化为正磷酸盐。随后，在酸性环境下，正磷酸盐与钼酸铵发生反应，并在酒石酸锑钾的辅助下，生成磷钼杂多酸。这种中间产物迅速被抗坏血酸（即维生素 C）还原，最终生成一种显蓝色的络合物——磷钼蓝。反应式如下：

$$12(NH_4)_2MoO_4 + H_2PO_4^- + 24H^+ \xrightarrow{锑盐} [H_2PMo_{12}O_{40}]^- + 24NH_4^+ + 12H_2O$$

$$[H_2PMo_{12}O_{40}]^- \xrightarrow{抗坏血酸} H_3PO_4 \cdot 10MoO_3 \cdot Mo_2O_5$$

得到磷钼蓝后，使用水质测定仪进行测定，在 700 nm 波长处进行比色，可直接得到水样总磷含量。

但是，水样中的磷元素含量较少时，加入抗坏血酸后不能生成蓝色络合物，在 700 nm 波长处无法测定吸光度，此时无法得到水样的总磷含量，需分别向待测水样和空白样品中加入定量的磷标准溶液，形成稳定的蓝色络合物溶液，之后在相同条件下测定磷标准样品的总磷含量，然后测定待测水样的总磷含量，实际水样的总磷含量就等于待测水样的总磷含量扣除磷标准样品的总磷含量，通过加入内标的方法就可以顺利得到水样的总磷含量。

**3. 仪器与试剂**

仪器：XI840 型便携式水质测定仪、消解仪、消解比色管、容量瓶、小烧杯、移液管等。

试剂："试剂一"（过硫酸钾）、"试剂二"（钼酸铵和酒石酸锑钾）、"试剂三"（抗坏血酸）、磷标准溶液（1 000 mg·L$^{-1}$ 和 2.0 mg·L$^{-1}$，由磷酸氢二钾配制）。

**4. 实验准备**

（1）水样的采集与预处理。

（2）"试剂一""试剂二"和磷标准溶液的配制。

（3）水质测定仪和消解仪开机预热。

**5. 实验步骤**

（1）样品制备。取 5.00 mL 蒸馏水置于清洗干净的专用的平底矮管消解比色管中，然后加入 1.00 mL "试剂一"，具塞摇匀后作为空白样品；取 5.00 mL 蒸馏水置于清洗干净的专用的平底矮管消解比色管中，然后加入 1.00 mL 磷标准溶液（2.0 mg·L$^{-1}$），再加入 1.00 mL "试剂一"，具塞摇匀后作为磷标准样品；取 5.00 mL 待测水样置于清洗干净的专用的平底矮管消解比色管中，然后加入 1.00 mL 磷标准溶液（2.0 mg·L$^{-1}$），再加入 1.00 mL "试剂一"，具塞摇匀，平行配制 3 份，作为待测样品。

（2）样品消解。打开消解仪预热，待温度升至 120 ℃ 时，将所有装有样品的消解比色管依次插入消解仪的消解炉孔内，盖上防护罩，同时进行消解，消解 30 min。

（3）样品冷却。取出所有消解比色管，自然冷却 2 min 后，再水冷至室温，然后向每支消解比色管内加入 0.20 mL "试剂二"和 0.30 mL "试剂三"，具塞摇匀，静置显色 15 min，准备上机测试。

(4) 样品测试。

① 空白样品：选择"总磷-L 曲线"，选择"空白测量"，将比色管外壁的竖线对准 3 号位插入比色孔内，待吸光度数值稳定后，按〈ENTER〉键确认，仪器自动调零。

② 磷标准样品：将磷标准样品比色管外壁的竖线对准 3 号位插入比色孔内，选择"样品测量"，仪器界面显示总磷含量。

③ 待测样品：将待测样品比色管外壁的竖线对准 3 号位插入比色孔内，选择"样品测量"，仪器界面显示总磷含量，该数值扣除磷标准样品的总磷含量即可得水样实际的总磷含量，平行测试 3 份样品。

**6. 实验结果记录及分析**

总磷含量测定的数据记录在表 14-5 中。

表 14-5  总磷含量测定的数据

| 编号 | 空白样品 | 磷标准样品 | 水样 1 | 水样 2 | 水样 3 |
|---|---|---|---|---|---|
| 总磷含量/(mg·L$^{-1}$) | | | | | |
| 平均值/(mg·L$^{-1}$) | — | — | | | |
| 相对平均偏差/% | — | — | | | |

**7. 思考题**

(1) 除了钼酸铵分光光度法，还有哪些常用于总磷含量测定的方法？

(2) 实验中使用的抗坏血酸的作用是什么？能否用其他物质替代？

(3) 总磷含量对水环境有何影响？高或低的总磷含量可能指示哪些环境问题？

# 14.4 生活污水中化学需氧量的测定

**1. 实验目的**

(1) 理解水中化学需氧量（Chemical Oxygen Demand，COD）的基本意义。

(2) 掌握测定水样中 COD 的基本原理及常用方法。

(3) 了解我国的水质评价标准。

**2. 实验原理**

COD 是表示水体受还原性物质（主要是有机物）污染程度的综合性指标，是指水体中还原性物质消耗的氧化剂的量相当的氧气的量，以 mg·L$^{-1}$ 表示。COD 间接反映了水体受有机物污染的状况。目前比较简单的方法是采用微波消解仪进行水样的消解，可大幅缩短氧化时间，同时，采用分光光度法和库仑滴定法进行测定。

分光光度法的基本原理如下。

水样消解时，将发生下述反应：

$$2Cr_2O_7^{2-} + 3C + 16H^+ = 4Cr^{3+} + 3CO_2 + 8H_2O$$

水样消解时，$K_2Cr_2O_7$ 被水中的还原性物质还原生成 $Cr^{3+}$，同时溶液中 $Cr^{6+}$ 的浓度减小，

由于 $Cr^{3+}$（最大吸收波长为 600 nm±20 nm）或 $Cr^{6+}$（最大吸收波长为 440 nm±20 nm）在可见光区均可产生吸收，通过测量消解后溶液的吸光度，即可测定 $K_2Cr_2O_7$ 的消耗量，进而测定 COD。水中有机物越多，消解后溶液中 $Cr^{3+}$ 的浓度越大，则在 $Cr^{3+}$ 最大吸收波长处测量的吸光度就越大；若测定 $Cr^{6+}$ 的吸光度，则有机物越多，吸光度越小。一般通过测量消解后溶液中 $Cr^{3+}$ 的吸光度来测定 COD，但并不能直接以测量的吸光度计算 COD。为了定量测定，需用 COD 标准溶液来校正。实际工作中使用的 COD 标准溶液是邻苯二甲酸氢钾（KHP）溶液。

KHP 溶液的 COD 的理论计算如下。

首先，KHP 在强酸性条件下可生成邻苯二甲酸，然后，邻苯二甲酸被氧气氧化发生反应：

$$2C_8H_6O_4 + 15O_2 = 16CO_2\uparrow + 6H_2O$$

计量关系为

$$n_{O_2} = \frac{15}{2} n_{C_8H_6O_4}$$

则 1 g KHP 完全氧化时消耗的氧气的质量为

$$m_{O_2} = n_{O_2} \times m_{O_2} = \frac{15}{2} n_{KHP} \times m_{O_2} = \frac{15}{2} \times \frac{m_{KHP}}{M_{KHP}} \times m_{O_2} = \frac{15}{2} \times \frac{1.000}{204} \times 32.00 \text{ g} = 1.175\ 1 \text{ g}$$

换算成浓度为 1 g·L$^{-1}$ 的 KHP 溶液的 COD 为：COD = 1.175 1 g·L$^{-1}$。

任一质量浓度的 KHP 溶液的 COD 可计算如下：

$$COD = \frac{15}{2} \times \frac{m_{KHP}}{M_{KHP}V} \times M_{O_2}$$

根据此式，可计算配制一定体积、一定 COD 的标准溶液时所需称取的 KHP 的质量。例如，要配 500 mL COD = 1 000 mg·L$^{-1}$ 的 COD 标准溶液，需称 KHP 的质量为

$$m_{KHP} = \frac{2}{15} \times \frac{COD \times M_{KHP} \times V}{M_{O_2}} = \frac{2}{15} \times \frac{1\ 000 \times 10^{-3} \times 204 \times 500 \times 10^{-3}}{32} \text{g} = 0.425\ 0 \text{ g}$$

有了 COD 标准溶液后，可以先按要求配制 COD 标准溶液系列，然后把这些标准溶液按与水样相同的条件消解，再分别测定消解后溶液的吸光度，就可绘制标准曲线。

为了校正溶液体积的影响，消解时每个 COD 标准溶液和水样的体积都相同，也要加入相同量的消解液，则这时就可以从标准曲线上直接获得水样的 COD。

**3. 仪器与试剂**

仪器：722 型光栅分光光度计、消解仪、比色管、容量瓶等。

试剂：$Ag_2SO_4$-$H_2SO_4$ 溶液（10.0 g·L$^{-1}$）、$HgSO_4$、消解液（1.578 g $K_2Cr_2O_7$ 溶于 50.0 mL 蒸馏水，再加入 150.0 mL $Ag_2SO_4$-$H_2SO_4$ 溶液）、COD 标准溶液（COD = 1 000 mg·L$^{-1}$）。

**4. 实验准备**

（1）水样的采集与预处理。

（2）消解液的配制。

（3）COD 标准溶液的配制。

**5. 实验步骤**

（1）COD 标准溶液系列的配制：分别移取 0.00、0.50、1.00、2.00、5.00、10.00 和

15.00 mL COD 标准溶液于 25 mL 容量瓶中，用蒸馏水定容至刻度，混匀后配成 COD 分别为 0.00、20.0、40.0、80.0、200、400 和 600 mg·L⁻¹ 的 COD 标准溶液。

（2）标准曲线的绘制：分别取上述 COD 标准溶液 2.00 mL 置于消解管中，向每支消解管中加入 3.00 mL 消解液，充分混匀后置于消解仪中于 165 ℃ 下消解 10 min，取出冷却后移入 1 cm 比色皿中于选定波长（600 nm）下测定溶液的吸光度，绘制标准曲线。

（3）水样测定：取水样 2.00 mL 置于消解管中，加入 50 mg $HgSO_4$，加入 3.00 mL 消解液，充分混匀后置于消解仪中于 165 ℃ 下消解 10 min，取出冷却后移入比色皿中于选定波长下测定溶液的吸光度。

注意：标准溶液系列和水样同时配制、同时消解。

**6. 实验结果记录及分析**

（1）实验数据记录在表 14-6 中。

表 14-6　实验数据

| 编号 | 1 | 2 | 3 | 4 | 5 | 6 | 7 | 水样 1 | 水样 2 | 水样 3 |
|---|---|---|---|---|---|---|---|---|---|---|
| COD/(mg·L⁻¹) | 0.00 | 20.0 | 40.0 | 80.0 | 200 | 400 | 600 | | | |
| 吸光度 A | | | | | | | | | | |

（2）数据处理。

① 绘制标准曲线，计算回归方程。

② 计算水样的 COD，并计算其平均值、相对平均偏差。

**7. 思考题**

（1）实际应用中测定水中 COD 的方法有哪些？

（2）测试时加入硫酸汞的作用是什么？

（3）与重铬酸钾法相比，本方案的优势是什么？

## 14.5　生活污水中生化需氧量的测定

**1. 实验目的**

（1）理解水中生化需氧量（Bochemical Oxygen Demand，BOD）的基本意义。

（2）掌握测定水样中 $BOD_5$ 的基本原理及常用方法。

（3）了解我国水质评价标准。

**2. 实验原理**

BOD 是指在特定条件下，微生物分解水中存在的可氧化物质，尤其是有机物，在进行生物化学过程中所消耗的溶解氧含量。具体测量时，需分别测定水样在培养前的溶解氧含量以及在 (20±1)℃ 条件下培养五天后的溶解氧含量，两者之间的差值即为五日生化过程中消耗的氧量，称为五日生化需氧量（$BOD_5$），单位通常以氧的毫克每升（mg·L⁻¹）来表示。水中有机污染物的含量越高，其消耗的溶解氧也就越多，相应地，$BOD_5$ 也会升高，表明水质状况越差。$BOD_5$ 作为一个综合指标，用于量度水中可被生物降解的有机物（包括部分无机物）的含量，常用来评估水体中有机物的污染程度，并已成为污水处理过程中的一项基本指标。

对于溶解氧含量较高且有机物含量较少的地面水，可以直接进行溶解氧的测定，无需稀释。然而，对于某些地面水以及大多数工业废水，由于其含有较多的有机物，需要先进行稀释，再进行培养测定，这样做的目的是降低其浓度并确保有足够的溶解氧供微生物使用。在稀释的水样中，还应加入一定量的无机营养盐和缓冲物质，如磷酸盐、钙盐、镁盐和铁盐等，以满足微生物生长的需求。

**3. 仪器与试剂**

仪器：生化培养箱、inoLab Oxi 730 型溶解氧测定仪、溶解氧瓶、虹吸管、pH 计、量筒、容量瓶等。

试剂：盐酸、氢氧化钠溶液。

**4. 实验准备**

（1）水样的采集。

（2）水样的预处理：调节水样 pH≈1，若含有少量游离氯，一般需放置 1~2 h。

（3）判断水样是否需要稀释，如需要，配制好稀释水样。

（4）校准好溶解氧测定仪。

**5. 实验步骤**

（1）不稀释水样。

① 准备两个洁净的溶解氧瓶，直接将约 20 ℃的混合水样通过虹吸法转移至瓶内，转移过程中应注意不使其产生气泡。

② 对其中的一瓶水样的溶解氧浓度进行测定并记录。对另一瓶水样的瓶口进行水封后将其放入生化培养箱中，在 (20±1)℃的条件下培养 5 d。

③ 将培养 5 d 后的水样取出，测定其溶解氧并记录。

（2）需稀释水样。

① 稀释倍数的确定。

② 调整被测水样的 pH 值。

③ 直接稀释法采集稀释水样 2 瓶，另取 2 瓶稀释水作为空白样品。

④ 取 1 瓶稀释样品和 1 瓶空白样品测定其溶解氧，另外 2 瓶稀释样品和空白样品水封后放入培养箱中，在 (20±1)℃的条件下培养 5 d。

⑤ 将培养 5 d 后的水样取出，测定其溶解氧并记录。

**6. 实验结果记录及分析**

（1）不稀释水样的数据记录在表 14-7 中。

表 14-7　不稀释水样的数据

| 编号 | 样品 1 | 样品 2 |
| --- | --- | --- |
| 培养前溶解氧的浓度/(mg·L$^{-1}$) | $C_1$ | — |
| 培养 5 d 后溶解氧的浓度/(mg·L$^{-1}$) | — | $C_2$ |
| BOD$_5$/(mg·L$^{-1}$) | | |

五日生化需氧量
$$BOD_5 = C_1 - C_2$$

式中，$C_1$ 为培养前水样中溶解氧的浓度，$mg \cdot L^{-1}$；$C_2$ 为培养 5 d 后水样中溶解氧的浓度，$mg \cdot L^{-1}$。

（2）需稀释水样的数据记录在表 14-8 中。

表 14-8  稀释水样的数据

| 编号 | 样品 1 | 样品 2 | 空白 1 | 空白 2 |
| --- | --- | --- | --- | --- |
| 培养前溶解氧的浓度/($mg \cdot L^{-1}$) | $C_1$ | — | $B_1$ | — |
| 培养 5 d 后溶解氧的浓度/($mg \cdot L^{-1}$) | — | $C_2$ | — | $B_2$ |
| $BOD_5$/($mg \cdot L^{-1}$) | | | | |

五日生化需氧量
$$BOD_5 = \frac{(C_1 - C_2) - (B_1 - B_2) \cdot f_1}{f_2}$$

式中，$B_1$ 为培养前稀释水中溶解氧的浓度，$mg \cdot L^{-1}$；$B_2$ 为培养 5 d 后稀释水中溶解氧的浓度，$mg \cdot L^{-1}$；$f_1$ 为稀释水占培养液的比例；$f_2$ 为水样占培养液的比例。

**7. 思考题**

（1）溶解氧的测定方法有哪几种？对本实验采用的方法进行评价。

（2）为什么选择五日作为测定时间？

（3）$BOD_5$ 与 COD 之间有何关系？

## 14.6  废水中总铬含量的测定

**1. 实验目的**

（1）了解废水中铬污染对环境的影响以及测定总铬含量的意义。

（2）掌握废水中总铬含量的测定原理和方法。

（3）掌握消解样品的技能。

**2. 实验原理**

总铬含量的测定是将三价铬氧化成六价铬后，用二苯碳酰二肼分光光度法测定。在酸性溶液的环境下，试样中的三价铬会被高锰酸钾有效地氧化成六价铬。接下来，六价铬与二苯碳酰二肼发生特定的化学反应，生成一种紫红色的化合物。这种化合物的浓度与原始样品中的总铬含量成正比，因此可以通过在波长 540 nm 处进行分光光度分析来准确测定其含量。

在测定过程中，为了确保结果的准确性，需要仔细控制反应条件。过量的高锰酸钾可能会干扰测定结果，因此需要用亚硝酸钠将其分解。同样地，过量的亚硝酸钠也可能对测定产生影响，所以还需要用尿素将其进一步分解。通过这些步骤，可以确保测定结果的准确性和可靠性，从而有效地评估样品中的总铬含量。

**3. 仪器与试剂**

仪器：722 型光栅分光光度计、消解仪、容量瓶、比色管等。

试剂：丙酮、硫酸（1∶1）、磷酸（1∶1）、高锰酸钾溶液（40 g·L$^{-1}$）、尿素溶液（200 g·L$^{-1}$）、亚硝酸钠（20 g·L$^{-1}$）、二苯碳酰二肼溶液（2 g·L$^{-1}$丙酮溶液）、铬标准储备液（0.100 0 g·L$^{-1}$）、铬标准溶液（1 mg·L$^{-1}$）。

**4. 实验准备**

（1）水样的采集：采集水样时，需加入硝酸以调节样品至 pH<2。为确保测量准确性，应在采集后尽快进行测定。若需暂时放置，存放时间不得超过 24 h，以避免水样性质发生变化，影响分析结果。同时，存放期间应确保水样处于适当的温度条件下，并避免光照等外部因素的干扰。

（2）样品的预处理：根据样品污染程度选择合适的预处理方法。

**5. 实验步骤**

（1）高锰酸钾氧化三价铬：先取适量预处理过的水样置于锥形瓶中，再加入少量硫酸和磷酸，加水至溶液体积为 50 mL，滴加高锰酸钾至溶液呈紫红色，加热煮沸至溶液体积约剩 20 mL。

（2）除去过量的高锰酸钾：将上述溶液自然冷却或过凉水冷却后，加入 1.00 mL 尿素溶液，并充分摇匀以确保混合均匀。随后，缓慢滴加亚硝酸钠溶液，同时密切观察溶液的颜色变化，直至高锰酸钾的紫红色刚好完全褪去。待气泡逸出后，将溶液转移至 50 mL 比色管中。

（3）水样的测定：将步骤（2）得到的试样用水稀释至比色管刻度线，加入 2.00 mL 二苯碳酰二肼溶液（显色剂），摇匀后静置 10 min，再在 540 nm 波长下测定吸光度。

（4）空白试验：为了确保试验的准确性，需进行一组与试样处理步骤完全相同的空白试验。在这一过程中，使用 50 mL 的蒸馏水替代实际的试样进行操作。

（5）校准：首先，准备一系列 150 mL 锥形瓶，并分别向其中加入不同体积的铬标准溶液，具体为 0、0.20、0.50、1.00、2.00、4.00、6.00 和 10.00 mL；其次，向每个锥形瓶中加入适量的水，将其稀释至总体积为 50 mL；再次，按照与测定实际试样相同的步骤对这些标准溶液进行处理；然后，从每个标准溶液测得的吸光度中减去空白试验的吸光度，以消除背景干扰；最后，根据这些数据绘制一条以铬含量为横坐标，吸光度为纵坐标的校准曲线，用于后续试样的铬含量测定。

**6. 实验结果记录及分析**

（1）标准曲线的数据记录在表 14-9 中。

表 14-9　标准曲线的数据

| 编号 | 1 | 2 | 3 | 4 | 5 | 6 | 7 | 8 |
|---|---|---|---|---|---|---|---|---|
| $V_{铬标}$/mL | 0.00 | 0.20 | 0.50 | 1.00 | 2.00 | 4.00 | 6.00 | 10.00 |
| $m_{铬}$/μg | | | | | | | | |
| 吸光度 $A$ | | | | | | | | |

(2) 绘制标准曲线。

以铬含量 $m_{铬}$ 为横坐标，吸光度 $A$ 为纵坐标，绘制标准曲线。

(3) 试样的测定结果如表 14-10 所示。

表 14-10　试样的测定结果

| 试样编号 | 1 | 2 | 3 |
|---|---|---|---|
| 试样体积/mL | | | |
| 吸光度 $A$ | | | |
| $c_{铬}/(\mathrm{mg \cdot L^{-1}})$ | | | |
| $\bar{c}_{铬}/(\mathrm{mg \cdot L^{-1}})$ | | | |
| 相对标准偏差/% | | | |

(4) 总铬含量计算：

$$c_{铬} = \frac{m}{V}$$

式中，$m$ 为从校准曲线上查得的试样中铬的质量，μg；$V$ 为试样的体积，mL。

**7. 思考题**

(1) 测定总铬含量时，加入高锰酸钾溶液，如果颜色继续褪去，为什么要补加高锰酸钾？
(2) 铬会给水环境和人体带来哪些危害？
(3) 还可以使用哪些方法来测定废水中的总铬含量？
(4) 该方法测得的总铬含量结果是否符合相应的排放标准？

## 14.7　大气中 $SO_2$ 含量的测定

**1. 实验目的**

(1) 练习大气试样的采集方法。
(2) 了解大气污染物的主要检测项目。
(3) 掌握大气试样中 $SO_2$ 含量的快速测定方法。

**2. 实验原理**

碘量法是在配制好的碘溶液中添加淀粉指示剂使之变蓝，再将大气样品通入碘溶液。大气中的 $SO_2$ 被碘溶液吸收，溶液中的 $I_2$ 与 $SO_2$ 发生反应：$I_2 + SO_2 + 2H_2O \rightleftharpoons 2HI + H_2SO_4$，直至溶液中的碘被完全消耗，蓝色褪去为止。根据通入的大气样品的体积（$q \cdot t$）和消耗 $I_2$ 的量，通过以下公式计算出大气中 $SO_2$ 的含量：

$$p(SO_2) = \frac{c(I_2) \cdot V(I_2) \cdot M(SO_2)}{q \cdot t}$$

式中，$p$ 为气体含量，$\mathrm{mg \cdot L^{-1}}$；$q$ 为采气流速，$\mathrm{mL \cdot min^{-1}}$；$t$ 为采气时间，min。

### 3. 仪器与试剂

仪器：KC-6D 型大气采样器、电热套、气泡采样吸收瓶、容量瓶、烧杯等。

试剂：粉末碘、碘化钾、可溶性淀粉。

### 4. 实验准备

（1）配制碘溶液（$5×10^{-5}$ mol·$L^{-1}$）、淀粉指示剂（0.5%）。

（2）连接好大气采样器的线路。

### 5. 实验步骤

（1）定量移取碘溶液至气泡采样吸收瓶中，滴入适量淀粉作为指示剂，使溶液变蓝。

（2）选择合适的采样地点以采集大气样品。

（3）连接好气泡采样吸收瓶和大气采样器之间的管路。

（4）设置好采气流速，启动大气采样器，同时开始计时。

（5）待气泡采样吸收瓶中的溶液刚好完全褪色后停止采气，同时记录采气时间。

（6）根据采气流速（$q$）、采气时间（$t$），计算大气中 $SO_2$ 的含量。

### 6. 实验结果记录及分析

实验数据记录在表 4-11 中。

表 4-11　实验数据

| 编号 | 1 | 2 | 3 |
|---|---|---|---|
| $c(I_2)/(mol·L^{-1})$ | | | |
| $V(I_2)/mL$ | | | |
| $q/(mL·min^{-1})$ | | | |
| $t/min$ | | | |
| $p(SO_2)/(mg·L^{-1})$ | | | |
| $\bar{p}(SO_2)/(mg·L^{-1})$ | | | |

### 7. 思考题

（1）我国现行的测定大气中 $SO_2$ 含量的方法是什么？

（2）本测定方案与国家标准中的方法相比有何优缺点？

（3）我国目前大气污染物的检测项目主要有哪些？

（4）大气中 $SO_2$ 的来源及主要危害是什么？如何减少大气污染？

## 14.8　大气环境的综合分析

### 1. 实验目的

（1）熟悉测定大气环境中各组分的原理。

（2）掌握综合气体分析仪的使用（综合气体分析仪的使用见视频 14-1）。

（3）掌握大气采样技术。

（4）了解对大气环境综合分析的意义。

视频 14-1

综合气体

分析仪的使用

## 2. 实验原理

大气污染物的种类繁多，常见的有颗粒物、二氧化硫（$SO_2$）、氮氧化物（$NO_x$）、挥发性有机物（Volatile Organic Compound，VOC）、臭氧（$O_3$）等。这些污染物对大气环境及人类健康均有不同程度的影响。

电化学气体传感器是便携式综合气体分析仪中常用的检测元件之一。电化学气体传感器通常包括以下几个关键部分：具有选择透过性的扩散式防水透气膜，它能够允许气体分子通过而阻止液体渗透；装有酸性电解液（常见如硫酸或磷酸）的电解槽，为传感器提供必要的化学反应环境；工作电极、对电极及参比电极，三者共同构成了传感器的三电极设计（图 14-1），是实现电化学反应的核心。有些传感器还额外配备了一个滤膜，用于有效滤除可能干扰测量的气体组分。当目标气体通过扩散作用进入传感器后，会在工作电极的表面发生氧化或还原反应，与此同时，在对电极上则会发生与之相对应的逆反应，这一系列反应会在外部电路中产生电流。由于气体进入传感器的速度受到特定栅孔的控制，因此所产生的电流大小与传感器外部气体的浓度存在直接的比例关系。基于这一原理，通过精确测量待测气体在电极上发生电化学反应时所产生的电流、电位或电阻的变化，就可以直接对气体的浓度进行定量分析，从而实现高效、准确的气体检测。电化学气体传感器具有响应速度快、选择性好、灵敏度高等特点，常用于检测有毒有害气体，如 CO、$NO_x$、$O_3$ 等。此外，还可以通过光学吸收、红外光谱、质谱分析、热导检测器、色谱等原理设计检测气体的方法和仪器。

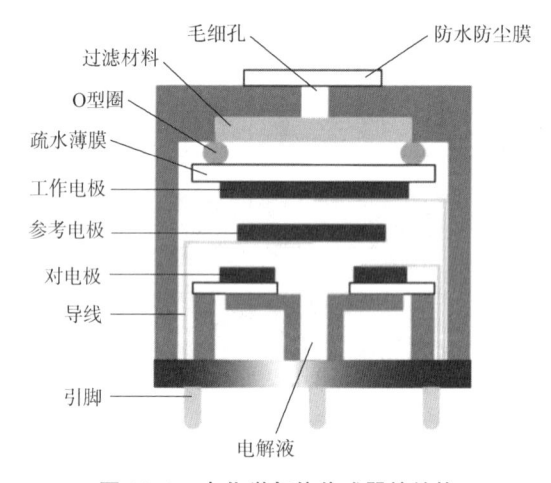

图 14-1 电化学气体传感器的结构

气体传感器阵列通常由多个不同类型的气体传感器组合而成，每个传感器都对一种或一类特定气体具有高度的响应性和选择性。这样的设计使传感器阵列能够同时检测并分析多种气体的存在，为复杂气体环境的监测提供全面而准确的数据支持。通过综合分析各传感器的输出信号，可以实现对多种气体的同时检测和识别。气体传感器阵列具有检测范围广、抗干扰能力强等特点，适用于复杂环境下的气体分析。基于气体传感器阵列，可构建综合气体分析仪。综合气体分析仪主要由传感器、电路系统、显示器等组成，传感器负责检测气体的成分或浓度；电路系统包括信号处理电路和电源电路，用于处理传感器输出的信号并供电；显示器则用于显示测量结果。此外，综合气体分析仪还可能包括采样泵、过滤器、校准气体等配件，以提高测量精度和易用性。

便携式综合气体分析仪可同时涵盖电化学气体传感器、光学吸收法、红外光谱法、质谱分析、热导检测、气体色谱法、气体传感器阵列及电化学滴定法等多种检测方法。这些方法各有特点，适用于不同气体的检测和分析，为环境监测、工业生产等领域提供了重要的技术支持。

**3. 仪器与试剂**

仪器：pAir2000-R5 型便携式综合气体分析仪。

试剂：无。

**4. 实验准备**

（1）确定采集大气样品的地点、采集时间、采集样本个数。

（2）检查综合气体分析仪的功能是否完好，电量是否充足。

（3）检查综合气体分析仪的进出气口是否堵塞。

**5. 实验步骤**

（1）开机与预热：在选定的采样地点放置好综合气体分析仪。打开仪器开关，仪器将进行自检。等待一段时间让传感器预热至稳定工作状态。

（2）校准：在进行气体测量之前，根据说明书指示对仪器进行校准。

（3）测量：确保传感器不与任何障碍物接触。固定好采样枪，等待仪器稳定后，读取显示器上的各组分指标的浓度值并记录。

（4）关机：完成测量后，关闭仪器开关。

**6. 实验结果记录及分析**

实验数据记录在表 14-12 中，采样时间：_____，采样温度：____℃，采样湿度：_____%RH。

表 14-12　实验数据

| 指标 | $SO_2$ | $H_2S$ | $CO_2$ | $NO_2$ | $O_3$ |
| --- | --- | --- | --- | --- | --- |
| 地点 1 的浓度/ppm | | | | | |
| 地点 2 的浓度/ppm | | | | | |
| 地点 3 的浓度/ppm | | | | | |

**7. 思考题**

（1）不同采样地点的各指标浓度是否有差异？试探讨某地点某个指标浓度较高的原因。

（2）如何有效监测和评估大气环境质量？

（3）大气环境综合分析的挑战和前景是什么？

## 14.9　商品煤中硫分的测定

**1. 实验目的**

（1）掌握煤中硫分的测定原理及方法。

(2) 掌握测硫仪的使用方法。

(3) 了解煤中硫分对人们生活的影响。

**2. 实验原理**

煤中的硫分是指煤的含硫量。目前，GB/T 214—2007《煤中全硫的测定方法》规定煤中硫含量的测定方法有三种，分别是艾士卡法、高温燃烧中和法和库仑法。

1) 艾士卡法

艾士卡法从本质上讲是质量分析法，基本原理：首先，将一定量的煤样与艾氏试剂 $[m(MgO):m(无水\ Na_2CO_3)=2:1]$ 充分混合并高温灼烧，使煤样中的硫元素全部转化为硫酸盐形式；然后，使这些硫酸盐中的硫酸根离子（$SO_4^{2-}$）与钡离子（$Ba^{2+}$）结合，生成不溶于水的硫酸钡（$BaSO_4$）沉淀；最后，通过精确测量生成的硫酸钡沉淀的质量，并依据其化学计量关系，即可计算出原煤样中硫的含量。

2) 高温燃烧中和法

高温燃烧中和法是在催化剂作用下，将煤在氧气流中高温燃烧分解，使硫生成硫的氧化物，用过氧化氢溶液吸收后生成硫酸，然后用 NaOH 标准溶液滴定。生成的硫酸越多，表明煤样中硫的含量越高，需要消耗的 NaOH 越多。根据消耗的 NaOH 标准溶液的体积，可计算煤中硫的含量。

3) 库仑法

前两种方法均属于化学分析法，虽然结果准确度高，但操作费时、分析速度慢。在此基础上，建立了库仑法，这种方法易于实现自动化，只需输入试样质量，仪器分析后会自动给出分析结果。目前，库仑法已被推荐为煤中硫含量测定的国家标准方法。

本实验采用库仑法测定商品煤中硫的含量，其基本原理如下。

煤样在高温下燃烧分解时，其中的硫生成二氧化硫：$RS+O_2 \xrightarrow{高温 1\ 050\ ℃} SO_2$，将生成的二氧化硫导入库仑滴定池中，其被池中的碘化钾溶液吸收，然后用阳极电解生成的 $I_2$ 作为滴定剂来滴定，根据消耗的电量便可计算硫的质量，进一步计算硫的含量。

电解生成 $I_2$ 滴定剂时的电极反应为

$$2I^- - 2e^- = I_2$$

滴定反应为

$$I_2 + SO_2 + 2H_2O = H_2SO_4 + 2HI$$

由电极反应可知 $n_{I_2} = \dfrac{Q}{2F}$，由滴定反应可知 $n_S = n_{SO_2} = n_{I_2}$，即 $n_S = \dfrac{Q}{2F}$，则

$$w_S = \frac{m_S}{m} = \frac{Q}{2Fm} \times M_S$$

式中，$F$ 为 Faraday 常数；$M_S$ 为硫的相对原子质量。

于是测出电量 $Q$，已知试样质量，就可计算出硫的含量。实际工作中仪器可按上述化学计量关系把电量 $Q$ 换算成硫的质量 $m_S$，这时只需输入试样质量 $m$，就可直接给出结果，这种方法简单快速。

**3. 仪器与试剂**

仪器：WDL-YT-500 型测硫仪、分析天平、瓷舟。

试剂：碘化钾、溴化钾、冰乙酸。

**4. 实验准备**

（1）煤样准备。

（2）电解液的配制。

（3）连接好测硫仪的管路及线路。

**5. 实验步骤**

（1）开启仪器：打开电源，燃烧炉自动升温到设定温度（1 050 ℃）。

（2）加装电解液，实验前打开气泵（流量为 0.8~1.2 mL/min）、搅拌器。

（3）称重样品：准确称取一定质量（50 mg 左右）的煤试样置于瓷舟内，将盛煤瓷舟置于燃烧管内的石英舟上。

（4）参数输入：称量完成后，要输入试样的编号（如果在参数设置中选择了自动编号方式，则不需要输入试样编号）和分析水分（以便能够计算试样的干基硫）。

（5）实验过程：单击"确认"后，送样机构会首先将第一个试样送入高温炉内。一旦试样完全进入炉膛，整个实验过程将由计算机进行自动控制。试样在高温下经过充分的燃烧和分解后，计算机会自动判断出库仑滴定的终点，并提前结束实验过程，返回结果。

（6）结果显示：待石英舟和瓷舟自动返回到原位后，打印机将打印出结果，本次实验完毕，记录数据。

（7）实验完毕后，应先关闭气泵、搅拌器，再关闭电源。若长期不使用可放出电解液，并用蒸馏水把电解池清洗干净。

**6. 实验结果记录及分析**

实验数据记录在表 14-13 中。

表 14-13  实验数据

| 序号 | 1 | 2 | 3 | 4 | 5 |
|---|---|---|---|---|---|
| 试样质量 $m$/g |  |  |  |  |  |
| 含硫量 $w_S$/% |  |  |  |  |  |
| 含硫量平均值/% |  |  |  |  |  |
| 相对平均偏差/% |  |  |  |  |  |

（1）计算试样中硫的质量分数、平均值、相对平均偏差。

（2）给出置信度为 95% 的平均值的置信区间。

（3）对试样中硫的含量进行评价。

**7. 思考题**

（1）硫在煤中的存在形式有哪些？这对煤的燃烧和环保性能有何影响？

（2）随着环保要求的提高，如何对煤炭资源进行合理利用，降低硫的含量，实现清洁生产？

（3）不同的煤种，其硫的含量是否会有所不同？为什么？

## 14.10　酱油中防腐剂含量的测定

**1. 实验目的**

（1）了解如何测定酱油中的苯甲酸。

（2）初步掌握测定酱油中苯甲酸的方法。

**2. 实验原理**

苯甲酸及其钠盐作为食品工业中应用广泛的防腐剂，具有独特的性质与用途。苯甲酸，俗称安息香酸，在常温环境下，它难以溶解于水，却能轻松溶于热水之中，并且与乙醇、氯仿及非挥发性油类高度亲和。同时，苯甲酸还表现出轻微的挥发性和吸湿性，其沸点高达249 ℃，且在 100 ℃时即开始升华。另外，苯甲酸钠则以其优异的水溶性著称，尤其是在常温条件下。作为酸性防腐剂，它在 pH＝2.5~4.0 的酸性环境中表现出最佳的防腐效果，因此常被添加至橙汁、酱油等食品中以延长保质期。然而，在碱性环境中，苯甲酸钠的杀菌与抑制作用会显著减弱。

为了准确测定酱油等食品中苯甲酸及其钠盐的含量，已开发了多种高效的分析方法，包括但不限于高效液相色谱法、气相色谱法及紫外-可见分光光度法。这些方法各有千秋，能够精确捕捉并量化目标防腐剂的含量，确保食品安全标准的严格执行。在实验操作中，为了从酱油等复杂基质中有效提取苯甲酸及其钠盐，常采用水蒸气蒸馏法。在酸性条件下，这些防腐剂能够通过蒸馏过程被有效蒸出，从而实现与基质中其他成分的分离。此外，针对酱油中可能干扰实验结果的脂类物质，利用重铬酸钾与硫酸的氧化作用将其去除，可进一步提高实验的准确性和可靠性。值得一提的是，纯净的苯甲酸钠在特定波长（225 nm）下展现出其最大的吸收峰。通过测量该波长下的吸光度，并结合朗伯-比尔定律，可以建立起吸光度与苯甲酸钠浓度之间的线性关系，从而实现对苯甲酸钠浓度的精确测定。

**3. 仪器与试剂**

仪器：量筒、刻度吸量管、移液管、烧杯、蒸馏瓶、容量瓶、紫外-可见分光光度计、电炉。

试剂：苯甲酸、重铬酸钾溶液，无水硫酸钠，NaOH 溶液（1 mol·L$^{-1}$、0.1 mol·L$^{-1}$、0.01 mol·L$^{-1}$），磷酸（35%），硫酸。

**4. 实验准备**

（1）准备好待测样品。

（2）配制好浓度为 0.1 mg·mL$^{-1}$ 的苯甲酸标准溶液。

**5. 实验步骤**

（1）试样处理：精确量取 5.00 mL 待测样品，转移至蒸馏瓶中。随后，按顺序向烧瓶内加入适量的磷酸、无水硫酸钠，并补充加入 40 mL 蒸馏水。准备就绪后，进行蒸馏操作，使用装有 10.00 mL NaOH 溶液的容量瓶作为接收装置，收集蒸馏液直至体积约达 45 mL。当蒸馏瓶内出现剧烈沸腾时，立即停止蒸馏，并待其自然冷却。之后，从蒸馏瓶顶部缓缓加入蒸馏水，重复此蒸馏过程两次。每次蒸馏后，用 5 mL 蒸馏水洗涤冷凝管，并将洗液合并至容量瓶中。对容量瓶内的溶液进行定容处理，并充分混合均匀，得到甲液。

随后从甲液中准确移取 25.00 mL 至另一蒸馏瓶中。向该蒸馏瓶内加入一定量的重铬酸钾溶液和硫酸，再将其置于沸水浴中精确加热 10 min。加热完成后，取出烧瓶待其自然冷却。然后，再次按顺序加入适量的磷酸、无水硫酸钠，并补充 20 mL 蒸馏水，进行第二次蒸馏操作。同样使用装有 10.00 mL NaOH 溶液的容量瓶作为接收装置，收集蒸馏液直至体积约达 45 mL。当蒸馏瓶内再次出现剧烈沸腾时，停止蒸馏并让其自然冷却。之后，重复从蒸馏瓶顶部加水并蒸馏的过程两次。蒸馏结束后，用蒸馏水彻底洗涤冷凝管，并将洗液同样合并至容量瓶中。最后，对容量瓶内的溶液进行定容处理，并充分混合均匀，得到乙液。

（2）空白样品：精确量取 5.00 mL 标准溶液转移至蒸馏瓶中。随后，向蒸馏瓶中加入一定量的 NaOH 溶液、无水硫酸钠，并补充加入 40 mL 水。准备就绪后，开始进行蒸馏操作，使用装有 10 mL NaOH 溶液的容量瓶作为接收装置，收集蒸馏液直至其体积接近 45 mL。当蒸馏瓶内开始出现剧烈沸腾时，立即停止蒸馏，并让蒸馏瓶自然冷却至室温。冷却后，从蒸馏瓶顶部缓缓加入 20 mL 蒸馏水。之后，重复整个蒸馏过程两次。在每次蒸馏结束后，使用 5 mL 蒸馏水仔细洗涤冷凝管，洗液需合并至之前接收蒸馏液的容量瓶中。对容量瓶内的溶液进行定容，充分混合均匀，得到甲液。

按试样处理操作制备乙液。

（3）绘制标准曲线：准备一系列洁净干燥的 50 mL 容量瓶并编号，依次准确吸取苯甲酸标准溶液 0.00（即空白对照）、1.00、2.00、3.00、4.00、5.00 mL，分别转移至对应的 50 mL 容量瓶中。向各容量瓶中加入已知浓度的 NaOH 溶液，直至溶液体积达到容量瓶的刻度线。完成定容后，充分摇动使溶液混合均匀。在波长为 225 nm 的条件下，通过紫外分光光度计测定各溶液的吸光度，并准确记录数据。根据测得的苯甲酸标准溶液的浓度与其对应的吸光度，绘制出标准曲线。

（4）样品测定：分别吸取步骤（1）和（2）中的乙液各 20.00 mL 于 50.00 mL 容量瓶中，按照测定标准溶液的实验条件，测定这两种样品的吸光度并记录；根据标准曲线计算出样品中苯甲酸的含量。

**6. 实验结果记录及分析**

（1）标准曲线的数据记录在表 14-14 中。

表 14-14　标准曲线的数据

| 编号 | 1 | 2 | 3 | 4 | 5 | 6 |
|---|---|---|---|---|---|---|
| $V_{苯甲酸标}$/mL | 0.00 | 1.00 | 2.00 | 3.00 | 4.00 | 5.00 |
| $m_{苯甲酸}$/μg | | | | | | |
| 吸光度/$A$ | | | | | | |

（2）试样的测定结果如表 14-15 所示。

表 14-15　试样的测定结果

| 试样编号 | 1 | 2 | 3 |
|---|---|---|---|
| 试样体积/mL | | | |
| 吸光度 $A$ | | | |
| $c_{苯甲酸}/(\mu g \cdot mL^{-1})$ | | | |
| $\bar{c}_{苯甲酸}/(\mu g \cdot mL^{-1})$ | | | |
| 相对标准偏差/% | | | |

**7. 思考题**

（1）在处理样品时，为什么要加入重铬酸钾和硫酸？

（2）还有哪些方法可以用来测定酱油中的防腐剂？

（3）我国国家标准规定的酱油中苯甲酸的限量为多少？试评价该品牌酱油防腐剂的添加量是否符合规定。

## 14.11　麝香祛痛搽剂中主要成分含量的测定

**1. 实验目的**

（1）了解气相色谱法在药物制剂含量测定中的应用。

（2）掌握气相色谱内标法的测定过程。

（3）进一步巩固气相色谱仪的实际操作。

**2. 实验原理**

麝香祛痛搽剂，作为一种专供外部使用的液体制剂，其药物成分含量在《中华人民共和国药典（2020 年版）》中有明确规定：每 1 mL 的搽剂中，必须含有樟脑（$C_{10}H_{16}O$）25.5~34.5 mg、薄荷脑（$C_{10}H_{20}O$）8.5~11.5 mg、冰片（$C_{18}H_{10}O$）17.0~23.0 mg。

采用内标法测定供试品中樟脑、薄荷脑与冰片的含量。分别配制都含有等量内标物质的混合对照品溶液（测定校正因子）和供试品溶液，各准确吸取一定体积，注入气相色谱仪，进行测定。按下式计算校正因子：

$$f_{i,s} = \frac{c_i/A_i}{c_s/A_s}$$

式中，$A_s$ 为内标物质溶液的峰面积或峰高；$A_i$ 为混合对照品溶液的峰面积或峰高；$c_s$ 为内标物质溶液的浓度；$c_i$ 为混合对照品溶液的浓度。

供试品中待测成分的含量为

$$c_i = f_{i,s} \cdot A_i \cdot \frac{c_s}{A_s}$$

式中，$f_{i,s}$ 为校正因子；$A_i$ 为供试品溶液的峰面积或峰高；$c_i$ 为供试品溶液的浓度；$A_s$ 为内标物质溶液的峰面积或峰高；$c_s$ 为内标物质溶液的浓度（指在加内标物质的样品中）。

### 3. 仪器与试剂

仪器：气相色谱仪、微量注射器、分析天平、容量瓶等。

试剂：麝香祛痛搽剂，无水乙醇，樟脑、薄荷脑与冰片混合对照品，水杨酸甲酯（内标物质）等。

### 4. 实验准备

（1）色谱条件的确定：包括柱温、检测器温度、载气流量、气化室温度、分流比等参数的设置。

（2）溶液的配制。

① 内标物质溶液的配制：内标物质为水杨酸甲酯，用无水乙醇配制到 10 mL。

② 混合对照品溶液的配制：准确称取一定质量的樟脑、薄荷脑、冰片，取水杨酸甲酯溶液 1.00 mL，用无水乙醇配制到 10 mL。

③ 供试品溶液的配制：准确量取一定体积的样品和 1.00 mL 内标物质溶液，加无水乙醇配制到 10 mL，摇匀即得。

### 5. 实验步骤

（1）从制备好的混合对照品溶液中精确移取 1 μL，随后将其注入样品室内。启动仪器进行测定，并仔细记录所得到的色谱图。

（2）从待测的供试品溶液中精确移取 1 μL，将其注入样品室内。启动仪器再次进行测定，并详细记录该供试品溶液的色谱图，以便进行后续的数据处理与对比分析。

### 6. 实验结果记录及分析

（1）校正因子的计算，如表 14-16 所示。

**表 14-16　校正因子的计算**

| 成分 | 质量 $m/g$ | 浓度 $c/(mg \cdot mL^{-1})$ | 峰面积 $A/(mV \cdot min)$ | 校正因子 $f_{i,s}$ |
|---|---|---|---|---|
| 水杨酸甲酯（内标物质） | | | | — |
| 樟脑 | | | | |
| 薄荷脑 | | | | |
| 冰片 | | | | |

利用公式 $f_{i,s} = \dfrac{c_i/A_i}{c_s/A_s}$，分别计算出三种成分的校正因子 $f_{i,s}$。

（2）成分含量的计算，如表 14-17 所示。

**表 14-17　成分含量的计算**

| 成分 | 校正因子 $f_{i,s}$ | 峰面积 $A$ | 浓度 $c$ |
|---|---|---|---|
| 水杨酸甲酯（内标物质） | — | | |
| 樟脑 | | | |
| 薄荷脑 | | | |
| 冰片 | | | |

利用公式 $c_i = f_{i,s} \cdot A_i \cdot \dfrac{c_s}{A_s}$，分别计算出三种成分的含量。

（3）试评价该品牌的麝香祛痛搽剂是否符合规定要求。

**7. 思考题**

（1）用内标法定量时，进样量是否需要十分准确？

（2）在什么情况下可以采用内标法？

（3）气相色谱仪属于何种类型的检测器？它有什么特点？

## 14.12 味精中谷氨酸钠含量的测定

**1. 实验目的**

（1）掌握谷氨酸钠含量测定的基本原理。

（2）熟悉电位滴定仪的基本操作。

（3）了解味精的评价指标。

**2. 实验原理**

味精的主要成分是 L-谷氨酸钠，是以粮食为原料，经发酵提纯得到的结晶。味精有两种规格，一种是谷氨酸钠含量为 99% 以上的无盐味精，为条形结晶状；另一种是谷氨酸钠含量为 80% 的含氯化钠的粉末状。谷氨酸钠的含量是衡量味精是否掺假的主要指标。正常的味精呈中性，其水溶液的 pH≈7。L-谷氨酸钠的结构式为

$$NaOOC-CH-CH_2-CH_2-COOH$$
$$|$$
$$NH_2$$

从粮食发酵液中提取的谷氨酸，是味精生产流程中的一个中间产物，尚未达到最终产品的形态。当谷氨酸与适量的氢氧化钠（NaOH）发生中和反应后，会转化为谷氨酸一钠，这一转化不仅消除了原有的酸味，还赋予了产品强烈的鲜味特性。然而，若在此中和过程中使用的碱量超出适宜范围，导致生成谷氨酸二钠，那么这种产物将不再具备味精所特有的鲜味。此外，谷氨酸一钠在水溶液中是以内盐的形式稳定存在的，即

$$NaOOC-CH-CH_2-CH_2-COO^-$$
$$|$$
$$NH_2^+$$

所谓内盐，即同一分子中既含有碱性基团又含有酸性基团，相互自行结合而形成的盐。由于谷氨酸一钠是通过谷氨酸与碱进行中和反应制得的，因此，在生产过程中，可能会存在部分谷氨酸未能完全参与反应，从而导致最终产品中残留有未转化的谷氨酸。当加入甲醛溶液时，氨基与甲醛结合，其碱性消失，使羧基—COOH 显示出酸性，可用 NaOH 标准溶液滴定。通过电位滴定仪测定试液 pH 值变化，确定滴定终点。根据 NaOH 标准溶液的浓度、消耗的体积和试液的体积，即可求得试液中谷氨酸钠的浓度或含量。

## 3. 仪器与试剂

仪器：ZDJ-5B 型微机自动电位滴定仪、移液管。

试剂：NaOH 标准溶液（0.050 00 mol·L$^{-1}$）、甲醛溶液（36%）、味精。

## 4. 实验准备

（1）配制并标定 NaOH 标准溶液。

（2）配制好待测样品溶液：准确称取味精样品 3~4 g，溶解后稀释至 100 mL 容量瓶中。

（3）调试并校准好电位滴定仪。

## 5. 实验步骤

（1）空白试验：准确移取 70.00 mL 蒸馏水至滴定杯中，作为空白试样，启动电位滴定仪，在 pH 测量模式下，用 NaOH 标准溶液滴定至体系的 pH = 8.2。加入 10 mL 甲醛溶液，混匀，再用 NaOH 标准溶液滴定至体系的 pH = 9.6，记录加入甲醛溶液后消耗 NaOH 标准溶液的体积 $V_0$。

（2）样品测定：准确移取 10.00 mL 待测样品至滴定杯中，加入适量蒸馏水，启动电位滴定仪，在 pH 测量模式下，用 NaOH 标准溶液滴定至体系的 pH = 8.2。加入 10 mL 甲醛溶液，混匀，再用 NaOH 标准溶液滴定至体系的 pH = 9.6，记录加入甲醛溶液后消耗 NaOH 标准溶液的体积 $V_1$。

## 6. 实验结果记录及分析

实验数据记录在表 14-18 中。

表 14-18　实验数据

| 编号 | 1 | 2 | 3 |
| --- | --- | --- | --- |
| 味精质量 $m$/g | | | |
| $V_0$/mL | | | |
| $V_1$/mL | | | |
| 样品中谷氨酸钠的含量 $w$/% | | | |
| 谷氨酸钠的平均含量 $\bar{w}$/% | | | |
| 相对平均偏差/% | | | |

味精样品中谷氨酸钠含量的计算公式：

$$w = \frac{(V_1 - V_0) \times c_{\text{NaOH}} \times 0.187}{m} \times 100\%$$

式中，$m$ 为试样质量；0.187 为滴定度，表示 1 mL NaOH 溶液相当于含 1 分子结晶水的谷氨酸钠的质量，g；$c_{\text{NaOH}}$ 为 NaOH 标准溶液的浓度。

## 7. 思考题

（1）现行国家标准中测定味精中谷氨酸钠含量的方法有哪些？各有什么优缺点？

（2）谷氨酸钠的含量与味精的质量有什么关系？如何评估味精的质量和安全性？

# 参考文献

[1] 马红燕，齐广才. 现代分析测试技术与实验[M].西安：陕西科学技术出版社，2012.
[2] 陈培榕，李景虹，邓勃. 现代仪器分析实验与技术[M]. 2版. 北京：清华大学出版社，2006.
[3] 武汉大学. 分析化学[M].5版. 北京：高等教育出版社，2007.
[4] 华中师范大学. 分析化学实验[M]. 3版. 北京：高等教育出版社，2001.
[5] 华中师范大学. 分析化学[M]. 3版. 北京：高等教育出版社，2001.
[6] 张成孝. 化学量测实验[M]. 北京：高等教育出版社，2005.
[7] 张济新，孙海霖，朱明华. 仪器分析实验[M]. 北京：高等教育出版社，1994.
[8] 武汉大学. 分析化学实验[M]. 4版. 北京：高等教育出版社，2005.
[9] 陈焕应，李焕然，张大经. 分析化学实验[M]. 3版. 广州：中山大学出版社，1998.
[10] 林炳承. 毛细管电泳导论[M]. 北京：科学出版社，1996.
[11] 四川大学化工学院，浙江大学化学系. 分析化学实验[M]. 3版. 北京：高等教育出版社，2003.
[12] 刘密新，罗国安，张新荣，等. 分析化学实验[M]. 北京：科学出版社，2010.
[13] 苏可曼，张济新. 仪器分析实验[M]. 2版. 北京：高等教育出版社，2005.
[14] 陈国松，陈昌云. 仪器分析实验[M]. 南京：南京大学出版社，2009.
[15] 杜克生. 分析化学及其实验技术[M]. 北京：中国轻工业出版社，2010.
[16] 湖南大学化学化工学院. 基础化学实验[M]. 北京：科学出版社，2001.
[17] 孙毓庆，严拯宇，范国荣，等. 分析化学实验[M]. 北京：科学出版社，2010.
[18] 朱明华. 仪器分析[M]. 3版. 北京：高等教育出版社，2000.
[19] 刘志广. 仪器分析[M]. 北京：高等教育出版社，2007.
[20] 邓延悼，何金兰. 高效毛细管电泳[M]. 北京：科学出版社，1996.
[21] 傅小芸，吕建德. 毛细管电泳[M]. 杭州：浙江大学出版社，1997.
[22] 陈义. 毛细管电泳技术及应用[M]. 北京：化学工业出版社，2000.
[23] 柴化丽，马林，徐华华. 定量分析化学实验教程[M]. 上海：复旦大学出版社，1993.
[24] 吕俊芳. 无机化学实验[M]. 西安：陕西科学技术出版社，2003.
[25] 南京大学无机及分析化学实验组. 无机及分析化学实验[M]. 4版. 北京：高等教育出版社，2007.
[26] 陈若愚. 无机与分析化学实验[M]. 北京：化学工业出版社，2010.

[27] 于德泉,杨峻山. 分析化学手册:第7分册[M]. 2版. 北京:化学工业出版社,2005.
[28] 李克安. 分析化学教程[M]. 北京:北京大学出版社,2005.
[29] 吴性良,朱万森,马林. 分析化学原理[M]. 北京:化学工业出版社,2004.
[30] 杨万龙,李文友. 仪器分析实验[M]. 北京:科学出版社,2008.
[31] 吴瑾光. 近代傅里叶变换红外光谱技术及应用[M]. 北京:科学技术文献出版社,1994.
[32] 北京大学化学系分析教研室. 基础分析化学实验[M]. 北京:北京大学出版社,1993.
[33] 张剑荣,戚苓,方惠群. 仪器分析实验[M]. 北京:科学出版社,1999.
[34] 孙毓庆,胡育筑. 仪器分析选论[M]. 北京:科学出版社,2005.
[35] 杨松楷,苏循荣,林竹光. 仪器分析实验[M]. 厦门:厦门大学出版社,1996.
[36] 濮文虹,刘光虹,喻俊芳. 水质分析化学[M]. 2版. 武汉:华中科技大学出版社,2004.
[37] 王有志,谢炜平. 水质分析技术[M]. 北京:化学工业出版社,2007.
[38] 白浚仁,刘凤歧. 煤质分析[M]. 北京:煤炭工业出版社,1982.
[39] 国家环保总局水分析委员会. 水和废水监测分析方法[M]. 4版. 北京:中国环境科学出版社,2002.
[40] 盛龙生,苏焕华,郭丹滨. 色谱质谱连用技术[M]. 北京:化学工业出版社,2006.
[41] 张剑荣,孙尔康. 仪器分析实验[M]. 3版. 南京:南京大学出版社,2019.
[42] 郁桂云,钱晓荣,吴静,等. 仪器分析实验教程[M]. 上海:华东理工大学出版社,2015.
[43] 马忠革. 分析化学实验[M]. 北京:清华大学出版社,2011.
[44] 蔡炳新,陈贻文. 基础化学实验[M]. 2版. 北京:科学出版社,2007.

# 附 录

**附表1　常用化合物的相对分子质量表**

| 化合物 | 相对分子质量 | 化合物 | 相对分子质量 | 化合物 | 相对分子质量 |
| --- | --- | --- | --- | --- | --- |
| $Ag_3AsO_4$ | 462.52 | $CdCl_2$ | 183.32 | $FeSO_4$ | 151.90 |
| $AgBr$ | 187.77 | $CaS$ | 144.47 | $FeSO_4 \cdot 7H_2O$ | 278.01 |
| $AgCl$ | 143.32 | $Ce(SO_4)_2$ | 332.24 | $FeSO_4 \cdot (NH_4)_2SO_4 \cdot 6H_2O$ | 392.13 |
| $AgCN$ | 133.89 | $Ce(SO_4)_2 \cdot 4H_2O$ | 404.30 | $H_3AsO_3$ | 125.94 |
| $AgSCN$ | 165.95 | $CoCl_2$ | 129.84 | $H_3AsO_4$ | 141.94 |
| $Ag_2CrO_4$ | 331.73 | $CoCl_2 \cdot 6H_2O$ | 237.93 | $H_3BO_3$ | 61.83 |
| $AgI$ | 234.77 | $Co(NO_3)_2$ | 132.94 | $HBr$ | 80.912 |
| $AgNO_3$ | 169.87 | $Co(NO_3)_2 \cdot 6H_2O$ | 291.03 | $HCN$ | 27.026 |
| $AlCl_3$ | 133.34 | $CoS$ | 90.99 | $HCOOH$ | 46.026 |
| $AlCl_3 \cdot 6H_2O$ | 241.43 | $CoSO_4$ | 154.99 | $CH_3COOH$ | 60.052 |
| $Al(NO_3)_3$ | 213.00 | $CoSO_4 \cdot 7H_2O$ | 281.10 | $H_2CO_3$ | 62.025 |
| $Al(NO_3)_3 \cdot 9H_2O$ | 375.13 | $Co(NH_2)_2$ | 60.06 | $H_2C_2O_4$ | 90.035 |
| $Al_2O_3$ | 101.96 | $CrCl_3$ | 158.35 | $H_2C_2O_4 \cdot 2H_2O$ | 126.07 |
| $Al(OH)_3$ | 78.00 | $CrCl_3 \cdot 6H_2O$ | 266.45 | $HCl$ | 36.461 |
| $Al_2(SO_4)_3$ | 342.14 | $Cr(NO_3)_3$ | 238.01 | $HF$ | 20.006 |
| $Al_2(SO_4)_3 \cdot 18H_2O$ | 666.41 | $Cr_2O_3$ | 151.99 | $HI$ | 127.91 |
| $As_2O_3$ | 197.84 | $CuCl$ | 98.999 | $HIO_3$ | 175.91 |
| $As_2O_5$ | 229.84 | $CuCl_2$ | 134.45 | $HNO_3$ | 63.013 |
| $As_2S_3$ | 246.02 | $CuCl_2 \cdot 2H_2O$ | 170.48 | $HNO_2$ | 47.013 |
| | | $CuSCN$ | 121.62 | $H_2O$ | 18.015 |
| $BaCO_3$ | 197.34 | $CuI$ | 190.45 | $H_2O_2$ | 34.015 |
| $BaC_2O_4$ | 225.35 | $Cu(NO_3)_2$ | 187.56 | $H_3PO_4$ | 97.995 |
| $BaCl_2$ | 208.24 | $Cu(NO_3)_2 \cdot 3H_2O$ | 241.60 | $H_2S$ | 34.08 |
| $BaCl_2 \cdot 2H_2O$ | 244.27 | $CuO$ | 79.545 | $H_2SO_3$ | 82.07 |
| $BaCrO_4$ | 253.32 | $Cu_2O$ | 143.09 | $H_2SO_4$ | 98.07 |
| $BaO$ | 153.33 | $CuS$ | 95.61 | $Hg(CN)_2$ | 252.63 |
| $Ba(OH)_2$ | 171.34 | $CuSO_4$ | 159.60 | $HgCl_2$ | 271.50 |
| $BaSO_4$ | 233.39 | $CuSO_4 \cdot 5H_2O$ | 249.68 | $Hg_2Cl_2$ | 472.09 |
| $BiCl_3$ | 315.34 | | | $HgI_2$ | 454.40 |
| $BiOCl$ | 260.43 | $FeCl_2$ | 126.75 | $Hg_2(NO_3)_2$ | 525.19 |
| | | $FeCl_2 \cdot 4H_2O$ | 198.81 | $Hg_2(NO_3)_2 \cdot 2H_2O$ | 561.22 |
| $CO_2$ | 44.01 | $FeCl_3$ | 162.21 | $Hg(NO_3)_2$ | 324.60 |
| $CaO$ | 56.08 | $FeCl_3 \cdot 6H_2O$ | 270.30 | $HgO$ | 216.59 |
| $CaCO_3$ | 100.09 | $FeNH_4(SO_4)_2 \cdot 12H_2O$ | 482.18 | $HgS$ | 232.65 |
| $CaC_2O_4$ | 128.10 | $Fe(NO_3)_3$ | 241.86 | $HgSO_4$ | 296.65 |
| $CaCl_2$ | 110.99 | $Fe(NO_3)_3 \cdot 9H_2O$ | 404.00 | $Hg_2SO_4$ | 497.24 |
| $CaCl_2 \cdot 6H_2O$ | 219.08 | $FeO$ | 71.846 | | |
| $Ca(NO_3)_2 \cdot 4H_2O$ | 236.15 | $Fe_2O_3$ | 159.69 | | |
| $Ca(OH)_2$ | 74.09 | $Fe_3O_4$ | 231.54 | $KAl(SO_4)_2 \cdot 12H_2O$ | 474.38 |
| $Ca_3(PO_4)_2$ | 310.18 | $Fe(OH)_3$ | 106.87 | $KBr$ | 119.00 |
| $CaSO_4$ | 136.14 | $FeS$ | 87.91 | $KBrO_3$ | 167.00 |
| $CdCO_3$ | 172.42 | $Fe_2S_3$ | 207.87 | $KCl$ | 74.551 |

续表

| 化合物 | 相对分子质量 | 化合物 | 相对分子质量 | 化合物 | 相对分子质量 |
|---|---|---|---|---|---|
| $KClO_3$ | 122.55 | $MnS$ | 87.00 | $Na_2S$ | 78.04 |
| $KClO_4$ | 138.55 | $MnSO_4$ | 151.00 | $Na_2S \cdot 9H_2O$ | 240.18 |
| $KCN$ | 65.116 | $MnSO_4 \cdot 4H_2O$ | 223.06 | $Na_2SO_3$ | 126.04 |
| $KSCN$ | 97.18 | $NO$ | 30.006 | $Na_2SO_4$ | 142.04 |
| $K_2CO_3$ | 138.21 | $NO_2$ | 46.006 | $Na_2S_2O_3$ | 158.10 |
| $K_2CrO_4$ | 194.19 | $NH_3$ | 17.03 | $Na_2S_2O_3 \cdot 5H_2O$ | 248.17 |
| $K_2Cr_2O_7$ | 294.18 | $CH_3COONH_4$ | 77.083 | $NiCl_2 \cdot 6H_2O$ | 237.69 |
| $K_3Fe(CN)_6$ | 329.25 | $NH_4Cl$ | 53.491 | $NiO$ | 74.69 |
| $K_4Fe(CN)_6$ | 368.35 | $(NH_4)_2CO_3$ | 96.086 | $Ni(NO_3)_2 \cdot 6H_2O$ | 290.79 |
| $KFe(SO_4)_2 \cdot 12H_2O$ | 503.24 | $(NH_4)_2C_2O_4$ | 124.10 | $NiS$ | 90.75 |
| $KHC_2O_4 \cdot H_2O$ | 146.14 | $(NH_4)_2C_2O_4 \cdot H_2O$ | 142.11 | $NiSO_4 \cdot 7H_2O$ | 280.85 |
| $KHC_2O_4 \cdot H_2C_2O_4 \cdot 2H_2O$ | 254.19 | $NH_4SCN$ | 76.12 | $P_2O_5$ | 141.94 |
| $KHC_4H_4O_6$ | 188.18 | $NH_4HCO_3$ | 79.055 | $PbCO_3$ | 267.20 |
| $KHSO_4$ | 136.16 | $(NH_4)_2MoO_4$ | 196.01 | $PbC_2O_4$ | 295.22 |
| $KI$ | 166.00 | $NH_4NO_3$ | 80.043 | $PbCl_2$ | 278.10 |
| $KIO_3$ | 214.00 | $(NH_4)_2HPO_4$ | 132.06 | $PbCrO_4$ | 323.20 |
| $KIO_3 \cdot HIO_3$ | 389.91 | $(NH_4)_2S$ | 68.14 | $Pb(CH_3COO)_2$ | 325.30 |
| $KMnO_4$ | 158.03 | $(NH_4)_2SO_4$ | 132.13 | $Pb(CH_3COO)_2 \cdot 3H_2O$ | 379.30 |
| $KNaC_4H_4O_6 \cdot 4H_2O$ | 282.22 | $NH_4VO_3$ | 116.98 | $PbI_2$ | 461.00 |
| $KNO_3$ | 101.10 | $Na_3AsO_3$ | 191.89 | $Pb(NO_3)_2$ | 331.20 |
| $KNO_2$ | 85.104 | $Na_2B_4O_7$ | 201.22 | $PbO$ | 223.20 |
| $K_2O$ | 94.196 | $Na_2B_4O_7 \cdot 10H_2O$ | 381.37 | $PbO_2$ | 239.20 |
| $KOH$ | 56.106 | $NaBiO_3$ | 279.97 | $Pb_3(PO_4)_2$ | 811.54 |
| $K_2SO_4$ | 174.25 | $NaCN$ | 49.007 | $PbS$ | 239.30 |
|  |  | $NaSCN$ | 81.07 | $PbSO_4$ | 303.30 |
| $MgCO_3$ | 84.314 | $Na_2CO_3$ | 105.99 | $SO_3$ | 80.06 |
| $MgCl$ | 95.211 | $Na_2CO_3 \cdot 10H_2O$ | 286.14 | $SO_2$ | 64.06 |
| $MgCl \cdot 6H_2O$ | 203.30 | $Na_2C_2O_4$ | 134.00 | $SbCl_3$ | 228.11 |
| $MgC_2O_4$ | 112.33 | $CH_3COONa$ | 82.034 | $SbCl_5$ | 299.02 |
| $Mg(NO_3)_2 \cdot 6H_2O$ | 256.41 | $CH_3COONa \cdot 3H_2O$ | 136.08 | $Sb_2O_3$ | 291.50 |
| $MgNH_4PO_4$ | 137.32 | $NaCl$ | 58.443 | $Sb_2S_3$ | 339.68 |
| $MgO$ | 40.304 | $NaClO$ | 74.442 | $SiF_4$ | 104.08 |
| $Mg(OH)_2$ | 58.32 | $NaHCO_3$ | 84.007 | $SiO_2$ | 60.084 |
| $Mg_2P_2O_7$ | 222.55 | $Na_2HPO_4 \cdot 12H_2O$ | 358.14 | $SnCl_2$ | 189.62 |
| $MgSO_4 \cdot 6H_2O$ | 246.47 | $NaNO_2$ | 68.995 | $SnCl_2 \cdot 2H_2O$ | 225.65 |
| $Mn CO_3$ | 114.95 | $NaNO_3$ | 84.995 | $SnCl_4$ | 260.52 |
| $MnCl_2 \cdot 4H_2O$ | 197.91 | $Na_2O$ | 61.979 | $SnCl_4 \cdot 5H_2O$ | 350.596 |
| $Mn(NO_3)_2 \cdot 6H_2O$ | 287.04 | $Na_2O_2$ | 77.978 | $SnO_2$ | 150.71 |
| $MnO$ | 70.937 | $NaOH$ | 39.997 | $SnS$ | 150.776 |
| $MnO_2$ | 86.937 | $Na_3PO_4$ | 163.94 | $SrCO_3$ | 147.63 |

续表

| 化合物 | 相对分子质量 | 化合物 | 相对分子质量 | 化合物 | 相对分子质量 |
|---|---|---|---|---|---|
| SrC$_2$O$_4$ | 175.64 | ZnC$_2$O$_4$ | 153.40 | ZnO | 81.38 |
| SrCrO$_4$ | 203.61 | ZnCl$_2$ | 136.29 | ZnS | 97.44 |
| Sr(NO$_3$)$_2$ | 211.63 | Zn(CH$_3$COO)$_2$ | 183.47 | ZnSO$_4$ | 161.44 |
| Sr(NO$_3$)$_2$·4H$_2$O | 283.69 | Zn(CH$_3$COO)$_2$·2H$_2$O | 219.50 | ZnSO$_4$·7H$_2$O | 287.54 |
| SrSO$_4$ | 183.68 | Zn(NO$_3$)$_2$ | 189.39 | | |
| ZnCO$_3$ | 125.39 | Zn(NO$_3$)$_2$·6H$_2$O | 297.48 | | |

附表2 pH 标准缓冲溶液的组成和性质（美国国家标准与技术研究院）

| 溶液名称 | 标准物质分子式 | 浓度/(mol·L$^{-1}$) | 每升溶液中溶质的量/(g·L$^{-1}$) | 溶液密度/(g·cm$^{-3}$) | 稀释值 ΔpH$_{1/2}$ | 缓冲值 β/(mol/pH) | 温度系数/(pH·℃$^{-1}$) |
|---|---|---|---|---|---|---|---|
| 四草酸三氢钾 | KH$_3$(C$_2$O$_4$)$_2$·2H$_2$O | 0.049 62 | 12.61 | 1.003 2 | +0.186 | 0.07 | +0.001 |
| 25 ℃饱和酒石酸氢钾 | KHC$_4$H$_4$O$_6$ | 0.034 | >7 | 1.003 6 | +0.049 | 0.027 | −0.001 4 |
| 邻苯二甲酸氢钾 | KHC$_8$H$_4$O$_4$ | 0.049 58 | 10.12 | 1.001 7 | +0.052 | 0.016 | −0.001 2 |
| 磷酸氢二钠 | Na$_2$HPO$_4$ | 0.024 9 | 3.533 | 1.002 8 | +0.080 | 0.029 | −0.002 8 |
| 磷酸二氢钾 | KH$_2$PO$_4$ | 0.024 9 | 3.387 | | | | |
| 磷酸氢二钠 | Na$_2$HPO$_4$ | 0.030 32 | 4.303 | 1.002 0 | +0.07 | 0.016 | — |
| 磷酸二氢钾 | KH$_2$PO$_4$ | 0.008 665 | 1.179 | | | | |
| 硼砂 | Na$_2$B$_4$O$_7$·10H$_2$O | 0.009 97 | 3.80 | 0.999 6 | +0.01 | 0.020 | −0.008 2 |
| 碳酸钠 | Na$_2$CO$_3$ | | 2.09 | — | +0.079 | 0.029 | −0.009 6 |
| 碳酸氢钠 | NaHCO$_3$ | — | 2.640 | | | | |

附表3 我国7种标准pH缓冲溶液的pH值

| 温度/℃ | 0.05 mol/kg 四草酸氢钾 | 25 ℃饱和酒石酸氢钾 | 0.05 mol/kg 邻苯二甲酸氢钾 | 0.025 mol/kg 混合磷酸盐 | 0.008 695 mol/kg 磷酸二氢钾 0.030 43 mol/kg 磷酸氢二钠 | 0.01 mol/kg 硼砂 | 25 ℃饱和氢氧化钙 |
|---|---|---|---|---|---|---|---|
| 0 | 1.668 | — | 4.006 | 6.981 | 7.515 | 9.458 | 13.416 |
| 5 | 1.669 | — | 3.999 | 6.949 | 7.490 | 9.391 | 13.210 |
| 10 | 1.671 | — | 3.996 | 6.921 | 7.467 | 9.330 | 13.011 |
| 15 | 1.673 | — | 3.996 | 6.898 | 7.445 | 9.276 | 12.820 |

续表

| 温度/℃ | 0.05 mol/kg 四草酸氢钾 | 25 ℃饱和酒石酸氢钾 | 0.05 mol/kg 邻苯二甲酸氢钾 | 0.025 mol/kg 混合磷酸盐 | 0.008 695 mol/kg 磷酸二氢钾 0.030 43 mol/kg 磷酸氢二钠 | 0.01 mol/kg 硼砂 | 25 ℃饱和氢氧化钙 |
|---|---|---|---|---|---|---|---|
| 20 | 1.676 | — | 3.998 | 6.879 | 7.426 | 9.226 | 12.637 |
| 25 | 1.680 | 3.559 | 4.003 | 6.864 | 7.409 | 9.182 | 12.460 |
| 30 | 1.684 | 3.551 | 4.010 | 6.852 | 7.395 | 9.142 | 12.292 |
| 35 | 1.688 | 3.547 | 4.019 | 6.844 | 7.386 | 9.105 | 12.130 |
| 40 | 1.694 | 3.547 | 4.029 | 6.838 | 7.380 | 9.072 | 11.975 |
| 45 | 1.700 | 3.550 | 4.042 | 6.834 | 7.379 | 9.042 | 11.828 |
| 50 | 1.706 | 3.555 | 4.055 | 6.833 | 7.383 | 9.015 | 11.697 |
| 55 | 1.713 | 3.563 | 4.070 | 6.834 | — | 8.990 | 11.553 |
| 60 | 1.721 | 3.573 | 4.087 | 6.837 | — | 8.968 | 11.426 |
| 70 | 1.739 | 3.596 | 4.122 | 6.847 | — | 8.926 | — |
| 80 | 1.759 | 3.622 | 4.161 | 6.862 | — | 8.890 | — |
| 90 | 1.782 | 3.648 | 4.203 | 6.881 | — | 8.856 | — |
| 95 | 1.795 | 3.660 | 4.224 | 6.891 | — | 8.839 | — |

附表 4　常用浓酸、浓碱的密度和浓度

| 试剂名称 | 密度/(g·mL$^{-1}$) | w/% | c/(mol·L$^{-1}$) |
|---|---|---|---|
| 盐酸 | 1.18~1.19 | 36~38 | 11.6~12.4 |
| 硝酸 | 1.39~1.40 | 65.0~68.0 | 14.4~15.2 |
| 硫酸 | 1.83~1.84 | 95~98 | 17.8~18.4 |
| 磷酸 | 1.69 | 85 | 14.6 |
| 高氯酸 | 1.68 | 70.0~72.0 | 11.7~12.0 |
| 冰醋酸 | 1.05 | 99.8（优级纯）<br>99.0（分析纯、化学纯） | 17.4 |
| 氢氟酸 | 1.13 | 40 | 22.5 |
| 氢溴酸 | 1.49 | 47.0 | 8.6 |
| 氨水 | 0.88~0.90 | 25.0~28.0 | 13.3~14.8 |

附表 5  常用缓冲溶液的配制

| 缓冲溶液的组成 | $pK_a$ | 缓冲溶液的 pH 值 | 缓冲溶液的配制方法 |
|---|---|---|---|
| 氨基乙酸-HCl | 2.35 ($pK_{a1}$) | | 取氨基乙酸 150 g 溶于 500 mL 水中,加入浓 HCl 80 mL,用水稀释至 1 L |
| $H_3PO_4$ | — | 2.5 | 取 $Na_2HPO_4 \cdot 12H_2O$ 113g 溶于 200 mL 水中,加入柠檬酸 387 g,溶解,过滤后,稀释至 1 L |
| 一氯乙酸-NaOH | 2.86 | 2.8 | 取 200 g 一氯乙酸溶于 200 mL 水中,加入 NaOH 40 g,溶解后,稀释至 1 L |
| 邻苯二甲酸氢钾-HCl | 2.95 ($pK_{a1}$) | 2.9 | 取邻苯二甲酸氢钾 500 g,溶于 500 mL 水中,加浓 HCl 80 mL,稀释至 1 L |
| 甲酸-NaOH | 3.76 | 3.7 | 取甲酸 95 g 和 NaOH 40 g 于 500 mL 水中,溶解后,稀释至 1 L |
| NaAc-HAc | 4.74 | 4.7 | 取无水 NaAc 83 g 溶于水中,加冰醋酸 60 mL,稀释至 1 L |
| 六次甲基四胺-HCl | 5.15 | 5.4 | 取六次甲基四胺 40 g 溶于 200 mL 水中,加入浓 HCl 10 ml,稀释至 1 L |
| Tris-HCl [三羟甲基氨基甲烷 $CNH_2(HOCH_3)_3$] | 8.21 | 8.2 | 取 25 g Tris 试剂溶于水中,加浓 HCl 8 ml,稀释至 1 L |
| $NH_3$-$NH_4Cl$ | 9.26 | 9.2 | 取 $NH_4Cl$ 54 g 溶于水中,加浓氨水 63 mL,稀释至 1 L |

注:(1) 缓冲溶液配置后可用 pH 试纸检查。若 pH 值不对,可用共轭酸或共轭碱调节。pH 值欲调节精准时,可用 pH 计调节。

(2) 若需增加或减少缓冲溶液的缓冲容量,可相应增加或减少共轭酸碱对物质的量,再调节之。

附表 6  常用基准物质及其干燥条件与应用

| 基准物质名称 | 分子式 | 干燥后的组成 | 干燥条件 | 标定对象 |
|---|---|---|---|---|
| 碳酸氢钠 | $NaHCO_3$ | $Na_2CO_3$ | 270~300 ℃ | 酸 |
| 碳酸钠 | $Na_2CO_3 \cdot 10H_2O$ | $Na_2CO_3$ | 270~300 ℃ | 酸 |
| 硼砂 | $Na_2B_4O_7 \cdot 10H_2O$ | $Na_2B_4O_7 \cdot 10H_2O$ | 放在含 NaCl 和蔗糖饱和溶液的干燥器中 | 酸 |
| 碳酸氢钾 | $KHCO_3$ | $K_2CO_3$ | 270~300 ℃ | 酸 |
| 草酸 | $H_2C_2O_4 \cdot 2H_2O$ | $H_2C_2O_4 \cdot 2H_2O$ | 室温空气干燥 | 碱或 $KMnO_4$ |
| 邻苯二甲酸氢钾 | $KHC_8H_4O_4$ | $KHC_8H_4O_4$ | 110~120 ℃ | 酸 |
| 重铬酸钾 | $K_2Cr_2O_7$ | $K_2Cr_2O_7$ | 140~150 ℃ | 还原剂 |

续表

| 基准物质 | | 干燥后的组成 | 干燥条件 | 标定对象 |
|---|---|---|---|---|
| 名称 | 分子式 | | | |
| 溴酸钾 | KBrO$_3$ | KBrO$_3$ | 130 ℃ | 还原剂 |
| 碘酸钾 | KIO$_3$ | KIO$_3$ | 130 ℃ | 还原剂 |
| 铜 | Cu | Cu | 室温干燥器中保存 | 还原剂 |
| 三氧化二砷 | As$_2$O$_3$ | As$_2$O$_3$ | 同上 | 氧化剂 |
| 草酸钠 | Na$_2$C$_2$O$_4$ | Na$_2$C$_2$O$_4$ | 130 ℃ | 氧化剂 |
| 碳酸钙 | CaCO$_3$ | CaCO$_3$ | 110 ℃ | EDTA |
| 锌 | Zn | Zn | 室温干燥器中保存 | EDTA |
| 氧化锌 | ZnO | ZnO | 900~1 000 ℃ | EDTA |
| 氯化钠 | NaCl | NaCl | 500~600 ℃ | AgNO$_3$ |
| 氯化钾 | KCl | KCl | 500~600 ℃ | AgNO$_3$ |
| 硝酸银 | AgNO$_3$ | AgNO$_3$ | 280~290 ℃ | 氧化物 |
| 氨基磺酸 | HOSO$_2$NH$_2$ | HOSO$_2$NH$_2$ | 在真空 H$_2$SO$_4$ 干燥中保存 48h | 碱 |
| 氟化钠 | NaF | NaF | 铂坩埚中于 500~550 ℃下保存 40~50 min 后，在 H$_2$SO$_4$ 干燥中冷却 | — |

附表 7　常用酸碱指示剂（18~25 ℃）

| 指示剂名称 | pH 值变化范围 | 颜色变化 | 溶液的配制方法 |
|---|---|---|---|
| 甲基紫（第一次变色） | 0.13~0.5 | 黄~绿 | 1 g·L$^{-1}$ 或 0.5 g·L$^{-1}$ 水溶液 |
| 甲酚红（第一次变色） | 0.2~1.8 | 红~黄 | 0.04 g 指示剂溶于 100 mL 50%乙醇中 |
| 甲基紫（第二次变色） | 1.0~1.5 | 绿~蓝 | 1 g·L$^{-1}$ 水溶液 |
| 百里酚蓝（第一次变色） | 1.2~2.8 | 红~黄 | 0.1 g 指示剂溶于 100 mL 20%乙醇中 |
| 茜素黄 R（第一次变色） | 1.9~3.3 | 红~黄 | 1 g·L$^{-1}$ 水溶液 |
| 溴酚蓝 | 3.0~4.6 | 黄~蓝 | 0.1 g 指示剂溶于 100 mL 20%乙醇中 |

续表

| 指示剂名称 | pH 值变化范围 | 颜色变化 | 溶液的配制方法 |
|---|---|---|---|
| 甲基橙 | 3.1~4.4 | 红~黄 | 1 g·L⁻¹水溶液 |
| 溴甲酚绿 | 3.8~5.4 | 黄~蓝 | 0.1 g 指示剂溶于 100 mL 20%乙醇中 |
| 甲基红 | 4.4~6.2 | 红~黄 | 0.1 g 或 0.2 g 指示剂溶于 100 mL 60%乙醇中 |
| 溴百里酚蓝 | 6.0~7.6 | 黄~蓝 | 0.05 g 指示剂溶于 100 mL 20%乙醇中 |
| 中性红 | 6.8~8.0 | 红~亮黄 | 0.1 g 指示剂溶于 100 mL 60%乙醇中 |
| 酚红 | 6.8~8.0 | 黄~红 | 0.1 g 指示剂溶于 100 mL 20%乙醇中 |
| 二甲基黄 | 2.9~4.0 | 红~黄 | 0.1 g 或 0.01 g 指示剂溶于 100 mL 90%乙醇中 |
| 百里酚蓝（第二次变色） | 8.0~9.6 | 黄~蓝 | 见第一次变色 |
| 酚酞 | 8.2~10.0 | 无色~紫红 | 0.1 g 指示剂溶于 100 mL 60%乙醇中 |
| 百里酚酞 | 9.3~10.5 | 无色~蓝 | 0.1 g 指示剂溶于 100 mL 90%乙醇中 |
| 茜素黄 R（第二次变色） | 10.1~12.1 | 黄~浅紫 | 1 g·L⁻¹水溶液 |
| 溴酚红 | 5.0~6.8 | 黄~红 | 0.1 g 或 0.04 g 指示剂溶于 100 mL 20%乙醇中 |

**附表 8　常用酸碱混合指示剂**

| 指示剂溶液的组成 | 变色点的 pH 值 | 颜色 酸色 | 颜色 碱色 | 备注 |
|---|---|---|---|---|
| 一份 1 g·L⁻¹甲基黄乙醇溶液<br>一份 1 g·L⁻¹次甲基蓝乙醇溶液 | 3.25 | 蓝紫 | 绿 | pH = 3.2：蓝紫色，pH = 3.4：绿色 |
| 四份 2 g·L⁻¹溴甲酚绿乙醇溶液<br>一份 2 g·L⁻¹二甲基黄乙醇溶液 | 3.9 | 橙 | 绿 | 变色点为黄色 |
| 一份 2 g·L⁻¹甲基橙溶液<br>一份 2.8 g·L⁻¹靛兰乙醇溶液 | 4.1 | 紫 | 黄绿 | 调节两者的比例，直至终点敏锐 |
| 一份 1 g·L⁻¹溴百里酚绿钠盐水溶液<br>一份 2 g·L⁻¹甲基橙水溶液 | 4.3 | 黄 | 蓝绿 | pH = 3.5：黄色，pH = 4.0：黄绿色，<br>pH = 4.3：绿色 |
| 三份 1 g·L⁻¹溴甲酚绿乙醇溶液<br>一份 2 g·L⁻¹甲基红乙醇溶液 | 5.1 | 酒红 | 绿 | — |

续表

| 指示剂溶液的组成 | 变色点的pH值 | 颜色 酸色 | 颜色 碱色 | 备注 |
|---|---|---|---|---|
| 一份 2 g·L$^{-1}$ 甲基红乙醇溶液<br>一份 1 g·L$^{-1}$ 次甲基蓝乙醇溶液 | 5.4 | 红紫 | 绿 | pH = 5.2：红紫，pH = 5.4：暗蓝，<br>pH = 5.6：绿 |
| 一份 1 g·L$^{-1}$ 溴甲酚绿钠盐水溶液<br>一份 1 g·L$^{-1}$ 氯酚红钠盐水溶液 | 6.1 | 黄绿 | 蓝紫 | pH = 5.4：蓝绿，pH = 5.8：蓝，<br>pH = 6.2：蓝紫 |
| 一份 1 g·L$^{-1}$ 中性红乙醇溶液<br>一份 1 g·L$^{-1}$ 次甲基蓝乙醇溶液 | 7.0 | 蓝紫 | 绿 | pH = 7.0：蓝紫 |
| 一份 1 g·L$^{-1}$ 溴百里酚蓝钠盐水溶液<br>一份 1 g·L$^{-1}$ 酚红钠盐水溶液 | 7.5 | 黄 | 紫 | pH = 7.2：暗绿，pH = 7.4：淡紫，<br>pH = 7.6：深紫 |
| 一份 1 g·L$^{-1}$ 甲酚红 50%乙醇溶液<br>六份 1 g·L$^{-1}$ 百里酚蓝 50%乙醇溶液 | 8.3 | 黄 | 紫 | pH = 8.2：玫瑰色，pH = 8.4：紫色 |

附表 9　常用络合指示剂

| 指示剂名称 | 浓度 | In 本色 | MIn 颜色 | 适用的 pH 值范围 |
|---|---|---|---|---|
| 铬黑 T | 与固体 NaCl 的混合物（1:100） | 蓝 | 红 | 8.0~10.0 |
| 二甲酚橙 | 0.5%水溶液 | 柠檬黄 | 红 | 5.0~6.0 |
| 茜素 | — | 红 | 黄 | 2.5<br>2.8 |
| 钙试剂 | 与固体 NaCl 的混合物（1:100） | 亮蓝 | 深红 | >12.0 |
| 酸性铬紫 B | — | 橙 | 红 | 4 |
| 甲基百里酚蓝 | 1%与固体 KNO$_3$ 的混合物 | 灰 | 蓝 | 10.5 |
| 溴酚红 | — | 红 | 橙黄 | 2.0~3.0 |

附表 10　常用氧化还原指示剂

| 指示剂名称 | $E_{ind}$/V<br>([H$^+$] = 1 mol·L$^{-1}$) | 颜色变化 氧化态 | 颜色变化 还原态 | 溶液的配制方法 |
|---|---|---|---|---|
| 二苯胺 | 0.76 | 紫 | 无色 | 10 g·L$^{-1}$ 浓硫酸溶液 |
| 二苯胺磺酸钠 | 0.85 | 紫红 | 无色 | 5 g·L$^{-1}$ 水溶液 |

续表

| 指示剂名称 | $E_{ind}$/V ($[H^+]$ = 1 mol·L$^{-1}$) | 颜色变化 氧化态 | 颜色变化 还原态 | 溶液的配制方法 |
|---|---|---|---|---|
| N-邻苯胺基苯甲酸 | 1.08 | 紫红 | 无色 | 0.1 g 指示剂加 20 mL 50 g·L$^{-1}$ Na$_2$CO$_3$ 溶液，用水稀释至 100 mL |
| 邻二氮菲-亚铁 | 1.06 | 浅蓝 | 红 | 1.485 g 邻二氮菲 + 0.695 g 硫酸亚铁溶于 100 ml 水（0.025 mol·L$^{-1}$ 水溶液） |

附表 11　常用吸附指示剂

| 名称 | 配制 | 可测元素（括号内是滴定剂） | 颜色变化 | 测定条件 |
|---|---|---|---|---|
| 荧光黄 | 1%乙醇溶液 | Cl$^-$、Br$^-$、I$^-$、SCN$^-$（Ag$^+$） | 黄绿~粉红 | 中性或弱碱性 |
| 二氯荧光黄 | 1%钠盐水溶液 | Cl$^-$、Br$^-$、I$^-$（Ag$^+$） | 黄绿~粉红 | pH = 4.4~7.2 |
| 四溴荧光黄（曙红） | 1%钠盐水溶液 | Br$^-$、I$^-$（Ag$^+$） | 橙红~红紫 | pH = 1~2 |

附表 12　紫外测量中溶剂的使用波长

| 溶剂 | 波长极限/nm | 溶剂 | 波长极限/nm | 溶剂 | 波长极限/nm |
|---|---|---|---|---|---|
| 乙醚 | 220 | 2,2,4-三甲戊烷 | 215 | 乙酸乙脂 | 260 |
| 环己烷 | 210 | 对二氧六环 | 220 | 甲酸甲脂 | 260 |
| 正丁醇 | 210 | 正己烷 | 220 | 甲苯 | 285 |
| 水 | 210 | 甘油 | 220 | 吡啶 | 305 |
| 异丙醇 | 210 | 1,2-二氧乙烷 | 230 | 丙酮 | 330 |
| 甲醇 | 210 | 二氯甲烷 | 233 | 二硫化碳 | 380 |
| 乙醇 | 215 | 氯仿 | 245 | 苯 | 280 |

附表 13　某些有机基团的近似力常数

| 化学键 | $k$/(N·cm$^{-1}$) | 化学键 | $k$/(N·cm$^{-1}$) |
|---|---|---|---|
| C—H | 5 | C=C | 10 |
| C—F | 6 | C=O | 12 |
| N—H | 6.3 | C≡C | 15.6 |
| O—H | 7.7 | C≡N | 17.7 |

续表

| 化学键 | $k/(\text{N}\cdot\text{cm}^{-1})$ | 化学键 | $k/(\text{N}\cdot\text{cm}^{-1})$ |
|---|---|---|---|
| C—Cl | 3.5 | | |
| C—C | 4.5 | | |

**附表 14　红外光谱中一些基团的吸收区域**

| 区域 | 基团 | 吸收频率/$\text{cm}^{-1}$ | 振动形式 | 吸收强度 | 说明 |
|---|---|---|---|---|---|
| 第一区域 | —OH（游离） | 3 650~3 580 | 伸缩 | m, sh | 判断有无醇类、酚类和有机酸的重要依据 |
| | —OH（缔合） | 3 400~3 200 | 伸缩 | s, b | — |
| | —NH$_2$，—NH（游离） | 3 500~3 300 | 伸缩 | m | — |
| | —NH$_2$，—NH（缔合） | 3 400~3 100 | 伸缩 | — | — |
| | —SH | 2 600~2 500 | 伸缩 | — | — |
| | 饱和 C—H | — | — | s | 饱和 C—H 出现在 3 000 cm$^{-1}$ 以下 |
| | 不饱和 C—H | — | — | s | 不饱和 C—H 出现在 3 000 cm$^{-1}$ 以上 |
| | ≡C—H（叁键） | 3 300 附近 | 伸缩 | — | — |
| | =C—H（双键） | 3 010~3 040 | 伸缩 | s | 末端=C—H 出现在 3 085 cm$^{-1}$ 附近 |
| | 苯环中 C—H | 3 030 附近 | 伸缩 | — | 强度上比饱和 C—H 稍弱，但谱带较尖锐 |
| | 饱和 C—H | — | — | — | 饱和 C—H 伸缩振动出现在 3 000 cm$^{-1}$ 以下（3 000~2 800 cm$^{-1}$）。取代基影响小 |
| | —CH$_3$ | 2 960±5 | 反对称伸缩 | s | — |
| | —CH$_3$ | 2 870±10 | 对称伸缩 | s | — |
| | —CH$_2$ | 2 930±5 | 反对称伸缩 | s | — |
| | —CH$_2$ | 2 850±10 | 对称伸缩 | s | 三元环中的 CH$_2$ 出现在 3 050 cm$^{-1}$，CH 出现在 2 890 cm$^{-1}$，很弱 |
| 第二区域 | —C≡N | 2 260~2 220 | 伸缩 | s | 干扰少 |
| | —N≡N | 2 310~2 135 | 伸缩 | m | — |
| | —C≡C— | 2 260~2 100 | 伸缩 | v | R—C≡C—H，2 140~2 100 cm$^{-1}$；R—C≡C—R，2 260~2 190 cm$^{-1}$；若 R′=R，对称分子无红外谱带 |
| | —C=C=C— | 1 950 附近 | 伸缩 | v | — |

续表

| 区域 | 基团 | 吸收频率/cm$^{-1}$ | 振动形式 | 吸收强度 | 说明 |
|---|---|---|---|---|---|
| 第三区域 | C=C | 1 680~1 620 | 伸缩 | m, v | — |
| | 芳环中 C=C | 1 600, 1 580<br>1 500, 1 450 | 伸缩 | v | 苯环的骨架振动 |
| | —C=O | 1 850~1 600 | 伸缩 | s | 其他吸收带干扰少,是判断羰基(酮类、酸类、酯类、酸酐等)的特征频率,位置变动大 |
| | —NO$_2$ | 1 600~1 500 | 反对称伸缩 | s | — |
| | —NO$_2$ | 1 300~1 250 | 对称伸缩 | s | — |
| | S=O | 1 220~1 040 | 伸缩 | s | — |
| 第四区域 | C—O | 1 300~1 000 | 伸缩 | s | C—O 键(酯、醚、醇类)的极性很强,故强度大,常成为谱图中最强的吸收 |
| | C—O—C | 1 150~900 | 伸缩 | s | 醚类中 C—O—C 的 $\nu_{as}$ = (1 100±50) cm$^{-1}$,是最强的吸收,C—O—C 对称伸缩在 1 000~900 cm$^{-1}$ 之间,较弱 |
| | —CH$_3$, —CH$_2$ | 1 460±10 | CH$_3$反对称变形,CH$_2$变形 | m | 大部分有机化合物都含—CH$_3$、—CH$_2$基,因此此峰经常出现。很少受取代基的影响,且干扰少,是—CH$_3$基的特征吸收 |
| | —CH$_3$ | 1 380~1 370 | 对称变形 | s | — |
| | —NH$_2$ | 1 650~1 560 | 变形 | m~s | — |
| | C—F | 1 400~1 000 | 伸缩 | s | — |
| | C—Cl | 800~600 | 伸缩 | s | — |
| | C—Br | 600~500 | 伸缩 | s | — |
| | C—I | 500~200 | 伸缩 | s | — |
| | =CH$_2$ | 910~890 | 面外摇摆 | s | — |
| | —(CH$_2$)$_n$—, n>4 | 720 | 面外摇摆 | v | — |

注:s—强吸收,b—宽吸收带,m—中等强度吸收,w—弱吸收,sh—尖锐吸收峰,v—吸收强度可变。